钻探工艺知识问答

主　编　曹　函　张绍和
副主编　伍新民　孙平贺　刘银伟
　　　　钟社教　吴　昊　赵冲全

内容简介

钻探是地质勘探工作中直接获取地质资料(土样、岩矿样等)的一种重要技术手段。本书主要针对地质钻探、煤田钻探以及深部地质找矿工程等需要编写而成。全书共分为五章,以问答形式系统地阐述了钻探基本知识、钻孔结构与钻前准备、钻探方法(金刚石钻进、硬质合金钻进等)、钻探工程质量控制、取心方法与工具、钻孔弯曲与测量,以及钻探浆液与护壁堵漏技术等。

本书理论和实践并重,既可以作为“地质工程”、“勘查技术与工程”等相关专业学生的补充教材,也可以作为地质矿产、冶金、煤炭、油气钻采及考古等技术人员的培训教材和现场参考用书。

前 言

钻探工程一项是以现代钻掘技术为手段，以岩、土体为作用对象，服务于固体矿产的勘探、油气井勘探与开发、基础工程勘查，以及地下深部的科学探测和研究等领域的工程技术。由于钻探工程是一项极为隐蔽的地下工程，因此存在着随机性、复杂性和不确定性的风险。由于对所钻进地层复杂性的认识不够，或是钻进方法的选择不当，或是钻具的操作失误，往往会造成较为复杂的孔内事故，如钻杆折断，烧钻，卡钻，埋钻，井壁失稳、坍塌，井漏、井涌等。因此，系统而全面地了解钻探过程中的技术难题以及存在的关键问题是顺利开展钻探施工的重要保障。

本书编写内容紧密结合与钻探相关的理论研究与现场实践，较为翔实地反映了岩土钻掘过程中存在的关键问题，如破碎岩石的原理与方法、钻孔结构设计的程序与依据、改善金刚石钻进中钻具稳定性的要领、金刚石钻头正常与非正常磨损的标志、硬质合金钻进最优回次时间、三合一绳索取心钻具的结构、钻孔弯曲纠偏、复杂地层的泥浆配置以及护壁堵漏工艺等问题。全书以问答形式，结合丰富的图表，既能使读者对钻探工艺的基础知识有较全面与系统的了解，又可为现场技术人员的钻探施工活动提供专业基础知识的指导。

本书共为五章。编者在编写过程中参考了2010版《地质岩心钻探规程》以及探矿工程的多本统编教材和相关专业(石油钻井、地下建筑工程)的一些教材与参考书，在此，我们表示衷心的感谢。

由于编者水平有限以及收集到的资料有限，错误和缺点在所难免，恳请广大读者批评指正。

编 者

2012年2月

目　录

第一章　钻探基本知识

1. 什么是探矿工程？

探矿工程有时也称勘探技术。一般泛指地质勘探工作中的有关的工程技术。除钻探和坑探两个主要方面外，凡为了完成地质勘探工作而必须进行的有关工程，如交通运输、动力供配等，也都属探矿工程的范畴。其中钻探工程又分为地质勘探钻进和工程施工钻进两种。前者是根据地质设计，在预定地点，利用钻探设备钻穿岩层，取得岩样、水样、土样等实物资料，并通过钻出的钻孔进行地下物理测量或地下水动态观测等，在地质勘探中应用最广。随着生产技术的发展，工程钻进的应用也不断扩大，如水坝或其他工程建筑基础的灌浆和固结处理，矿山竖井建设中冻结孔的钻凿，以及地下坑道的通风孔、电缆孔等的钻进，都属钻探工程的范畴。坑探工程是指勘探巷道的掘进，即按地质设计在岩层内凿出一个可供人员及设备进入的通道，从中直接采集所需的实物样品，并在其中进行观察、描述等，从而为地质探矿和矿产开发提供资料。坑探工程目前仍是一种多工种配合的、劳动条件较差、劳动强度较大的工程技术，必须努力提高其机械化程度及效率，改善劳动条件。根据业务工作的内容，探矿工程还分为机械设备及工艺技术两个方面。

探矿工程包括钻探工程、坑探工程、矿山管理、安全技术等多方面的技术，其中以钻探工程的工作量最大，作业范围也很广。钻探工程是获得地下蕴藏的真实地质资料（如岩、矿、地温、地下水等）和直接信息的一种技术。通过钻探可对所取得的地质和矿产资源参数作出最终可靠的评价。钻探工程包括钻进工艺和钻探设备两方面，以钻进工艺为主。钻探设备是实现钻进工艺要求的专业机械设备，它对钻进工艺具有重要的保证作用。据统计，为探明一亿吨铁矿，需要十万米的钻探工作量；为探明十万吨铜矿，亦需钻探数万米；而要生产一千吨石油，需投入几百万米的钻井工作。十分明显，钻探工程首先是为地质和矿产勘探服务的，而随着地质工作的目的和要求的不同，钻探工程在地质勘探各个阶段中又有多方面的服务内容。

2. 什么是钻探和钻孔?

钻探就是用钻机按一定设计角度和方向向地下钻孔，通过取出孔内的岩心、岩屑或在孔内下入测试的仪器，以了解地下的岩层、矿产、地下水或地质构造等。这种工程，称钻探。它是地质勘探工作的一种重要技术手段，广泛应用于寻找和勘探各种矿产、油气藏、地下水，以及为水利建设、工程建筑及铁路施工等提供地质资料。钻孔在地质工作中，通常把用钻机向地下钻凿成直径较小而具有一定深度的井孔称为钻孔。其最上部称孔口，最底部称孔底。井孔的直径称孔径，其深度称孔深。整个井孔称孔身，其中某一段称孔段。

3. 钻孔的钻进方法有哪几种?

钻进方法是指向地下钻孔(井)时，破碎孔(井)底岩石的方法及技术措施的总称。目前主要是应用机械的方法破碎岩石。根据破碎岩石的外力作用性质及方式，钻进方法可以分为冲击钻进、回转钻进、冲击回转钻进以及振动钻进等；按钻进时是否采取岩心，则分为取心钻进与不取岩心全面钻进。在地质勘探工作中，主要是采用取心钻进。按回转钻进时破碎岩石所使用的磨料，又分为硬质合金钻进、钢粒钻进和金刚石钻进等。

4. 与钻探有关的岩石物理性质包括哪些?

包括岩石的密度、比重、孔隙度、含水性及透水性、松散性和流散性及稳定性。

5. 什么是岩石的松散性和流散性?

松散性是指岩石结构的致密程度。松散的岩石，其颗粒之间的连接力很弱，容易破碎和坍塌。在岩体内出现自由面后，其自由面有极力趋向水平的性能，称为流散性。如未胶结的砂层，当其含水时，流散性就比不含水时大大增加。在具有松散性和流散性的岩层中钻进，要特别注意采心和护壁问题。

6. 什么是岩石的稳定性?

岩石稳定性是指岩体内的自由面保持不变的性质。对钻孔而言，即在岩体内钻出钻孔，孔壁岩石不坍塌、不崩落的性能，称为岩石的稳定性。

7. 什么是岩石的机械性质？与钻进有关的岩石机械性质有哪些?

岩石在机械力作用下所表现出来的性质，称为岩石的机械性质。

与钻进有关的机械性质有：强度、硬度、研磨性、弹性、塑性和脆性等。

8. 钻进方法及选用原则是怎样的?

常用的钻进方法及选用原则是：在软岩和中硬岩层中用带硬质合金切削具的回转钻头钻进；在中硬及部分中硬以上岩层中采用铣齿牙轮钻头钻进；在硬岩中采用金刚石钻头或(少量)钢粒钻头钻进；在硬脆岩层中采用液动(气动)孔内冲击器钻进或镶齿牙轮钻进更有效。在已知的岩层中或无矿的孔段，在仅为工程目的的钻孔中可使用无岩心全面钻进，从而大大缩短升降钻具的时间消耗，提高钻进效率。其中，钢粒钻头只能往下钻进，而硬质合金、金刚石等钻进方法可钻任何方向的钻孔。钻孔的直径取决于钻进目的、钻孔结构和钻进方法。金刚石钻头主要用于 ϕ59 mm、ϕ76 mm 的小口径；钢粒钻头主要用于 ϕ91 mm 以上的口径；硬质合金和牙轮钻头则既可钻进小口径，又可钻进大口径水井、工程施工孔和浅井。

9. 钻进方法可分为哪几种?

钻进方法可分为机械方式和物理方式两大类。物理方式中只有热力钻进法在俄罗斯有少量工业应用，其余的如等离子体法、水力法、电脉冲法还停留在实验室研究阶段。实际生产中绝大多数采用的是机械方式，主要钻进方法有：① 伴有循环冲洗介质的硬质合金、金刚石、钢粒、牙轮钻头回转钻进和长螺旋干式回转钻进；② 采用液动、气动孔底冲击器的冲击回转钻进；③ 钢丝绳冲击钻进；④ 振动钻进。上述方法中使用最广泛的是回转钻进。冲击回转钻进也是在回转的基础上增加孔底冲击载荷，以提高脆性岩石的破碎效果。而钢丝绳冲击钻进主要用于水井施工，振动钻进主要用于在土壤和软岩中打浅孔。

在岩心钻探中，根据施加外力的性质或方式，可把钻进方法分为：冲击钻进、回转钻进、冲击回转钻进等；根据碎岩工具所用的材质，可把钻进方法分为：钻粒钻进、硬质合金钻进、金刚石钻进等。

10. 钻进工作的基本作业包括哪几个方面？

为了使钻进工作能够连续不断地进行，使钻孔向地层深部不断地延伸到预定的地点，必须进行破碎岩石、清除岩屑、维护孔壁三项必须的工作环节，这三者是钻探工作的基本作业。在不同的地层中钻进，三者的难度是不同的。在松软地层中钻进时，破碎岩石较为容易，清除岩屑的工作量较大，而维护孔壁成为了工作中的难点或重点；而在坚硬完整的地层中钻进时，破碎岩石就成为难点，清除岩屑和维护孔壁就相对较容易一些。

11. 什么是钻进规程？

钻进规程也称钻进规范，是表明如何合理、有效地运用钻具进行钻进工作的各个工作参量。在生产中，钻进规程一般指钻压、转速和冲洗液量三个在钻进过程中可以控制的工艺参数。但广义而言，还应包括提高效率、保证质量以及达到先进技术经济指标的一切技术措施。钻进规程作为一种生产工作的规章制度而言，它应当是统一的或规范化的。但在实际应用中，钻进规程是有条件的。通常，钻进规程应根据地层条件、钻头类型、钻探设备以及当时的操作者的技术水平而定。

12. 钻进规程分为哪几种？

钻进规程按其要求和条件不同，分为：

（1）优化钻进规程是指在一定的条件下，确定能达到最好技术经济指标的钻进参数。一般所说的钻机规程即指最优钻进规程而言。

（2）强力钻进规程是指钻进时采用比一般钻进参数更高的钻进参

数值，以达到更高的钻进速度。有时也称快速钻进规程。

(3)特殊钻进规程——为了某一或某些特殊的目的和要求而采用的某些特殊技术措施和特殊的、受限制的钻进参数，称为特殊钻进规程。特殊钻进规程也是合理的，但也存在着如何择优的问题。

13. 钻探的工作对象及其实质是什么?

钻探的工作对象是岩矿石。钻探的实质就是利用机械设备、工具和一整套工艺措施，在地壳内钻凿出圆形井孔，取出岩矿样品，探明矿产的赋存状态和分布规律，或者实现其他地质和技术目的。在钻探生产过程中，不论是钻进、采取岩心、防斜或利用孔斜，还是保护孔壁、维持冲洗液正常循环等，各种工序都是与岩石性质紧密相关的。

14. 从钻探的角度可将岩石的性质分为哪几类?

岩石性质决定于其物质成分、结构构造、成岩后的变化和外力场的作用。从钻探的角度来看，岩石性质可分为三类：

(1)岩石的自然性质，即岩石在生成过程、构造变动和风化过程中形成的性质，如密度、孔隙度、含水性、透水性、内聚性等。

(2)岩石的力学性质，即岩石在机械接触力作用下表现出来的性质，如强度、硬度、弹性、脆性、塑性、研磨性等。

(3)岩石的非力学性质，即岩石在热力场、电场、磁场等作用下呈现出来的物理性质，如线膨胀、比热、导热性、电阻率、磁化率等。

15. 按黏结状态可把岩石分成哪几个类别?

按黏结状态可把岩石分成以下四个基本类别：

(1)坚固岩石。坚固性岩石的特征在于通常具有高硬度，无论在高压力还是在湿润条件下，当岩石破碎后，其矿物质点之间的分子连接力都不会恢复。坚固岩石分成含石英和不含石英两类，其中前者硬度高，难以钻进。通常在生产中会遇到完整(无裂纹)的和裂隙性的两种坚固岩石。在完整的坚固岩石中施工时，孔(井)壁稳定不必加固，而在强裂隙性岩石中穿过的孔(井)壁必须加固。

(2)黏结性岩石。黏结性岩石(黏土、亚黏土、白垩、铝矾土)由黏土矿物或主要由黏土矿物黏结的碎屑岩细粒组成，其特征是：① 在湿润条件下，黏结状态被破坏之前可以有大的残余变形；② 质点之间的内聚力，随湿润的程度不同可以在很宽的范围内变化；③ 在黏结状态被破坏之后，可采取高压和增加湿润的办法使其内聚力得以恢复；④ 某些黏结性岩石（黏土岩、白垩）具有膨胀性，即在湿润状态下体积膨胀，易造成孔（井）壁缩径或坍塌。

（3）松散性岩石。松散性岩石由相互之间无黏结性的不同形状与尺寸的细粒（砂、砾石、卵石、漂砾等）聚集而成。在这类岩石中钻掘的同时必须加固孔（井）壁，以防止坍塌。

（4）流动性岩石。流动性岩石（或流砂层）由含水的砂质黏土类岩石（细砂、亚砂土）组成。当砂粒之间存在着极细小的黏土颗粒时，这类岩石具有较强的流动性。如果位于上覆岩层形成的高水头压力之下，则流砂会沿着钻孔上涌。因此在这类岩石中施工必须一边钻掘一边加固孔（井）壁。

16. 什么是岩石的孔隙比和孔隙度?

（1）岩石的孔隙比用公式表示为：

$$k_p = V_p / V_c$$

式中：k_p——岩石的孔隙比；

V_p——岩石中的孔隙体积；

V_c——岩石中固相骨架的体积。

（2）岩石的孔隙度用公式表示为：

$$p = \frac{V_p \times 100\%}{V} = \frac{V_p \times 100\%}{V_c + V_p} = \frac{V_p / V_c}{1 + V_p / V_c} \times 100\% = \frac{k_p}{1 + k_p} \times 100\%$$

式中：p——岩石的孔隙度；

V——岩石的总体积。

岩石的孔隙性削弱了岩石的强度。一般沉积岩具有高的孔隙度（砂岩 55%，灰岩 0 ~ 45%），随着埋深的增大，岩石的孔隙度降低。

17. 什么是岩石的密度与容重?

均质物质的密度为质量与体积之比。但岩石的孔隙中可能充有水或气体，所以必须分别考虑岩石的骨架密度和体积密度。体积密度指在自然状态下岩石的质量（m）与带孔隙的岩石体积之比，用公式表示为：

$$\rho_s = \frac{m}{V} = \frac{m}{V_c + V_p}$$

岩石的骨架容重 γ_c 是单位体积岩石固相骨架的重量，用公式表示为：

$$\gamma_c = \frac{G}{V_c}$$

式中：G——岩石固相骨架的重量。

岩石的容重 γ_s 是单位体积岩石的重量，用公式表示为：

$$\gamma_s = \gamma_c(1 - p)$$

式中：p——岩石的孔隙度。

18. 岩石的结构与构造分别反映了岩石的什么特征?

岩石的结构反映了岩石的微观组织特征，体现了岩石中矿物或碎屑的粒度、形状和表面性质。从钻探工程的角度看，岩石的结构反映着岩石的非均质性和孔隙性。

岩石的构造反映了岩石的宏观组织特征，它与岩石中矿物或碎屑彼此之间的组合形式和空间分布情况有关，它决定着岩石的各向异性和裂隙性(有时称作节理)。

岩石的结构和构造与岩石的成因类型、形成条件及存在环境有密切的联系。岩浆岩具有块状结构，其构造特征对钻探破碎岩石没有显著影响。沉积岩的成因广泛，故其结构也比较复杂。例如，碎屑岩具有碎屑结构，按碎屑的大小可分为砾状结构(碎屑直径 >2 mm)、粗砂结构(碎屑直径 1 ~2 mm)、中砂结构(碎屑直径 0.1 ~1 mm)和粉砂结构(碎屑直径 0.01 ~0.1 mm)。碎屑岩的胶结形式也对岩石的力学性质有着显著影响。沉积岩通常具有层状构造，它是由层理决定的。层理反映岩石在垂直方向上成分的变化，即岩石颗粒大小在垂直方向上的改变，不同成分颗粒的交替，或者某些岩石颗粒的定向排列。层理导致岩石的各向异性。变质岩是在高温高压下生成的，一般具有晶体结构、片理状构造。所谓片理就是岩石沿平行平面分裂为薄片的能力。片理也会引起岩石的各向异性。

19. 什么是岩石的强度？影响岩石强度的因素有哪些？

强度是固态物质在外载（静或动载）作用下抵抗破坏的性能指标。岩石在给定的变形方式（压、拉、弯、剪）下被破坏时的应力值称为岩石的强度极限 σ。

影响岩石强度的因素基本上可分为自然因素和工艺因素两大类：

(1) 一般造岩矿物强度高者其岩石的强度也高。但沉积岩的强度取决于胶结物所占的比例及其矿物成分。胶结物所占的比例愈大，则胶结物强度对岩石强度的影响愈大，被胶结的造岩矿物的强度对岩石强度的影响愈小。细粒岩石的强度大于同一矿物组成的粗粒岩石。

(2) 岩石的孔隙度增加，密度降低，其强度则降低，反之亦然。因此，一般岩石的强度随埋深的增大而增大。

(3) 岩石的强度具有明显的各向异性。垂直于层理方向的抗压强度最大，平行于层理的抗压强度最小，在与层理斜交方向上的抗压强度介于两者之间。

(4) 岩石的受载方式导致岩石的强度值差异很大。岩石在受压时表现出最大的抵抗破坏能力，而在大多数情况下岩石的抗剪强度极限几乎是抗压强度极限的 10% 左右。

(5) 多向应力状态下的岩石强度比单一应力状态下的强度高出许多倍。

(6) 加载速度的影响主要表现在两个方面：①外载作用速度的增加使岩石的应变速率增大，大幅度地提高了岩石的强度；②加载速度对塑性岩石强度的影响大于对脆性岩石强度的影响。

20. 岩石的强度对钻进有什么影响？

岩石的强度是影响钻进碎岩难易程度的重要因素之一。岩石的抗压强度和抗剪强度愈大，破碎就愈困难，钻进效率也愈低。实践证明，利用冲击方式破碎坚硬岩石要比用静压方式破碎岩石的效果容易得多。

21. 什么是岩石的硬度？影响岩石硬度的因素有哪些？

岩石的硬度反映岩石抵抗外部更硬物体压入（侵入）其表面的

能力。

硬度与抗压强度有联系，但又有很大区别。抗压强度是固体抵抗整体破坏时的阻力，而硬度则是固体表面对另一物体局部压入或侵入时的阻力。因此，硬度指标更接近于钻探过程的实际情况。因为回转钻进中，岩石破碎工具在岩石表面移动时，是在局部侵入(可能非常微小部位)的同时使岩石发生剪切破碎。钻探工具压入岩石是较难的，而压入后剪切破岩却较容易。

影响岩石硬度的因素也可分为自然因素和工艺因素两大类：

(1)岩石中石英及其他坚硬矿物或碎屑含量愈多，胶结物的硬度越大，岩石的颗粒越细，结构越致密，则岩石的硬度越大；而孔隙度高，密度低，裂隙发育的岩石硬度将会降低。

(2)岩石的硬度具有明显的各向异性。但层理对岩石硬度的影响正好与对岩石强度的影响相反。垂直于层理方向的硬度值最小，平行于层理的硬度最大，两者之间可相差 1.05 ~ 1.8 倍。

(3)在各向均匀压缩的条件下，岩石的硬度增加。在常压下硬度越低的岩石，随着围压增大，其硬度值增长越快。

(4)一般而言，加载速度的增加，将导致岩石的塑性系数降低，硬度增加。但当冲击速度小于 10 m/s 时，硬度变化不大。加载速度对低强度、高塑性及多孔隙岩石硬度的影响更显著。

22. 岩石的硬度对钻进有什么影响?

岩石的强度是指岩石整体抗破坏的能力；而硬度则是岩石表面抗破碎的能力。岩石的硬度在一定程度上，直接反映了破碎岩石的难易程度，岩石越硬，切削具越难以切入岩石，钻进效率就越低。

23. 测量岩石压入硬度的装置是怎样的?

国际上普遍采用如图 1 - 1 所示的装置测定岩石的硬度值 H_y(通常称为压入硬度)：

$$H_y = \frac{P_{max}}{S}$$

式中：H_y——岩石的压入硬度，Pa；

P_{max}——在压入作用下岩石产生局部脆性破碎时的轴载荷，N；

S——压头底面积，m^2。

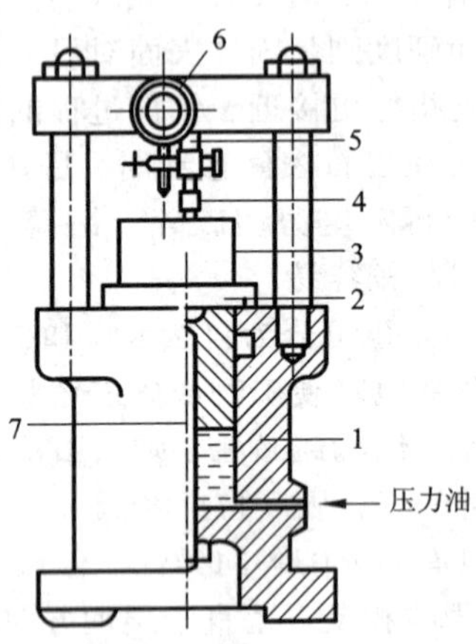

图1-1 测试压入岩石硬度的装置

1—液压缸；2—液压柱塞；3—岩样；4—压头；
5—压力机上压板；6—千分表；7—柱塞导向

24. 什么是岩石的弹性、塑性和脆性？对钻进有什么影响？

岩石受到外力后产生变形，外力取消后岩石仍恢复到原来的形状，这种性质叫岩石的弹性。

钻进弹性大的岩石，会使钻头产生跳动，也消耗一部分功率，给钻进带来一些困难，如硅化石英、片麻岩的弹性大，钻进困难。

岩石受到外力后，改变形状，而不产生断裂的性质，叫岩石的塑性，如黏土、泥页岩、高岭土等塑性就大。塑性大的岩石一般都比较软，容易钻进，但易产生缩径、憋水、糊钻等。

岩石在外力作用下，不产生变形，而直接破碎的性质，叫岩石的脆性。如滑石、烟煤等脆性较大。脆性大的岩石钻进容易，但采心困难，有时还会造成孔壁坍塌、掉块等现象。

25. 岩石的完整度是指什么？

岩石的完整度是指岩石破碎的自由状态、裂隙发育的程度。岩石按其完整度可分为：完整、较完整和破碎三类。

26. 影响岩石弹性和塑性的主要因素有哪些?

影响岩石弹性和塑性的主要因素有：

（1）对岩浆岩和变质岩而言，造岩矿物的弹性模量越高，岩石的弹性模量也高，但后者不会超过前者。沉积岩的弹性模量取决于岩石的碎屑和胶结物及胶结状况。在碎屑颗粒成分相同的条件下，岩石弹性模量由大到小的次序是：硅质胶结最大，钙质胶结次之，泥质胶结最小。

（2）造岩矿物的颗粒越细，岩石越致密，岩石的弹性模量越大。岩石的弹性模量也具有各向异性，平行于层理方向的弹性模量大于垂直于层理方向的弹性模量。

（3）单向压缩时岩石往往表现为弹脆性体，但在各向压缩时则表现出不同程度的塑性，破坏前都产生一定的塑性变形。这意味着在各向压缩下需要更大的载荷才能破坏岩石的连续性。

（4）温度升高岩石的弹性模量变小，塑性系数增大，岩石表现为从脆性向塑性转化。在超深钻和地热孔施工中应注意这一影响。

27. 钻进过程中存在哪几种类型的磨损?

在钻进过程中存在着两种类型的磨损：①破岩过程中的摩擦磨损，它与所钻岩石的研磨性、破岩工具上切削具的耐磨性及钻进规程参数有关；②磨粒磨损，它与从孔底分离出来的岩屑的硬度和研磨性、孔底区域内岩屑的数量有关，即取决于钻进速度、冲洗或吹洗孔底的程度。在金刚石钻进中这种磨损形式起着重要的作用。因为岩粉能磨蚀金刚石钻头的胎体，帮助孕镶金刚石出刃。

28. 什么是岩石的研磨性? 影响岩石研磨性的因素有哪些?

用机械方法破碎岩石的过程中，工具本身也受到岩石的磨损而逐渐变钝，直至损坏。岩石磨损工具的能力称为岩石的研磨性。影响岩石研磨性的因素包括：

（1）岩石颗粒的硬度越大，岩石的研磨性也越强，富含石英的岩石具有强研磨性。

(2)岩石胶结物的黏结强度越低，岩石的研磨性越强。

(3)岩石颗粒形状越尖锐，颗粒尺寸越大，则岩石的研磨性越强。

(4)孔隙性岩石表面粗糙，在与工具接触的局部易产生应力集中，从而增强岩石的研磨性。

(5)硬度相同时，单矿物岩石的研磨性较低，非均质和多矿物的岩石(如花岗岩)研磨性较强。因为这类岩石中较软的矿物(云母、长石)首先被破碎下来，使岩石表面变得粗糙，同时石英颗粒出露，从而增强了研磨能力。

(6)当工具与所钻岩石表面摩擦时，在轴向压力未达到岩石的压入硬度值之前，动摩擦系数是轴向力和滑动速度的增函数，而达到和超过后，动摩擦系数便保持恒定或有所下降。

(7)介质会改变岩石的研磨性，湿润和含水的岩石硬度和研磨性都会降低。

29. 岩石的研磨性对钻进有什么影响?

研磨性可分为三等：弱研磨性、中研磨性和强研磨性。

岩石的研磨性大，对切削具的磨损严重，钻进时钻头的寿命低，以致影响钻进效率。

30. 什么是岩石的含水性和透水性?

岩石的含水性一般可用含水量的多少来表征。岩石中水的含量称为含水量(或湿度)。这里所说的含水量是指自由水的含量。含水量(或湿度)由烘干前后岩样重量差与干岩样重量之比来表示：

$$W_c = \frac{G_w - G_d}{G_d} \times 100\%$$

式中：G_w——湿岩样重量；

G_d——干岩样重量

岩石的含水多少取决于其孔隙的大小和数量。岩石中的孔隙有连通的和基本不通的两种情况。连通孔隙发育的岩石，容易透水。透水性的大小可用透水系数来表示：

$$K_w = \eta \frac{q}{A} \frac{l}{A(P_i - P_0)}$$

式中：K_w——岩石的透水系数，达西；

η——水的黏度（在20℃时，$\eta=1cP$），cP（1cP＝0.001 Pa·s）；

q——在1秒时间内通过岩样的水量，cm^3/s；

A——垂直于水流方向的岩样横截面面积，cm^2；

l——岩样的长度，cm；

P_i——进入岩样处的水压，kgf/cm^2（1 kgf＝9.80665 N）；

P_0——流出岩样处的水压，kgf/cm^2。

31. 什么是岩石的内聚性？按内聚性岩石分为哪几类？

岩石内部颗粒联系的紧密和强弱程度称为岩石的内聚性。

按内聚性的大小岩石可分为三类：

（1）坚固的岩石：这类岩石由矿物骨架和微孔组成，具有较大的联结力和内摩擦力，抵抗外力的能力强。坚固岩石的破碎是由于受剪切或断裂作用而发生的，因为这些岩石的抗拉和抗剪强度大大低于抗压强度。内摩擦力将影响岩石的抗剪能力。当作用于剪切面上的法向压力增大时，内摩擦力将增大。坚固岩石破碎后，颗粒之间的联结力不能恢复，除非将颗粒之间的距离压缩到分子力作用的范围之内。钻孔穿过坚固岩石时，一般来说其孔壁较稳定，不需加固。只是在那些裂隙发育引起掉块和冲洗液强烈漏失的孔段才要求护壁堵漏。含石英的坚固岩石，通常具有较大的硬度和较高的研磨性，钻进困难。

（2）黏结的岩石：这类岩石主要是黏土质岩石。与坚固岩石的不同之处是它本身具有较高塑性、较低强度和较低的研磨性。黏结岩石的联结力决定于其湿度和外界压力。它被破碎后，在湿润和加压条件下可能复原。黏结的岩石易于钻进，用泥浆洗孔时，一般其孔壁稳定。但是，一旦遇到这样的黏土，它迅速吸水而体积膨胀，因此引起缩径、垮塌和卡钻。穿过这类岩石时，通常采用低失水量泥浆或对孔壁缩径无影响的冲洗液。

（3）松散的岩石：这类岩石包括砂和砾石。在完全干燥或被水饱和时，颗粒之间实际上没有黏结力，但有一定的内摩擦力存在。松散岩石的强度取决于内摩擦力，而内摩擦力又受正压力的影响。因此，这类岩石埋藏越深，强度越大。松散的岩石不稳定，当钻孔穿过接近地表的松散岩石后，应立即下套管或采取其他有效措施护壁。

32. 钻头碎岩刃具有哪几类?

根据钻头刃具同岩石作用的方式和碎岩机理，所有钻头碎岩刃具可分为：切削 - 剪切型、凿碎型和凿碎 - 剪切型三类，如图 1 - 2 所示。

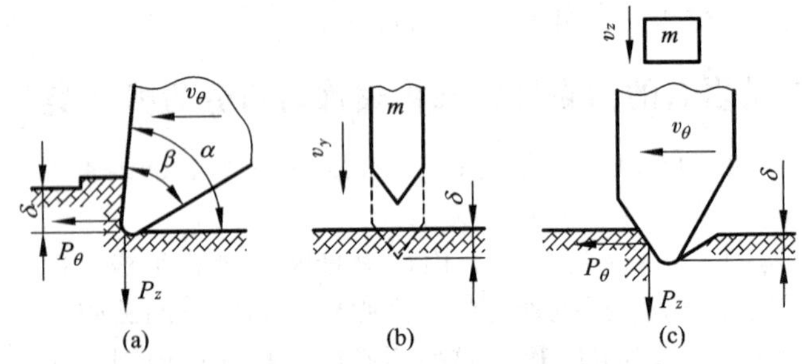

图 1 - 2 钻头碎岩刃具同岩石作用示意图

(a)切削 - 剪切；(b)凿碎；(c)凿碎 - 剪切

33. 什么是岩石的可钻性?

岩石的可钻性是在一定钻进方法下岩石抵抗钻头破碎的能力。它反映了钻进作业中岩石破碎的难易程度，它不仅取决于岩石自身的物理力学性质，还与钻进的工艺技术措施有关，所以它是岩石在钻进过程中显示出来的综合性指标。由于可钻性与许多因素有关，要找出它与诸影响因素之间的定量关系十分困难，目前国内外仍采用试验的方法来确定岩石的可钻性。不同部门使用的钻进方法不同，其测定可钻性的试验手段，甚至可钻性指标的量纲也不尽相同。例如，钻探界在回转钻进中以单位时间的钻头进尺(机械钻速)作为衡量岩石可钻性的指标，分成 12 个级别，级别越大的岩石越难钻进；在冲击钻进中常采用单位体积破碎功来进行可钻性分级。而在石油钻井部门则以机械钻速与钻头进尺的乘积或微型钻头的钻时作为衡量指标，分成 10 个级别。

34. 岩石可钻性可分为几级?

我国岩石可钻性级别沿用前苏联的分级方法，可分为四类十二级：

软的——相当于可钻性 1 ~3 级；

中硬的——相当于可钻性 4 ~6 级；

硬的——相当于可钻性 7 ~9 级；

坚硬的——相当于可钻性 10 ~12 级。

35. 怎样粗略判断岩石的可钻性?

大拇指甲：能刻划 1 ~3 级岩石及矿物；铁刀：能刻划 4 ~5 级岩石及矿物；钢锯条：能刻划 5 ~6 级岩石及矿物；锉刀：能刻划 6 ~7 级岩石及矿物；合金刀：能刻划 7 ~8 级岩石及矿物；金刚石玻璃刀：能刻划 9 级以上的岩石及矿物。

36. 岩石的可钻性对钻进有什么影响?

岩石的硬度对可钻性影响最大，硬度大的岩石，可钻性等级高。岩石硬度和强度主要是影响小时效率，而研磨性主要是影响钻头寿命、回次进尺长度。因此，可钻性对钻进的影响很大。如较软的页岩、砂页岩、白云岩等，不但硬度低，研磨性小，它们的可钻性也好，小时效率高，回次进尺长。高硅化的石灰岩、砂岩和粗粒的花岗岩、花岗片麻岩等岩石，硬度大、研磨性强，可钻性差，钻进小时效率低，回次进尺短。

第二章 钻前准备、钻具和封孔

1. 什么是钻孔结构?

钻孔结构是指钻孔由开孔至终孔，孔身剖面中各孔段的深度和口径的变化情况。一般来说，钻孔换径次数越多，钻孔结构越复杂。

当钻孔在含砾石、卵石和漂砾的砂质黏土质岩土中施工时，孔壁可能坍塌，在水敏性地层中钻孔可能缩径，在流砂层中则成孔非常困难，所以在复杂地层中必须加固孔壁。如果用泥浆或专门配制的处理剂护壁无效的话，则必须用套管来隔离不稳定的孔壁。有时虽然钻孔不深，也需要下一层、二层甚至三层套管，形成多级阶梯形的钻孔结构。所以开孔直径将比终孔直径大好几级。

2. 钻孔结构设计的依据是什么?

开孔前为了确定钻孔结构设计，必须根据以下资料：

(1)钻孔的用途和目的。

(2)所钻地层的地质结构、岩石的物理力学性质等。

(3)钻孔的设计深度和倾角。

(4)该钻孔中拟采用的钻进方法、钻探设备的技术参数和孔内测量仪器的外径尺寸。

(5)钻孔的终孔直径。

为了降低生产成本，应尽量简化钻孔结构，少下或不下套管。因为每下一层套管钻孔便缩小一级口径，套管柱的上下端固定与密封、套管间的丝扣连接强度及保持钻孔方向等方面都会出现一系列技术问题。往往钻孔结构越复杂，套管层数越多，则孔内事故隐患越多。在满足地质要求的情况下，尽可能使用小口径金刚石钻具钻进，以提高钻进效率，减少事故，降低钻探成本。

3. 钻孔结构设计的内容有哪些?

(1)确定各岩层的钻进方法：选择钻进方法的主要依据是被钻进地层的地质条件、孔深、孔径和钻孔解剖面以及施工位置的自然地理条件，还应参考已完工孔的统计资料的分析结果。若施工地区未曾钻过一个孔，则在选择钻进方法时，应考虑相近地质条件的其他地区的经验和情况。

(2)确定钻孔终孔直径：影响终孔直径选择的因素很多，包括钻进方法、不同矿种允许最小岩(矿)心直径、钻孔用途、钻机动力容量和孔内测井仪器的规格等。终孔直径一般规律是：金刚石钻进推荐的终孔直径为 ϕ46 mm 或 ϕ59 mm；钢粒钻进的终孔直径不小于 ϕ91 mm；硬质合金钻进常用 ϕ59 mm、ϕ76 mm、ϕ91 mm 的钻头终孔，但用于煤系地层时应不小于 ϕ76 mm，用于无机盐勘探时应不小于 ϕ91 mm；用于工程地质勘察的终孔直径一般应不小于 ϕ110 mm，用于水井和工程施工的孔径可达 ϕ300 ~ ϕ500 mm 或以上。确定了终孔直径以后，根据地层剖面找出需要加固的危险孔段，再设计对应孔段下入套管的直径和深度。

(3)确定套管层次、下放深度和套管直径：是否有必要下套管，首先取决于地层的复杂情况和对地质情况的了解程度。为了加快钻进速度和节约管材，应力求用一般的方法处理钻孔中可能发生的坍塌、掉块、漏失或涌水等因岩性引起的事故(如采用各类泥浆护孔等)。只有当钻孔有特殊通途或地质情况特别复杂而采用各种冲洗液处理无效时，才决定下套管。

(4)拟定孔身直径和开孔直径：在前述工作的基础上，由下向上逐段确定各个钻孔孔段的深度和孔径，直至地表确定开孔直径和所需下入套管的层数、直径和深度(见图 2 -1)。有时为了发挥小口径钻进的优越性，而依地层情况又可能遇到一些复杂情况，往往可以在下入孔口管后，即改用小两级口径钻进，以便在发生意外事故时，采用扩孔处理(见图 2 -2)。

总之，在钻孔设计与施工时，要充分考虑矿区的岩石性质、水文地质条件、钻孔终孔口径、钻孔深度、钻进方法、钻孔用途等因素。在保证钻孔质量和安全钻进的前提下，尽可能地采用泥浆护孔，力争少换径，少下套管，最大限度地简化钻孔结构，以降低钻探成本。

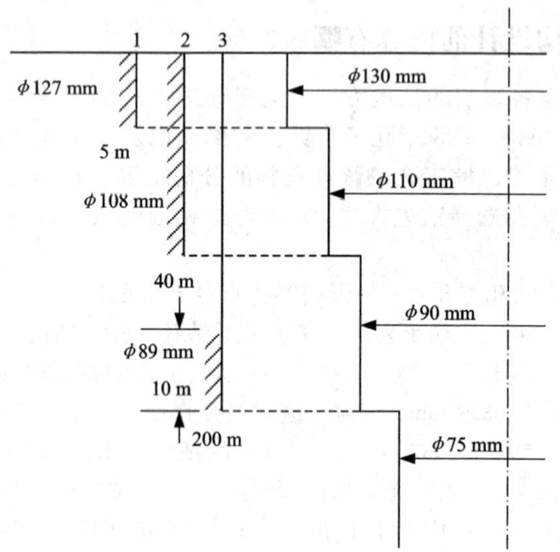

图 2－1 钻孔结构示意图

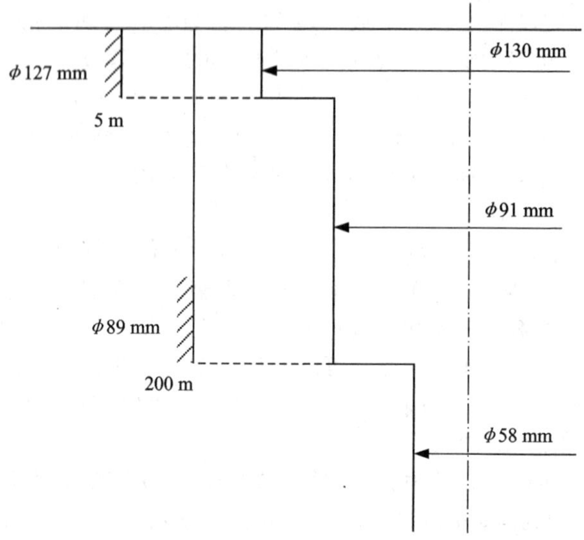

图 2－2 简化钻孔结构示意图

4. 在什么情况下需要换径钻进和下入套管?

有下列情况之一者，往往需要换径钻进和下入套管：

(1)钻进松散的砂砾石层、流砂层、受地下水影响、泥浆护孔无效时，需要下入套管，换径钻进。

(2)穿过较厚的节理裂隙发育的破碎带，坍塌掉块严重时，需要下入套管护孔，换径钻进。

(3)钻进遇到含水构造或与大裂隙贯通，严重涌水或漏失的地层，进行套管止水后，换径钻进。

(4)钻孔达到一定深度后，由较大口径换较小口径钻进，以适应设备负荷能力和提高经济效益。

(5)接近地面的表土层、风化层较松软易坍塌，一般都下孔口管，然后换径钻进。

(6)下孔口管，以保护孔口处岩土层不被冲坏，并将冲洗液导向循环槽，孔口管的另一个重要作用是导正钻孔方向。

(7)用套管加固很难用泥浆护壁的不稳定地层。

(8)用套管隔离漏水层与涌水层。

(9)当设备负荷能力不足或处理孔内异常需要缩小一级孔径，而上覆地层又有坍塌块、缩径危险时，下入套管。

5. 拟定钻孔施工技术措施包括哪些内容?

拟定钻孔施工技术措施应包括的内容有：

(1)地质年代、地层深度及厚度、岩石类型、岩石的主要矿物组成、岩石的构造、岩石的强度、硬度、研磨性、完整程度以及岩石的可钻性级别、水文地质要求等地质情况。

(2)依据地质情况和地质要求，确定钻孔孔身结构、确定不同地层的钻进方法、钻头类型与参数、钻进工艺技术等。

(3)确定各地层的护孔方法、冲洗液类型以及对冲洗液处理剂和各种供水方案的选择。

(4)确定地层的钻进技术措施、保证达到钻探质量六大指标的各种技术措施。

(5)根据地质情况和钻孔深度、钻孔结构，确定所需机械设备和主要管材、器材、场地修筑以及设备安装的方案与草图和完成期限。

(6)拟定施工技术措施，一般要编制“钻孔地质技术指示书”，在施工中参照执行。

6. 开孔前应作好哪些准备工作?

(1)开孔钻进前应备好足够数量的钻杆、套管、定向管、钻头、钢粒、油料、冲洗液、拧卸工具、专用取心工具、必要的短岩心管、岩心箱及各种报表等。

(2)必须对钻探设备及安装质量进行全面的检查，不合要求时应进行修理、调整。必要时可重新安装，绝不能凑合。

(3)深孔钻进开孔时，为了防止孔斜，必要时可以在孔口挖一坑，埋入定向管，钻进到基岩后再下入套管。浅孔开孔应使用泥浆护孔，如坍塌严重可采用人工造壁的方法钻进，钻到基岩后下入套管。

7. 钻探场地大小如何确定？布置原则是什么?

钻探场地用以安装钻塔、钻探设备、泥浆循环系统、管子架等。场地大小取决于钻孔的设计孔深。设计深度愈深，所需钻塔高度就愈高，各种设备的外部尺寸愈大，循环系统及管子架等占的面积也愈大。同时，需要配有泥浆及水的储备池。场地的长轴方向决定于钻孔的倾角及方位角。钻垂直孔时，无须定向，应力求挖方及填方的工作量最少，而且工作方便、安全。当勘探区某一方向的风力很强时，或者在季风比较大的地区施工，应考虑对钻塔的横向力，最好使钻塔的一个腿和没门的一面对着风向，以减少钻塔的风载。

钻场的布置应以已定的孔位为准，将全部钻进所需的机械设备、场房等按一定距离布置，其原则是:

(1)设备相互间的距离，在有利于工作，利于安全的情况下力求紧凑。

(2)所用工具布置恰当，使用时既感到方便又可节省工作时间。

(3)应该适当考虑到改善工作条件和环境卫生。

8. 钻探工作对地盘有什么要求?

(1)地面平整、有足够的面积，地表土层(或岩层)有一定抗压强度。

(2)避风，在季风比较大的地区应考虑风的横向压力。

(3)地盘的纵向长度与钻孔方位线一致。

(4)填方的面积不大于总面积的 1/4(如图 2-3 所示)。

(5)应考虑防洪和易排水。

(6)山坡地盘靠山一面的坡面：岩石为 60°~80°；松散土夹石或土层不大于 45°。

在坡度很陡、岩石很硬的高山地区，钻浅孔时，为了减少挖填土方工程量和时间，可以采用支柱基础(如图 2-4 所示)。

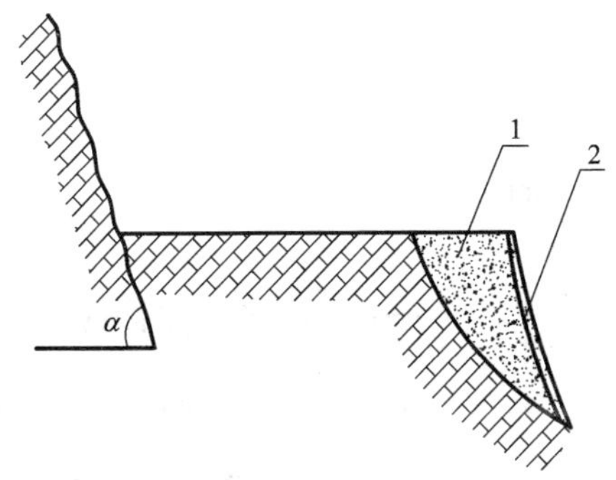

图 2-3　挖方与填方结合的地盘

1—填方部分；2—砌石墙加固；α—靠山一面的坡度

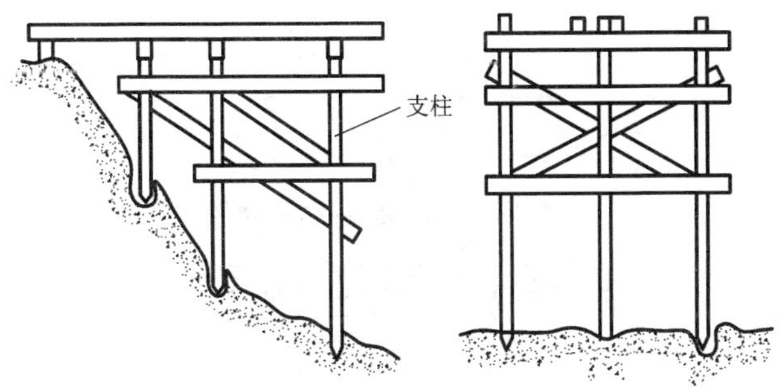

图 2-4　支柱基础

9. 钻探工作对地基有什么要求?

钻塔、钻机和动力机必须固定在具有足够强度的基础上，因为这些设备不仅重量大，而且钻进时承受很大载荷。钻探工作对地基的要求为：

(1)能吸收振动及倒转力矩，基础必须稳固、周正、水平。

(2)基础能传递的单位压力不应超过其允许应力。

(3)建造成本低。

地基材料和结构的选择决定于钻孔深度、设备能力及类型、钻机施工时间的长短、地基表土层的承载能力以及该孔的地层情况。

10. 钻探中常用的钻场地基有哪些?

(1)浅槽地基：浅槽地基(见图2－5)的基台木槽底垫入碎石、土，经夯实后再放入基台木。这种地基适用于较坚实的土壤地面，多用于浅孔和中深孔。

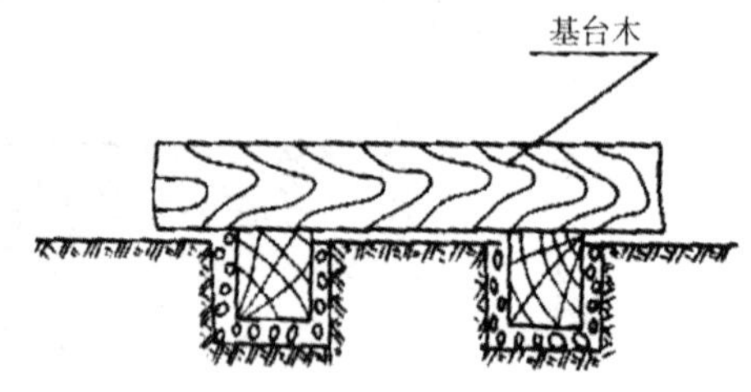

图2－5 浅槽地基

(2)卧枕地基：在比较松软或填方部分不够坚实时使用，即在基台木下着力点(塔腿、钻机、柴油机下)加200 mm×200 mm×1500 mm的基台木(见图2－6)。

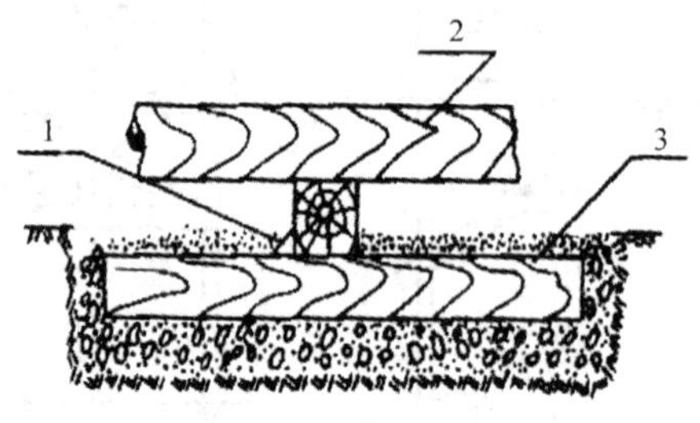

图2－6 卧枕地基

1—扒钉；2—基台木；3—卧枕

(3)深坑地基：在地面挖深1.5～2 m，长度均为1.2～1.5 m的深坑，下入井字形枕木，上下以长螺杆连接，用土石将坑填满捣实(见图2－7)。这种地基适用于作钻机、内燃机的基础，因其能承受较大的震动力。

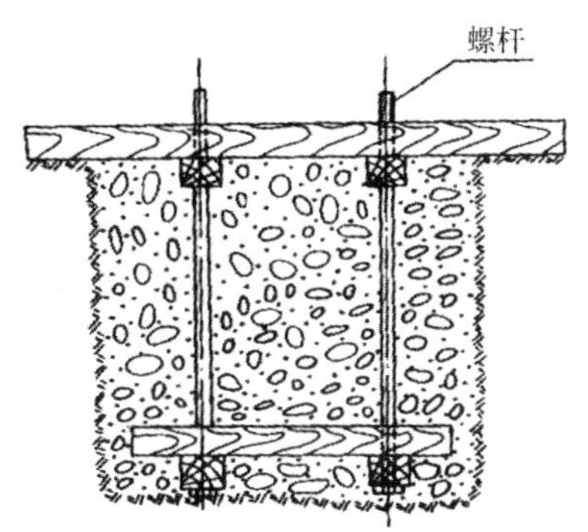

图2－7 深坑基础

(4)混凝土地基：混凝土地基可做成正截面锥体或立方体，高为0.8～1.5 m，底面积视地面软硬程度而定。混凝土重量应为机器重量的3倍。这种地基适于表土层软硬不均或钻进深孔时使用。

11. 钻探设备安装时要注意哪些事项?

(1)机械安装必须达到周正、水平、稳固，各皮带轮轴必须相互平行，皮带运转必须在轮宽的中间。

(2)钻机立轴中心线必须与天车中心(用单轮天车时为前轮缘)、孔口中心线在一条直线上，否则上下钻具时会碰孔口管头，也可能造成孔斜。

(3)固定设备底座的螺杆必须符合规格，并应带垫拧紧，以防松动。

12. 钻探冲洗液净化系统如何布置?

钻探冲洗液净化系统包括水源箱、循环槽沉淀箱等。其作用是在钻进过程中净化冲洗液。循环净化系统的规格根据钻孔深浅、钻进方法和所钻岩石性质确定。使用一般泥浆时，沉淀箱不少于2个，其容积0.3～0.5 m^3；水源箱2个，其容积1～2 m^3；循环槽一般宽300 mm，高200 mm，长度不短于16 m，安装坡度为1/100～2/100，以保证冲洗液循环畅通并利于净化。循环槽每隔1.5～2.0 m左右交错安装挡板。冲洗液循环净化布置图如图2－8所示。

13. 钻探设备安装完成后验收和校正工作包括哪些内容?

整个设备安装完毕后，由地质人员和钻探人员同负责安装的人员

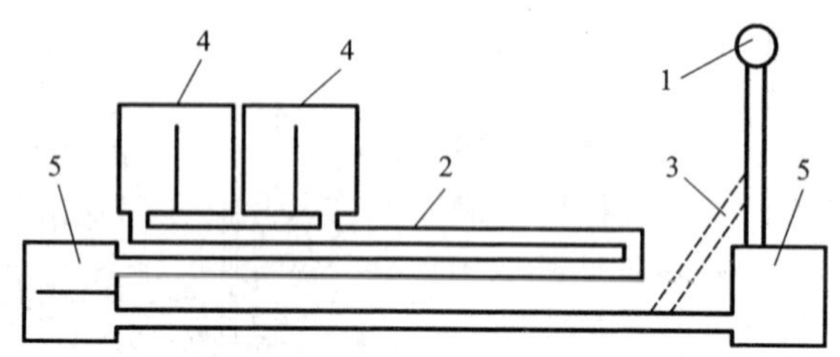

图2-8 冲洗液循环净化布置图

1—孔口；2—循环槽；3—导槽；4—水源箱；5—沉淀箱

以及机长一起进行验收和校正工作。其内容包括：

(1)检查基础、基台、钻塔及钻探设备安装的稳固性和准确性。检查动力机、钻机、水泵是否水平。分别驱动时，各轴是否相互平行，以免引起传动的异常阻力，造成机械工作不均衡使设备发生不均匀磨损。

(2)检查天车中心线(用单轮天车时为前轮缘)、钻机立轴中心线和钻孔中心线是否在一条直线上。

(3)检查立轴方向是否和钻孔倾斜方向一致，以免在开孔时就发生孔斜。

(4)检查各项安全设施是否齐备，其安装是否合乎基本要求。

(5)对于上述检查，如发现不合乎要求的地方，随即进行校正。然后在孔载情况下进行试运转，以检查机械传动和运转情况是否正常。

(6)开孔前应备好足够数量的套管、定向管、钻头、磨料、油料、冲洗液、拧卸工具、专用取心工具和打捞工具，必需的短钻杆和短岩心管、岩心箱以及各种记录报表等。

14. 通常说的钻探管材是指什么?

地质钻探管材是钻探工程主要消耗材料，通常包括普通钻杆、加重钻杆、绳索取心钻杆、岩心管和套管等。也有人将孔内钻具(由钻杆、岩心管、扩孔器、钻头等组成)用钢管连同护壁、取心、滤水、成井等各种用途的钢管统称为钻探管材。钻探管材的性能和质量对钻探工程的效率、质量、安全和成本影响巨大。

15. 岩心钻探钻具由哪些部分组成?

为了获取岩心，常规的钻具必须以回转运动的方式工作。一套完整回转岩心钻具是由钻头、岩心管、异径接头、取粉管、钻杆柱、连接接头和水龙头等组成，如图2-9所示。为了提取岩心或更换钻头，需要把钻具按一定的长度拧卸开，并由孔内提出。在进行升降工序中，须使用各种钳子、提引器及垫叉等。

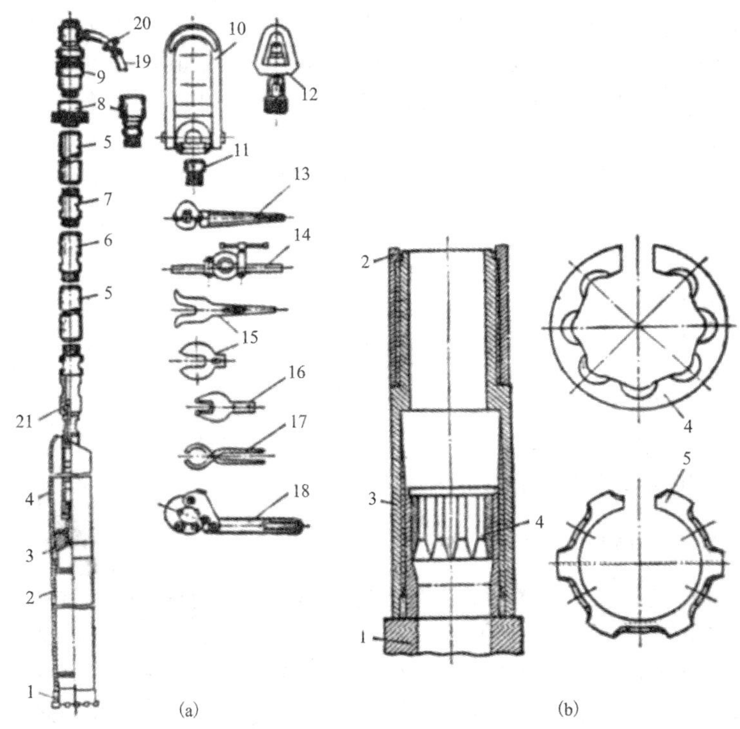

图2-9　钻具组合及其工具

(a)—全套钻具；1—钻头；2—岩心管；3—异径接头；4—取粉管；5—钻杆柱；6—切口外平锁接头；7—切口平接头；8—水龙头接头；9—水龙头；10—爬杆提引器；11—钻杆提引塞(蘑菇头)；12—普通提引器；13—钻杆自由钳；14—铰链夹持器；15—垫叉；16—拧管机搬叉；17—钻头夹钳；18—岩心管自由钳；19—高压软管；20—软管夹板；21—卡心投球；(b)—岩心提断器；1—钻头；2—岩心管；3—提断器外壳；4，5—岩心提断器

在钻具下端，装有钻头。钻头是钻进工作的直接工作端，它是由钢钻头体并在端部镶焊有硬质合金切削具或金刚石工作块在孔底破碎岩石。钻头体以螺纹与岩心容纳管连接，钻头体内有倒锥面，用以安装提断器或投放卡料，以便卡断岩心。

岩心管是在钻进时容纳岩心的，同时也承受和传递钻压和扭力，带动钻头工作。岩心管的长度限制了回次进尺的长度，有单根和双根连接使用的。

异径接头是用来连接岩心管和钻杆柱的。它有铣刀接头和三径接头两种。铣刀式异径接头用于不需装配取粉管时，其铣刀可用以破碎孔壁掉下来的岩块，以防止卡钻；三径异径接头上有左旋螺纹，用以连接取粉管。

取粉管用于岩粉量大、冲洗不足的情况下，收集大粒岩屑，特别是在钻粒钻进中，由于冲洗液量受调节孔底钻粒所限，必须带有取粉管。

16. 什么是钻具?

钻具一般是指钻头以上、水龙头接头以下的全部钢管柱，它由岩心管、异径接头、取粉管、扶正器(或扩孔器)、钻铤、钻杆和主动钻杆等组成。钻杆是钻具组成中的主要成员，多根钻杆借助接头或接箍连接成相当于孔深长度的钻杆柱。

17. 什么是钻杆柱?

钻杆柱是连通地面钻进设备与地下碎岩工具的枢纽。钻杆柱把钻压和扭矩传递给钻头，实现连续钻进；钻杆柱为清洁孔底和冷却钻头提供输送冲洗介质的通道；钻杆柱还是更换钻头、提取岩心管和进行事故打捞的工作载体。同时，在绳索取心钻进和水力反循环连续取心钻进中，钻杆柱还是提取岩心的通道；用孔底动力机钻进时，靠钻杆柱把动力机送至孔底，输送高压液体或气体并承担反扭矩。

18. 钻杆柱的功能是什么?

在钻探工作中，钻杆柱从地表把钻机的动作和动力传递给井底的钻头，钻头在井底破碎岩石，连续给进以及其他一切工作全取决于钻杆柱的工作性能。钻杆柱在传动工作系统中是一个特殊的、细长比特大的、在井筒特定条件下工作的传动杆件。同时它又是洗井液冲洗井底和冷却钻头必需的液流通道。杆内承受着高压，杆外承受着磨损。虽然表面上看去钻杆柱在结构上较为简单，实际上，它承受着复杂的外力，且处于失稳状态，工作负担是十分沉重的。在某些特殊钻进方法中，钻杆柱还用做输送岩心或岩心提取器的通道，或作为更换井底钻头的通道。在许多情况下，钻杆柱还起着辅助作用：投送卡取岩心的卡料，输送测斜仪器以及输送堵漏材料等。

19. 钻杆的作用有哪些?

钻杆的作用，主要是传递扭矩和轴心压力、输送冲洗液、化学浆液、水泥浆等。在绳索取心钻进中，钻杆还是投送取心器的通道；在某些情况下，钻杆丝扣加工成反丝适用于处理孔内事故或者反转纠斜钻进。

20. 钻杆是用什么材质制成的?

常规的钻杆是由不同成分的合金无缝钢管制成，现用合金成分有Mn、MnSi、MnB、MnMo、MnMoVB等，并且限制磷、硫等有害成分不得大于0.04%，用做钻杆柱的钢管力学性能必须满足国家的有关标准规定。为了确保钻杆质量，轧制的钢管必须经正火、回火处理或调质处理。由于钻杆柱在回转过程中，经常与孔壁摩擦，为了强化其表面抗磨能力，必须对钻杆表层进行高频淬火。但是为了不影响钻杆抗疲劳破坏的性能，淬火加硬的表层深度必须控制在1 mm以内。

钻杆连接螺纹是钻杆柱中最薄弱的部位。为了克服该弱点，常常须把钻杆端部管壁向外或向内镦厚，成为外加厚或内加厚的钻杆。但是在镦厚的过程中对钻杆会造成热损伤，所以镦厚的钻杆必须进行正火、淬火和高温回火处理。钻探管材螺纹是按国家相关标准专门设计的，一般钻杆采用螺距4～8 mm每边倾斜5°的梯形螺纹，为了防止应力集中，螺纹根部有规定的圆弧角。螺纹部分承受着交变应力，所以它既要有足够的强度，又要能在经常拧卸中耐磨。同时钻杆柱承受着冲洗液流的高压作用，要求在钻杆接头端部有专门的端面密封。

21. 什么是主动钻杆？其断面形状有哪几种？

主动钻杆（又称机上钻杆）位于钻杆柱的最上部，由钻机立轴或动力头的卡盘夹持，或由转盘内非圆形卡套带动回转，向其下端连接的孔内钻杆传递回转力矩和轴向力。主动钻杆上端连接水笼头，以便向孔内输送冲洗液。主动钻杆的断面尺寸大，便于卡盘夹持回转，不易弯曲，其断面形状有圆形、两方、四方、六方和双键槽形。主动钻杆的长度应比钻杆的定尺长度与回转器通孔长度之和略长一些，常用的长度是4.5 m或6 m。

22. 什么是钻铤？其作用是什么？

在大口径钻进中常会用到钻铤。钻铤直径大于钻杆，位于钻杆柱的最下部。其主要特点是壁厚大（相当于钻杆壁厚的4～6倍），具有较大的质量、强度和刚度。钻铤的主要作用是：① 给钻头施加钻压；② 保证复杂应力条件下的必要强度；③ 减轻钻头的振动，使其工作稳定；④ 控制孔斜。

23. 未使用的和使用中的钻杆、岩心管的允许弯曲度为多少？

未使用过的钻杆弯曲度不得大于1～1.5 mm/m（前者是指内加厚钻杆及主动钻杆，后者是指外加厚钻杆）；使用中的钻杆，其弯曲度不得大于3 mm/m。

未使用的岩心管（直径34～146 mm）的弯曲度不得大于1 mm/m，使用中的岩心管，其弯曲度不得大于2 mm/m。

24. 在现场如何测量钻杆、岩心管的弯曲度？

现场测量时，可选用1 m长的直尺（必须是标准的），平放在欲测管材任意长度的表面上，看尺子与被测管材表面的间隙距离，即为该管材的弯曲度。

25. 哪些管材不能下入孔内使用？

（1）凡钻杆直径单边磨损2 mm或均匀磨损达3 mm、弯曲度超过3 mm/m的均不能下入孔内使用。

（2）岩心管磨损超过壁厚1/2、弯曲度超过2 mm/m的不能下入孔内使用。

（3）各种管材有微小裂隙、丝扣严重磨损、晃动或明显变形时，都不能下入孔内使用。

（4）加工质量不合乎管材质量标准要求的，不能下入孔内使用。

26. 如何合理使用钻杆？

所谓合理使用钻杆，主要是指采取措施，改善钻杆的工作条件，减少弯曲与磨损。常用的方法有：

（1）钻杆上加胶箍：常规钻进均能使用，效果较好。

（2）钻杆表面抹滑润剂或使用乳状液，采用金刚石钻进时可广泛使用。

（3）减小钻头与钻杆的配比，以缩小钻杆与孔壁之间的间隙，从而减少钻杆弯曲，改善钻杆工作条件，这项措施在金刚石钻进时尤为重要。

（4）加强对钻杆的维护保养，定期检查，新旧钻杆分组使用，旧的放在浅孔或钻孔上部使用，新的放在下部使用。

27. 从哪些方面可以改进钻杆性能？

改进钻杆的性能主要方向有：

（1）进行合理的热处理：冷拔无缝钢管在拔制过程中，形成的条带状组织和拔制应力，应当通过适当的热处理加以消除，以保证钻杆的机械性能。采用高频淬火，可以大幅度地提高管材的表面硬度、耐磨性及刚性。

（2）制定合理的钻杆系列；钻杆的规格应包括直径、壁厚、长度等。

（3）合理的螺纹形状及连接方式。

（4）钻杆表面强化处理。

（5）使用轻型铝合金钻杆。

28. 对钻探用的接箍和锁接头有什么要求？

为了保证钻杆在钻进中的稳定性，除要求钻杆每米弯曲度应符合规定的要求外，其接箍两端螺纹，还必须严格保证其同轴性(也就是同心度)。内加厚钻杆使用的接箍，其两端螺纹的同心偏差在任一端面间不大于0.5 mm，在1 m长度内不大于1.5 mm，外加厚钻杆使用的接箍，则不大于0.75 mm，在1 m内不大于2 mm。

内加厚钻杆用的锁接头粗扣采用1:5锥度的圆螺纹，外加厚钻杆用的锁接头采用1:6锥度的圆锥螺纹。

29. 金刚石钻进用的钻杆的性能为什么要求比其他钻进用的钻杆高?

金刚石钻进的基本特点是口径小、转速高。因此对金刚石钻进用钻杆的性能要求比硬质合金钻进等钻杆要高得多。其原因如下:

(1)金刚石钻进时的转速较高，钻具回转所消耗的功率较大，因此钻杆承受的扭矩和扭应力也较大，容易产生疲劳现象。高转速所引起钻杆柱的剧烈震动，也使钻杆的强度大大降低。

(2)金刚石钻进钻孔的直径小，目前国内主要用的口径为直径60和直径75 mm的;钻进深度800~1000 m的钻孔，有时还采用直径42 mm钻杆钻进。

(3)由于口径小，钻杆只能用平接头连接，不允许采用像外丝钻杆那样的锁接头和胶皮箍，那样钻杆表面磨损较快。

由于金刚石钻进过程中，钻杆反复承受拉、压、扭弯和内部液体压力的作用，以及由于孔内摩擦、钻孔弯曲、钻具不直、孔底岩石破碎和不均匀刻取等所造成的震动和动载冲击负荷等，因此要求钻杆的材质须具备:

(1)屈服强度高，不易弯曲、变形。

(2)冲击韧性好，不易发生脆断、破裂现象。

(3)表面硬度高，耐磨性好。

30. 对常用的岩心管(和套管)有什么要求?

岩心钻探用的岩心管，是根据我国有关标准规定进行的，如原冶金部标准规定:岩心管及接头均由DZ钢的无缝钢管制造。其螺纹采用螺距4 mm，螺纹高0.75 mm，齿形半角5°的梯形螺纹。

岩心钻探用的套管，根据原冶金部标准规定，其规格尺寸与岩心相同，只是螺纹长度不一样；接头也比岩心管接头长。

金刚石钻进用的套管是：一端为公扣，一端为母扣，使用时，直接连接。

31. 钻杆柱的连接方式是怎样的?

长期以来，钻杆柱都是采用螺纹连接的方式。螺纹连接必须用公母螺扣对接，因而大大削弱了管壁强度，螺纹部分成为钻杆柱中最薄弱的部位。虽然采取了管壁加厚螺纹等办法，还是常在螺纹部位发生断钻杆的事故。钻杆接头的连接方式有：平接头连接、锁接头连接和焊接接头连接等，见图 2－10。

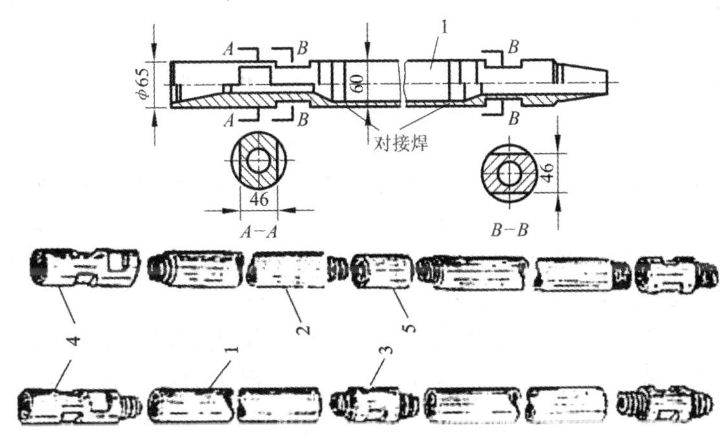

图 2－10　钻杆柱的连接方式

1—内丝钻杆；2—外丝钻杆；3—公锁接头；4—母锁接头；5—接箍

32. 什么是内丝钻杆?

用接头连接的内丝钻杆两端内壁车有扁梯形螺纹。我国金刚石岩心钻进（非绳索取心）均采用内丝钻杆，这是金刚石钻进的特点所决定的。因为金刚石钻进孔径小、转速高，必须使钻杆外径和孔壁之间的环状间隙很小。因此要求整个钻杆柱的外表面基本是平滑一致的，从而决定了只能用内丝钻杆连接方式。

33. 什么是外丝钻杆?

用接箍连接的外丝钻杆两端管壁有内、外加厚，并车有带锥度的三角螺纹。接箍外径较钻杆大，可减少钻杆磨损和其在孔内的弯曲程度，但却占用了较大的钻杆外环状间隙。在合金和钻粒钻进中，基本是采用外丝钻杆。

34. 铝合金钻杆有什么优势?

目前国外已推广铝合金钻杆，国内也在试制。使用铝合金钻杆可以减小钻杆柱的质量，减少回转和提升钻杆柱所消耗的功率，所以在同样的条件下可以增大钻机的可钻深度，提高转速，同时可以减少升降钻杆柱的时间。

35. 钻杆柱在孔内的旋转运动可能有哪几种形式?

钻杆柱在孔内的旋转运动可能有三种形式:

(1)钻杆柱围绕自身弯曲轴线旋转(自转)。钻杆柱自转时在整个圆周上与孔壁接触，产生均匀的磨损，但受到交变弯曲应力的作用。

(2)钻杆柱围绕钻孔轴线旋转并沿着孔壁滑动(公转)。钻杆柱公转时不受交变弯曲应力的作用，但产生一边偏磨。

(3)钻杆柱围绕钻孔轴线旋转，但不是沿着孔壁滑动而是沿着孔壁反向滚动(公转与自转的结合)，钻杆柱同时围绕自身轴线和钻孔轴线旋转。其磨损均匀，也受到交变弯曲应力的作用，但循环次数比第一种形式低得多。

从理论上讲，如果钻杆柱的刚度各方向是均匀一致的，那么钻杆柱以何种形式旋转就取决于外界阻力的大小，按照常规是以消耗能量最小的形式转动。当钻杆柱自转时，旋转经过的行程比其他运动形式都小，克服泥浆阻力及孔壁摩擦力所消耗的能量也较小。因此，一般认为呈半波弯曲的钻杆柱的主要形式是自转，但也可能产生两种形式的结合，即有时以自转为主 + 公转，有时以公转为主 + 自转。

36. 钻进过程中钻杆柱的受力情况如何?

在钻进过程中，钻杆柱承受着各种载荷的作用。

(1)轴向压力和拉力：当钻孔达到一定深度时，孔内钻杆柱的重力已超过了钻头所能承受的钻压值，则必须减压钻进。即上部钻杆柱受拉，其中孔口处拉力最大，向下逐渐减小；下部钻杆柱受压，孔底压力最大(见图2－11)。在某一深处轴向力等于零，称之为零断面或中和点。在施工中我们应该设计使中和点落在刚度大、抗弯能力强的钻铤上，保证上部的钻杆处于受拉伸的稳定状态。即使在小口径的条件下不可能使用钻铤，也应避免落在强度和刚度较弱的旧钻杆上，以免加剧其受压弯曲，在自转中造成疲劳破坏。

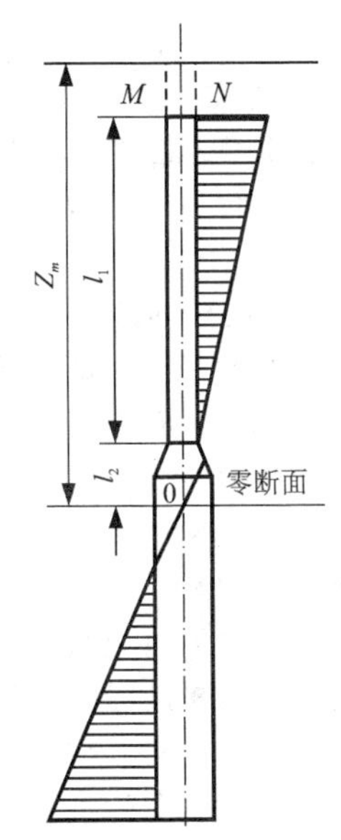

图2－11　轴向力分布示意图

(2)扭矩：钻进中钻杆柱受到扭矩的作用，在钻杆柱各个截面上都产生剪应力。钻杆柱在孔口处承受的扭矩最大，在孔底最小。

(3)弯矩与离心力：已经弯曲的钻杆柱在轴向力的作用下，将受到弯矩的作用，如绕自身轴旋转则会产生交变的弯曲应力。如果钻杆柱公转，则产生离心力。离心力又将加剧钻杆柱的弯曲变形。

(4)纵振、扭振与摆振：孔底跳跃式的破碎岩石(尤其是冲击钻进、牙轮钻进或钻进破碎岩石的条件下)会引起钻杆柱的纵向振动，在中和点附近产生交变的轴向应力。当产生共振时，钻杆柱容易疲劳破坏。当孔底岩石对钻头的回转阻力不断变化时，会引起钻杆柱的扭转振动，从而产生交变的剪应力。在某一临界转速下，钻杆柱会出现摆振，其结果是迫使钻杆柱公转，引起钻杆柱严重的偏磨。

由以上分析不难看出，钻杆柱受力严重部位是下部、孔口处和零断面附近。

37. 套管柱的连接方法主要有哪几种?

套管柱的连接方法主要有三种：

(1)直接连接：直接连接时单根套管的一端有外丝扣，另一端是内丝扣，连接后具有光滑的内外表面，便于下放和起拔套管柱，也便于升降钻具，适用于浅孔，我国金刚石钻进均用此种套管柱。

(2)接头连接：采用接头将单根套管连接成套管柱，连接后外表面光滑，有利于下放套管，所有规格套管均可采用接头连接，我国合金和钢粒钻进用的套管都是采用接头连接。

(3)接箍连接：采用接箍将单根套管连接成套管柱，连接后的内表面是光滑的，保证有足够的强度，但不利于下放或起拔套管柱，多用于石油钻，而在岩心钻中基本不用此种连接方式。

单根套管一般长 3 ~6 m。丝扣采用牙距 4 mm 或 6 mm 的梯形螺纹。由于套管柱在孔内承受着很大的应力，故必须用优质无缝钢管制成。

在下套管柱之前，应根据自重和最大起拔力的实际需要对其抗拉强度、丝扣连接强度进行校核，以防长套管柱有可能断裂或因丝扣损坏而脱开。此外，在钻开气层或向孔内压注水泥时，套管柱会受到较大的内压力；在软而松散的地层中，或遇到含有液体和气体的地层时，套管柱会受到较大的外压力；在弯曲的钻孔中下套管时，套管柱上会产生很大的弯曲应力。因此，在往深孔中下套管时，应通过强度验算来确定套管的最大允许下入深度。

38. 钻探封孔的目的是什么？

钻孔钻进结束之后进行封孔，其目的在于杜绝起拔套管之后地下水沿孔身循环的可能性，是防止由于钻探施工而给地下水的开发与利用、矿山开采、矿床保护、工程建筑及边坡稳定、水利工程渗漏等可能带来的危害。

39. 封孔的要求有哪些？

封孔必须按照要求进行，封孔的要求有：

(1)勘探孔终孔一律封闭孔口，并设置标桩。标桩为一带水泥塞的短套管，其上注明钻孔编号、深度、施工单位名称和钻孔完工日期。

(2)凡遇下列情况之一者都必须进行封孔：

①穿过工业矿体，同时见有主要含水层或有含水构造的钻孔；遇到天然气层而暂不开采的钻孔。

②可能引起矿床氧化、溶化，并对其开采、利用影响较大的钻孔。或对工程地质条件有不良影响的钻孔。

(3)封孔段的确定：

①工业矿层，主要含水层或含水构造的顶板下限以上，底板下限各封 5 m。

②如各封闭段之间相距很近，矿层、含水层及含水构造又很薄时，可一并封闭。

③表面风化或第四纪地层与完整基岩接触面以下应封闭 3 m 左右。

④封闭段之间一般可不加充填物。

根据地质和水文地质条件，可采用泥浆、黏土或水泥浆进行封孔。

40. 怎样选择封孔材料？

封孔材料的选择是根据含水层的水量、水质和水头压力、封闭位置的深浅、孔壁稳定情况等确定，常用水泥和黏土封孔。

41. 封孔水泥浆液如何配制？

配制水泥浆的水应是不具酸性的淡水。

搅拌水泥浆可用人工或机械方法进行。机械搅拌可用泥浆搅拌机和射流器。

(1)采用纯水泥封孔：根据不同孔径每包(50 kg)水泥可灌注钻孔的理论长度可参看表 2 - 1。

水泥用量计算可用下列公式：

$$Q = \frac{L}{l} \cdot 50 \cdot K$$

式中：Q——需要的水泥用量，kg；

L——需要封孔的长度，m；

l——每袋水泥封闭的理论长度，m；

K——系数，一般取 1.35 ~ 1.7。

表 2－1 水泥灌注钻孔的理论长度参考表

钻孔直径/mm	钻孔每米理论容积/($m^3 \times 10^{-3}$)	每包水泥用不同的水灰比灌注长度/m		
		40%	50%	60%
150	17.69	2.03	2.30	2.57
130	13.27	2.78	3.06	4.43
110	9.5	3.75	4.26	4.79
91	6.5	5.63	6.25	7.00
75	4.42	8.61	9.19	10.29

(2)采用砂浆封孔：为了节约水泥，可在水泥浆内加入细砂，配制成砂浆。砂粒直径一般应在 1 mm 以下，其中 0.5 mm 以下的应占整个砂量的 50% 以上。其配方(重量比)如下：

用导管注入时，配方比例：清水∶水泥∶细砂＝0.5～0.6∶1∶1；

用注送器注入时，配方比例：清水∶水泥∶细砂＝0.4∶1∶1。

(3)采用胶质水泥封孔：在水泥中加入一定数量的膨润土或少量的石灰，即称胶质水泥。

其配制方法，可将膨润土和清水调成泥浆后，再倒入水泥，搅拌均匀即成。使用配方的重量比可参考表 2－2。

表 2－2 胶质水泥配方表

水泥/%	膨润土/%	石灰/%
96～92	4～8	0
72	22	6

(4)速凝水泥浆封孔：在特殊情况下，需要水泥速凝提高早期强度时，可在水泥中加入一定数量的速凝剂进行化学处理。其配方可参考表 2－3。

表 2-3　速凝剂处理配方参考表

编号	水泥/%	加入的速凝剂/%					水/%	终凝时间
		水玻璃	纯碱	氯化钙	食盐	盐酸		
1	100	15	10				60	<27 h
2	100			<3			60	6~10 h
3	100				4~8		60	
4	100					4	60	
5	100	20~40	6~12				55	<2 min
							90	<20 min

注：①表中均是重量比；②5 号配方适于干水泥注井法。

42. 作为封孔材料的黏土有哪几种？

在一些地下水承压和流量不大、水头不高的钻孔可用黏土作为封孔材料。

（1）黏土球：用较好的黏土掺水搅拌后，搓成直径为 30~40 mm 的小泥球，待阴干后投入孔内封孔。

（2）黏土柱：在孔壁完整的情况下使用。制作方法是将岩心管劈成两半，再合拢用铁箍箍紧，向管内装黏土捣实，打开岩心管取出黏土柱，待泥柱阴干后用于封孔。

（3）浓泥浆：选用优质黏土，搅拌成浓泥浆并加入适量的碱剂处理，黏度在 30 s 以上。可用泥浆泵通过钻杆送入孔内。

43. 洗孔换浆的目的是什么？

注送水泥前，应用清水洗孔换浆。其目的一方面是排除孔内泥浆及孔内残渣；另一方面是清除封闭孔壁泥皮。

在不稳定地层进行洗孔工作比较复杂，因清水洗孔会造成孔壁坍塌，在这类地层洗孔，可根据不同情况分别处理。如封闭段为坍塌处，可用钻杆下至封闭处，用稀泥浆冲洗以减薄孔壁泥皮。在必要时可用洗孔器(见图 2－12)冲刷。

44. 下隔离塞的作用是什么?

在钻孔较深、封孔段距离比较大的情况下，为了使封闭的位置准确，减少水泥浆的用量，需要下入隔离物用以承托水泥浆；或者把水泥浆与其他物质隔离，这个方法也叫“架桥”。一般隔离塞需下在封闭的矿层或含水层顶板以上和底板以下各 5 m。注浆后，再下隔离塞。其他不是含水层或矿层的孔段可用黏土或浓泥浆封闭。钻孔封闭情况见图 2－13。

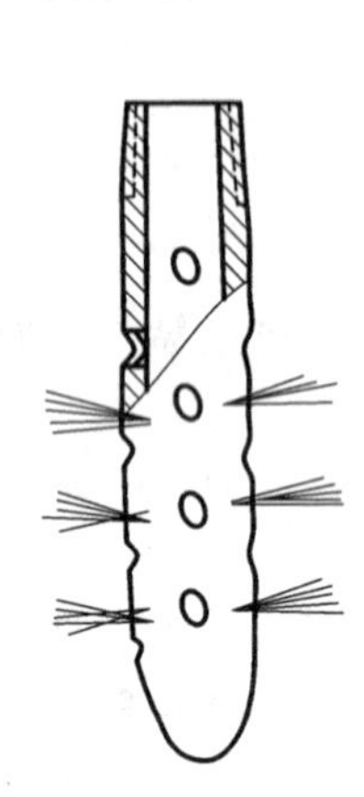

图 2－12　孔壁冲刷器

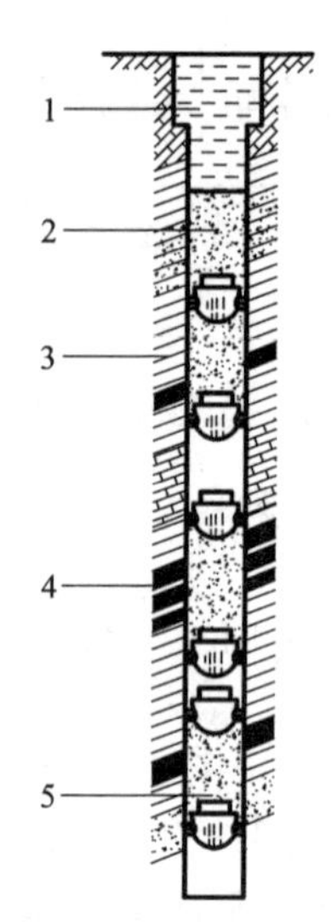

图 2－13　钻孔封闭示意图

1—黏土封闭孔口；2—封闭漏水层；3—封闭矿层；4—封闭矿层；5—封闭矿层和含水层

45. 隔离塞的种类有哪些?

隔离塞种类很多，但原理相同，下面介绍几种，这些隔离塞使用效果好，操作简便。

(1)木制隔离塞(见图2－14、图2－15)

这种木制隔离塞是用圆木做成，呈锥形，长度为1～1.5 m，直径比孔径小1～2 mm，为使木塞能用卡料卡紧在孔壁上，在木塞中部制有两道环行槽。木塞用销钉固定在钻杆上，下入孔内预定位置后，投入卡料卡紧，然后提动钻杆，拉断销钉。

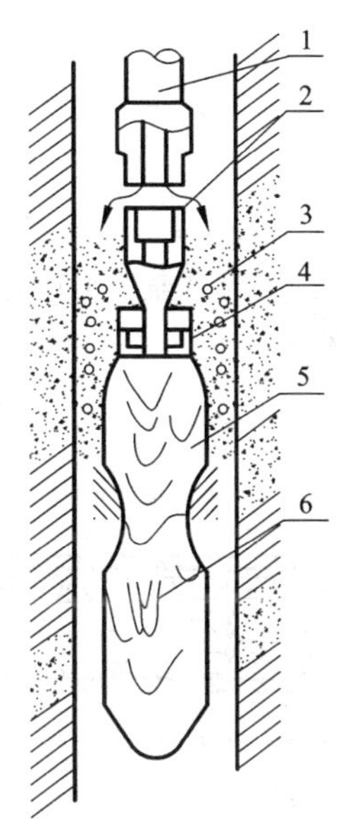

图2－14　倒刺木制隔离塞

1—钻杆；2—反扣接手；3—沙石；4—穿钉；5—木塞；6—钢丝

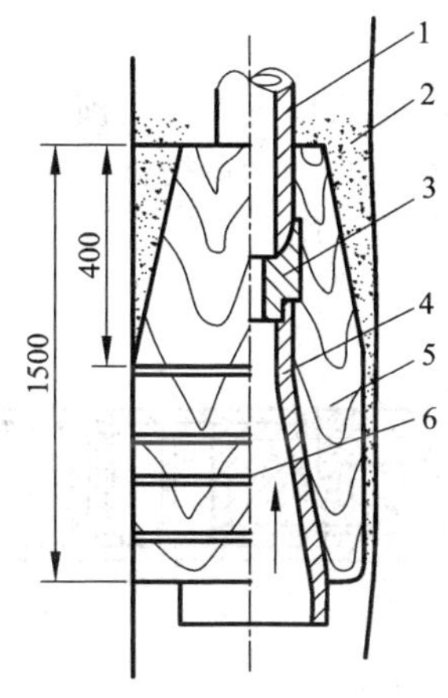

图2－15　特制木制隔离塞

1—钻杆；2—沙石；3—异径接头；4—楔形管；5—木塞；6—铅丝4道

(2)竹筋草塞(见图2－16)

竹筋草塞用1.6～1.8 m长的数根毛竹筋作为骨架，中间塞入稻草，使其最大直径比孔径小40 mm。粗径部分长300 mm，外部缠以草绳，并在对称的两边留以倒刺。将干燥的竹筋草塞用钻杆下至预计孔段，然后投以卡料，提出钻杆，再投黏土压实即可。

(3)草把隔离塞(见图2－17)

草把隔离塞是将稻草把装入岩心管内，在稻草把上部装碎石和黏

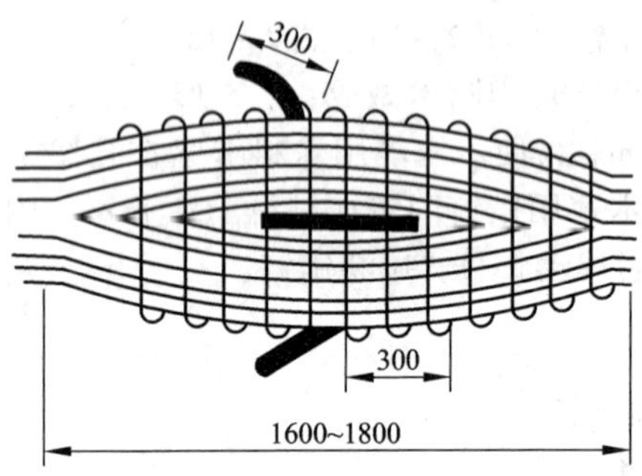

图 2－16 竹筋草塞（单位：mm）

土。将此钻具下入孔内预计孔段，投入弹子，然后开泵，泵压在 12～15 个大气压时，草把被顶出岩心管，逐渐张开，托住碎石和黏土，起到隔离的作用。

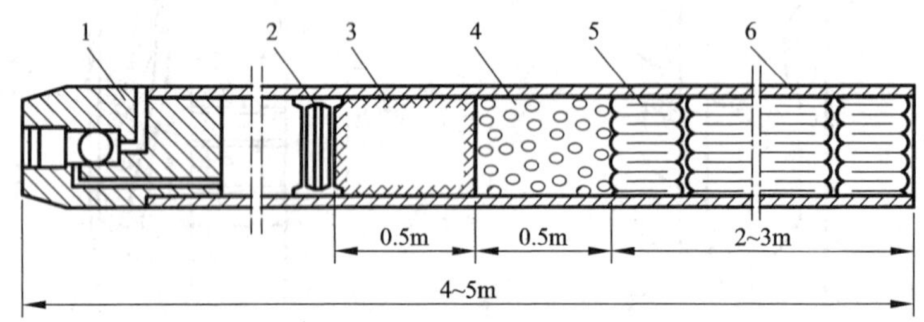

图 2－17 稻草把组合图

1—接头；2—纸环；3—黏土；4—砾石；5—稻草把；6—岩心管

46. 封孔注浆方法中的泵入法怎样操作？

泵入法是利用水泵的压力，将水泥浆和浓泥浆通过钻杆注入到孔内封闭段。这种方法灌注效率高，适用于封孔段长、体积大、水灰比 50%～60% 的净浆，操作方便不需特殊工具。

注浆前对水泵高压管、钻具等做严密检查。注浆管应下至距封闭段的底部 0.3～0.5 m 处为宜。注浆过程不必提动钻具。注浆完后，将钻具提至注浆面以上，再泵入清水，排除钻具内剩余水泥浆，并清洗水泵、钻具、胶管等。

47. 封孔注浆方法中的导管灌注法怎样操作？

导管灌注法是将水泥浆借助导管（一般是钻杆）内外液面高差和比重差及流动时的动能进行灌注的。水泥浆是用漏斗通过钻杆（钻杆上端接有 300 ~ 500 mm 长，直径 146 mm 岩心管制的储浆筒，钻杆下端离底部 0.3 ~ 0.5 m）上的储浆筒自孔口注入，见图 2 – 18。

这种方法灌注效率较高，设备简单，操作方便，适用于水灰比 45% ~ 50% 的净浆和密度大的砂浆。灌浆前，先开泵送水，导管畅通无阻后，再注入水泥浆。灌注过程尽可能保持连续作业，以保证灌注质量均匀。

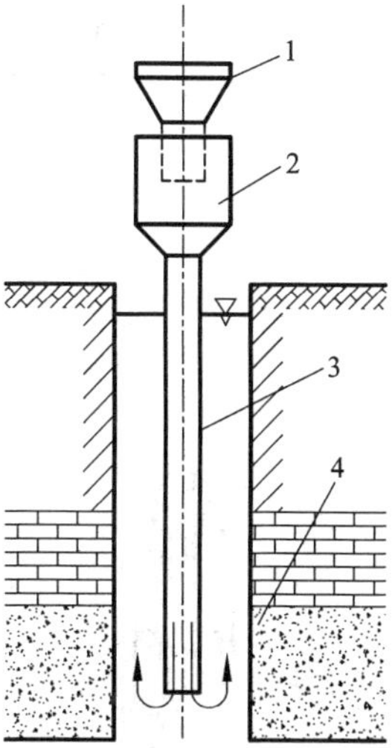

图 2 – 18　导管灌注法

1—漏斗；2—储浆筒；3—导管；4—要封闭的地层

48. 封孔注浆方法中的注送器注入法怎样操作？

注送器注入法是将封闭材料盛于专门的容器内，送至封闭孔段注入孔内。此法适用封闭段小，需灌注的净浆和砂浆体积小的场合。常用的注送器和灌注方法如下：

（1）水压活塞式注送器：适用于注送小体积，水灰比 40% ~ 45% 的净浆和密度大的砂浆。对于裂隙岩层，深水位的钻孔更为适用。其结构如图 2 – 19 所示。

使用时，应先将阀门 8 关闭严密，并用销钉 7 销住，下入孔内，用夹板夹于孔口，然后将砂浆、水泥浆或黏土装入盛浆管 6 内，再装上活塞 5，滑动接头 2 及压盖 1。用钻杆送入孔内，下钻速度不宜过快，防止冲击剪断销钉 7 打开阀门。水泵压力表应准确，使用时压力在 10 个大气压左右。送水后泵压逐渐增大，突然下降，再回升，说明销钉 7 被剪断阀门已打开。

（2）离心反脱式注送器：将离心反脱式注送器盛满砂浆后，下至预定孔深，开车回转(见图2-20)。由于离心力的作用，十字形鱼尾上的离心甩板向外滑动并与孔壁摩擦，将反丝接头卸开脱落，悬挂在正反丝接手下端的承托板上，砂浆自盛浆筒流出。注完后，将钻具提出浆面，待2~3 min后送水检验。如泵压正常，说明灌浆工作结束。如憋泵，说明反丝接头未脱，应将钻具下降至原部位，重新进行。

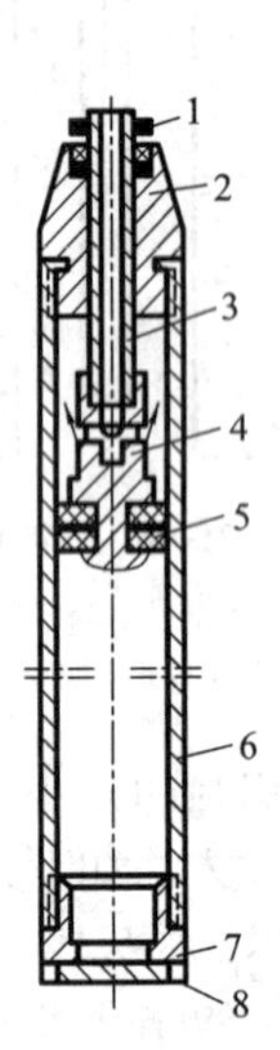

图2-19 水压活塞式注送器

1—压盖；2—滑动接头；3—钻杆；4—分水接头；5—活塞；6—盛浆泵；7—圆柱销钉；8—阀门

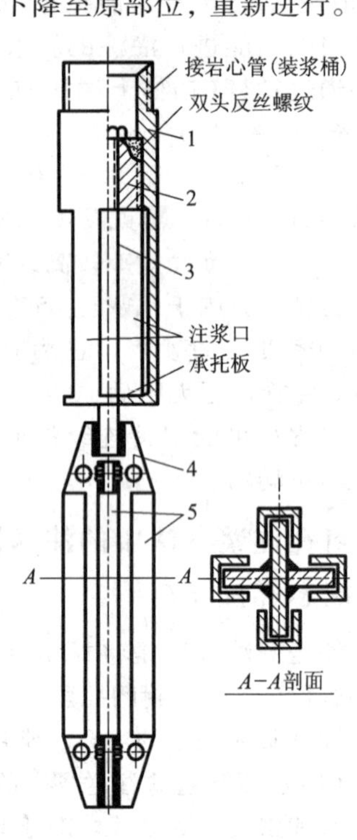

图2-20 离心反脱式注送器

1—正反丝接头；2—反丝接头；3—拉杆；4—十字形鱼尾；5—离心甩板

49. 封孔注浆方法中的孔内混合法是怎么回事?

为了防止水泥浆在孔内未凝结前被水冲失、流散、稀释，而使封孔失效，在破碎、坍塌、严重漏失或涌水地层中可采用速凝水泥浆和孔内混合方法进行封孔。见图 2 – 21。

50. 封孔时孔内灌水泥浆的准备工作有哪些？

（1）利用多种探测方法确定井内需要封孔孔段的位置、构造特征、岩性特点、漏失情况、含水层情况以及涌水程度、井内地层的温度，确定灌注孔深、浆液用量、灌注方法。

（2）根据灌注方法和要求，选用合适的水泥品种和外加剂，并进行室内水泥性能试验，确定水灰比、外加剂量的合理配方。

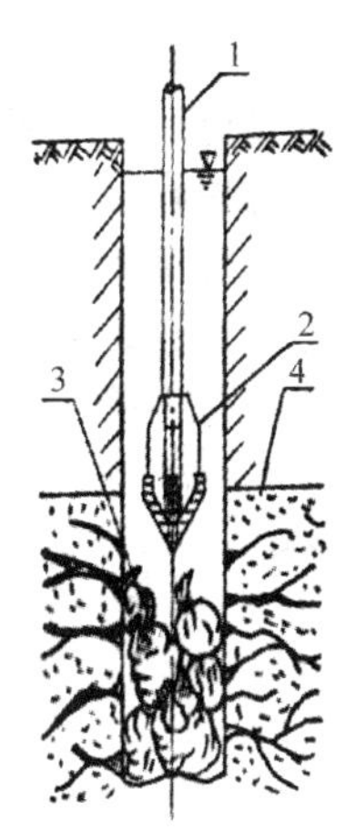

图 2 – 21　孔内混合法示意图

1—钻杆；2—搅拌钻头；3—塑料袋；4—封闭层

水泥性能试验是确保安全灌注、高质量封孔的关键，同样的水泥在不同的外界环境下所表现出来的性能差异很大。必须尽可能模拟井内和现场条件，充分考虑灌注水泥浆的实际操作过程，以水泥浆的流动性、凝结时间、达到的可靠固结强度和所对应的时间为主要指标，进行改变水灰比和外加剂的多种配方的试验，从中遴选出理想配方。所谓理想配方，至少应能满足以下 4 条基本要求：

① 灌注阶段水泥浆流动性好，一方面能够有效地实现封孔；另一方面在钻杆中的流动阻力小，易于泵送至井底。

② 从配成水泥浆到开始发生凝结有足够的安全时间，确保灌注结束直到把钻杆全部提出地表并清洗完泵注设备后水泥浆才开始凝结。

③ 水泥浆经过自动凝结固化，能够达到封孔要求的强度。

④ 水泥成浆至达到封孔要求的强度的时间尽可能短。

（3）灌注前应准备好并检查灌注系统各部件（动力、水泵管线、钻具、灌注器等）的工作可靠性，避免和消除灌注过程中的各种故障。

（4）进行灌注浆量、配水量的计算，确保所用材料（水、水泥、外加剂等）配剂够用。

(5)孔内准备

①通过分析、判断，确定封孔段位置。

②进行扫孔、冲孔，保证孔底和充填孔段清洁干净，需中部灌浆时应做好架桥工作。

③丈量钻具，校正孔深。

④测定孔内静、动水位。

第三章　钻探方法

1. 什么是金刚石钻进?

利用金刚石钻头作为破碎岩石的工具，这种钻进方法称为金刚石钻进。金刚石钻进是当前钻探工艺中一种比较先进的钻进方法。由于这种方法的钻进效率比较高，钻孔质量比较好，施工劳动强度比较低，钻探成本也比较低，因此得到越来越广泛的应用。

2. 金刚石钻进有哪些优越性?

(1)钻进效率高。由于金刚石本身优异的钻进性质，以及钻具与孔壁间隙小的特点，改善了钻杆在孔内的稳定性，可以提高转速，加速岩石破碎，提高钻进效率，加快地质勘探速度。

(2)钻孔质量好，可以准确地反映岩矿层的真实情况。具体表现在以下三个方面：

①岩(矿)心采取率高，特别是使用金刚石双管钻进，表现更为突出。

②岩(矿)心的代表性好，表现为岩(矿)心完整、保持原有结构，矿心品质好，没有磨损、污染或分选现象。

③钻孔弯曲度小。因为金刚石钻进时孔壁与钻具环状间隙小，岩心管不易发生弯曲等，所以在一般地层中钻孔弯曲度可以达到地质设计要求。

(3)设备工具重量轻，劳动强度低。金刚石钻进时的全套设备比钢粒钻进所用的设备和管材重量要轻一半左右。

(4)孔内事故少，钻探成本低。由于钻孔口径小，孔内岩粉少，加上其他因素，相应孔内事故少，生产效率高，台月进尺多，促使钻探成本也下降。

(5)适用范围广：金刚石可钻进 8～12 级的坚硬岩层，可以打任意角度的钻孔，如水平孔、仰孔，这是钢粒钻进无法实现的。在坚硬岩层中打上述孔，硬质合金钻进也是无能为力的。

3. 什么是金刚石钻头?

金刚石钻头是指以金刚石为切磨材料，借助于结合剂或其他辅助材料制成的具有一定形状、性能和用途的金刚石钻具。

4. 钻探用金刚石分成哪几类?

钻探用金刚石根据成因分为天然金刚石和人造金刚石两大类。

5. 与钻探有关的金刚石物理力学性质有哪些?

(1)硬度：是金刚石最重要的性能之一。金刚石的硬度极高，莫氏硬度为 10 级，研磨硬度是刚玉的 150 倍，是石英的 1000 倍。

(2)强度：金刚石具有极大的抗静压强度。天然金刚石的抗压强度大约为 8600 MPa，约为刚玉的 3.5 倍，硬质合金的 1.5 倍，钢的 9 倍。用于钻探的人造金刚石一般要求强度达 2500 MPa 以上。

(3)耐磨性：金刚石的弹性模量极大(8800 MPa)，在空气中与金属的摩擦系数小于 0.1，所以具有极高的耐磨性，是刚玉的 90 倍，硬质合金的 40 ~ 200 倍，钢的 2000 ~ 5000 倍。用于钻探的人造金刚石聚晶体一般要求与中硬碳化硅砂轮的磨耗比在 1∶30000 以上。

(4)热性能：金刚石是热的良导体，它散热比硬质合金刃具快。金刚石的线膨胀系数很低，仅为硬质合金的 1/4 ~ 1/5，钢的 1/8 ~ 1/10，但随温度的升高而增长较快，这对金刚石钻头的包镶和使用产生不利影响。金刚石容易受到热损伤，虽然温度尚低于其燃烧温度，但金刚石的强度、耐磨性已受到严重影响。所以钻进中必须用冲洗液冷却，防止发生金刚石钻头烧钻事故。

6. 什么是人造金刚石?

人造金刚石，实质上就是用人工的方法，创造一定的条件使非金刚石结构的碳(石墨)转变为常压下存在的金刚石结构的碳(金刚石)。它涉及凝聚态物理、高压物理、材料科学、机械、化学、冶金学、超高压技术等，具有边缘交叉科学与工程性质的特点。

7. 钻探对金刚石有什么要求?

(1)天然金刚石

①硬度高、耐磨性好。

②强度高、冲击韧性好、脆性小。

③热稳定性好。

④晶形完整。

⑤表面光亮、无蚀坑及松散表层。

⑥内部无裂纹和其他缺陷。

(2)人造金刚石

除了有些要求与天然金刚石相同外，还要求：

①晶形完整。

②单颗抗压强度质量好。

③无磁性或磁性较低。

④聚晶磨耗比高，抗压强度、耐热性能符合一定要求。

8. 人造金刚石质量检测标准有哪些项目?

国内规定的人造金刚石质量检测标准主要包括：

(1)粒度组成。

(2)抗压强度。

(3)堆积密度。

(4)杂质含量。

(5)冲击韧性。

而国际上常用的人造金刚石质量检测标准主要包括：

(1)冲击韧性(TI)。

(2)热冲击韧性(TTI)。

(3)偏心率(ECC)。

(4)抗压破碎强度(CFS)。

(5)晶形系数 τ 值。

(6)每克拉金刚石颗粒数(PCC)。

实际上，国内目前仍主要以单颗粒抗压强度为标准，而国外则将TI、TTI值作为最基本的性能检测指标。因此，具体从哪些方面对人造金刚石进行表征，可依据实际而定。

9. 什么是人造金刚石聚晶?

聚晶(Polycrystalline Diamond，简称 PCD)是由许多细颗粒单晶在高温高压下烧结而成。人们又将人造金刚石聚晶和复合体统称为烧结体，前者无衬底，后者带硬质合金衬底。聚晶中的晶粒呈无序排列，其硬度、耐磨性在各方向相对接近，同时具有良好的断裂韧性，因此，可根据不同的使用条件制成不同的形状。常见形状有三角形、立方体、圆柱体等。

合成方法有直接聚合法和二次聚合法等，其中，二次聚合法被国内外广泛采用。直接聚合法首先是按一定比例配制石墨和触媒合金粉末混合物，然后用超高压设备合成聚晶。而二次聚合法是利用金刚石微粉合成聚晶。聚晶的物理机械性能包括密度、抗压强度、断裂韧性、耐磨性以及热稳定性等，其中耐磨性用磨耗比来表征，它是衡量聚晶质量的一个重要指标。

10. 什么是金刚石复合片?

金刚石复合片(Polycrystalline Diamond Composite or Compacts，简称 PDC)是由金刚石层和硬质合金基底(衬底)复合而成，具有金刚石耐磨性高和硬质合金韧性好的优点。

金刚石复合片分为两大类：混合型和聚晶型。常见形状有圆片状、楔形等。混合型复合体是将造球的金刚石粉装入圆盒状硬质合金压坯中，然后进行烧结而成。聚晶型复合体的制备方法有两种：一是直接合成，即人造金刚石层与硬质合金基体一次合成；二是间接合成，即先压制人造金刚石层，然后焊接在硬质合金基体上。前者工艺简单、成本低、产量高，但耐热性差；后者工艺复杂、成本高，但耐热性好。目前，国内一般采用直接合成法制造复合体。金刚石复合体的物理机械性能包括耐磨性、断裂韧性、热稳定性以及最大拉伸强度、横向断裂强度等，其中耐磨性、断裂韧性、热稳定性最为重要。

11. 金刚石钻头的类型有哪些?

金刚石钻头的类型分类可以按不同的方式划分。按胎体包镶金刚石的方式不同分为表镶、孕镶和混合金刚石钻头；按金刚石类型不同分为天然金刚石钻头（表镶、孕镶和复合片钻头）和人造金刚石钻头（聚晶、复合片表镶钻头和单晶孕镶钻头）；按用途不同分为地质勘探、工程勘察、民用建筑和专用钻头等；按采用的钻具不同分为普通单管、双管和绳索取心钻头；按施工目的的不同分为取心钻头和不取心（全面）钻头。

12. 各类金刚石钻头的使用范围是怎样的？

我国岩心钻探岩石可钻性 12 级分类法确定了各类型钻头的使用范围，列于表 3－1。

表 3－1　各类型钻头的使用范围

岩石可钻性等级	Ⅰ	Ⅱ	Ⅲ	Ⅳ	Ⅴ	Ⅵ	Ⅶ	Ⅷ	Ⅸ	Ⅹ	Ⅺ	Ⅻ
岩石类别	松散	较松散	软的	较软的	稍硬的	中等硬度	中等硬度	硬的	硬的	坚硬的	坚硬的	最坚硬的
代表性岩石	冲积层砂土层	黏土	泥灰岩	页岩	细颗石灰岩	千枚岩板岩	闪长岩	花岗岩	硅质灰岩	流纹岩	石英岩	碧玉
复合片钻头				V	V	V	V					
表镶天然金刚石和聚晶钻头					V	V	V	V				
人造单晶孕镶钻头							V	V	V	V	V	V
绳索取心金刚石钻头						V	V	V	V	V	V	V

13. 金刚石钻头的结构是怎样的？

钻进工作中最常用的是表镶和孕镶金刚石钻头，其结构如图 3－1、3－2 所示。

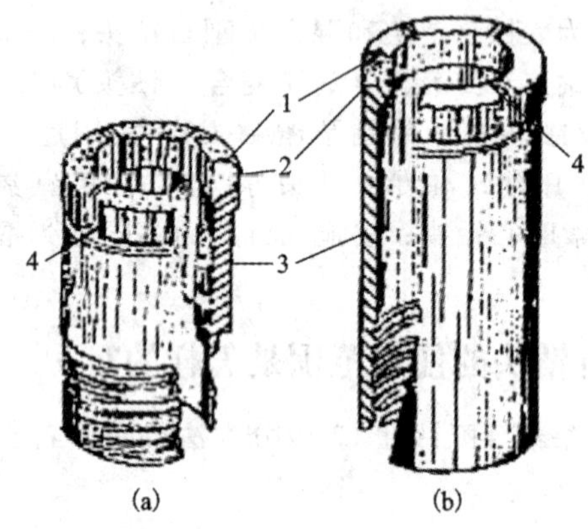

图 3-1 金刚石钻头的结构

(a)表镶钻头；(b)孕镶钻头；

1—金刚石；2—胎体；3—钻头体；4—水口

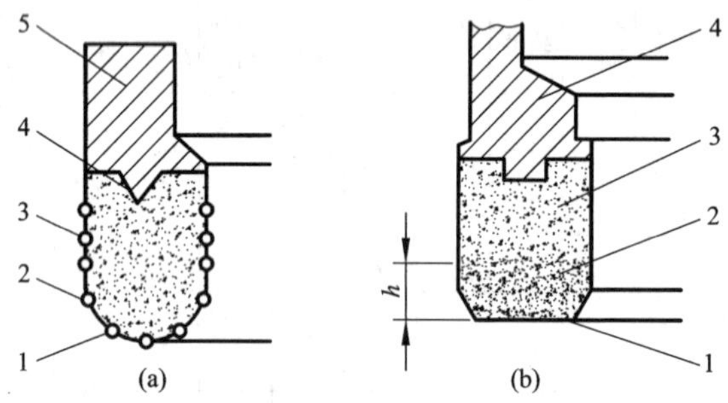

图 3-2 金刚石钻头刃部结构

(a)表镶钻头：1—底刃金刚石；2—规径金刚石；3—侧刃金刚石；4—胎体；5—钻头体；

(b)孕镶钻头：1—金刚石；2—工作部分胎体；3—非工作部分胎体；4—钻头体；

h—孕镶层高度

14. 表镶钻头的金刚石粒度如何选用?

表镶金刚石钻头大都选用天然金刚石，常用的粒度为 15 ~ 60 粒/克拉(st/car)，具体的粒度大小主要取决于岩石性质(见表 3-2)，一般情况下，金刚石粒径 $d_Z \geqslant (2-4)d$ 岩屑尺寸。表镶用的天然金刚石随其质量不同往往事先进行圆化处理，或用热处理消除其内应力。

表 3－2　表镶钻头用的金刚石粒度

粒　度	粗粒	中粒	细粒
粒度(st/car)	15～25	25～40	40～60
岩　层	中硬	硬	坚硬

表镶金刚石钻头的金刚石粒度根据岩石可钻性的级别及岩石的研磨性进行选择：

Ⅵ～Ⅶ级：弱研磨性、小颗粒、致密的非裂隙性岩石，如泥页岩、千枚岩、石灰岩、大理石、白云岩等，金刚石粒度取 5～15 st/car。

Ⅷ～Ⅸ级：弱研磨性：小颗粒、致密岩石，如磷灰岩、闪长岩、硅质页岩等，金刚石粒度取 20～30 st/car；中等研磨性：中颗粒、裂隙性岩石，如花岗岩等，金刚石粒度取 30～40 st/car；强研磨性：中、粗颗粒、强裂隙性岩石，如混合岩等，金刚石粒度取 40～60 或 60～90 st/car。

15. 表镶金刚石钻头的胎体端面形状有哪些?

表镶金刚石钻头的胎体端面形状(唇面形状)影响载荷分布、排粉和金刚石冷却效果以及制造工艺。普通单、双管表镶钻头，一般采用标准唇面，见图 3－3(b)。唇面圆弧半径 R 等于或略大于唇面的宽度 b，这种唇面既克服了平底形边刃镶嵌不牢的缺点[见图 3－3(a)]，又克服了圆弧形唇面顶峰区应力高度集中的缺点[见图 3－3(c)]。

对于绳索取心表镶金刚石钻头，由于钻头壁厚，一般采用阶梯唇面和锥形唇面，见图 3－4。多阶梯唇面(3 阶梯至 7 阶梯)是绳索取心表镶钻头的标准形，为多自由面掏槽型，钻速高，同时钻头的稳定性好。锥形唇面可以看作微阶梯形，其排粉效果比阶梯形唇面要好。

16. 表镶金刚石钻头的胎体端面形状选用原则是什么?

表镶金刚石钻头的唇面端面形状应根据岩性、钻头的壁厚和工作稳定性的要求不同来选择。一般的选用原则是：

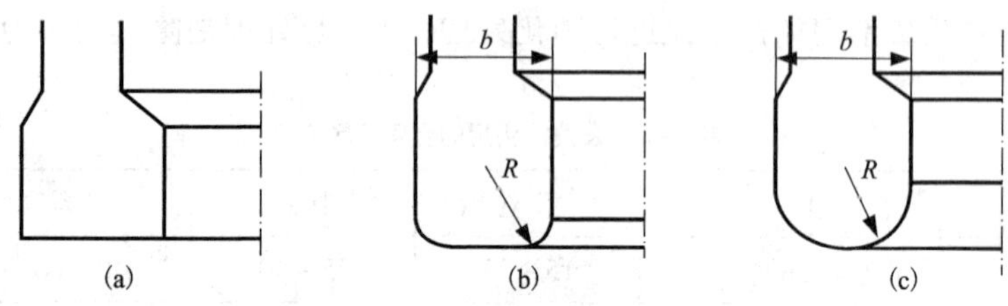

图 3－3 单、双管表镶钻头唇面形状

(b)$R=(1.0\sim1.2)b$；(c)$R=\frac{1}{2}b$

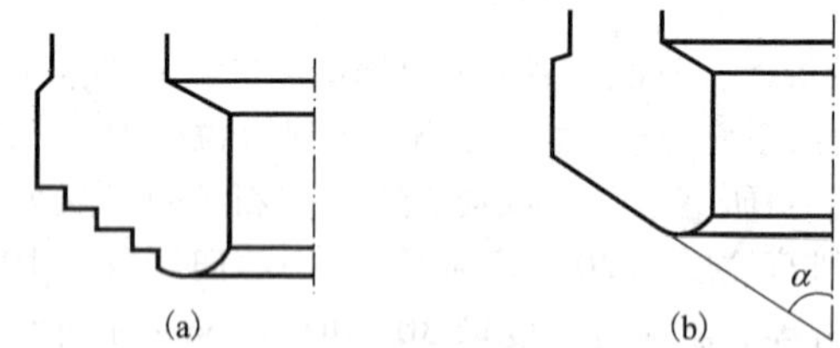

图 3－4 绳索取心表镶金刚石钻头唇面

(a)多阶梯唇面；(c)锥形唇面

(1)圆弧形唇面(圆弧半径＞胎体厚度的一半)——可较好地保护钻头的内外径，适用于中硬和硬岩层，使用范围广。

(2)半圆形唇面(圆弧直径＝胎体厚度)——可布置较多的金刚石，缓解了规径刃的过分磨损，适用于坚硬和软硬互层的研磨性岩层。

(3)多阶梯形唇面——多用于壁厚大的钻头(如绳索取心)，适用于中硬和硬岩层，有利于破岩和导向。

(4)内锥形唇面——适用于研磨性强的和破碎的岩层及容易引起钻头内边刃过早磨损的岩层，也可钻进砾岩，用于厚壁钻头。

(5)外锥形唇面——适用于较软和易碎的地层，多用于双管和绳索取心钻头。

17. 表镶钻头的金刚石含量是怎样表示的?

表镶钻头唇面上的金刚石含量取决于金刚石的布满度 e、粒度和唇面工作面积。金刚石的布满度用下式表示：

$$e=\frac{S_a n_a}{S}\times 100\%$$

式中：S_a——单粒金刚石的横截面积，$S_a \approx d_Z^2$；

d_Z——金刚石粒径，$d_Z=(109/Z)^{1/3}$，mm；

Z——金刚石粒度，st/car；

n_a——钻头唇面上金刚石的数量，st；

S——唇面工作面积，$S=\frac{\pi}{4}(D^2-d^2)-(\frac{D-d}{2})B_n$；

D——钻头外径；

d——钻头内径；

B——水口宽度；

n——水口数。

18. 表镶钻头的金刚石布满度如何选择?

表镶钻头的金刚石布满度 e 值取决于岩石性质，对于 5～7 级中硬岩石，$e=40\%\sim50\%$，对于 8～9 级硬岩，$e=50\%\sim60\%$。所以 $n_a=\frac{eS}{S_a}$，唇面上金刚石的含量：$P=\frac{n_a}{Z}$；钻头上侧刃的粒数：$B_b\approx 30\% n_a$。

各地层适用的钻头，其单位面积上的平均粒数可参考表 3－3。

表 3－3　地层与所用金刚石粒数对应表

金刚石粒度 /(st · car^{-1})	钻头单位面积上平均的金刚石颗粒数 /(st · cm^{-2})	适用地层
15	16	5～7 级弱研磨性地层
25	21	8～9 级弱研磨性地层
40	28	8～9 级中等研磨性地层
60	33	8～9 级强研磨性地层
90	39	8～9 级研磨性破碎地层

19. 人造聚晶表镶钻头的聚晶如何选择?

我国生产的聚晶，一般小颗粒的用于钻头保径，大颗粒的用于切削刃。聚晶表镶钻头适用于软至中硬的岩石。岩石较软，研磨性较弱地层选用大颗粒聚晶，以发挥钻头的切削作用而获得较高的时效。岩石较硬的研磨性地层选用较小颗粒聚晶，使钻头能自锐，以保持钻速基本一致。

20. 聚晶表镶钻头的聚晶数量如何选择?

聚晶表镶钻头的聚晶数量可根据钻头工作唇面的聚晶充填度来计算，即:

$$n = \frac{K(S - S_1)}{S_g}$$

式中：n——钻头唇面上的聚晶粒数；

S——钻头的工作唇面面积；

S_1——钻头唇面上水口所占的面积；

S_g——聚晶的横截面积；

K——充填度系数，$K \approx 40\%$。

21. 复合片钻头的复合片在钻头唇面如何排列?

复合片钻头是一种典型切削式钻头，它的结构基本上和硬质合金钻头相同，只不过是以复合片取代硬质合金切削具。复合片在钻头唇面上的排列，根据钻头直径和复合片尺寸可采用单环和多环排列。采用多环排列时，一组切削具的复合片数目 n 按以下公式计算:

$$n = \frac{B(K + 1)}{b}$$

式中：B——孔底切削槽宽度；

b——复合片刃宽；

K——复合片径向重叠系数，设计中取 25% ~30%。

钻头上复合片的组数不能少于 3 组，见图 3 -5。

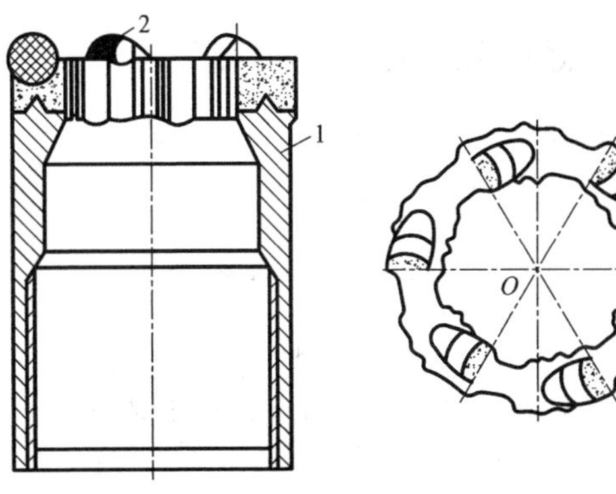

图 3－5　复合片钻头结构

1—钢体；2—复合片

22. 复合片钻头的切削角和径向角如何选用？

（1）切削角 α（纵向前角）：见图 3－6，切削角 α 通常为 $-5°\sim-25°$，其切削角 α 大，有利于保护切削刃，反之有利于提高钻速。

（2）径向角 β（横向前角），为复合片向后偏离径向的角度，常为 $5°\sim10°$，见图 3－7。主要作用是为了加强机械清洗，防止“钻头泥包”，径向角 β 使岩屑朝外滑移。

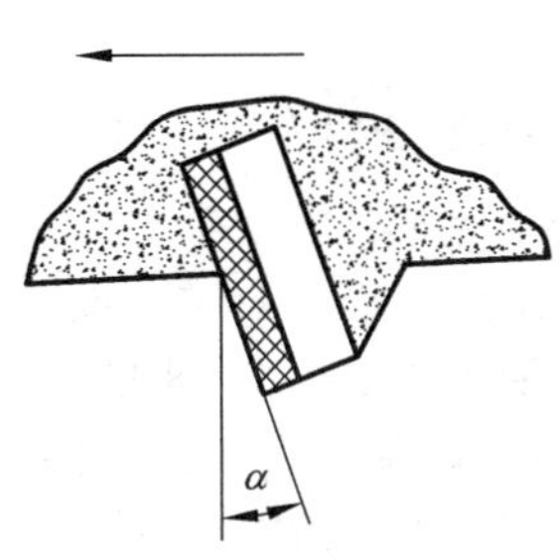

图 3－6　复合片的切削角 α

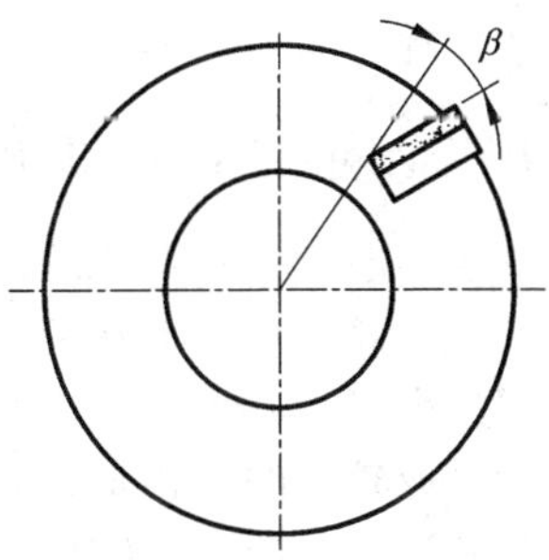

图 3－7　复合片的径向角 β

23. 不同地层如何选择复合片钻头出刃?

复合片钻头出刃的选择，根据岩石等级及复合片尺寸不同，可参考表3-4。

表3-4 复合片钻头出刃选择参考表

岩石可钻性等级	底出刃/mm	内外出刃/mm
1~4	一般为复合片直径的二分之一，若钻头底唇面能与复合片同步磨损，则出刃选择1~3 mm	2~3
5~7		1~1.5

24. 孕镶金刚石钻头有什么优越性?

我国在钻探生产中主要采用孕镶金刚石钻头，与表镶钻头相比孕镶钻头的优越性表现在：

(1)对于金刚石品级的要求低于表镶钻头。

(2)孕镶钻头抗冲击载荷的能力较好，如果钻头唇面的金刚石发生剪崩，对钻进效果的影响小于表镶钻头，对违反操作规程的敏感程度也小于表镶钻头。

(3)不必按规定用手工布置摆放金刚石颗粒，因此孕镶钻头的工业制造过程更简单。

25. 孕镶金刚石钻头的胎体唇面形状有哪几种?

对于一般的钻头，其唇面形状通常为平底形，当钻头工作一定时间后，钻头唇面的内外刃部分就会形成一定的弧形。对于唇面形状为同心圆尖齿形、阶梯尖齿形的孕镶金刚石钻头(如图3-8所示)，其唇面能造成较多的自由面，有利于提高钻进效率，并且有防斜效果。若钻头钻进的地层岩石破碎或软硬互层，可以采用阶梯形底喷式水眼唇面(见图3-9)。若钻头钻进的地层岩石坚硬致密，研磨性强，为了提高钻进效率，采用交错式唇面，也可能会有一定的效果(见图3-10)。

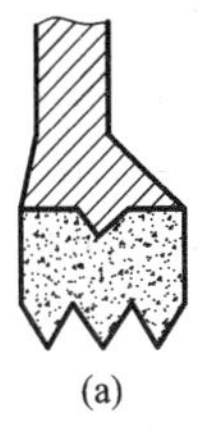

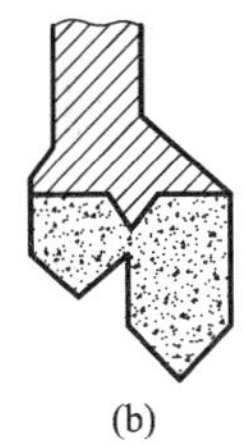

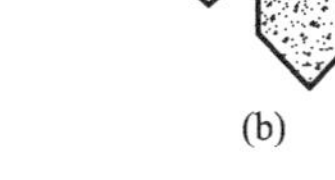

图 3－8
(a)钻头的同心圆尖齿形唇面；
(b)钻头的阶梯尖齿形唇面

图 3－9　钻头的阶梯形底喷式唇面

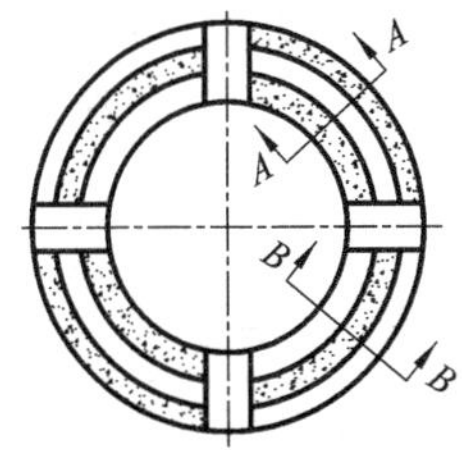

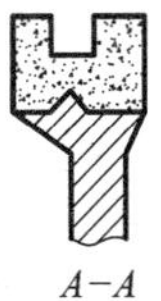

图 3－10　钻头的交错式唇面

26. 孕镶金刚石钻头的胎体起什么作用?

孕镶金刚石钻头的胎体主要起包镶金刚石的作用。孕镶金刚石钻头工作时，当钻头与岩石接触后，在轴向压力和回转力的作用下，钻头唇面开始磨损，使金刚石出露(出刃)破碎岩石，在破碎岩石过程中，金刚石本身也不断磨损；与此同时，被破碎下来的岩屑对胎体不断进行磨损，以保证金刚石具有充分的出刃。当金刚石磨损至失去了工作能力后

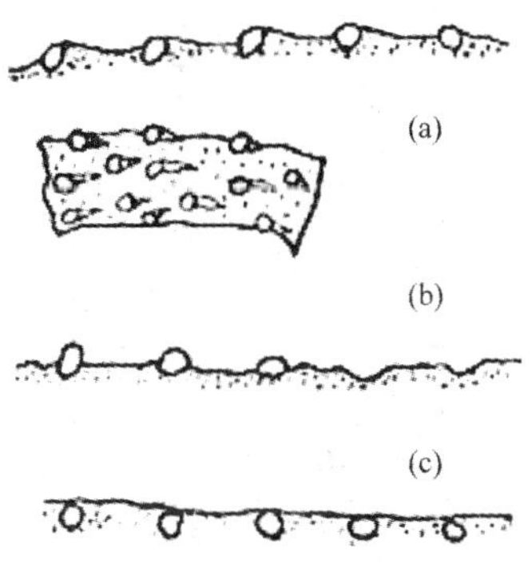

图 3－11　孕镶金刚石的出刃情况
(a)出刃适当；(b)出刃过快；(c)出刃过慢

才落入孔底，这时在胎体中又出露新的金刚石，继续破碎岩石。

对孕镶钻头而言，根据所钻岩石正确选择胎体硬度(耐磨性)是非常重要的。为了保证孕镶金刚石能及时出刃，在钻进过程中孕镶钻头胎体的磨损应稍超前于金刚石。合适的胎体耐磨性应能使唇面金刚石正常出刃，并且在每粒金刚石的后面形成蝌蚪状支撑(见图3-11)。随着工作金刚石的磨钝，胎体应在岩粉的磨蚀下促进新的金刚石出刃。

27. 如何选择孕镶金刚石钻头的胎体?

钻头胎体性能指标应以耐磨性来表示，但是，目前国内外尚无统一测定胎体耐磨性的方法，只能用洛氏硬度HRC来表示钻头胎体性能。对于孕镶金刚石钻头，胎体的HRC值的大致适用范围见表3-5。表3-6列出了钻头胎体硬度HRC、胎体耐磨性能与所适应钻进的岩石性质情况。

表3-5 钻头胎体HRC值的适用范围

岩石性质	中硬—硬，中等研磨性	硬—坚硬，强研磨性	硬—坚硬，弱研磨性
HRC值	35~40	45~50	20~30

表3-6 钻头胎体硬度HRC、胎体耐磨性能与所适应钻进的岩石性质

胎体硬度		胎体耐磨性能	适应钻进的地层性质
等级	HRC		
特软	10~20	低	坚硬、致密、弱研磨性岩层
软	20~30	低，中	坚硬、致密、弱研磨性岩层， 坚硬、中等研磨性岩层
中软	30~35	低，中	硬、弱研磨性岩层，硬、中等研磨性岩层
中硬	35~40	中高	硬、中等研磨性岩层，中硬、中等研磨性岩层
硬	40~45	高	硬、强研磨性岩层
特硬	>45	高	硬—坚硬、强研磨性岩层，硬、脆碎岩层

28. 孕镶钻头的金刚石品级和粒度如何选择?

孕镶钻头的金刚石品级和粒度的选择原则是：岩石较硬，选用粒度较细和品级较高的金刚石，岩石较软则选用粗粒金刚石，见图 3 - 12 和表 3 - 7。

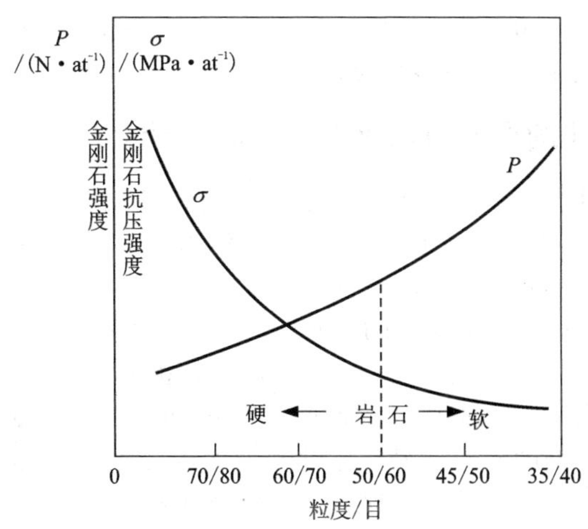

图 3 - 12　金刚石粒度与岩石的对应关系

表 3 - 7　金刚石粒度、品级与岩石的对应关系

岩石特性	中硬研磨性岩层（7 ~ 8 级）	硬—坚硬、裂隙性或破碎的强研磨性岩层（9 ~ 12 级）	硬—坚硬弱研磨性岩层（9 ~ 12 级）
金刚石粒度/目	45/50 ~ 50/60	50/60 ~ 60/70	70/80 ~ 80/100
金刚石品级	MBD_6（JR_3）	MBD_8（JR_4）	MBD_{12}（JR_5）

29. 孕镶钻头的金刚石含量怎样表示?

孕镶金刚石钻头的金刚石含量用体积浓度 K 表示，即：

$$K=\frac{V_d}{V_m}\times 100\%$$

式中：V_d——金刚石在钻头胎体中所占的体积；

V_m——钻头工作层部分胎体体积。

当 $K=25\%$ 时，砂轮工业浓度制称为该浓度的 100%，这时每 $1cm^3$ 胎体中含金刚石的重量为：

$$G=1\times 0.25\times \rho=1\times 0.25\times 3.52=0.88g=4.4\ car$$

式中：ρ——金刚石的密度，为 $3.52\ g/cm^3$。

30. 孕镶钻头的金刚石浓度选择原则是什么？

孕镶钻头金刚石浓度的选择原则是：金刚石浓度必须保证钻头工作唇面上的金刚石数量具有足够的切削能力；必须使钻头具有较高的耐磨性。浓度过低，切削能力低；浓度过高，影响胎体包裹金刚石的能力，反而有可能降低钻头的耐磨性。因此金刚石浓度最高值不得超过设计允许的上限。钻头的金刚石浓度必须根据岩石性质加以合理选择，可参考如下：钻进中硬－坚硬的中等研磨性岩石，钻头的金刚石浓度为 75% ~90%；钻进硬－坚硬的弱研磨性岩石，钻头的金刚石浓度为 50% ~75%；钻进硬－坚硬的强研磨性岩石，钻头的金刚石浓度为 100% ~120%。

31. 孕镶金刚石钻头保径用什么材料？

孕镶金刚石钻头的保径材料可选用小片状硬质合金、人造金刚石聚晶、天然金刚石、复合片等，保径材料一般安放在非工作层和工作层交界处，同时内外保径材料不能放在同一径向方向线上（见图 3－13），以免使钻头胎体发生张力裂纹。

32. 孕镶金刚石钻头水路系统包括哪儿部分？

孕镶金刚石钻头的水路系统包括水口、水槽和内外环间隙。孕镶金刚石钻头由于采用的金刚石粒度比较细，因此钻头工作唇面上金刚石的出刃微小，冲洗液通过岩石工作面和胎体唇面之间的间隙来冷却金刚石和胎体是相当困难的。岩屑的排出和金刚石与胎体冷却主要是通过钻头的水口和水槽。因此，与表镶金刚石钻头相比，在钻头直径

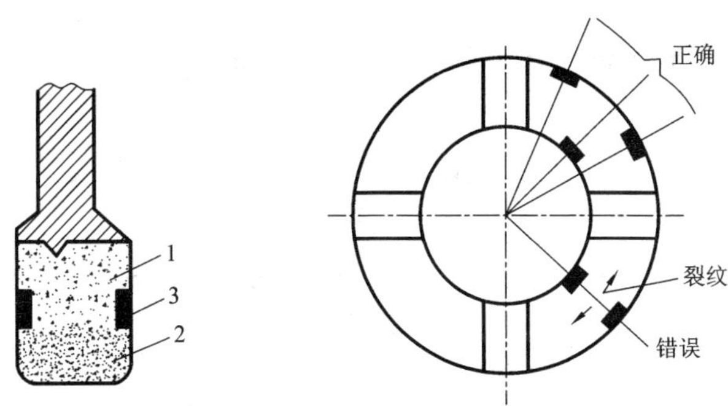

图 3-13　保径材料安放位置

1—非工作层；2—工作层；3—保径材料

相同的条件下，孕镶金刚石钻头的水路具有水口多、水槽和水口较深的特点，水口和水槽的深度一般应为 0.5～1.5 mm，以保证钻头上的金刚石得到良好的冷却效果。

33. 金刚石扩孔器起什么作用？

金刚石扩孔器位于钻头和岩心管之间，它的直径略大于钻头直径（一般大 0.5 mm），其主要功能是：

（1）修整孔壁，保持钻孔直径符合设计要求，从而减少新钻头下孔时的扫孔工作量。

（2）保持孔内钻具在高转速条件下的工作稳定性。

（3）延长钻头寿命。

34. 扩孔器由哪儿部分组成？

扩孔器的结构与钻头结构类似，由金刚石或聚晶、胎体和钢体三部分组成，其结构如图 3-14 所示。

35. 扩孔器有哪些种类？

常用的扩孔器有电镀金刚石扩孔器、热压金刚石扩孔器、聚晶金刚石扩孔器等。

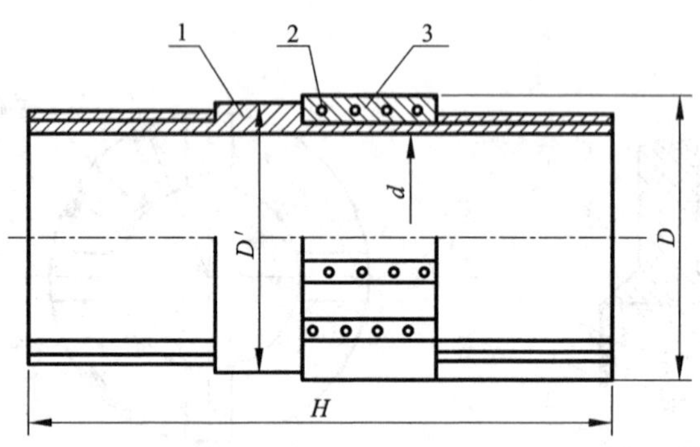

图 3－14　金刚石扩孔器结构示意图

1—钢体；2—金刚石；3—胎体；

D'—扩孔器钢体外径；d—扩孔器内径（半径）；H—扩孔器长度；D—扩孔器外径

36. 金刚石钻进中的卡簧有什么作用？有哪些种类？如何检查？

金刚石钻进时卡簧的主要作用是卡取岩心。所用卡簧的种类有内槽式、外槽式和切槽式几种，如图 3－15 所示。

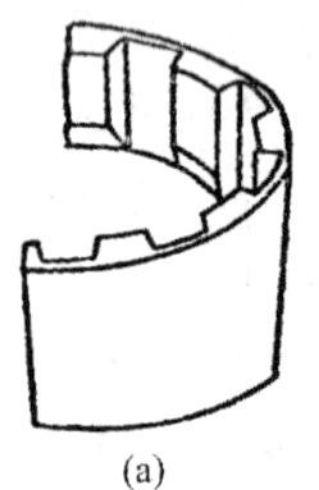
(a)

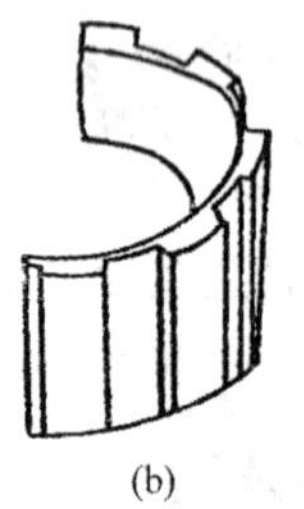
(b)

(c)

图 3－15　岩心卡簧

（a）内槽式；（b）外槽式；（c）切槽式

现场检查卡簧松紧的方法是：将卡簧套在同径取上来的岩心上，用手可以轻轻推动，即为合格；如果推动费劲，则太小；如果套在岩心上太松，固定不住，则太大。

37. 金刚石钻进时对卡簧有什么要求?

(1)要求卡簧比钻头内径小0.3 mm。

(2)卡簧在卡簧座内允许移动范围约为12 mm。

(3)卡簧座底端离钻头内台阶距离应该是4~5 mm。距离太小，容易蹩水和影响内管对岩心的扶正作用；距离太大，容易引起岩心堵塞。

38. 金刚石钻头、扩孔器、卡簧如何配合?

(1)金刚石钻头、扩孔器、卡簧的组合如图3-16所示。

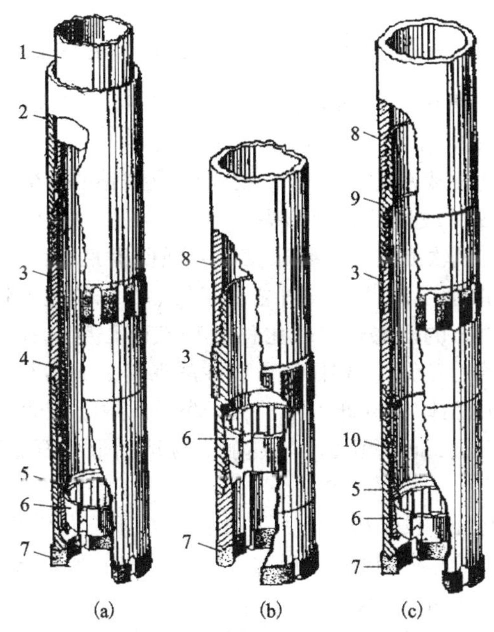

图3-16　钻头、扩孔器、卡簧组装图

(a)双管；(b)单管；(c)新型单管

1—内管；2—外管；3—扩孔器；4——内短节；5—卡簧座；

6—卡簧；7—钻头；8—单管；9—接头；10—短节

（2）扩孔器与钻头的配合：扩孔器的直径大于钻头0.3～0.5 mm，在硬岩层中一般不能超过0.3 mm；扩孔器过大，易加剧磨损；过小起不到保护钻头的作用，还影响以后钻头、扩孔器的使用。

（3）卡簧与钻头的配合：卡簧应比钻头内径小0.3 mm。

39. 怎样根据岩石的物理机械性质选用金刚石钻头胎体？

（1）对弱研磨性岩石，应选用较软的胎体；研磨性越强，应选用较硬的胎体。

（2）岩石越破碎，应选用较硬的胎体。

（3）对弱－中研磨性、完整的岩石，岩石越硬，应选用较硬的胎体。

40. 不同类型地层选择金刚石钻头的原则是什么？

（1）软至中硬和完整均质岩层，一般宜用天然表镶金刚石钻头、复合片钻头、聚晶钻头，部分可用孕镶钻头。

（2）硬至坚硬致密的岩层，一般宜用孕镶钻头，尖环槽同心圆或交错尖环槽钻头，或细粒表镶钻头。

（3）在破碎、软硬互层、裂隙发育或强研磨性岩层，如煤系地层，宜选用尖齿形广谱孕镶钻头或耐磨性好的、补强的电镀钻头。

（4）根据岩石的研磨性、风化程度和破碎程度选择胎体耐磨性的原则是：强研磨性岩层，选用高耐磨性的胎体；中等研磨性岩层，选用中等耐磨性的胎体；弱研磨性岩层，选用低耐磨性的胎体。

（5）复杂岩层，研磨性越强、越硬，应选用金刚石品级好、粒度相对细的孕镶钻头。

（6）强研磨性、较破碎的岩层，在保证金刚石包镶良好的条件下，选用金刚石浓度较高的钻头。反之，均质致密、弱研磨性的岩层，选用金刚石浓度较低的孕镶钻头。

（7）岩层软，排粉多，选用复合片钻头或聚晶钻头，易冲蚀的岩矿层取心，应采用底喷式钻头。

41. 如何合理使用金刚石钻头和扩孔器？

选择钻头类型之后，为了取得最优的技术经济指标，必须采取以下技术措施：

（1）金刚石钻头、扩孔器要排队轮换使用。

（2）钻头和扩孔器必须合理配合。

（3）为金刚石钻头创造良好的工作条件。

（4）改善钻具稳定性。

（5）防止岩心堵塞。

（6）防止烧钻。

（7）注意孕镶钻头的初磨和修磨。

42. 金刚石钻头和扩孔器为什么要排队轮换使用？

（1）因为新钻头和扩孔器都有一定的允许公差范围（金刚石钻头上偏差为0.5 mm，下偏差为0.3 mm，扩孔器上偏差为0.3 mm，下偏差为0.1 mm）。

（2）旧钻头和扩孔器都有不同程度的磨损。

（3）孔内的岩层总有一定的变化，要及时合理选择钻头和扩孔器。

所以，在金刚石钻进中，为了保持孔径一致，充分发挥金刚石钻头的效能，金刚石钻头和扩孔器必须排队轮换使用。

43. 金刚石钻头和扩孔器怎样进行排队轮换使用？

（1）根据岩层、设计孔深等情况，钻头、扩孔器应排队轮换使用，先用外径小的，后用外径大的。同时也应先用内径小的，后用内径大的。在轮换过程中，应保证使排队的钻头、扩孔器都能正常下到孔底，以避免扫孔、扫残留岩心。

（2）提钻后必须用游标卡尺，精确测量钻头和扩孔器的外、内径，以及孕镶钻头的高度，并作好记录，以作为下一个回次选择钻头尺寸的依据。

44. 怎样综合评价金刚石钻头的使用效果？

（1）最小的每米金刚石消耗量。

（2）较高的机械钻速。

（3）较高的钻头进尺。

（4）较高的金刚石回收率（表镶不低于70%～80%）。

45. 如何为金刚石钻头创造良好的工作条件?

(1)金刚石脆性大，遇冲击载荷易碎裂，因此要求孔内清洁，孔底平整，孔径规矩。

(2)发现孔底有硬质合金碎屑、胎块碎屑、脱落的金刚石颗粒、金属碎屑、脱落岩心、掉块等，要立即采用冲、捞、捣、抓、粘、套、磨、吸等方法清除。

(3)凡用金刚石钻进的钻孔，禁止采用钢粒钻进。当新钻头下孔前，要进行磨孔处理。

(4)换径和下套管前，必须做好孔底的清理和修整工作。换径和下套管后，用锥形钻头将换径台阶修成锥形，并取净孔底异物，方可钻进。

46. 金刚石钻进为什么要采用高转速?

(1)孕镶钻头采用高转速钻进，才能提高其钻进效率。因为孕镶钻头的工作原理近似砂轮的研磨作用，如果转速过慢，不仅钻进效率低，还会增加胎体的磨损。

(2)钻头直径越小，越应提高转速钻进。因为在转速不变的情况下，钻头直径越小，其圆周线速度就越低(即每颗金刚石每分钟所“跑”的“路程”越短)，刻取岩石或研磨岩石的机会少，效率也越低。因此钻头口径小，如不增加转速，钻进效率将会受到很大的影响。

47. 金刚石钻进中怎样改善钻具的稳定性?

钻进过程中，因受钻进技术参数选择不当、钻具级配不合理、孔斜严重、钻孔超径等原因的影响，钻具会产生不同程度的振动。采取相应下列预防措施，虽不能全部消除振动，但是可得到改善:

(1)采用圆断面、直的、与钻杆同级的机上钻杆和高速轻便水龙头、轻型高压胶管，以消除偏重现象，保持机上钻杆运转平稳，防止晃动；不使用弯曲度超过规定的钻杆和粗径钻具。

(2)采用级配合理的钻具，以减小钻具与孔壁或套管内壁的环状间隙，从而减少钻具的径向振动。

(3)不得采用过大的钻压和泵量钻进。

（4）可采用减振器、扶正器或稳定接头。

（5）在强研磨性、破碎、软硬互层的岩层中，禁止盲目用高转速。

（6）使用乳化冲洗液、润滑膏，以减少钻具回转时的摩擦阻力和振动。

（7）钻机与柴油机的传动轴中心线要对准，机身要周正水平，基础要牢固。

48. 怎样减轻钻具的震动？

（1）合理选用钻具配级，减小钻具与孔壁之间的环状间隙。

（2）增加钻杆的稳定性，如稳定接头等。

（3）增加粗径钻具的稳定性，如减震接头。

（4）采用乳化冲洗液，降低钻具回转阻力。

49. 什么是钻具的配级？配级合理为什么能防震？

钻具的配级就是指钻孔直径与钻杆直径的配合关系。所谓钻具的配级好，也就是钻具与钻孔孔壁之间的环状间隙小。

钻进过程中，随钻孔的加深钻杆柱也要加长，细长的钻杆柱，在孔内呈弯曲状态，在受压情况下，其弯曲会更大，如果钻杆与孔壁间隙大，就给钻具弯曲提供了空间位置，也给钻杆柱弯曲创造了空间条件。因此，即使钻具本身的刚性大，也应缩小这个间隙，钻具配级合理，就能限制钻杆柱的弯曲，增强钻具在孔内的稳定性，防止钻具的震动，才有利于提高转速，减少金刚石的消耗，避免金刚石钻头的异常磨损。

50. 增加钻杆的稳定性有哪些方法？

增加钻杆柱的稳定性，除选用合理的钻具配级外，还应选用高强度的合金钢管或将钻杆表面淬火，以增加其刚性。

采用轻金属钻杆，由于它比钢质钻杆轻，回转时产生的弯曲变形小，有利于减震和增加其稳定性。

选用两端丝扣同心度好的、比较直的、短根不宜过长的钻杆和钻杆接头。

选用轻便水龙头及乳化冲洗液等方法来增加钻杆柱在孔内工作的

稳定性。

51. 如何增加粗径钻具的稳定性?

所谓粗径钻具，是指异径接头、岩心管、扩孔器及钻头组成的钻具。

增加粗径钻具的稳定性，除采用刚性好(表面淬火)、无弯曲的岩心管及适当加长岩心管外，还应选用稳定接头和机械减震器等方法来减少钻具的震动，保持钻头在孔底工作平稳。

52. 使用防震润滑剂有什么要求?

(1)必须有足够的黏性，能牢固地黏附在钻杆表面，能抵抗冲洗液的冲刷及甩脱。

(2)要具有一定的弹性，润滑膜能经受住钻杆与孔壁的摩擦，而不被破坏。

(3)能较长时间内保持稳定，并且对钻具和设备没有腐蚀作用。

53. 常用减震润滑油有哪几种? 如何使用?

常用配方有:

(1)黑机油 70%，松香 25%，沥青 5%。

(2)黑机油 70%，松香 25%，沥青 3.5%，石蜡 1.5%。

(3)黑机油 70%，松香 25%，工业用油烃酸 5%。

(4)黑机油 60% ~50%，松香清漆(生产松香时的蒸馏余液)40% ~50%。

(5)黑机油 60%，松香 30%，沥青 5% ~8%，石蜡 2% ~5%。

配制方法:先将黑机油烧开，依次加入松香粉、沥青和石蜡，不断搅拌至各种原料均匀混合即可。

涂覆方法:下钻时，粗径钻具(可用毛刷往其上涂些热油)坐进孔口后，其顶部放一特制的涂油器，如图 3 - 17 所示。将所要下入孔内的钻杆立根插入中心孔眼，上扣，倒入热油，然后慢慢下钻，钻杆穿过涂油器，外壁即被均匀地涂上一层润滑油。涂油时，钻具外壁应保持干燥、清洁。每 500 mL 油可涂覆三个立根，每涂覆一次可使用两天。

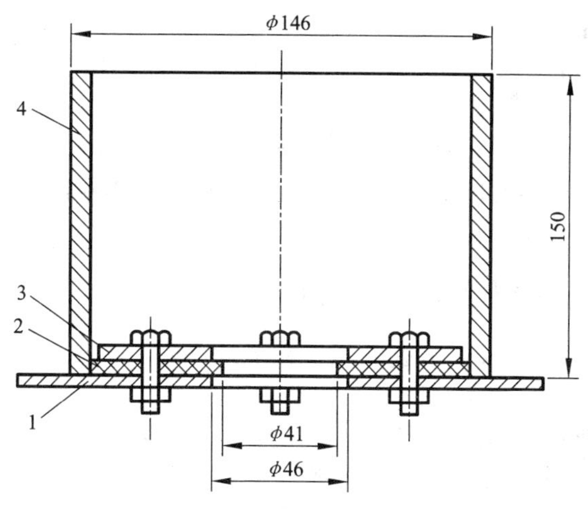

图 3－17　涂油器

1—底座；2—胶皮；3—压板；4—盛油盒

54. 金刚石钻进中有哪些特殊要求?

（1）拧卸钻头和扩孔器时，要用多点接触自由钳，不要用牙钳，以免将钻头或扩孔器挤扁。

（2）地表起落钻具时，必须抬起钻具，严禁钻具在地板上拖拉，以防损坏胎体或金刚石。

（3）下钻前在钻杆连接的螺纹处应抹油、缠棉纱或加钢垫圈、塑料垫等密封物，防止冲洗液泄漏。

（4）钻进中，操作人员必须精力集中，注意观察各种情况，正常钻进不得提动钻具，以防卡断岩心，造成堵塞。

（5）钻进中发现孔内异常情况，处理无效时，应及时提钻，不允许长时间高压硬磨，以免损坏和烧毁金刚石钻头。

（6）金刚石钻进，必须用卡簧采心，一般不得用其他卡料采取岩心。任何情况下，严禁用钢粒或干钻采取岩（矿）心。

55. 金刚石钻进中采用卡簧采取岩(矿)心时如何操作?

钻进回次结束，停止钻具回转，用立轴（或升降机）将钻头提至孔底50～70 mm，使卡簧抱紧岩（矿）心，再缓慢开车，转几圈，扭断岩（矿）心，即可提钻。禁止在回次终止时上下活动钻具或“一拉二提”的做法。

有时，金刚石钻头磨偏，使岩（矿）心逐渐变细，为了便于卡取岩（矿）心，在回次终止前，开一段慢速，使岩（矿）心变粗，再采心提钻。

残留岩（矿）心太多时，必须专门捞取。

56. 金刚石钻进中怎样防止岩心堵塞?

（1）采用单动双管钻进方式。在节理发育、破碎、倾角大的岩矿层，应设计专用取心工具。

（2）对吸水膨胀、节理发育等易堵岩层应采用内径较小、补强较好的钻头，使岩心顺利地进入内管。

（3）为保证较破碎岩心能平滑顺利地进入内管，内管壁可以涂适宜的润滑脂或喷涂塑料、镀铬。

（4）采取相应的减振措施，减少振动造成岩、矿心破碎引起的堵塞。

（5）钻进过程中，不允许任意提动钻具，开、关车要平稳，钻压、泵量要均匀。

57. 金刚石钻进中发生岩心堵塞如何处理?

钻进过程中，无故不得提动钻具，以免卡断岩心造成堵塞。若发现岩心堵塞，但泵压和返水正常，可稍微上下活动钻具处理，若处理无效应及早提钻。不允许来回窜动钻具，更不允许高压长时间硬磨，以免导致损坏和烧毁钻头。

58. 金刚石钻进中如何防止烧钻?

烧钻指金刚石钻头在钻进过程中，因操作不当或孔内情况复杂，造成钻头被烧毁，无法再用的简称。烧钻轻者使钻头报废，钻探费用剧增；重者，钻头胎体熔化，且和岩粉、残留岩心烧结在一起，甚至发生连同岩心管一起烧毁的事故，致使终孔报废。烧钻将引起卡钻事故，往往伴随有钻孔弯曲。因此，烧钻是金刚石钻进最易发生的事故之一，应严格采取下列预防措施：

（1）保证冲洗液循环畅通。金刚石钻进一般采用高转速钻进，由于钻头、钻具与孔壁间隙小，一旦孔底冲洗液补给不足或循环中断，致使钻头冷却不良，排粉不及时，瞬间即可把钻头烧毁。因此，在钻进过程中，始终要保持循环畅通。

（2）控制合理的钻进速度。在金刚石钻进过程中，切忌盲目加压，追求进尺。钻速过快，造成孔内岩粉淤积，排粉不及时，会产生烧钻，甚至钻孔弯曲。要力求避免这种恶性连锁反应。还应注意金刚石钻进工艺三参数的有机配合，在钻进中硬至硬岩层时，转速是提高孕镶钻头钻速的主要因素；钻进硬岩层时，则应以提高钻压为主。随钻速增长，泵量也应相应增加。然而，切忌单纯靠盲目加压取得高钻速。一般在中硬均质岩层中，钻速应适当控制，并配以适当泵量。

（3）集中精力精心操作。

①钻进过程中要精心操作，观察各种仪表显示的数据，以及机械、传动皮带、胶管等的运转和动态变化。一般钻头由硬岩钻入软岩层，钻速突然变快，泵量增高、钻机回转吃力，都是烧钻的预兆。此刻，应立即限制钻速，降低钻压和转速，增大泵量或停止钻进；提动钻具并冲孔；待水路畅通，判断无误时，方可继续钻进。处理无效时，应立即提钻。

泵压下降，胶管会突然跳动趋于平稳；钻具回转吃力，是泥浆泵吸水不良，钻柱中或孔底严重失水的征兆，有发生卡钻的危险，应及时处理。

②金刚石钻头外径小于规定尺寸，不得下孔使用；采用磨孔钻头磨孔时，一次进尺不宜过多，要用大泵量冲洗。

③要严格按规程配置卡簧座与钻头内径尺寸，防止岩心堵塞。一旦遇到岩心堵塞，应立即提钻，进行妥善处理。

④下钻离孔底 0.2 m 左右，要开泵冲孔，待循环畅通后，用慢转速下到孔底，开始低压力、低转速、初磨钻进，待正常后再快速钻进。切忌用金刚石钻头扫孔。

⑤发现烧钻预兆时，严禁关车，应迅速上下活动钻具。待隐患清除后，应立即提钻检查，弄清楚烧钻原因，采取相应的技术措施。

59. 金刚石钻进中怎样进行孕镶钻头的初磨和修磨?

(1)新的孕镶钻头下孔后，采用轻压慢转，大致钻进0.2～0.3 m后，使金刚石出刃，并与孔底磨合，再进行正常钻进。

(2)采用喷砂方法，促使金刚石出刃。喷砂方法是利用携带硬质粒子的高速流体束，对旋转中的钻头唇面进行喷射，使钻头唇面的金刚石出刃并锐化，以实现钻头有效钻进。当孕镶钻头出现打滑时，也可采用此方法。

(3)当孕镶钻头水口小于3 mm时，要用砂轮或锉刀修磨加深，并尽量保持一致，以免冲蚀不均，造成钻头偏磨。

60. 金刚石钻进时钻压损失主要表现在哪些方面?

钻压损失主要表现在以下两个方面:

(1)孔壁对钻压的损耗，表现为在300 m以下的钻孔中钻进，如果采用与300 m以上相同的钻压钻进同样的岩层，效率往往下降，孔越深，下降的幅度越大。特别是在钻杆直径与孔壁间隙较大时这种现象更明显。这主要是由于孔内钻杆，在受压转动时，发生弯曲；并且在整个钻杆柱上，出现许多弯曲点。在离心力和孔壁摩擦力的作用下，弯曲点往往将部分钻压传递到孔壁上而消耗。钻孔越深，钻杆与孔壁间隙越大，弯曲点越多，钻压损失就越大，而且转速越快，钻压损失越大，传递到钻头上的钻压就越小。

(2)泵压对钻压的影响：因为金刚石钻进孔壁间隙小，粗径钻具在孔内就像油缸中的活塞，必然要被高压冲洗液的反作用力往上推，为了克服这一反作用力，就得损失一部分钻压，这种现象，在浅孔时表现较明显。

61. 金刚石钻进时选择转速应考虑哪些因素?

(1)钻孔的深度：钻孔深、钻具重、受力复杂，回转钻具功率消耗增大。受功率及钻具强度的限制，转速应降低，孔浅时，则应开较高转速。

(2)设备及钻具：金刚石钻进，所使用的设备好，钻杆强度高，采用了防震润滑剂或乳化冲洗液时，转速可提高，反之则低。

（3）岩层的完整性：对于钻进均质、完整的地层，采用高转速；对于岩层破碎、节理发育地层，钻具震动大，根据其具体情况适当降低转速。

（4）钻孔结构：钻孔结构简单，环状间隙小，孔壁完整，采用高转速；钻孔结构复杂，换径多，钻杆与孔壁间隙大，无稳定接头，钻具回转稳定性差不宜开动高转速。

62. 金刚石钻进中衡量转速的标准是什么？

金刚石钻进中，衡量转速的标准是圆周线速度，因为在转速不变的情况下，钻头直径小，圆周线速度就低，有效地刻取岩石的机会就少。所以，在钻进中要求：

（1）孕镶金刚石钻头的圆周线速度应达到 1.5 ~3.0 m/s。

（2）表镶金刚石钻头的圆周线速度应达到 1.0 ~2.0 m/s。

表镶钻头比孕镶钻头的圆周线速度低，因为表镶钻头的金刚石出露在胎体外面，转速过高，震动大，钻具回转稳定性差，容易损伤出露的金刚石，故表镶钻头圆周线速度相对较低。

金刚石钻进的转速应为多少，根据表镶、孕镶金刚石钻进的工作原理不同，其转速值也不一样。

63. 如何计算钻头的圆周线速度？

可用下列公式计算：

$$V=\frac{\pi Dn}{60}$$

式中：V——圆周线速度，m/s；

D——钻头的平径直径，m；

π——圆周率（$\pi=3.14$）；

n——钻头的转速，r/min。

举例：采用 φ75 mm 的孕镶金刚石钻头钻进，转速为 610 r/min，求钻头圆周线速度是多少？

根据已知条件代入公式：

$$V=\frac{\pi Dn}{60}=\frac{3.14\times 0.075\times 890}{60}=2.39\ \text{m/s}$$

所以圆周线速度为2.39 m/s。

64. 金刚石钻进中为什么要经常观察泥浆泵的压力表?

因为在金刚石钻进中，泵压表能较灵敏地反映孔内阻力变化情况。一般泵压发生小幅度的上升或下降，是孔底换层的预兆；如钻进效率突然降低或不进尺的同时，泵压猛然大幅度增高，则是发生岩心堵塞的反映，要尽快将钻具提离孔底，否则一瞬间就可能发生烧钻事故；如果泵压突然下降，这多半是钻具折断或脱扣。总之，泵压的变化，可以帮助迅速地判断孔内情况(当然不是唯一的办法)，所以在钻进中，要经常观察泥浆泵压力表的变化情况。

65. 金刚石钻进中的泵压损失包括哪几部分?

金刚石钻进的泵压损失包括在地表管路、钻杆内孔、双管钻具及钻头和钻孔环状间隙等几部分。

一般情况下，地表管路、双管钻具和钻头几部分的泵压损失基本上不变，共8个大气压(atm，1 atm = 101.325 Pa)左右。钻杆内孔和环状间隙两部分的泵压损失，随钻孔深度而变，每百米递增2个左右大气压损失。

66. 金刚石正常钻进时泵压应为多少?

正常钻进时，在直径46~60 mm的钻孔中采用清水钻进，在硬岩层中为5~10个大气压力；在软岩层中为10~12个大气压力。

67. 金刚石钻头的磨损包括哪些方面?为什么要研究金刚石钻头的磨损?

金刚石钻头的磨损，包括钻头的内、外径、底唇面有没有过量的磨损或有无不正常现象，并分析不正常的原因，以便合理地掌握和确定下个回次钻进规程参数，改进不合理的操作方法。所以，每次提钻后，通过对钻头磨损的分析研究，不仅有助于积累经验，用好钻头，同时，为改进钻头设计及钻头制造等提供依据。

68. 孕镶金刚石钻头的正常磨损形态是怎样的？正常磨损的标志是什么？

孕镶金刚石钻头的工作原理是：胎体金属组分与金刚石之间存在磨耗差，使金刚石不断出露，产生自锐，刻取岩石。孕镶金刚石钻头的正常磨损形态是，金刚石出露量约占粒径的1/4～1/3左右。在钻头旋转尾部形成后支撑，如蝌蚪状，产生有效工作区。这表明胎体耐磨性与岩石研磨性相适应。在中等研磨性的岩层中钻进，表现尤其突出。

图3－18　磨损正常的孕镶钻头

正常磨损的标志是：内、外、底、侧磨损缓慢，底唇面由平面逐步过渡到圆弧形。金刚石裸露好，各部无异状。

69. 表镶金刚石钻头的正常磨损形态是怎样的？正常磨损的标志是什么？

表镶金刚石钻头的正常磨损比孕镶金刚石钻头的正常磨损容易观察。凡是下列情况都属于正常磨损：

（1）金刚石、聚晶、复合片无断裂、崩落现象。

（2）胎体冲蚀正常。

（3）切削具随进尺的增加，磨损量逐渐增大。

金刚石出刃逐渐磨钝，金刚石的出露保持1/4～1/3的范围之内，胎体磨损均匀而轻微，没有拉槽、崩裂、掉粒等异常现象，钻头内、外径以及棱部有磨平现象，但尺寸变化微小；在每颗金刚石后面有轻微“尾巴”状胎痕，上述症状，可认为表镶金刚石钻头正常磨损。

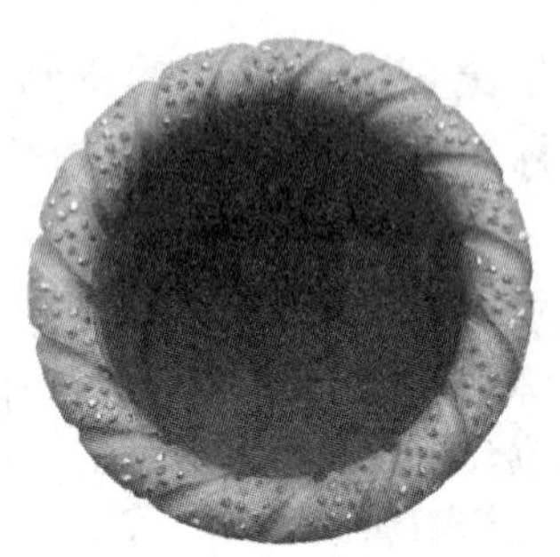

图 3－19 表镶钻头正常磨损

70. 复合片钻头正常磨损形态是怎样的?

复合片正常磨损：胎体冲蚀正常；钻头上无掉片、崩损现象。

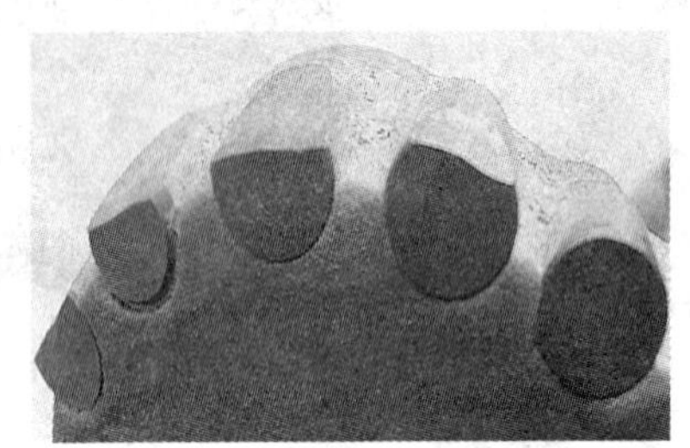

图 3－20 复合片正常磨损

71. 金刚石钻头的非正常磨损形态有哪些?

金刚石钻头的非正常磨损形态有下列几种情况：

(1)底唇面被抛光。

(2)胎体端面轻微烧钻。

(3)胎体端面形成沟槽。

(4)钻头磨出内、外台阶或锥形。

(5)胎体严重损坏。

(6)胎体出现裂纹。

(7)钢体严重磨损。

(8)水口严重冲蚀。

72. 金刚石钻头底唇面被抛光的原因有哪些？如何预防？

(1)原因：

①岩石坚硬、致密、研磨性低。

②钻头胎体太硬，与所钻岩石性质不适应，金刚石不能自磨出刃。

③金刚石品级低，或金刚石浓度太高。

④钻压不足，转速偏高。

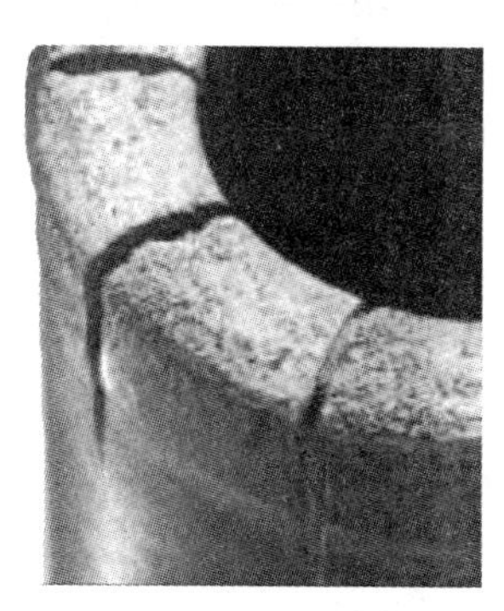

图 3-21　底唇面被抛光

(2)预防措施：

①选用较软胎体、高品级和较低浓度金刚石钻头。

②适当降低转速、增大钻压。

③在现场对抛光的钻头可进行酸蚀、砂轮或角磨机打磨等方法，使其重新出刃。

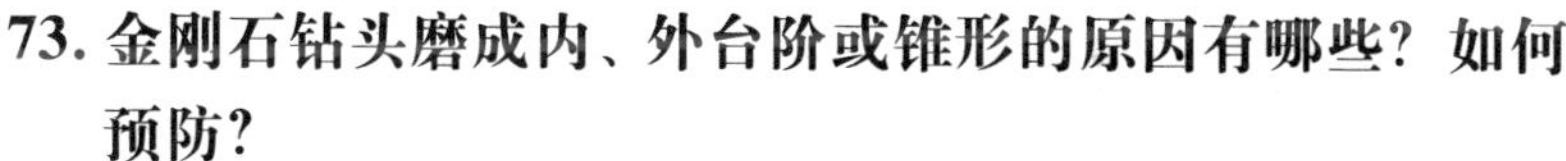

73. 金刚石钻头磨成内、外台阶或锥形的原因有哪些？如何预防？

(1)原因：

①在硬岩层中扩孔钻进，造成外缘磨损。

②在硬、碎岩层中钻进，钻头外缘金刚石掉粒或剪断。

③在硬、碎岩层中钻进发生岩心堵塞和重复破碎，钻头内径过快磨损。

④用钻头扫探头石、脱落或残留岩心，或松脱的套管接头，使边缘的胎体和金刚石过早磨损。

⑤钻头底唇面设计不合理或复合片钻头布齿不合理，钻头各部位磨损不是同步进行。

(2)预防措施：

①采用合格的扩孔器，保持钻孔直径，避免钻头扫孔或扩孔钻进。

②检查岩心卡簧和卡簧座，防止岩心脱落或残留岩心。

③对破碎岩层，应用水泥或套管封住破碎孔段，防止钻孔坍塌。

④在硬碎岩层可采用液动冲击锤配合单动双管钻具或绳索取心钻具钻进，可有效避免岩心堵塞。

⑤一旦发现孔内有残留岩心，必须先用平底形磨孔钻头将其消灭。

⑥选择设计和布齿合理的钻头，钻头底唇面各部位同步磨损。

图 3－22 钻头磨出外台阶

图 3－23 钻头磨成内锥形

74. 金刚石钻头胎体掉块的原因有哪些？如何预防？

(1)原因：

①下钻时碰撞了变径台阶、探头石或脱落岩心。

②由于跑钻墩坏胎体。

③钻头在缩径孔段受挤压。

④在裂隙发育地层中钻进，钻压过大，转速过高，冲洗液量不足，会使胎体产生裂纹，进而发展成胎体掉块。

图 3－24 胎体掉块

⑤钻头制造方面的原因(如由于刚体清洗不佳或胎体料氧化等原因引

起胎体和刚体连接性能差，造成胎体掉块）。

（2）预防措施：

①采用十字钻头或磨鞋处理变径台阶、探头石及脱落岩心。

②选配合格的扩孔器，防止钻孔缩径。

③操作时注意力应高度集中，下钻速度不宜太快。

④根据不同地层合理选择钻进参数。

⑤选择质优价廉信誉好的钻头供应商。

75. 金刚石复合片钻头复合片崩损的原因有哪些？如何预防？

（1）原因：

①钻压过大，转速过高或钻遇硬夹层。

②冲击载荷过大或操作不当。

③钻头跳动。

④齿焊接缺陷或工作时间过长，掉片导致其他复合片崩损。

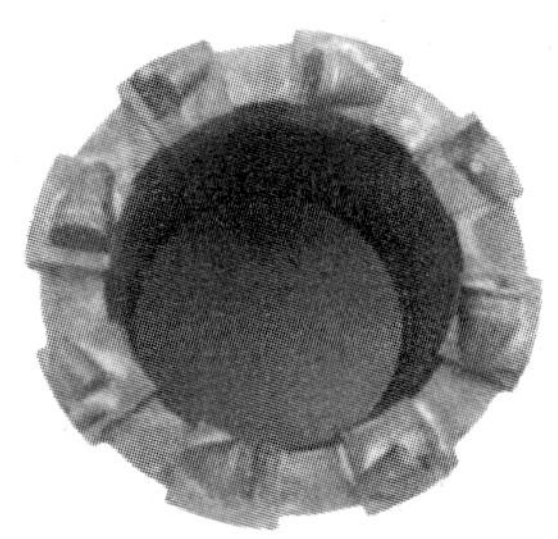

图 3－25　复合片崩损

（2）预防措施：

①选择合适钻压和转速。

②合理钻井操作。

③调整钻进参数。

④提高焊接质量，选择长寿命钻头。

76. 金刚石钻头微烧和烧钻的原因有哪些？如何预防？

（1）原因：

①泵量小或钻杆柱冲洗液漏失，钻头冷却不充分，但发现较早，造成轻度烧钻。钻头微烧的表象是胎体变色，金刚石失去光泽，呈暗灰色，刚体下部发黑，胎体无明显变形，钻头仍可使用，但进尺明显降低；未能及时发现孔内不正常的征兆，响声异常，钻具憋劲，在孔底缺水的情况下仍然继续钻进，致使钻头和孔底岩粉熔化在一起，并与孔底岩石和岩心固结，造成烧钻事故。

②钻头结构和水路设计不合理，引起烧钻。

(2)预防措施:

①在钻杆接头丝扣处涂抹丝扣油,防止冲洗液漏失。

②检查钻具水路系统是否堵塞,如堵塞应及时排除。

③水泵运转正常,注意泵压变化,泥浆池要经常保持清洁,防止棉纱、杂草进入吸水管。

④增大冲洗液量。

⑤严格执行操作规程,操作人员思想应高度集中。

图3-26 钻头烧钻

77. 金刚石钻头胎体端面形成沟槽的原因有哪些?如何预防?

(1)原因:

①由于孕镶钻头的金刚石出刃小,压入岩石后,胎体端面和岩石之间的间隙甚微,冲洗液难于通过。

②钻压过大,胎体中心部位冷却不良,排粉困难,岩粉重复研磨胎体,端面温度逐渐升高,出现微烧现象,持续一段时间之后,胎体中部即磨出沟槽。

③表镶钻头金刚石覆盖不完全,或有金刚石脱落。

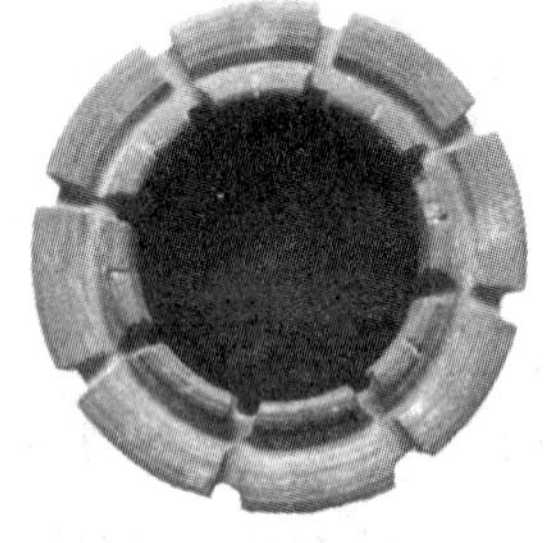

图3-27 胎体端面拉槽

④复合片钻头布齿不合理,或中心部位切削齿过早磨损。

⑤孔底有金属碎块。

(2)预防措施:

①选用多水口的孕镶钻头。

②适当降低钻压。

③清除孔底的金属碎块。

④选择质优价廉信誉好的钻头供应商。

78. 金刚石钻头刚体严重磨损的原因有哪些？如何预防？

(1)原因：

①钻孔坍塌、掉块，或孔底岩屑过多，严重磨损刚体。

②岩层比较破碎。

③孔内漏失，冲洗液量不足，研磨性岩粉摩擦刚体的外表面。

④孔内有金属碎块如合金、钢粒、钻具铁片、轴承滚珠等。

⑤卡簧座与钻头胎体之间的间隙太大。

图 3-28 钻头刚体严重磨损

(2)预防措施：

①采用绳索取心钻进，及时打捞破碎岩心。

②及时处理孔内漏失。

③发现孔内有异物，应设法打捞干净并采取磨孔措施。

④经常检查双管轴承是否损坏，卡簧座与钻头胎体之间的间隙是否过大。

79. 金刚石钻头胎体或水口被严重冲蚀的原因有哪些？如何预防？

(1)原因：

①钻进高研磨性或坚硬而破碎的岩层，钻头胎体太软。

②冲洗液中岩粉过多，或钻进过程中泥浆含砂量过高、流速又过大。

(2)预防措施：

①采用高硬度、高耐磨性的胎体。

②适当降低泵量，使钻杆和孔壁之间环状间隙流速不超过 0.5 m/s。

③适当延长冲洗液循环槽和增加沉淀池，特别是在中、粗粒砂岩中钻

图 3-29 水口严重冲蚀

进，应注意清除冲洗液中的岩粉和砂子。

80. 金刚石钻头胎体或水口出现裂纹的原因有哪些？如何预防？

（1）原因：

①钻压太大。

②岩心自卡，将胎体或水口胀裂。

③拧卸钻头时操作不当，将钻头夹裂。

④跑钻，蹾裂钻头。

⑤钻头生产中已有隐性裂纹，使用中不断扩大。

图3-30 水口出现裂纹

（2）预防措施：

①适当减小钻压。

②采用单动性能好、卡簧合适、内外管平直的双管钻具。

③现场配备拧卸钻头的专用工具。

④加强操作人员的责任心。

81. 金刚石钻头胎体或刚体被夹扁的原因有哪些？如何预防？

（1）原因：

①钻头螺纹加工不合适，拧卸时用力过大将钻头夹扁。

②用牙钳或其他不合适的工具拧卸钻头，将钻头夹扁。

（2）预防措施：

①保证钻头螺纹加工精度和光洁度。

②采用拧卸钻头的专用工具，拧卸时用力适当。

图3-31 夹扁刚体

82. 钻头刚体螺纹部位严重磨损并呈喇叭形的原因有哪些？如何预防？

(1)原因：

①扩孔器与钻头螺纹配合太松，密封面不吻合。

②跑钻将螺纹撑开。

③钻压太大。

(2)预防措施：

①保证钻头和扩孔器螺纹加工精度，拧合后形成良好的密封面。

②杜绝跑钻。

③钻压必须适当。

图 3－32　螺纹呈喇叭形

83. 金刚石钻头偏磨的原因有哪些？如何预防？

(1)原因：

①钻头胎体与螺纹中心线不同心，胎体内外径偏磨。

②钻头胎体呈椭圆形，钻头胎体偏磨。

③钻头胎体端面和螺纹中心线不垂直，引起胎体端面偏磨。

④钻具弯曲，钻头胎体端面偏磨。

(2)预防措施：

①钻头螺纹加工符合标准。

②禁用弯曲的岩心管，钻具螺纹连接符合相关质量标准。

③胎体椭圆度超过钻头外径的0.3%时禁用。

84. 金刚石钻头的非正常磨损有哪些原因？如何预防？

(1)原因：

①地质方面：由于所钻进的岩石破碎，节理发育，软硬不均，硬、脆、碎等。

②钻头设计和制造方面：如胎体的硬度不适应岩性，胎体包镶金刚石不牢，金刚石分布不均，数量不足；或水道分布、水口水槽规格不合理；钢体与胎体不同心或钻头丝扣加工质量不合乎要求，或胎体

的唇面与钻头的中心线不垂直等。

③钻进规程参数及操作方面：使用规程参数不合适。升降钻具撞碰孔壁、孔底；钻头与扩孔器配合不当，钻具稳定性差；冲洗液量过大；钻压过大；孔底掉入金属物件或其他杂物未及时排除；孔内有残留岩(矿)心或孔底岩粉过多等。

(2)预防金刚石钻头非正常磨损的措施有：

①掌握“五不扫”，即不用金刚石钻头扫孔、扫残留岩心、扫脱落岩心、扫掉块、扫探头石。

②掌握“三必提”，即下钻遇阻轻转无效、岩心堵塞、钻速骤降，必须提钻。

③钻进过程中，发现钻头打滑，不准盲目加压强迫钻进，不准瞬时干钻，应立即提钻。

④新钻头下孔后，必须进行初磨。其目的是：开始轻压(约正常压力的1/3)、慢转(100 r/min左右)，进尺0.2~0.3 m后，逐渐增至正常转速。第一个回次不宜过长，及时提钻观察钻头磨损形态。

⑤坚持钻头出现下列情况不再下孔：

a. 表镶钻头内径比公称尺寸磨损0.2 mm；孕镶钻头内径比公称尺寸磨损0.4 mm时。

b. 表镶钻头有少数金刚石脱粒、挤裂或剪碎。

c. 表镶钻头金刚石颗粒出露超过1/3以上。

d. 表镶钻头因微烧而出现石墨化。

e. 钻头水口和水槽尺寸过小。

f. 钻头异常磨损。

g. 钻头体变形、螺纹损坏。

85. 金刚石钻头及扩孔器出现哪些情况须停止使用?

出现下列情况之一者，应停止使用：

(1)已经磨钝，钻速明显下降的钻头。

(2)钻头内径比名义尺寸缩小0.3~0.4 mm；孕镶钻头金刚石层磨完。

(3)表镶钻头胎体磨损严重，金刚石出露超过1/3，如继续使用有掉粒的危险。

(4)胎体被冲洗液冲蚀，靠近水口处的金刚石有掉粒的危险。

(5)扩孔器外径磨损，已小于钻头名义尺寸。

(6)钻头及扩孔器有变形或胎体有裂纹，丝扣晃动等现象。

(7)表镶钻头在坚硬岩层中不要过度磨损，当效率下降时应停止使用，留到研磨性弱的地层中使用。

(8)钻头或扩孔器上的金刚石发生脱落，尤其是底唇面的金刚石脱落或金刚石碎、裂、崩断等应停止使用。

(9)钻头或扩孔器的胎体发现有裂纹或崩块；钻头胎体出现台阶和拉槽以及水口太小等现象应停止使用。

(10)钻头刚体严重磨损和变形，椭圆度和同心度超过允许范围；钻头底部或圆周严重磨偏。

86. 金刚石钻进中钻具振动的原因有哪些?

金刚石钻进过程中，钻具始终处于压缩、旋转和摩擦等复杂受力状态，因而产生钻具振动，究其原因主要是以下三个方面：设备及工具方面的原因、工艺方面的原因和地层方面的原因。

(1)设备及工具方面的原因：

① 所用设备的技术性能不佳，如钻机稳固性差，回转器轴承间隙超差等；动力机功率不足，超负荷运转不稳定；泥浆泵泵量和泵压不稳，产生脉动或水击现象。

② 钻机基础强度差，安装不牢。

③ 主动钻杆弯曲、超长，与立轴不同心。

④ 使用弯曲的钻杆和岩心管，回转时钻柱离心力增大。

⑤ 使用过重的提引水龙头和送水管，摆动过大，影响钻机稳定性。

(2)工艺方面的原因：

① 孔身结构设计不合理，和钻杆、岩心管的直径不匹配。

② 钻进技术参数与岩石性质不相适应，盲目增加转速或加大钻压。

③ 钻孔发生弯曲。

④ 孔底有残留岩心或其他金属物。

(3)地层方面的原因：

① 岩层破碎，裂隙发育。

② 岩层软硬变化频繁。

③ 岩层层理发育，与钻孔轴线呈锐角。

④ 在溶洞或空穴发育的地段钻进。

⑤ 岩石硬度和强度不均。

87. 金刚石钻进中钻具振动有什么危害?

金刚石钻进过程中，钻柱始终处于压缩、旋转和摩擦等复杂受力状态，因此产生振动。其危害是：

(1)对金刚石造成严重损伤。钻杆振动施于金刚石钻头上的冲击力，促使出露的金刚石振碎、脱落，早期磨损，钻头寿命显著降低，每米进尺金刚石耗量增加。

(2)严重影响岩心采取率及其品质。钻柱振动敲击岩心，使岩心折断、破碎，完整度遭到破坏，造成岩心堵塞；或重复破碎，磨成细粉，随冲洗液流失，矿物品级失真，岩心品级降低，代表性差。

(3)设备、管材严重磨损，转矩增高，功力消耗增大，孔壁不稳定，剥落或掉块，增加孔内事故。

(4)钻孔弯曲难于控制。钻柱振动直接造成的经济损失是：延长施工工期、单位成本急剧上升。

88. 金刚石钻进中预防钻具振动的措施有哪些?

由设备、工具及工艺方面引起的钻具振动，是人为因素造成的，可通过加强施工队伍管理，增强职工责任心，严格执行操作规程，注意设备的维护保养，保持孔底干净等措施来加以避免，而由地层原因引起的振动是客观存在的，可采取适当的技术措施来限制或减轻钻具的振动。主要措施如下：

(1)钻机安装牢固。

(2)水龙头要轻便、转动灵活。

(3)采用直的主动钻杆、钻杆及岩心管。

(4)不得采用过大钻压和泵量钻进。

(5)在强研磨性、破碎、软硬互层的岩层中，禁止盲目开高转速。

（6）避免钻杆柱的共振转速。

（7）选用合理的组合钻具，即在岩心管上部增设钻铤和扶正器，实现减压钻进，使钻杆处于张力状态，这样就使钻柱张力与压力临界点（中性点）处于钻铤的上部，减小了回转时钻柱的离心力，钻进状态更加平稳。

（8）缩小金刚石钻头、扩孔器与钻杆直径的级差，减小钻柱与孔壁的间隙，可实现钻柱在高速回转下保持动平衡。

（9）在岩心管与钻杆之间，或钻杆与钻杆之间增加直径合适的稳定接头，减小孔壁与钻柱之间的间隙，从而减轻钻具的摆动。

（10）在岩心管与钻杆之间安装减振器，使钻杆回转引起的振动被减振器吸收，从而减轻岩心管和钻头的振动，增加钻具的稳定性。

（11）选用具有稳定作用的金刚石钻头，如选用同心圆尖齿钻头、多阶梯钻头、双锥型钻头等，可提高钻具稳定性。

（12）在泥浆中加入适量润滑剂，减小钻柱与孔壁的摩擦阻力，减轻钻具振动。

89. 金刚石钻进中下钻时有哪些注意事项?

（1）下钻时，操作人员对孔内情况要做到心中有数；钻头通过拧管机、套管口或换径处、活石处，应放慢下降速度。下钻遇阻，不准猛冲硬蹾，可用管钳慢慢回转钻具，无效时应立即提钻，采用其他方法处理。

（2）每次下钻，不得将钻具直接下到孔底。距孔底约1 m左右时，应接上水龙头开泵送水，等孔口返水后，轻压慢转扫孔到底，正常后可按要求参数钻进。

（3）配好机上余尺，在回次钻进中，不准中途将钻具提离孔底接钻杆。

90. 金刚石钻进中正常钻进时有哪些注意事项?

（1）钻进时要严格遵守操作规程，合理选择钻压、转速及泵量。当钻进正常后，不要随意改变钻进参数。

（2）一个钻进回次宜由一人操作，操作者应精力集中，随时注意和认真观察钻速、孔口返水量、泵压及动力机声响或仪表数值等变化，发现异常，立即处理。

(3)倒杆一般要停车。深孔减压钻进时，倒杆前应先用升降机将孔内钻具拉紧(不得提离孔底)，倒杆后用油缸减压并在小于正常钻压的情况下平稳开车。开车时，要轻合离合器，并减轻钻头压力，使钻头和钻具在较轻的负荷下缓慢启动，使其受力平稳。

(4)岩层变化时，应调整钻进技术参数。岩层由硬变软时，进尺速度过快，应减小钻压；岩层由软变硬，钻速变慢时，不得任意增大压力，以免损坏钻头或造成孔斜。在非均质岩层中钻进，应控制机械钻速。

(5)应有专人管理冲洗液，定时检测冲洗液质量，不合格应及时调整或更换。地层变化时要及时对冲洗液的性能指标进行调整。做好循环系统清理和除砂工作，保持孔底清洁，孔内岩粉超过 0.3 m 时，要采取措施。

(6)钻进中发现岩心轻微堵塞时，可调整钻压、转速。处理无效应及时提钻。正常钻进时，不应随意提动钻具。

(7)防止烧钻。烧钻是指金刚石钻头在钻进过程中，因操作不当或孔内情况复杂，造成钻头被烧毁的情况。烧钻轻者使钻头报废，重者钻头胎体熔化，且和岩粉、残留岩心烧结在一起。因此，烧钻是金刚石钻进最易发生的事故之一，应严格采取下列预防措施：

① 水泵工作要正常，泵压表要灵敏，并有专人负责观察。

② 保持钻柱良好的密封性能。钻杆接头处要缠绵纱、垫尼龙圈或涂丝扣油，防止中途泄漏冲洗液。

③ 钻头水路要符合要求，双管水路要畅通。

④ 回水箱要有水位升降标志。

⑤ 发现泵压突然增高、电流表电流突然增大、柴油机排出浓烟、孔内发出异常响声以及孔口突然不返水(原是返水孔)等烧钻预兆时，严禁关车，应迅速上下活动钻具，待隐患清除后，立即提钻检查，弄清烧钻起因，并采取相应的技术措施。

91. 金刚石钻进中采心时有哪些注意事项?

(1)金刚石钻进时，应使用卡簧采取岩心，不允许投放卡料取心；任何情况下不准干钻取心。

(2)采取岩心时，应先停止钻具回转，缓慢地将钻头提离孔底50~70 mm,使卡簧将岩心抱紧，再缓慢开车转几圈扭断岩心后方可起钻。不允许上下活动钻具或猛提钻具取心。

(3)钻孔较浅进行倒杆时，钻杆内冲洗液的压力可能使钻具浮起，造成岩心堵塞或折断，要适当调小泵量以降低泵压。

(4)取岩心时，确认岩心已被卡牢和卡断再提钻，以防岩心脱落和残留岩心太多。

(5)孔内残留岩心长度较大时，应专门捞取。

(6)防止岩心堵塞：

① 在节理发育、破碎、倾角大的岩矿层，应设计专用取心工具。

② 吸水膨胀、节理发育等易堵岩层应采用内径较小、补强较好的钻头，使岩心较顺利地进入内管。

③ 在节理发育、倾角小的岩层中钻进，可用镀铬内管或半合管，亦可在内管中涂润滑油或岩心保护剂，以利于破碎岩心顺利地进入内管。

④ 采取相应的减振措施，可减少由于振动造成岩、矿心破碎引起的堵塞。

⑤ 钻进过程中，不允许任意提动钻具。开、关车要平稳，钻压、泵量要均匀。

92. 金刚石钻进中碰到复杂地层时有哪些注意事项?

(1)遇复杂岩层可采用超径钻头，增加钻杆外径与孔壁之间的间隙。

(2)为防止岩心堵塞，允许卡簧内径略微增大(小于钻头内径0.1~0.2 mm)，卡簧座底端离钻头内台阶的距离适当调小。

(3)要控制回次长度。

(4)在复杂岩层中起下钻，速度不得过快，并在取钻过程中，向孔内灌注冲洗液，以防“抽汲”作用造成孔内坍塌。

93. 金刚石钻进中碰到硬而致密的弱研磨性岩层怎么办?

(1)使用胎体硬度 HRC10~20、金刚石粒度相对粗一些和浓度小于75%的孕镶钻头。

（2）适当加大钻压，或通过水龙头向孔内投放粗粒石英砂、铅丝等磨料，使胎体磨损和金刚石出刃。

（3）上述方法处理无效时，将钻头提到地面，对胎体采用喷砂、砂轮打磨、石英砂研磨、酸腐蚀等方法处理，使金刚石出刃后再下孔内继续钻进。

（4）使用专门的对付硬而致密的弱研磨性岩层的“弱包镶金刚石钻头”。

94. 复合片钻头的碎岩过程是怎样的?

如图3－33所示，PDC钻头是利用人造聚晶金刚石复合片吃入地层且充分利用其极硬、耐磨、自锐等特点，在钻压和扭矩作用下，PDC钻头的轴向力和回转力共同作用剪切和切削地层、破碎岩石的钻头。其碎岩过程是：PDC钻头的钻进靠的是多晶金刚石层对地层的切削与剪切作用，在钻进过程中多晶金刚石层缓慢磨损，细小的金刚石颗粒不断地暴露出来，始终保持锋利的切削刃，这种反复出刃的过程直至金刚石颗粒全部磨损掉为止。此过程中金刚石层整体类似于铣刀的切削作用，也有金刚石颗粒的微刃的切削作用。

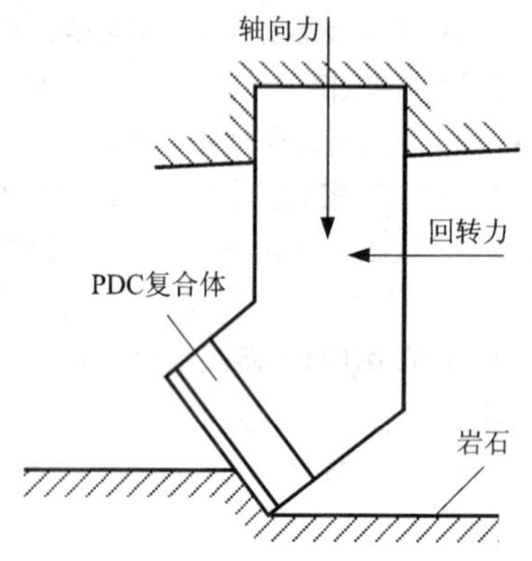

图3－33　PDC钻头碎岩示意图

95. 复合片钻头的工作特点是什么?

基于以抵抗破碎能力远小于岩石抗压－抗剪强度为工作目标设计的PDC钻头，主要以切削、剪切和挤压等不同方式破碎地层的不同岩石。其工作特点主要表现在以下几个方面：

（1）在低钻压时可获得较高机械钻速和进尺。

（2）无活动部件、能够承受高转速。

（3）破碎岩石方式以切削破碎、剪切破碎为主，挤压破碎为辅；

对于硬度小的塑性岩石，在钻压的作用下，这种钻头的刀翼或齿极易吃入地层，与此同时刀翼刃前的岩石，在扭转力的作用下不断产生塑性流动而实现切削破碎；对于硬度较大的塑脆性岩石，在钻压和扭转力的同时作用下，刀翼或齿沿设计的切削角切入岩石，使其产生体积破碎而实现剪切或挤压破碎。

96. 复合片钻头的碎岩机理是怎样的？

基于 PDC 钻头工作特点及以吃入、剪切破岩方式为主的理论，其碎岩机理为：

(1) 当 PDC 钻头在岩石抗压强度较低的地层中钻进时，无论是对塑性岩石还是脆性岩石，PDC 钻头的齿均能以较小的钻压吃入并实现剪切破岩的过程。

(2) 当 PDC 钻头在岩石抗压强度较高的地层中钻进时，在相同钻压条件下由于岩石的抗压强度变大，PDC 钻头的齿吃入深度变小、其破岩量降低，故破岩效率随之下降。

(3) 当 PDC 钻头在岩石抗压强度高的地层中钻进时，在相同钻压条件下由于 PDC 钻头的齿很难吃入地层，PDC 钻头只能以研磨的方式破岩，其破岩效率大大降低，随之钻进速度也大大降低。

97. 影响金刚石钻进规程参数的因素有哪些？

钻头选定后，金刚石钻进的效率依赖于钻进规程的选择。钻进规程包括钻压、转速和冲洗液量三个参数。影响钻进规程的因素很多，主要有：岩层的性质和特点、钻头的类型、所用设备和钻具的性能、钻孔的直径和深度，其他工艺技术的条件等。

98. 金刚石钻进中如何选择钻压？

决定钻压既有钻进所需的一面，又有所用设备和钻具可能施加其上的一面。一般来说，在一定范围内钻速是随着钻压的增大而增加的。图 3－34 表示钻压对钻速和金刚石耗量的影响。金刚石钻进分为三个不同的区域：(Ⅰ)为表面研磨破碎，虽也呈线性正比关系，但钻速极低；(Ⅱ)为疲劳破碎区，这是一个过渡带，依靠多次重复、裂纹扩展而碎岩；(Ⅲ)为钻刃切入岩石的体积破碎区。该区内钻速随钻压增长很快。但是与此同时，单位进尺金刚石的耗量也随钻压的增长而增大。

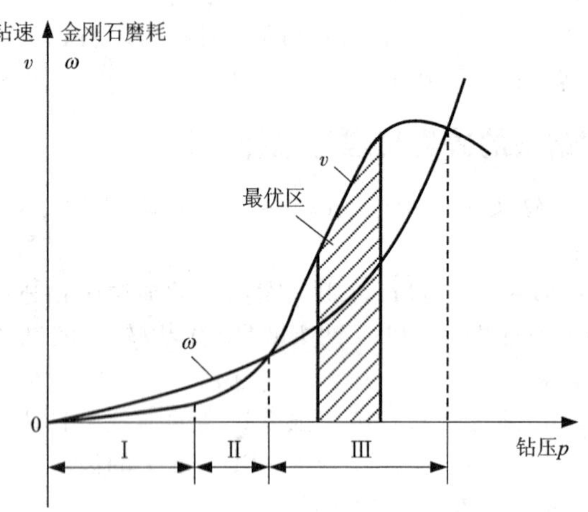

图3-34　钻压对钻速和金刚石磨耗的影响示意图

过大的钻压使金刚石耗量急剧增大，并且还会导致钻速下降。对二者权衡，决定了钻压最佳区域。钻压可用下面计算公式求得：

(1)表镶金刚石钻头的钻压 P：

$$P = G \cdot p$$

式中：G——钻头上的金刚石粒数；

p——单颗金刚石上允许的压力，kgf/粒。

(2)孕镶金刚石钻头的钻压 W：

$$W = F \cdot q$$

式中：F——钻头实际的工作唇面面积，cm^2；

q——单位唇面积允许的压力，kgf/cm^2。

99. 影响选择金刚石钻进中钻压的因素有哪些?

(1)岩石性质：一般在软的和弱研磨性岩层中钻进时，应选用较小的钻压，对完整、硬到坚硬或强研磨性的岩层选用适当大的钻压。对破碎、裂隙和非均质岩层应适当减小钻压。

(2)钻头类型：钻头口径大、壁厚、胎体较软时，应采用较大的钻压；反之，应采用较小的钻压。

(3)金刚石：钻头上的金刚石质量好、数量多、粒度大时，应选用较大的钻压；反之，应采用较小的钻压。

(4)刻取岩石的面积：钻头实际刻取岩石的面积由其口径、壁厚、水口的大小和多少而定。总的来说，钻头刻取面积大时，应施加大的钻压。

100. 金刚石钻进工作中施加钻压应注意哪些问题？

(1)施加钻压的阶段性：一个金刚石钻头在使用过程中应有初磨阶段和正常钻进阶段。对一回次也应分为初始压力和正常压力。金刚石钻头下入孔底时，应有一个磨合阶段，等钻头与孔底磨合后再以正常规程钻进。新的表镶钻头因金刚石出刃锋利且不完全一致，外径与孔壁之间以及内径与岩心根部之间都不一定配合，容易发生局部挤夹，因此，必须有一低压、低速磨合的阶段。但磨合阶段是一个低钻速阶段，虽属必要，但应尽力缩短。

(2)有关孔内压力的传递问题：前述钻压都是指孔底钻头所需要的静压力而论。但在实际钻进中，钻压是由地表控制通过很长的转动钻杆柱而施加于孔底钻头上的。钻杆柱在有冲洗液循环的井筒中弯曲和转动，不可避免地会造成钻压的损失和波动。孔底实际钻压的波动范围在计算钻压的0～3倍之间，是一动载。其主要影响因素有：①钻杆柱弯曲并转动与孔壁发生变化性的接触而产生摩阻　　钻孔越深、钻杆柱弯曲点越多，钻压损失和波动越大。②冲洗液循环流动，对钻杆柱内外产生向下和向上的摩擦推力，二者也不相同。同时在孔底钻头底部冲洗液转向上流，对钻头也产生上浮力，这些都会造成钻压变化。③转速对钻压的影响——弯曲的钻杆柱在高速回转中，会因离心力作用压向孔壁，增大钻杆柱与孔壁的摩擦力，也会造成钻压损失。

在实际钻进工作中，必须了解各种条件下的井底钻压的损失和波动及其影响因素，并根据具体条件加以调节，使孔底钻头获得所需的钻压。

101. 金刚石钻进中如何选择转速?

转速是影响金刚石钻进效率的另一个重要因素。在一定条件下，转速越快，钻速越高。因此，只要岩层完整稳定，钻孔弯曲较小且无超径现象，管材有足够的强度、钻具级配较好、使用较好的润滑钻井液，机械设备能力允许等条件下，应设法采用高转速钻进。

通常以圆周线速度来规定钻头的转速。孕镶钻头由于所用的金刚石粒度很小(40 目以内)，金刚石的出刃微小，可用的切入量更小，所以主要依靠高转速来获得高的钻速。孕镶金刚石钻头的圆周线速度应达到1.5～3.0 m/s。表镶钻头所用的金刚石颗粒较大，在钻进中允许有较大的切入量，所以要求的转速可比孕镶钻头的低些。也正是由于其出刃量大，在回转中容易折断或损伤，故不宜采用过高的转速。表镶金刚石钻头的圆周线速度一般为1.0～2.0 m/s。

选择合理的转速除了应根据钻头类型、钻头直径等因素外，还应考虑下列各方面:

(1)岩层的性质:在中硬完整的岩层中钻进，可采用高转速;如果岩层破碎、裂隙发育、软硬不均、孔壁不稳、孔径不均时，则应采用较低的转速。

(2)钻孔的结构与深度:钻孔结构简单，环空间隙较小，孔深不大，应尽量选用高转速钻进;反之，则须降低转速。在实际钻进中，常常随钻孔的延伸不断降低转速。

(3)机械设备及钻具的能力:在实际钻进中，常因钻机的能力和钻杆柱的质量限制了转速的可选速度。钻机的驱动功率是限制钻进规程(转速和钻压)可用程度的主要原因和依据。钻杆柱是钻进力(包括转速与钻压的共同作用)传送的一个中间环节，因此也是限制转速和钻压的一个主要因素。

102. 金刚石钻进对冲洗液量有什么特殊要求?

冲洗液量也简称泵量，实际上不是指全泵量，而是指送往孔内的数量。冲洗液通常是通过钻杆柱的内孔送往孔底而由钻孔的环状空间上返地表循环的。因此钻杆柱接头必须密封，要求在高压作用下不泄漏，否则送水量中途断流，实际流到孔底的冲洗液量就减小。金刚石钻进对冲洗液量的特殊要求有；

(1)金刚石钻头唇面排粉漫流间隙小，极易形成岩屑重复破碎、岩粉堵塞，甚至形成坚实的岩粉垫，使孔底排粉和冷却条件恶化，故对钻头水力学提出了特殊要求。

(2)金刚石热稳定性差，温度过高将导致金刚石石墨化，胎体变形，机械性能降低。

(3)钻孔环状间隙小，约 2 ~ 3 mm，水力损失大，无用循环功耗大，亦影响钻头水力的利用。有必要研究孔内水力能量的有效利用。

(4)表镶钻头钻进时，靠漫流通道冷却唇面金刚石和排粉。因此，调整水口和漫流水路断面之间的关系，是保证提高水力效果、冷却和冲洗效果的关键。

(5)孕镶钻头钻进时，钻头漫流通道小，冲洗液对金刚石冷却和清除岩粉的效果差，加强水口的水力作用是水路设计的主要研究对象。

103. 金刚石钻进中如何选择冲洗液量?

冲洗液量是金刚石钻进的另一个重要规程参数，它保证冷却钻头和清除岩粉。在孕镶钻头钻进中，有时还利用它的变化来调节钻头的锐化和金刚石的出刃。当然，就冲洗液本身的性质而论，它还有保护孔壁和润滑钻具等功用。

金刚石钻进时，孔壁和孔底的间隙很小，冲洗液流经狭窄的通道，阻力很大，所以在金刚石钻进中基本上是以不大的泵量和较高的泵压来工作的。泵量过大不仅增大工作泵压，而且会冲坏孔壁、冲蚀岩心而易造成岩心堵塞事故，还会造成钻压的过量减少，甚至会造成钻具的振荡。当然，泵量不足也会发生排粉不畅，增大阻力，增大单位金刚石消耗。一旦严重不足，则会发生烧钻等严重事故。常以冲洗液的上返流速来计算金刚石钻进所需的泵量，即：

$$Q = 6 \cdot v \cdot F$$

式中：Q——冲洗液量，L/min；

v——环空间隙上返流速，对金刚石钻进 $v \geqslant 0.3 \sim 0.5$ m/s；

F——钻孔的环空面积，cm^2。

冲洗液量的选定，除上述决定因素外，还应考虑下列各方面：

(1)岩层性质及完整程度：钻进坚硬致密的岩石时，由于单位时间产生的岩粉量少，粉粒也小，可选用较小的泵量；反之，钻进中硬、颗粒粗的岩层应用较大的泵量。钻进研磨性较高的岩层，一方面由于摩擦发热量大，需要较大的泵量冷却，另一方面又会由于携带岩粉磨粒的高速液流会严重冲蚀胎体而使金刚石过早脱落。因此泵量又不得过大，在漏失地层，如漏失量较小，可用大于常规的泵量补偿其漏失量。

(2)钻头类型：孕镶钻头由于金刚石粒度小，切入岩石的深度有限，钻头唇面与孔底岩面间的间隙很小，并且常用高转速钻进，所以一旦缺水，就会过热，因此，宜选用大些的泵量，以保证不发生烧钻。表镶钻头金刚石出刃量大些，排粉与冷却条件也较好，故常选用适当小的泵量，泵量过大还可能对胎体发生冲蚀而损坏钻头。

(3)流速：泵量要保证冲洗液流过钻孔孔壁与钻杆之间环状面积时，具有一定的流速。一般情况下其流速应为0.3～0.6 m/s，才能有效地冷却钻头及排除岩粉。

(4)转速：金刚石具有高转速的特点。所以，采用高转速钻进时，钻速快摩擦生热快，岩粉多，泵量应大些，反之则可适当减小。

(5)冲洗液量：冲洗液量对金刚石胎体的磨损和冲蚀作用是复杂的。泵量大，能使孔底清洁并给钻头创造良好的破碎岩石条件，但含有研磨性强的岩粉会冲蚀胎体，使金刚石过早出露而崩断和崩落。同时还会冲蚀岩(矿)心，等等。

综上所述，影响冲洗液量的因素很多，在确定冲洗液量时，应综合考虑。

104. 冲洗液量在金刚石钻进中有哪些重要作用?

冲洗液量在金刚石钻进中，是一个很重要的钻进参数。钻进中，要求泵量均匀连续，不能过大或过小，更不能中断。因为在金刚石钻进中，大多数情况下采用高转速钻进，钻头回转时与岩石摩擦产生高温，转速越快则单位时间内发热量越大。在没有冷却冲洗液的情况下，钻头回转一圈温度可升高1～2℃，在高速情况下，1～2 min内温度就可升高1000℃而使钻头完全烧毁。所以，充分冷却是保护金刚石钻头、提高效率的重要因素。

另外，金刚石钻进效率高，产生的岩粉多，而且粗径钻具和孔壁间的间隙小，如不连续循环排粉，就会引起糊钻或岩粉重复破碎，也会烧坏钻头和金刚石。

所以，金刚石钻进中一般冲洗液量按单位面积 1 ~ 1.5 L/cm^2 计算。

冲洗液量偏高，则在孔底形成高速水流，对钻头胎体冲刷严重，甚至冲出沟槽，影响钻头使用寿命，尤其是使用泥浆钻进时，这个影响更为严重，钻具上托减轻了钻头对岩石的压力，要保持正常钻进时的钻压，则需增加钻压，而增加钻压对钻具的稳定性是不利的；另外，过大的冲洗液量，对不稳定的地层，特别是怕水冲刷及易坍塌地层是不利的，甚至冲垮孔壁而影响钻进。所以冲洗液量直接关系到金刚石钻头的使用寿命和钻进效率的提高。

105. 什么是打滑地层?

孕镶金刚石钻头钻进硬－坚硬地层，依靠胎体的适度磨损使金刚石不断出露，从而保持比较恒定的钻速和较高的钻头寿命。因此，孕镶金刚石钻头破碎孔底岩石的必需条件是：钻头在孔底能自磨出刃。钻头不出刃、不消耗(唇面抛光)、不进尺的现象就叫“钻头打滑”。在钻探施工中，钻头打滑现象经常碰到，有的是由于地层地质原因，有的是操作技术原因，如钻压过小而转速过高或泵量过大等。只有在正确操作条件下使钻头打滑的地层才叫做“打滑地层”。

在正常钻进规程操作条件下，钻头出现打滑不进尺的地层叫做“打滑地层”。坚硬致密、研磨性极弱的，孕镶金刚石钻头钻进中不能出刃，小时效率一般低于 0.1 m/h 的地层，就是通常所指的“打滑地层”。

106. 孕镶金刚石钻头产生打滑的本质原因是什么?

钻头在钻进硬－坚硬－极坚硬地层时，出现钻头打滑现象，许多人认为造成这一现象的原因是金刚石不能出刃，钻头胎体过硬而造成的，于是想方设法降低钻头胎体的硬度和耐磨性，这样一来导致走向另一极端，即钻头钻进极坚硬地层时能产生进尺，但钻头寿命极低。事实上，钻头在钻进极坚硬地层时，由于岩石对金刚石的磨损过快，而岩石对钻头胎体的磨损却相对较慢，这样钻头在钻进极短的时间内，岩石磨损金刚石就导致金刚石表面出现一个小的平面（如图3-35所示）。这些小平面大大增加了金刚石与岩石的接触面积，从而降低了岩石与金刚石之间的单位面积上的接触压力。当金刚石施于岩石表面上的压力小于极坚硬地层的抗压强度时，金刚石就不能有效地破碎岩石，这时钻头钻进岩石就不进尺，出现打滑现象。钻进极坚硬地层时，当钻头出现打滑现象后，钻头胎体表面被磨钝的金刚石既不能有效地破碎岩石，也不能从钻头胎体表面自行脱落，这是由于这些被磨钝的金刚石上端被胎体包裹，下端与岩石形成吻合的面接触（如图3-36所示），此时金刚石实际上处于接近二向受力状态，故而有极强的抗压能力，要想压碎金刚石十分困难，要想让其脱落更不容易。因为钻头产生不进尺后，钻头与岩石的接触面不产生岩粉，没有岩粉导致钻头胎体不被磨损，从而胎体包镶着的金刚石就不能出露或脱落。

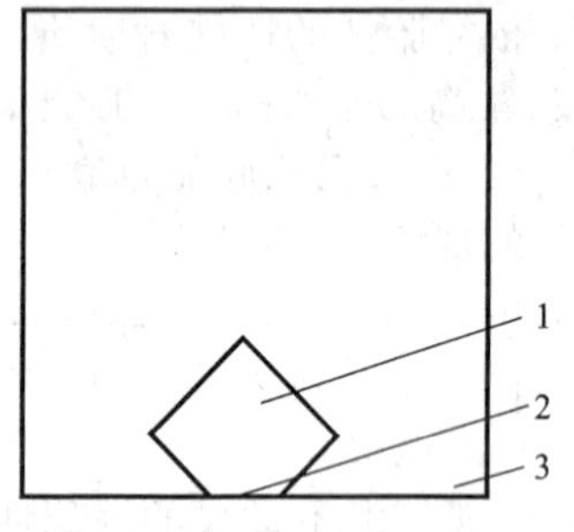

图3-35 金刚石钝化示意图

1—金刚石；2—磨出的小平面；3—胎体

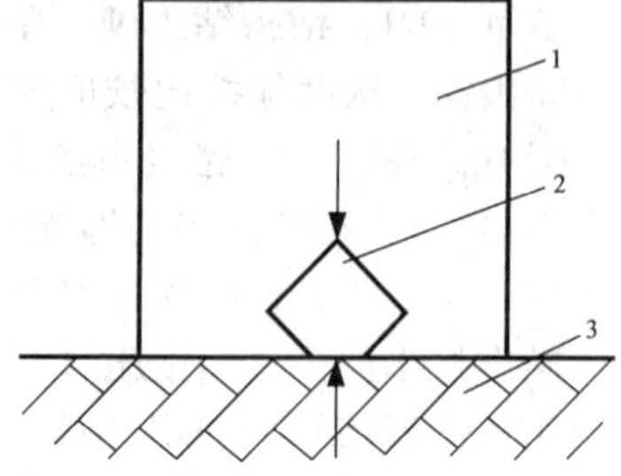

图3-36 磨钝金刚石受力状态图

1—胎体；2—金刚石；3—岩石

107. 在打滑地层中如何钻进？

打滑地层钻进的关键是要使钻头胎体唇面有金刚石出刃，可采用的措施有：

（1）地表预出刃：

① 地表人工出刃：喷砂、研磨、酸腐蚀。

② 采用细粒天然表镶钻头。

③ 从地表投石英砂等硬质磨料，加速钻头出刃。

(2)使钻头能压入岩石，产生岩粉：

① 缩小底唇接触面积：采用交错胎块、单双块、尖环槽、高低齿等异型钻头。

② 增加钻压，并采用高品级金刚石为增压创造条件。

③ 适当降低转速。

④ 适当减小金刚石粒度和浓度。

⑤ 如为绳索取心钻进，可暂时换用普通双管钻进。

(3)增大钻头底唇的摩擦：

① 向孔内投入岩粉或在冲洗液中加入岩粉。

② 降低冲洗液的润滑性能(清水或清水 + 岩粉)。

③ 使孔底岩粉滞留：减小水量，减少钻头水口数量而增大水口面积(岩粉不易被冲走)。

④ 从地表投石英砂等硬质磨料，加速钻头出刃。

(4)降低胎体的抗磨能力：

① 采用软胎体钻头。

② 短期干钻。

(5)采用冲击回转钻进，从根本上改变碎岩机理，是最有效而可靠的办法。

(6)采用弱包镶金刚石钻头钻进打滑地层，能很好地解决钻进中出现的打滑问题。

108. 弱包镶金刚石钻头的防滑机理是怎样的?

钻头出现不进尺打滑现象后，磨钝的金刚石在钻头胎体内已成为障碍，为了不使磨钝的金刚石在钻头胎体内及孔底做无用功(不刻取和破碎岩石)，只有设法使其尽快脱落，以使下一颗新的金刚石能尽快刻取和破碎岩石。基于这一点，利用弱包镶手段来设计极坚硬地层钻头能够解决钻头打滑问题。弱包镶防打滑钻头的设计方法是：先在金刚石表面用机械方法裹上一层碳化钨粉末，然后将处理过后的金刚石与胎体粉末均匀混合，再进行装模烧结。这样处理后的钻头由于在胎体与金刚石之间有一层没有黏结特性的碳化钨粉末(如图 3 - 37 所示)，从而减弱了胎体对金刚石的包镶能力，使钻头在胎体磨损不大的情况下，金刚石就会从胎体中自行脱落下来，从而实现金刚石的换层。其工作过程原理如图 3－38 所示。图 3－38 中(a)表示钻头中金刚石处于未工作和未磨钝状态；图 3－38 中(b)表示钻头中金刚石处于已开始工作而未被磨钝状态；图 3－38 中(c)表示钻头中金刚石处于工作后已被磨钝状态；图 3－38 中(d)表示钻头中金刚石被磨钝后已无法工作，并从钻头胎体中自行脱落，以便于下一颗金刚石开始工作。

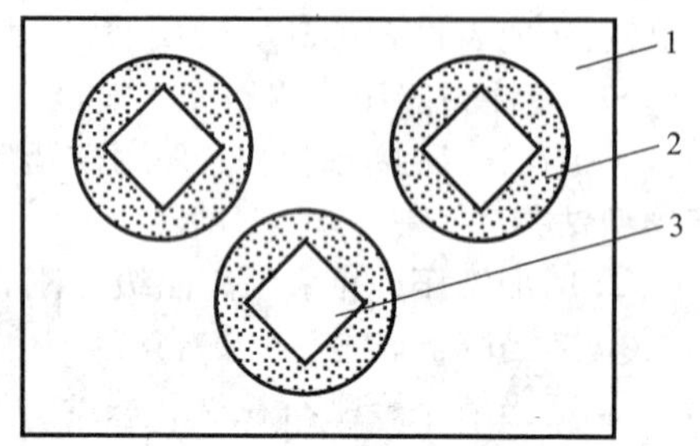

图 3－37　弱包镶金刚石钻头结构示意图

1—胎体；2—弱包镶层；3—金刚石

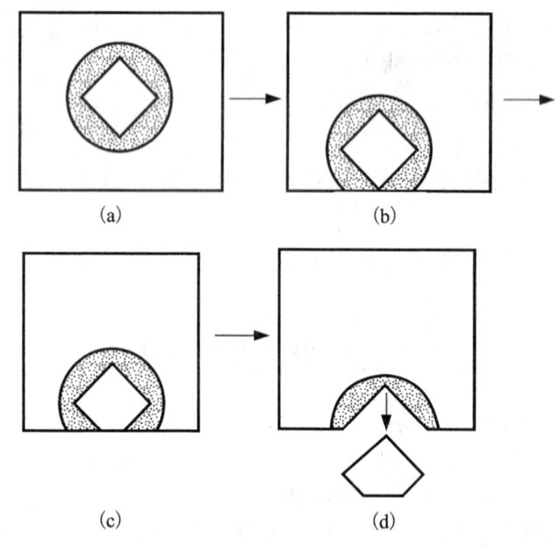

图 3－38　弱包镶钻头工作原理

(a)(b)(c)(d)注释见正文

在设计制造这种弱包镶防打滑孕镶金刚石钻头时，其关键点在于根据岩石对金刚石的磨损能力来选择合适的弱包镶程度，只有当金刚石工作到一定程度，即不能有效刻取和破碎岩石时，才能让其脱落。若金刚石脱落过早，降低了金刚石的利用率，造成浪费；若金刚石脱落过迟，钻头又会出现不进尺，达不到设计弱包镶的目的。弱包镶防打滑钻头的金刚石脱落快慢是通过金刚石表面包裹的碳化钨弱包镶粉末层的厚度来控制的，碳化钨弱包镶粉末层越厚，则金刚石的脱落速度就越快；反之，金刚石的脱落速度就越慢。

109. 钻进中要求应做到哪些基本内容？

岩心钻探中要求应做到“一清”、“二勤”、“三及时”、“四注意”、“五不要”，其具体内容是：

一清：对孔内情况要清楚。

二勤：勤检查钻具；勤分析情况。

三及时：地层变换及时改变操作方法；钻进参数及时调整；发现孔内非正常情况及时处理。

四注意：注意选用适宜钻头类型及使用方法；注意机械运转情况；注意合理掌握回次钻程；注意地层变化。

五不要：不要随意改变泥浆性能；不要盲目使用钻进参数；不要使孔内积存岩粉超过0.3～0.5 m；不要将超磨损、超弯曲度的钻具下入孔内；不要各班自行其是各干一套。

110. 金刚石钻进的要领是什么？

效率高，磨损小，技术参数选择好。

效率虽高磨损大，技术参数要重调。

合理钻速防烧钻，钻压适中孔斜小。

充分冲刷是关键，认真观察三个表。

注：三个表是指钻压表、浆压表、电流表。

111. 金刚石钻进操作时注意观察哪些现象？

金刚石钻进时，应细心观察以下现象，以帮助判断操作是否相当，钻进是否正常：

(1)机械：声音大小、烟量多少、烟色浓淡、卡瓦、离合器是否打滑等。

(2)仪表：指针的升降、突变现象。
(3)皮带：打滑、吱吱作响、跳动。
(4)胶管：蠕动、跳动。
(5)水箱：液面、水色。
(6)钻速：变快、变慢。
(7)钻具：回转平稳还是吃力。
(8)操作：金刚石钻进中要特别掌握"五不扫"、"三必提"。

112. 什么是金刚石钻进的"五不扫"、"三必提"？

五不扫：不用金刚石钻头扫孔、扫残留岩心、扫脱落岩心、扫掉块、扫探头石，以防损坏钻头。

三必提：下钻遇阻用钻杆钳微转处理无效必须提钻；

岩心堵塞处理无效必须提钻；

钻速突然下降，原因不清必须提钻。

113. 推行"三必提"的要点是什么？

该提就提，绝不犹豫。

宁可多提十次钻，坚决消灭"打懒钻"。

114. 金刚石钻头不准再度使用的"十条原则"是什么？

金刚石钻头不准再度使用的"十条原则"是：
(1)内外径磨损超过允许公差。
(2)出现异常磨损。
(3)表镶钻头金刚石已经脱落。
(4)孕镶钻头有微烧现象。
(5)胎体有裂纹。
(6)钻头出现偏磨、变形。
(7)钻头外径等于或大于扩孔器外径。
(8)水口、水槽磨损。
(9)表镶钻头的金刚石有挤裂、剪碎现象。
(10)表镶钻头金刚石出露在1/3以上，或因泵量过大，胎体严重冲蚀。

金刚石钻头有以上现象，未经处理或虽经处理仍不合使用要求的，不准下入孔内。

115. 合理选择与使用金刚石钻头的要领是什么?

金刚石钻头选择与使用的要领：

（1）依据地层特征选择钻头，其中按研磨性可分为弱、中、强；按地层完整度可分为破碎、较完整；按可钻性又可分为软、中、坚硬；选择适合地层的金刚石钻头可以明显提高钻进效率。

（2）使用钻头时，认真检查钻头规格，按钻头尺寸顺序，轮换使用，注意合理使用钻头。

116. 合理选择金刚石钻进参数的要领是什么?

选择金刚石钻进参数的要领：

在钻进过程中，优选钻进参数，以快速钻进为主，选择适当钻压、足够大泵量和泵压。如果钻进地层较为复杂时，需调节钻进参数，开始钻进时需轻压慢转，待正常钻进后再采用常规钻进。当遇到下列情况需降低转速，其中包括：破碎地层，研磨性较强的地层，出现孔深超径和钻杆弯曲情况。同时，要保持水路畅通，以防烧钻，且保持适当的泵量。

117. 金刚石钻进钻具选择的要领是什么?

金刚石钻具的选择要领：

（1）钻进用高品质管材，钻具要直，偏扁的不能使用。

（2）使用双管钻具时，要逐件检查是否有磨损的地方。

（3）检查卡簧的配置，看能否保证岩心不堵塞、不脱落、不残留。

（4）敲打岩心时，要注意内管，且采用木锤敲打。

（5）拧卸钻头时，要采用环状钳子，防止夹扁。

118. 金刚石钻进中防止烧钻的要领是什么?

金刚石钻进中防烧钻的要领：

（1）注意检查丝扣是否漏水，保证密封，防止烧钻。

（2）严格按图纸加工，不需要拧卸的那端用树脂粘联，经常拧卸端需在丝扣上涂油，且可以安放垫圈。

(3)泵要安装牢固，皮带要能防滑，革掉三通，注意改变泵量。

(4)注意观察仪表，一旦发现岩心堵塞，应立即提钻。

(5) 当增加钻速时，注意调节冲洗液量，防止烧钻。

119. 金刚石钻进中的注意事项是什么?

金刚石钻进的注意事项：

(1)注意观察三表，即泵压表、钻压表、电流表的读数。

(2)注意观察三表读数，如果指针平稳，即表明孔内安全，如果指针突起突落，即出现异状，需要立即停机检查。

(3)当岩心堵塞不能继续进入钻具时，应立即提钻。

(4)定期清孔，保持孔内清洁，避免烧钻。

(5) 深孔倒杆需先停机，注意拉紧钻杆，再松卡盘。

120. 改善钻具稳定性的要领是什么?

改善钻具的稳定性要领：

(1)要预防钻具振动，需注意：钻具的级配要合理，缩小环状间隙。

(2)钻具选择要合理，套管不能偏斜，钻具要稳，不晃不颠。

(3)钻压、泵压不能超过规范要求。

(4) 当遇到破碎地层时，要控制转速。

(5)采用乳化钻井液，可以有效地防止钻具振动。

(6)当钻具振动时，可先进行机械减振，再进行扶正。

121. 升降钻具操作注意事项的要领是什么?

升降钻具操作应注意的事项：

(1)在复杂孔段，需稳当而缓慢地升降钻具，如果升降太快会产生抽吸，易使孔坍塌。

(2)当下钻遇阻时，不要盲目冲击，要扭动钻杆，若还是不能下钻，就马上提钻。

(3)升降钻具时，器具要完备，同时夹持要牢固，防止跑钻，回绳要稳，不要蹾钻。

（4）岩心未取出时，不要卸开钻杆。

（5）机械扭管时，注意安全，注意垫叉要叉牢，防止飞溅。

（6）起下钻时，口号一致，分工合作才能保证安全。

122. 升降钻具的"一查"、"二看"、"三稳"、"四配合"是指什么？

一查：检查升降机系统各装置的牢固度。

二看：上看提引器；下看孔口台。

三稳：结合升降机要稳；把垫叉要稳；下钻要稳。

四配合：升降机与孔口配合；摆管与升降机配合；扶管与扭管配合；塔上与塔下配合。

123. 岩心钻探深孔钻进应抓哪几个主要问题？

岩心钻探的深孔钻进应抓住以下几个主要问题：

（1）合理选用钻具：

①用自制的标准专用卡尺，定期对孔内钻杆进行测量，发现磨损过大及有裂纹的立即更换。

②分类排队分级使用。对新钻杆、优选的钻杆放在钻孔下部使用。

③在进行设备维修时，必须对钻杆进行一次大检查；坚持定期检查与经常检查相结合。

④坚持三不入孔。即钻杆和接头磨损超过规定不入孔；丝扣不上紧不入孔；粗径钻具不直不入孔。

（2）把住泥浆关：

选用优质泥浆，确保孔壁稳定，加强泥浆管理，坚决做到"三勤"，即勤捞渣、勤换浆、勤观测，保证泥浆质量。

（3）采取积极有效措施防止钻孔弯曲。根据矿区地质特点设计要求，以预防为主，坚持采用高频淬火或胶箍刚性强的钻杆及岩心管等有效防斜措施。

124. 什么是硬质合金钻进？

利用镶焊在钻头体上的硬质合金切削具，作为破碎岩石的工具，这种钻进方法通称为硬质合金钻进。它是以破碎岩石的切削研磨材料而命名的。硬质合金是20世纪初期研制成功的一种坚硬材料。它具有很高的硬度和相当大的强度，是一种很好的切削材料，最初多用于金属切削加工方面，后来逐渐被应用于矿山开采、石油及地质勘探钻井方面。

125. 硬质合金钻进适用于什么地层?

硬质合金本身的硬度可达HRA90，它比刚玉的硬度还要大，在实际使用中，硬质合金钻进只适用于钻进中等硬度以下的岩层。钻探工作量中有接近50%是用硬质合金钻头完成的。几乎可钻性Ⅰ～Ⅵ级的所有岩石都可用硬质合金钻进，不含石英的Ⅷ～Ⅸ级火成岩也可用硬质合金回转钻进(尤其是小口径钻头)。在坚硬的岩层中钻进，切削效果很差，切削具磨损很快而迅速失去钻进能力。

126. 硬质合金钻进有哪些特点?

(1)由于切削具固定在钻头体上，它可以钻进任意倾角的钻孔，不受孔向、孔径、孔深的限制。所钻出的井壁及岩心，其直径比较一致，表面较光滑，这对于安全钻进和保证取心都是有利的。

(2)可以根据不同的岩性和要求，合理地设计和选择钻头的结构，以便在不同的岩层中都取得优良效果和满足工作要求。

(3)在钻进中，操作简便，规程参数的允许变化范围大，容易掌握。

(4)较容易保证钻孔质量，岩心采取率较高，孔斜较小。

127. 影响硬质合金钻进的主要因素有哪些?

影响硬质合金钻进的主要因素，概括起来有下列三个方面：

(1)岩层性质：

如硬度、研磨性、裂隙性、不均匀性以及岩层的硅化程度。

(2)钻头方面：

①硬质合金的质量：如硬度、强度、韧性和抗磨性能等。

②硬质合金切削刃的形状、规格等。

③切削具在钻头体上的排列形式及数量。

④镶焊的方法及镶焊的质量。

（3）钻进时的操作技术和钻进规程，如所采用的钻压、转速和泵量。

128. 选择钻探用硬质合金切削具的基本原则是什么？

按照我国的行业标准，硬质合金切削具主要有薄片状、方柱状、八角柱状和针状等形状。在确定硬质合金的牌号后，选择切削具形状与规格的一般原则是：片状硬质合金刃薄易于压入和切削岩石，但抗弯能力差，适用于Ⅰ～Ⅴ级软岩，它在钻头体上的出刃应大些。柱状硬质合金抗弯能力较强，压入阻力也较小，主要适用于Ⅳ～Ⅶ级中硬岩石，其中八角柱状切削具抗崩能力强，利于排粉和破岩，并易于焊牢，故在较硬岩层和裂隙发育的地层中得到广泛的应用。针状和薄片状硬质合金，主要用于镶焊自磨式钻头，在硬地层或研磨性岩石中使用。

129. 硬质合金回转钻进影响切削具切入深度的因素有哪些？

回转钻进时，切削具在轴向力的作用下压入岩石，在回转水平力的作用下沿孔底破碎岩石。轴向力和水平力的共同作用导致孔底岩石以薄的螺旋层形式连续被破碎。

回转钻进的机械钻速 v_m 取决于切削具切入岩石的深度和钻头转速：

$$v_m = 60nmh_1$$

式中：n——钻头转速，r/min；

m——钻头上切削具个数；

h_1——每个切削具每转切入岩石的深度。

影响切入深度的主要因素有：

（1）岩石破碎工具上的轴向力大小。

（2）岩石的物理力学性质及破碎下来的岩屑从孔底清除的速度。

（3）切削具的硬度、几何形状及其在钻头工作唇面上的布置方式。

（4）钻头的转速与切削具的磨钝程度。

130. 切削具被磨损的强烈程度取决于哪些因素？

当硬质合金钻头钻进时，随着破碎岩石进行的同时，总是伴随有切削具的磨损。所以，钻进过程总是切削具破碎岩石和岩石磨损切削具两者相伴进行的过程。切削具被磨损的强烈程度取决于下列因素：

(1)岩石的研磨性。

(2)切削具本身的材质及抗磨能力。

(3)切削具破碎岩石的特点及所采用的钻进规程(钻压、钻速和冲洗液量)等方面。

131. 减轻硬质合金切削具磨损的措施有哪些?

虽然切削具的磨损是不可避免的，但应设法把它控制在最低限度内。可采取的主要措施是：

(1)避免切削具在表面破碎状态下工作。尤其在高转速、低钻压的条件下钻进研磨性岩石时，切削具磨损更快。

(2)切削具的磨损速度取决于切削具的硬度与所钻岩石的硬度之比，岩石的研磨性、裂隙性等性质，还取决于切削具在钻头唇面的布置。应根据岩性选用合适的硬质合金牌号和型号，采用合理的钻头唇面结构。

(3)每次下钻前应修磨切削具刃端，减小初始接触面积，以降低其磨损率。

(4)采取等强度磨损的原则，对磨损严重的钻头切削具内外侧面进行补强。

(5)尽量采用具有润滑作用的乳化液或泥浆洗孔，以减轻切削具的磨损。

132. 钻探用硬质合金是什么类型的?

在矿山和地质勘探钻进中，所采用的硬质合金，主要是碳化钨(WC)—钴(Co)系硬质合金。这类硬质合金称为 YG 类硬质合金，它以碳化钨粉末为骨架成分，钴粉末为黏结剂，经粉末冶金方法压制烧结而成。一定型式的切削具镶焊在钻头体上，可制成各种型式的硬质合金钻头。

133. 钻探用硬质合金切削具形状的确定和选择原则是什么?

硬质合金切削具形状的确定和选择应从下述原则来考虑：

（1）有利于破碎岩石。

（2）有利于抵抗磨损。

（3）有利于抗断抗崩。

（4）有利于镶焊和修磨。

134. 钻探用硬质合金切削具主要有哪些形状？

钻探中使用的硬质合金其形状主要有片状、柱状及针状三类。其中片状切削具片薄刃宽，易于切入岩石，但抗弯能力较差，主要用于钻进1～4级塑性软岩，所以镶焊在钻头上出刃也应大些；柱状切削具抗弯、抗压的能力都较强，其切入和切削面较小，主要适用于钻进4～7级中硬岩层；针状硬质合金可用来制造自磨式钻头。在中硬岩层中钻进，八角柱状比方柱状硬质合金具有易于破碎岩石、便于排粉、抗磨钝能力强和易焊牢固等优点。

135. 钻探用八角柱硬质合金切削具有什么特点？

如图3－39（a）所示，为八角柱状硬质合金切削具，图3－39（b）为方柱状硬质合金切削具。两者相比可知：八角柱状硬质合金切削具的刃尖超前，还有一定的掏槽作用，既有利于碎岩，又可使岩屑顺着切削具两侧排出，便于排粉、减少磨损；且具有近乎圆弧形刃端，可使磨损均匀，增强了抗磨能力。相对于方柱状硬质合金切削具，其岩屑集中于刃前，且刃端两侧首先被磨钝而使切刃过早失去切削能力。另从便于镶牢着眼，八角柱状硬质合金切削具采用钻圆眼嵌入焊接法，牢固可靠，如图3－40所示；而方柱状硬质合金切削具若采用钻圆眼焊接，则空隙过大；若采用刨槽焊接，接触面只有两边，在钻进中很易崩落。

136. 什么是硬质合金钻头结构要素？

一定数量的硬质合金切削具，按一定的形式排布在钻头体上，可形成钻进不同地层的钻头结构。这些决定钻头结构的因素称为硬质合金钻头的结构要素。

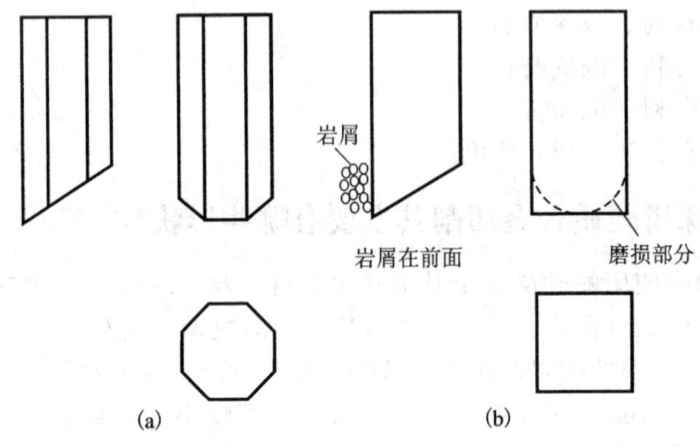

图3-39 八角柱切削具与方柱切削具

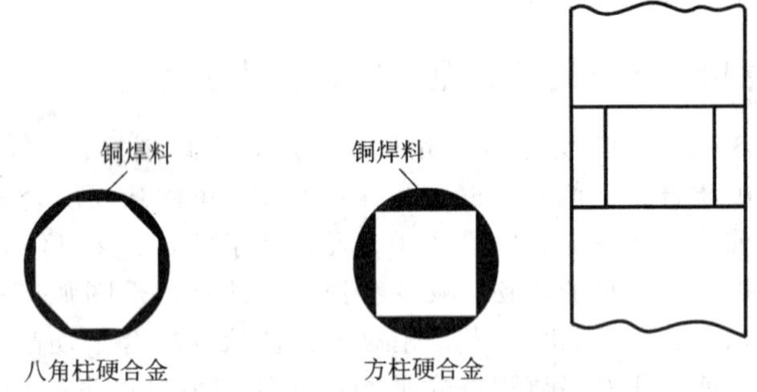

图3-40 八角柱切削具与方柱切削具镶焊情况

137. 取心式硬质合金钻头的结构要素有哪些?

一个取心式硬质合金钻头的结构要素有：钻头体(空白钻头)本身；切削具出刃；切削具的镶焊角度；切削具在钻头体上的布置方式；切削具在钻头体上的数目；水口和水槽的形式与数目。

138. 什么是硬质合金钻头的钻头体?

钻头体是切削具的支撑体，它把轴载和扭矩传递给切削具，承受切削具破岩的反作用力和孔底的动载效应，并长时间处于孔底的摩擦环境中。因此，钻头体要用 DZ-40 地质钻探用无缝钢管制成。钻头体上端车有与岩心管连接的外螺纹，其内壁上有为卡取岩心设计的内锥度。空白钻头是硬质合金钻头的基础，其同心度，各端面与中心线的垂直度以及各尺寸间的相互关系，都应严格要求，否则会直接影响钻进效果及取心质量。

139. 硬质合金钻头的切削具出刃包括哪些?

切削具出刃指的是切削具在钻头体内、外侧和底唇面突出的一定高度，其出刃高度取决于岩石的硬度、均质性和在该岩石中的钻进速度。

(1)内、外出刃：内、外出刃的作用是保证钻头体与孔壁、钻头体与岩心之间留有一定的间隙，以避免钻头体承受来自孔壁和岩心的摩擦力，并为循环冲洗提供通道。一般对于软岩层应取较大的出刃值。若钻进遇水膨胀或单位时间内产生大量岩粉的软地层，则一般加大出刃也不能满足要求。这时必须在钻头体上加焊肋骨，以增大内、外环状空间，一般取内、外出刃 3 ~6 mm，底出刃 4 ~5 mm。

(2)底出刃：底出刃的作用是保证切削具能顺利地切入岩石，并为冲洗液及时冷却切削具和排除孔底岩粉提供通道。底出刃的概念应包括出刃大小和底刃排列方式两方面的内容。

出刃大小包括切削具的切入深度和过水间隙(见图 3 -41)，即 H

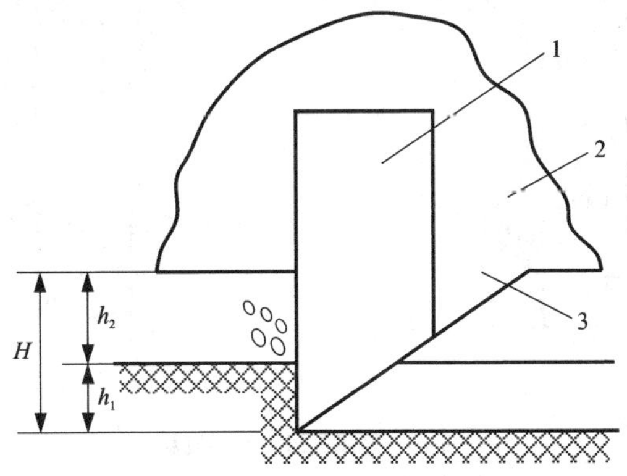

图 3 -41 切削具底出刃和补强示意图

1—切削具；2—钻头体；3—补强

$=h_1+h_2$。若 H 值过大，容易在硬岩和裂隙性岩层中造成切削具崩断，故应在钻头体上增加补强部分，有很好的防崩效果。钻头的底出刃可以排成平底式，也可以排成阶梯式。后者可使孔底岩石破碎成台阶形(见图 3-42)，即在孔底形成掏槽。这样为上面一排切削具破碎岩石创造了第二个自由面，使体积破碎更容易。尤其对具有一定脆性及较硬的岩层效果更佳。

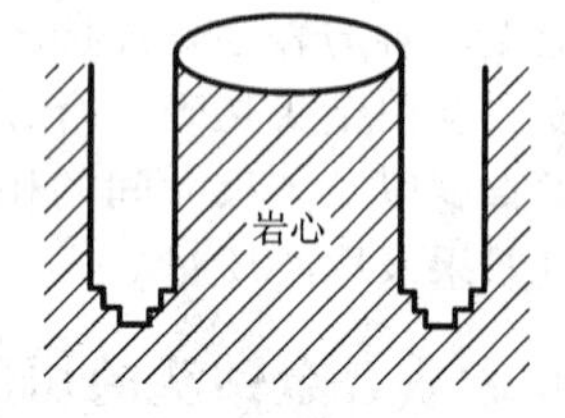

图 3-42　阶梯形环状孔底示意图

140. 硬质合金钻头底出刃的排列方式分哪几类？

从钻进时井底的形状看，硬质合金钻头底出刃排列可分为等高底出刃和阶梯底出刃两类。图 3-43 表示等高底出刃及其井底状况。图 3-43 中(a)是两排方柱切削具(1)、(2)等高底出刃钻进时的井底状况；图 3-43 中(b)是两排菱形薄片切削具(1)、(2)等高底出刃钻出的等高尖状井底状况。(a)常用于中硬岩层；(b)适用于软岩层。

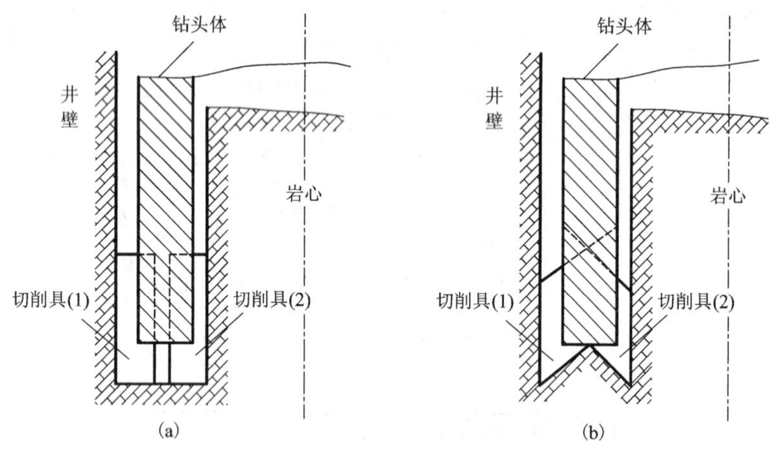

图 3-43　等高底出刃及井底状况

(a)适用于中硬岩层；(b)适用于软岩层

图 3-44 表示多环切削具的阶梯底出刃井底状况。图 3-44(a)

是二阶梯底出刃的井底，切削具(2)比切削具(1)的底出刃大，因此井底呈阶梯状；图3－44(b)表示三环阶梯井底，切削具(3)保证内、外出刃比切削具(2)、(1)大，起掏槽作用；图3－44(c)表示四环阶梯井底，此时所用的切削具都较小(因而称之为小切削具钻头)，槽底呈多阶梯形状；图3－44(d)为肋骨钻头的井底情况，肋骨刃比主刃落后一定距离，因此阶梯差较大。

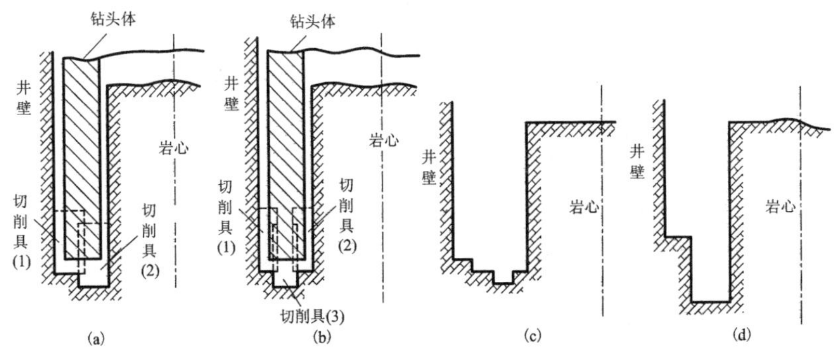

图3－44　阶梯底出刃及井底状况

141. 切削具在钻头体上镶焊的角度是否影响碎岩效果?

切削具在钻头体上镶焊角度的不同，会使其破碎岩石时，对岩石面作用的角度也不相同，从而影响碎岩效果。如图3－45所示，一个具有一定刃尖角 β 的切削具，以不同的切削角 α 镶焊在钻头体上(即镶焊角 φ 不同)，可获得不同的钻进效果。

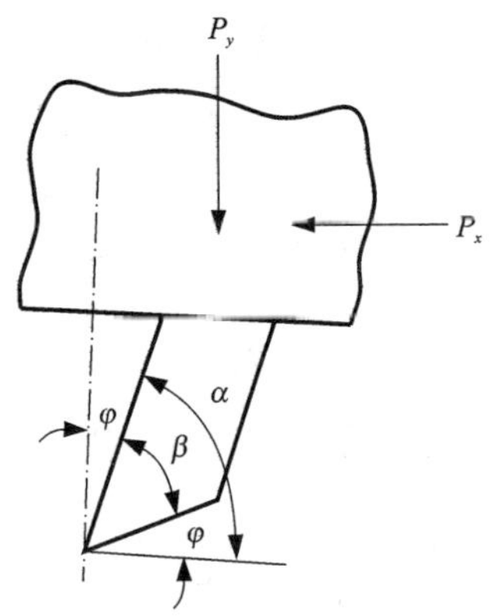

图3－45　切削具的镶焊角度

P_y—轴向压力；P_x—回转水平力；φ—前角(镶焊角)；β—刃角；α—切削角；e—后角

142. 硬质合金钻头切削具分哪几种镶焊方式？

切削具在钻头唇面上有三种镶焊方式：当 $\varphi>0°$时，即 $\alpha<90°$，切削具以正前角斜镶的称为正斜镶[如图 3－46(a)所示]；当 $\varphi=0°$时，即 $\alpha=90°$，切削具垂直摆放的称为直镶[如图 3－46(b)所示]；当 $\varphi<0°$时，即 $\alpha>90°$，切削具以负前角斜镶的称为负斜镶[如图 3－46(c)所示]。

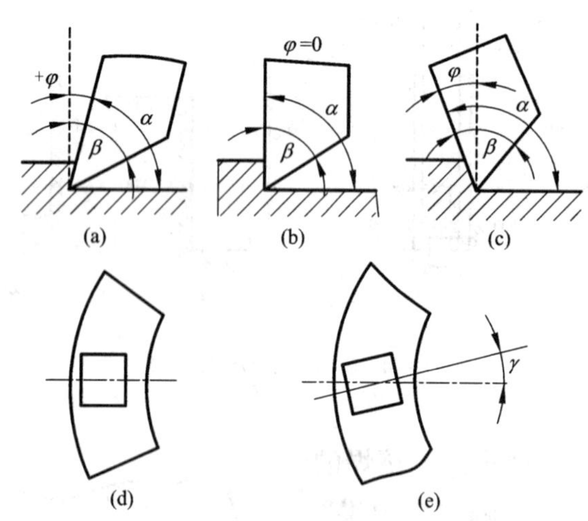

图 3－46　切削具的镶焊方式

α—切削角；β—刃角；φ—前角；γ—切削具相对于钻头径向的扭转角；(a)、(b)、(c)、(d)、(e)切削具在钻头体上的不同状态

143. 硬质合金钻头切削具的刃角如何选用？

刃角 β 值直接决定切削具的锋利度和切入岩石的难易程度，同时也反映了切削具的抗磨损能力以及抗崩断强度。刃角愈小，愈锋利，愈易切入岩石，但其抗磨、抗崩能力也愈差；相反，刃角大了，虽然其切入能力较差，但抗磨、抗崩能力却较高。在实际钻进中，磨损、崩刃往往成为了影响钻进的主要矛盾，因此，一般在较软岩石中钻进时，选用较小的 β 角；在较硬岩石中钻进时，则选用较大的 β 角。不同刃角的切削具使用范围也不同，其推荐值如下：

(1) $\beta=45°\sim50°$，用于Ⅰ～Ⅳ级非裂隙性岩石。

(2) $\beta=65°$，用于Ⅴ～Ⅶ级岩石。

(3) $\beta=90°$，用于自磨式钻头。

144. 硬质合金钻头切削具的切削角如何选择？

切削角 α（相应地反映镶焊角 φ 的大小），应根据所钻岩石而选定。一般说来，钻进软岩 α 应取小些，但不宜过小，因为 α 过小可能使切削具后面直接与岩面摩擦。当切削角有某种程度的增大，常对钻进效率影响不大；但切削角减小对钻进效率会有不好的影响。因此，一方面应当按岩石来选择切削角；另一方面，切削角宜大些而不宜过小。但是，对脆性及较硬的岩石来说，则不应按此来决定切削角。在这类岩石中，切削具主要是根据压碎和剪切作用破碎岩石，尤其是在钻具转速较快而钻速较慢的情况下，则不宜采用正斜镶式。因为在这样的岩石中钻进时，切削具被磨钝是主要矛盾，最好是采用直镶式，或负斜镶式。这样，切削具的抗磨性能较好，同时岩屑也可以排出。但负斜镶角度过大，则不利于切削碎岩，也会引起排除岩屑的困难。

145. 硬质合金钻头切削具的后角如何选用？

后角 e 的大小，影响切削具回转钻进时其后面与岩石表面的接触和磨损的程度。在工作中必须有一定的后角，才能使切削具后面与岩石表面不接触或少接触以减少磨损。但后角过大，会使刃角 β 减小过多，也无必要。所以，有时用 $\beta+e$（即切削角 α）来衡量切削具的切削性能。

146. 硬质合金钻头切削具镶焊角度选择原则是什么？

究竟选择何种镶焊角形式（正斜镶、直镶、负斜镶），应考虑下述原则：

(1)对所钻岩石切入和回转阻力小。

(2)某种镶焊形式可保证钻头体上的切削具有较大的抗弯和抗磨损能力。

(3)有利于及时排除岩粉。

(4)磨损后的切削具应保持一定的切削能力，即端面的接触面积不能过快地增大。

上述条件很难同时满足，设计钻头时应根据岩性，有所侧重地考虑。

分析表明，在切入深度相同的条件下，切入岩石所需的轴向力和水平力正斜镶最大，直镶次之，负斜镶最小；当磨损体积相同时，切削刃端的磨损面积正斜镶最大，直镶次之，负斜镶最小；当三者出刃大小一致时，切削刃上的弯矩正斜镶最大，直镶次之，负斜镶最小；排粉条件是正斜镶最好，直镶次之，负斜镶最差。所以，通常正斜镶的钻头在软岩中具有高钻速，而负斜镶钻头适用于硬岩和非均质岩层，最常用的是直镶。

147. 硬质合金切削具在钻头底面排列要考虑哪些因素？

硬质合金切削具在钻头底面上的排列和布置方式，对钻进工作有相当大的影响。切削具在钻头底面上的排列要考虑下列因素：

(1)切削具应成组地排列在钻头底端，每组完成一个井底环隙宽度的切削。

(2)有利于破碎岩石，即将井底环宽分成多环来分别破碎岩石，造成更多的自由面，有利于碎岩。

(3)尽量提高抗磨能力，并使各个切削具的磨损均匀一致，以免局部磨损过快，进而影响整体。

(4)便于排除岩粉，减少岩屑对切削具的磨蚀和避免重复碎岩。

148. 硬质合金切削具在钻头底面的排列方式有哪些？

硬质合金切削具在钻头底面的排列方式基本上有两类：均布排列和密集排列。

149. 硬质合金切削具在钻头底面怎样进行均布排列？

硬质合金切削具在钻头底面的均布排列，按切削具在钻头体唇面上的分布圈数，可分为单环排列、双环排列和多环排列(如图 3 - 47 所示)。单环排列的钻头主要适用于软岩；而多环排列的钻头主要适用于中硬以上的岩石。

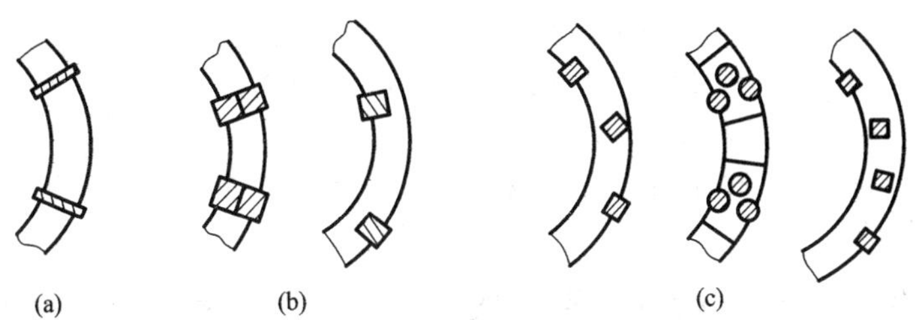

图 3-47　切削具在钻头体上的布置

(a)单环排列；(b)双环排列；(c)多环排列

150. 硬质合金切削具在钻头底面怎样进行密集排列?

将每一组切削具比较集中地排列在一起，有下列两类：

(1)堆状排列：一组切削具堆集在一起，互相补强，前刃掏槽、后刃扩槽，犹如一个切削具状(如图 3-48 所示)。

(2)疏松排列：几个切削具组成较为疏散的一个组，以完成一个槽宽的切削量(如图 3-49 所示)。

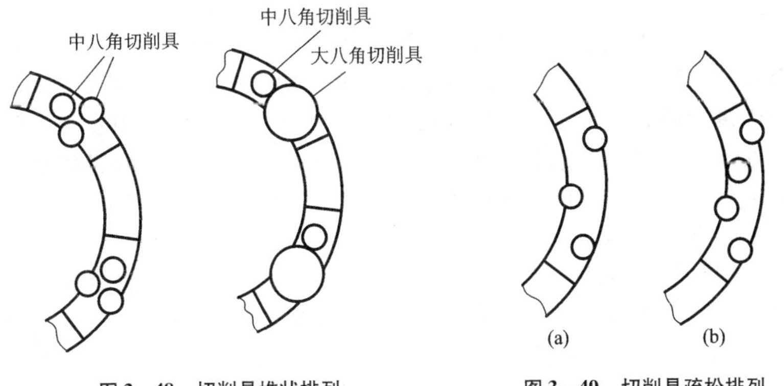

图 3-48　切削具堆状排列

图 3-49　切削具疏松排列

151. 密集排列的硬质合金钻头有什么特点?

密集排列的硬质合金钻头有两个特点:

(1)每组切削具之间的间距较小,可以起到相互支撑的作用,对不均匀的轴向压力有较大的支撑能力。

(2)有明显的分别碎岩及掏槽碎岩的特点,便于发挥多自由面碎岩的效应。

152. 硬质合金切削具在钻头底面上的布置方式要遵循什么原则?

确定切削具布置方式时应考虑以下原则:

(1)能保证钻头在孔底工作平稳。

(2)双环、多环排列或分组排列时,每个切削具只破碎孔底的一部分,叠加起来完成整个环状切槽的切削,如果各环之间能相互造成自由面,则破岩效果更佳。

(3)尽量使每个切削具负担的破岩量接近,避免局部磨损过甚。

(4)切削具之间应保持一定的距离,以利于排粉。

(5)对切削具的镶焊和修磨方便。

153. 硬质合金切削具在钻头体上的数目如何确定?

一般钻头上切削具数目越多,同时参加破岩的切削点就多,钻头寿命较长。但是,由于轴向载荷有限,单个切削具上的载荷不足,只能形成表面破碎;加之切削具数目太多,则岩石破碎处于相互夹持状态,使剪切体变小,造成重复破碎,孔底冷却效果变差,最终严重影响钻进效率。实验表明,钻头体上两组(粒)切削具间的距离 l 与切削具厚度 b 之比应为 $l/b \geqslant 2.5$。

切削具数目取决于岩性、钻头直径和切削具形状。对软岩取较少的数量,对较硬和非均质及研磨性岩石,保证一定的钻头寿命是主要矛盾,一般应取密集式排列。

154. 硬质合金钻头分为哪几类?

按切削具的磨损形态,可把硬质合金钻头分成磨锐式钻头和自磨式钻头两大类。

155. 什么是磨锐式硬质合金钻头?

磨锐式硬质合金钻头是指钻头磨钝后可以重新修磨锐利，从钻进过程来说，称之为磨钝式硬质合金钻头更合适，这种钻头在实际钻进过程中是不断被磨钝，而再次使用时需要重新把它磨锐。即磨锐式硬质合金钻头的切削具被磨钝后，可重新用砂轮修磨成具有锐角的单斜面切削刃，以利切入岩石。当然，修磨后的切削具下孔钻进时又会被磨损，随着切削具的磨损，机械钻速将逐渐下降，如图 3 –50 的曲线 I 所示。按钻头体的外形可把磨锐式钻头分成肋骨钻头和普通环状钻头。肋骨钻头是在钻头体外侧均匀分布地焊上数块肋骨片，并在肋骨上镶焊小刃角的切削具，从而保证很大的外出刃和外环通水面积，可用于水敏性地层和松软岩层。普通环状钻头使用最为广泛，可钻进中硬或中硬以上的弱研磨性地层，其主要矛盾是如何提高钻头破岩效率和耐磨性。

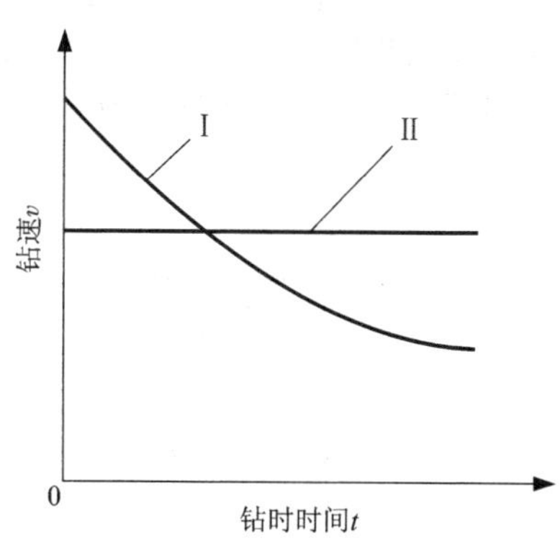

图 3 –50　两种钻头的钻速曲线

I —磨锐式；II —自磨式

156. 什么是自磨式硬质合金钻头?

为了克服磨锐式钻头在钻进时只能不断被磨钝而钻速下降的问题，选用小断面的切削刃(薄片或小圆柱)，使其在钻进过程中磨损后与岩石的接触面积保持一定而不变，即不会变钝，故称为自磨式钻头。在坚硬岩石时，除了采用金刚石钻头、钢粒钻头外，常用的是自磨式硬质合金钻头。自磨式钻头的切削具断面小，被磨损后其接触面积保持不变，不存在磨锐式钻头切削具逐渐变钝的弱点，故它的机械钻速基本平稳，如图 3 –50 的曲线 II 所示。由于小断面切削具的抗折断能力很差，所以必须用齿状软钢支撑切削具。如图 3 –51 所示，在软钢支撑体上贴焊了薄片式硬质合金。在钻进过程中软钢的磨损超前于硬质合金，使切削具能永远保持一定的出刃。为了加强这种自磨出刃的效果，有时在软钢支撑体上钻两个小孔。如果把粗颗粒的铸造碳化钨焊接在钻头唇面上，这种自磨式钻头可在高转速、大钻压、较小泵量的规程下钻进强研磨性岩石。

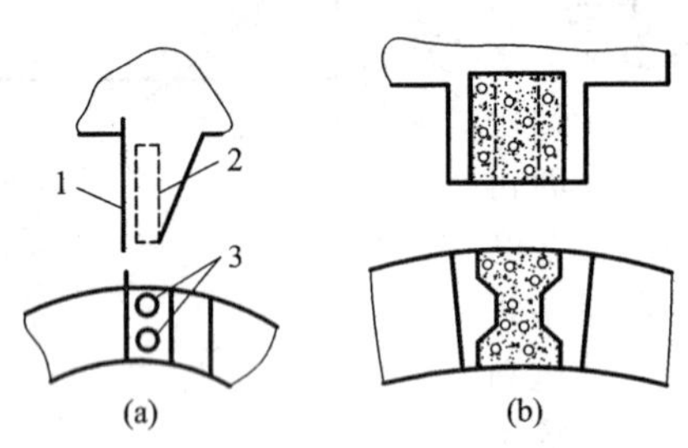

图3－51 自磨式切削具示意图

(a)薄片式：1—硬质合金薄片；2—软钢支撑体；3—小孔；

(b)铸造碳化钨自磨式切削具

157. 螺旋肋骨式硬质合金钻头的结构和特点是怎样的？

钻头体外侧焊有三块与底唇面呈45°的螺旋肋骨(图3－52)。回转钻进时，它可帮助液流上返，提高了清粉能力。切削具正斜镶，利于切削软岩石。由于通水截面积大，循环阻力小，使孔底比较干净，避免了重复破碎，从而提高了钻进效率。该钻头适用于钻进2～4级(部分5级)松软岩层、黏土层、风化砂岩及铝土页岩等。

158. 阶梯肋骨式硬质合金钻头的结构和特点是什么？

阶梯肋骨式硬质合金钻头的结构如图3－53所示。其特点是肋骨片较厚、水口宽大、钻进时井底呈阶梯状。可钻进3～5级岩层，如页岩、砂页岩和胶结不紧密的砂岩等。

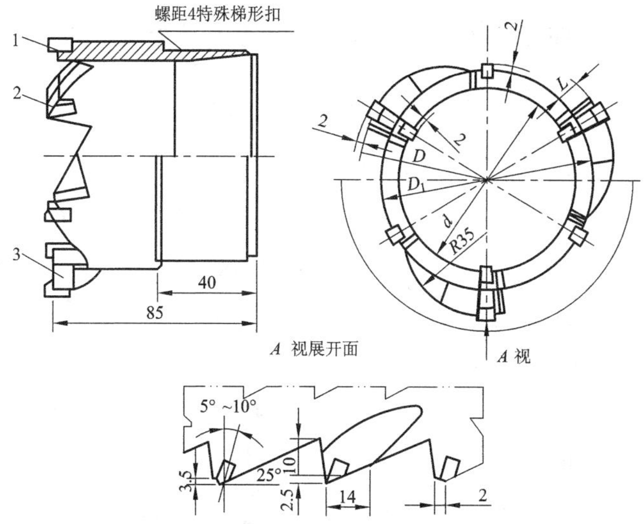

图 3－52　螺旋肋骨钻头

1—钻头体；2—肋骨；3—切削具数字单位为 mm

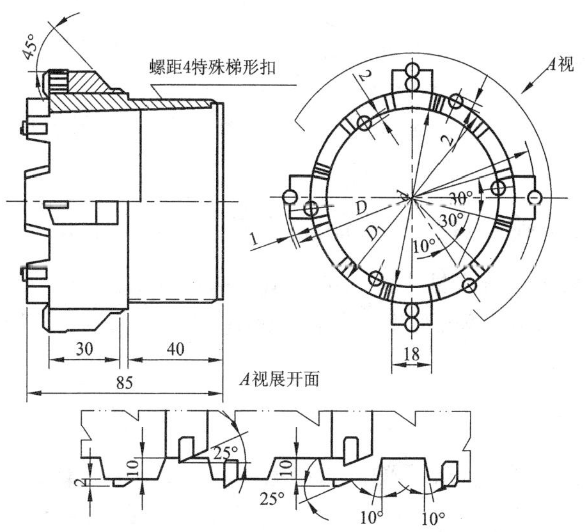

图 3－53　阶梯肋骨钻头

159. 薄片式硬质合金钻头的结构和特点是怎样的?

薄片式硬质合金钻头的结构如图 3－54 所示，主要用于钻进黏结性较小的软岩。其特点是：底出刃较大，适合于切入深度大的钻进条件。内、外出刃一般也大，保证有较大的间隙来冲洗岩粉。切削刃尖锐锋利，容易切入岩石。该类钻头多采用掏槽刃的结构。

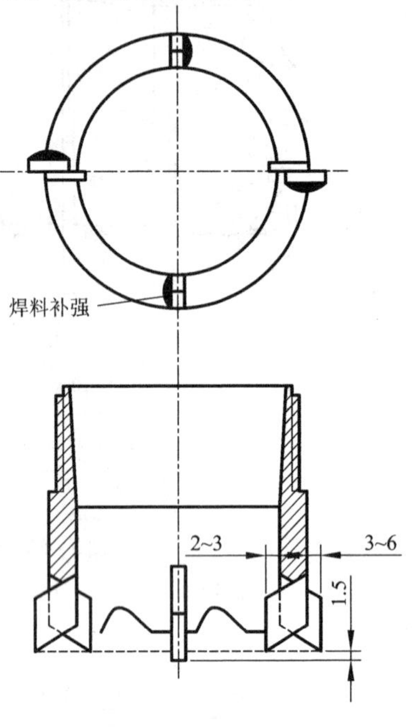

图 3－54　薄片式硬质合金钻头

160. 内外镶硬质合金钻头的结构和特点是怎样的?

内外镶硬质合金钻头的结构如图 3－55 所示，其内外出刃一般为 1 ~ 2 mm，底出刃为 2 ~ 3 mm。切削具可以斜镶也可直镶，孔底形成二环槽。这类钻头适用于 3 ~ 5 级岩层，如均质石灰岩、大理石、较松散的砂岩及页岩等。

161. 大八角硬质合金钻头的结构和特点是怎样的?

大八角硬质合金钻头的结构如图 3－56 所示，切削具可以斜镶也可直镶，可以钻进 5 ~ 7 级和部分 8 级不均质岩层，如长兴灰岩、大理岩和凝灰岩等。

162. 扭方柱硬质合金钻头的结构和特点是怎样的?

扭方柱硬质合金钻头的结构如图 3－57 所示，它是将方柱硬质合金切削具扭转 45°镶焊于钻头底面上，有利于碎岩、排屑，特别是负斜镶后，接触岩石的面积减小，抗弯性能增强。这类钻头的特点是能承受较大的轴向压力，不易崩刃，但镶焊困难。可钻进 5 ~ 7 级和部分 8

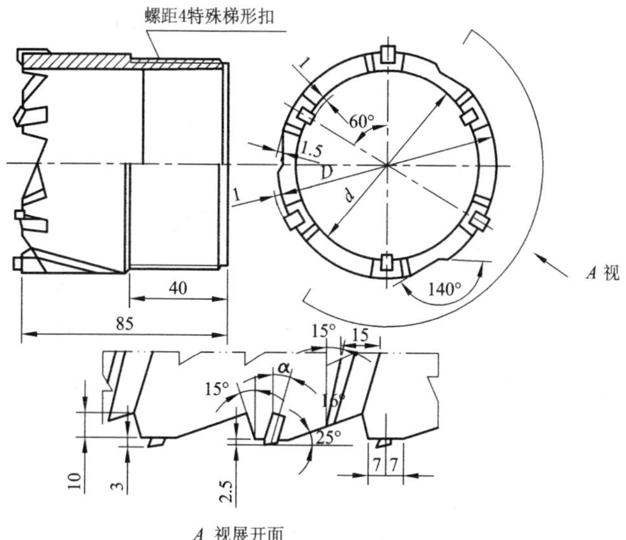

图 3－55　内外镶硬质合金钻头

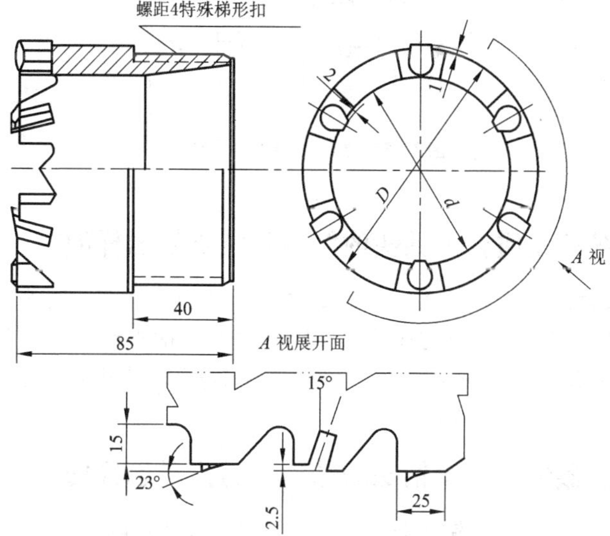

图 3－56　大八角硬质合金钻头

级中硬岩层，特别适用于在研磨性大、均匀性差的岩层中使用，如辉长岩、玄武岩、砂岩、风化的辉绿岩、闪长岩、硅化的页岩和石灰岩等。

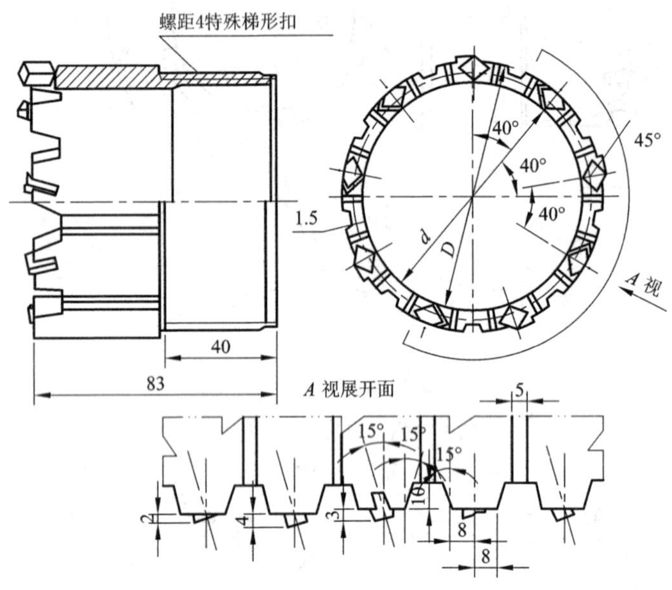

图 3－57 扭方柱硬质合金钻头

163. 单双粒硬质合金钻头的结构和特点是怎样的?

单双粒硬质合金钻头的结构如图 3－58 所示，硬质合金切削具中间的单粒出刃较大，超前掏槽，双粒扩槽。该钻头钻进具有研磨性的 4～5 级和部分 6 级铁质及钙质砂岩效果较好。用于钻进煤田软硬互层，可获得更好的效果。

164. 品字形硬质合金钻头的结构和特点是怎样的?

品字形硬质合金钻头是把三颗硬质合金切削具焊成一组，呈“品”字形，如图 3－59 所示。中间的切削具出刃较大，起掏槽作用，两边

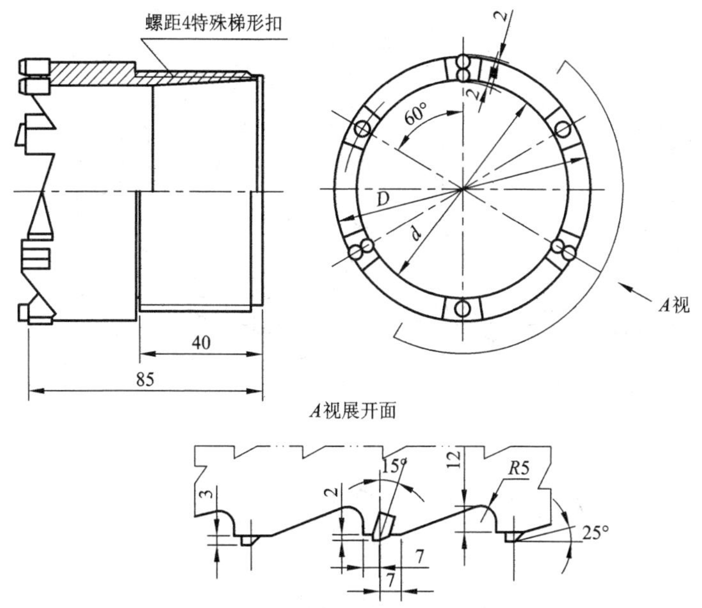

图 3－58　单双粒硬质合金钻头

的切削具底出刃较小随后扩槽。该钻头在软硬互层的条件下应用很普遍，主要用于钻进 4～6 级岩石。切削具可以直镶也可以正斜镶。

165. 三八式硬质合金钻头的结构和特点是怎样的?

三八式硬质合金钻头的结构，如图 3－60 所示。它是将小、中、大八角柱硬质合金切削具顺序排成一组，形成连续掏槽、扩槽的碎岩作用，切削刃比较耐磨。该钻头适用于钻进 5～7 级裂隙性的地层。

166. 破扩式硬质合金钻头的结构和特点是怎样的?

破扩式硬质合金钻头的结构，如图 3－61 所示。钻头上经过修磨的硬质合金切削具每三颗成一组，前面的硬质合金切削具刃尖呈顺圆周边的一字形，底出刃最大，起掏槽作用；中间的硬质合金切削具镶焊在靠外边，起扩槽作用；后面的硬质合金切削具是横镶的，两端都有刃，起保径(扩径)作用。该三颗硬质合金切削具的出刃，由后向前

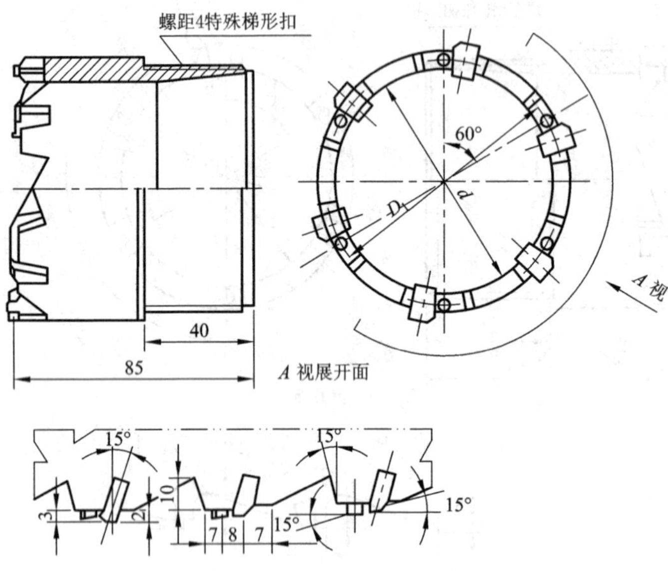

图 3-59 品字形硬质合金钻头

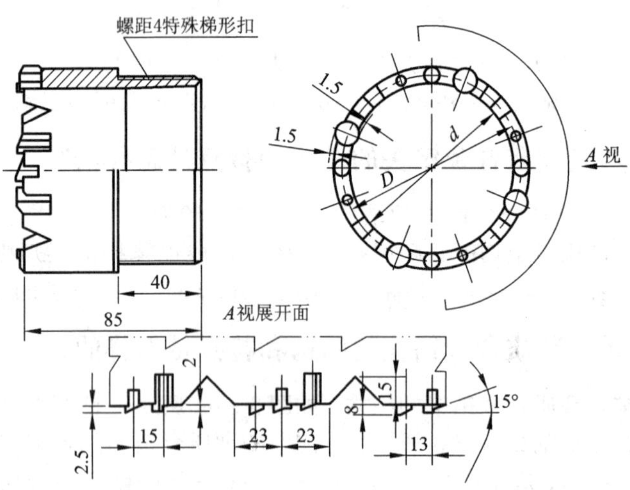

图 3-60 三八式硬质合金钻头

分别为2、3、4、5 mm。该钻头适用于钻进4~5级大理石、砂砾岩、砾岩等地层，具有耐磨、防止堵心、减小岩心管磨损等特点。

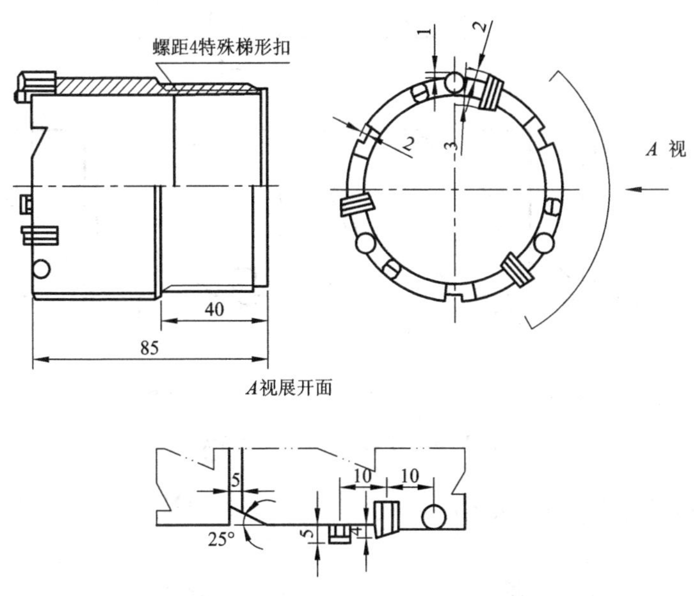

图3-61　破扩式硬质合金钻头

167. 小切削具硬质合金钻头的结构和特点是怎样的?

小切削具硬质合金钻头的结构，如图3-62所示。它是采用3×3 mm小断面方柱硬质合金切削具，把井底环宽分成四环，由两主切削具分别在中间掏槽，两副切削具分别在内、外扩槽，四个切削具构成一组。适用于钻进中硬和较硬岩层。

168. 针状自磨式硬质合金钻头的结构和特点是怎样的?

该钻头把预制好的胎块焊在钻头体上，如图3-63所示。作为硬支点的针状硬质合金在胎块中的摆放原则是：保证切削具能均匀对孔底环状断面进行破碎，不留下空隙；内、外保径处的针状合金数应适当增加。作为支撑体的胎体硬度要合适，以保证超前磨耗利于自磨出刃。这种钻头可用于钻进6~7级和部分8级的中等研磨性岩石，其

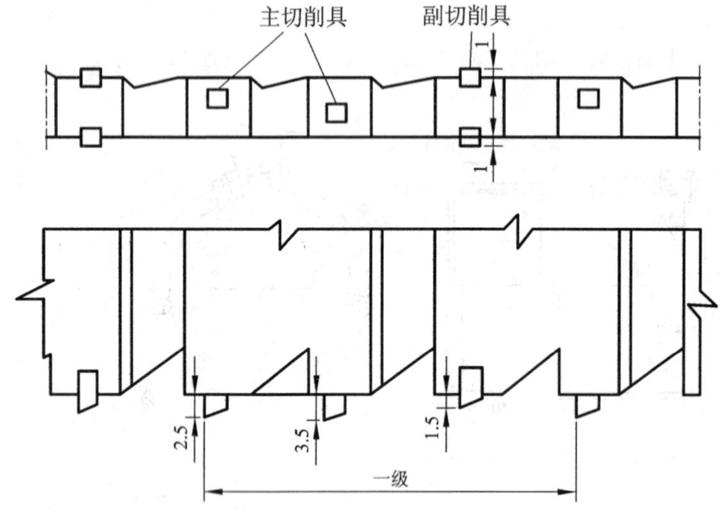

图 3-62 小切削具硬质合金钻头

钻进速度较高，钻头寿命较长。

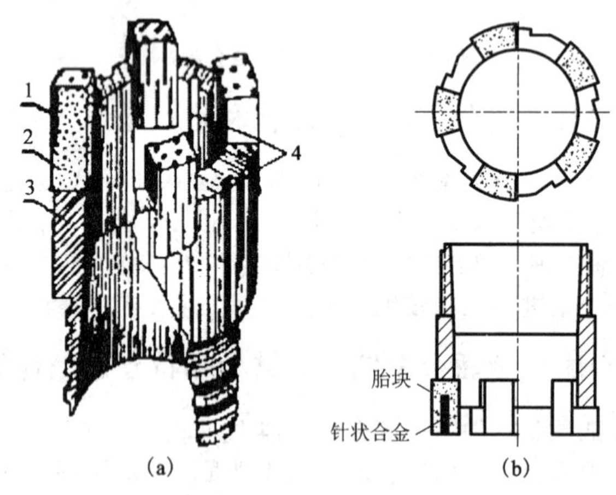

图 3-63 针状自磨式钻头

1—针状硬质合金；2—胎体；3—钻头体；4—水槽

169. 在钻探生产中硬质合金钻头如何选型?

实际生产中，可参考表 3 – 8 选择适应所钻岩性的硬质合金钻头类型，以取得更好的经济效益。

表 3 – 8　常用硬质合金钻头及其使用范围表

类别	钻头类型	岩石可钻性级别									岩石
		Ⅰ	Ⅱ	Ⅲ	Ⅳ	Ⅴ	Ⅵ	Ⅶ	Ⅷ	Ⅸ	
磨锐式钻头	螺旋肋骨钻头		—	—	—						松散可塑性岩层
	阶梯肋骨钻头			—	—	—					页岩，砂页岩
	薄片式钻头		—	—	—						砂页岩，碳质泥岩
	方柱状钻头			—	—	—					均质大理岩，灰岩，软砂岩，页岩
	单双粒钻头				—	—	—				中研磨性砂岩，灰岩
	品字形钻头				—	—	—				灰岩，大理岩，细砂岩
	破扩式钻头			—	—	—					砂砾岩，砾岩
	负前角阶梯钻头					—	—	—			玄武岩，砂岩，辉长岩，灰岩
自磨式	胎体针状钻头						—	—	—		中研磨性片麻岩，闪长岩
	钢柱针状钻头						—	—	—		研磨性石英砂岩，混合岩
	薄片式自磨钻头						—	—	—		研磨性粉砂岩，砂页岩

170. 磨锐式硬质合金钻头在使用中钻压如何选择?

钻压是决定硬质合金钻头机械钻速的最重要参数。图 3 – 64 表明，对不同岩石而言，其钻速增长率对钻压的敏感程度是不同的。其中以中硬 – 硬(Ⅵ ~ Ⅶ级)岩石最敏感，也就是说，这类岩石增大钻压最有效。而Ⅳ ~ Ⅴ级岩石如果钻压过大，将使孔底排粉和冷却条件恶化，从而阻碍了钻速成比例上升；另外Ⅷ ~ Ⅸ级岩石基本不适宜用硬质合金钻进，在钻杆强度允许的范围内很难通过增大钻压来使钻速呈直线增长。

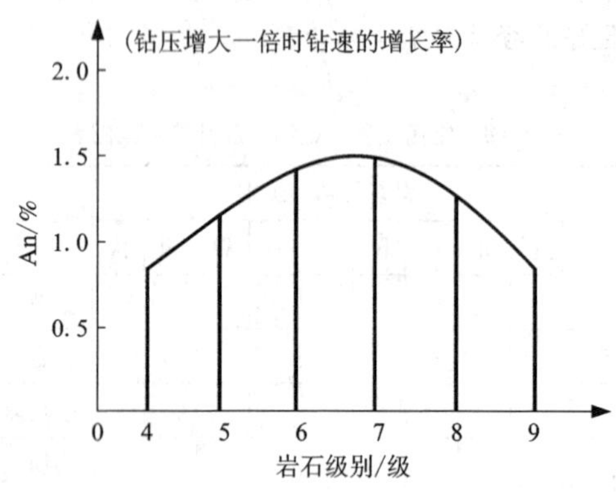

图3-64 钻压增大一倍时，钻速增长率与岩石级别的关系

在钻进中，应充分发挥切削具初刃的切入破岩优势。实践证明，硬质合金钻进开始时就应以允许的最大初始钻压钻进。如果初始钻压不足，在切削具磨钝后，再增大钻压也不可能获得好的钻效。

以上从两个方面分析了增加钻压的意义，在岩石方面——钻压是产生体积破碎的决定性因素，尤其在中硬岩层中钻进时，增加钻压对提高钻速更为有效；在切削具方面——初始钻压应取合理的最大值，以充分发挥切削具初刃的优势。随着切削具被磨钝，应逐渐补充钻压。但须注意，在钻进过程中频繁调整钻压可能导致岩心堵塞及钻孔弯曲。同时，由于孔内钻柱的振动等原因，钻头上的实际瞬时钻压值与地表的测量值有较大差距。

目前，还没有一个公认的能反映上述影响因素的钻压公式。在实际生产中，一般根据经验(表3-9)首先选择每颗切削具上的压力值P，然后在钻进过程中根据钻速的变化情况，适时加以调整。钻头上的总压力为：

$$P_{总} = p \times m$$

式中：p——每颗切削具上应有的压力；

m——钻头唇面上的切削具数目。

表 3-9　YG8 硬质合金切削具的单位压力推荐值

岩 层	切削具形状	单位压力推荐值 p /(kN·颗$^{-1}$)
Ⅰ~Ⅳ级 软-部分中硬岩石	片 状	0.40~0.70
Ⅴ~Ⅶ级 中硬-部分硬岩石	方柱状	0.80~1.20
	中八角柱状	0.90~1.40
	大八角柱状	1.50~1.80
研磨性大的岩石	方柱状	1.20~1.40
	中八角柱状	1.20~1.70

如果岩石愈硬，可钻性级别愈高，p 值可取上限；岩石的研磨性越高，p 值也应该越大，以免切削具未能有效地切入岩石即被磨钝；对黏性大、易糊钻的软岩，应取比推荐值更小的 p 值，以免进尺过快，排粉、冷却困难酿成事故；对裂隙性岩石，也应取较小的 p 值，以免发生崩刃。

171. 磨锐式硬质合金钻头在使用中转速如何选择?

人们长期习惯用转速 n 来表述钻头的回转速度，实际上用钻头切削具的线速度 v 更科学，它消除了口径的影响。两者的关系为：

$$v=\frac{1}{60}\pi Dn(\mathrm{m/s})$$

式中：D——钻头平均直径，m；

n——钻头转速，r/min。

选择钻头转速的主要依据是岩石的性质和破岩的时间效应影响，在软岩层中钻进时提高转速的效果最明显；而在中硬、坚硬岩石中由于破岩的时间效应影响更显著，故钻速随转速而增大的趋势下降。

所谓时间效应指的是，岩石在切削具作用下，从发生弹性变形—形成剪切体—跳跃式吃入岩石至一定深度，需要一个短暂的时间 Δt。即要求承受载荷的切削具在即将发生破碎的岩石表面停留一个短暂的时间 Δt，使裂隙得以沿剪切面发育至自由面，才能形成剪切体。如果转速超过临界值($n>n_0$)，则切削具作用于岩石的时间小于 Δt，岩层中的裂隙尚未完全发育载荷便消失了，从而造成破岩深度减少，甚至使岩石破碎状态转化为表面破碎。

岩石的研磨性影响也从另一个角度说明了时间效应的重要性，当转速过高($n>n_0$)时，不仅破岩深度减小，而且切削具在单位时间内与岩石的摩擦功明显加大，切削具快速被磨钝，造成接触面上比压降低，从而使得在岩石中裂纹发育所需的时间间隔更长，对破碎岩石更加不利。

综上所述，对于较软的、研磨性较小的岩石，可以用增大转速的办法来提高钻速；而在硬的、研磨性较强的岩石中，转速过高不仅不能提高钻效，而且对钻进过程无益有害。一般推荐的转速值用线速度表示(见表3-10)，选择转速的取值范围时，还应考虑到钻头形式、冲洗液类型(有无润滑剂)、钻机能力、钻杆柱的强度和切削具的情况，通过综合分析来确定所需的转速值。

表3-10 硬质合金切削具的线速度推荐值

岩石性质	线速度取值范围/($m\cdot s^{-1}$)
软的、弱研磨性岩石	1.2~1.6
中硬的、具有研磨性的岩石	0.9~1.2
中硬-硬的研磨性岩石	0.6~0.8
裂隙性岩石	0.3~0.6

172. 磨锐式硬质合金钻头在使用中冲洗液泵量如何选择?

在冲洗液的排粉、冷却、润滑和护壁诸功能中，以排粉所需的泵量最大，故应以孔底岩粉量的多少为主要依据来选择泵量。同时，还必须注意到液流的阻力与流速的平方成正比，如果泵量过大，引起的孔底脉动举离力将抵消一部分钻压，造成在岩心管内、外环间隙中流速过高，可能冲毁岩心或孔壁。因此，合理的泵量值应在满足及时排粉的前提下兼顾其他工艺因素。可根据下式来确定冲洗液的泵量：

$$Q = m\frac{\pi}{4}(D^2 - d^2)v_1\ (\mathrm{L/min})$$

式中：v_1——冲洗液在外环空间的上返速度，dm/min；

D、d——分别为钻孔直径和钻杆外径，dm；

m——由于孔壁、孔径不规则引起的上返速度不均匀系数，m 取 1.03～1.1。

上返速度的推荐值：清水时取 0.25～0.6 m/s；泥浆时取 0.20～0.5 m/s。必须兼顾的其他技术因素是：孔径大、钻速高、岩石研磨性强、钻头水口水槽宽者可取上限，反之亦然。

173. 磨锐式硬质合金钻头规程参数间合理配合的原则是什么?

在实际钻进过程中，钻进规程的三个主要参数：钻压 P、转速 n 和泵量 Q 都不是单独起作用的，它们之间存在着交互影响。如果只是“单打一”地追求各参数的最优值，而不考虑其交互影响，则不仅达不到高钻速低成本的效果，甚至可能导致相反的结果。

关于 P、n、Q 参数间合理配合的一般原则可概括为：

(1)软岩石研磨性小，易切入，应重视及时排粉，延长钻头寿命，故应取高转速、低钻压、大泵量的参数配合。

(2)对研磨性较强的中硬及部分硬岩石，为保持较高的钻速并防止切削具早期磨钝，应取大钻压、较低的转速、中等泵量的参数配合。

(3)介于两者之间的中等研磨性的中软岩石，则应取两者参数配合的中间状态。

总之，定性分析的原则是：钻进Ⅳ～Ⅴ级及其以下的岩层，应以较高转速为主；钻进Ⅴ～Ⅵ级及其以上的岩层，应以较大的钻压为主。

174. 自磨式硬质合金钻头的钻进规程特点是什么?

自磨式钻头与磨锐式钻头的主要区别在于，切削具与孔底接触面积恒定，要求切削具能正常自磨出刃，其破岩过程以微剪切和磨削为主，钻速比较平稳等。自磨式钻头的钻进规程特点是：

(1)钻压：自磨式钻头唇面有软钢等材料制成的支撑体或胎体，与岩石的接触面积大，总的钻压应大于磨锐式钻头。以胎块式针状合金钻头为例，一般钻压比磨锐式大20% ~25%可取得较理想的效果。

(2)转速：由破岩机理可知，自磨式钻头必须采用比磨锐式更高的转速，以提高单位时间的破岩次数。

(3)泵量：自磨式钻头的胎块或支撑体之间的过水断面大，为了净化孔底，应采用大于磨锐式的泵量。同时，随着胎块的磨耗，过水断面减小需及时调小泵量，以防憋泵。

175. 对自磨式针状合金钻头钻进工艺有什么要求?

在钻进过程中，针状合金钻头不存在磨钝的问题，但对其也有一些特殊的要求。

(1)钻头的磨合。

新钻头唇面平整，棱角突出。同时主要工作的针状合金切刃尚未出露。这样的钻头下入井中则须有一个“磨合”过程。一般采用快速磨合或适当加大钻压磨合等办法。或者在地表先用砂轮机将钻头唇面进行修磨，使针状合金裸露出来。

(2)防止堵心。

胎块式针状合金钻头没有专门的内、外切刃，所以不宜用来扫孔和套取残留岩心。但在正常钻进中，井底可能留有岩心根，若下钻太急，钻头直接套入岩心根上，则会发生堵心，不能继续钻进。所以，在钻头下至离孔底0.5 ~1.0 m处时，应轻划慢扫到底，经过一段时间的磨合后，才能正常钻进。针状合金钻头钻速比较稳定，在正常钻进中，加压要均匀平稳，不应提动钻具或变化钻进参数，否则容易发生堵心。

(3)防止烧钻。

针状合金钻头的钻程长短，在正常情况下，取决于胎块的磨耗情况。过早提钻，则有损于回次钻速；过晚提钻，则可能发生烧钻。胎块的有效高度磨完，没有了水口，若继续钻进，则势必很快发生烧钻。特别是在胎块磨耗较快的岩层中钻进时，需特别注意。

176. 硬质合金钻头在制造时要注意哪些事项?

硬质合金钻头的制造质量对能否保证有效地进行钻进是一个重要因素。在生产实践中，钻头的结构设计虽然先进合理，但由于制造不能保证应有的质量，会使钻头达不到预期的效果。

硬质合金钻头除了钻头体的加工必须严格符合要求外，在制造工艺中，镶焊硬质合金是一个重要的工作。在许多情况下，由于镶焊不当，影响钻进效果，致使钻头过早地磨损而失效，甚至引起孔内事故。镶焊工作包括硬质合金的镶嵌、焊接、修磨等工序。

镶嵌工作是焊接的基础。硬质合金切削具的定位、方向，必须确实保证设计要求。内、外出刃须严格按规定，镶嵌均匀一致，如不一致，其中出刃最大的切削具，首先很快地被损坏。焊接工作要求在不损伤硬质合金本身质量的前提下，把硬质合金切削具牢固地焊接在钻头体上。焊接时用过高的温度直接烧切削具，则容易损伤硬质合金本身的质量而失去切削能力。此外，在焊接时，不均匀的加热和冷却都会对硬质合金切削具造成显微裂纹，这将大大降低硬质合金切削具的强度。

焊接硬质合金钻头常应选用氧－乙炔焊法，并使用专门的含锌黄铜焊条。最好使焊条熔点降在900℃以下，以保证具有良好的流动性和焊接性能。在镶焊前，应把硬质合金表面的烧结浮层清除掉，同时在焊接时要用硼砂或其他焊剂清除氧化膜和降低焊料的表面张力，以改善焊接口的浸润性。此外，还应注意适当选择焊缝宽度，通常以0.1 mm为宜。过小则焊料不易流入；过大则降低焊接强度。

焊好的钻头应进行必要的修磨。修磨硬质合金应用碳化钨砂轮，其粒度应为36目及80目。粗粒度砂轮用于初磨；细砂轮用于精磨。修磨时，必须采用较高的磨速，并用皂化液冲洗冷却。

177. 不同地层硬质合金钻进应怎样进行?

(1)松软及较软地层的钻进。

在松软及较软地层中钻进时，钻进比较容易。除黏土外，保护井壁是能否顺利进行钻进的主要问题。特别是上部地层松软，在钻进下部岩层时，受到钻杆柱的敲击和磨蚀，易于破损。这种情况，为了下部岩层的顺利钻进，更需加强对上部孔壁的保护。该类岩层容易切入，所以应选用适当的钻压，使切刃切入岩石适当的深度后，尽量采用快的转速，以提高钻速。选用的规程应为：适当的钻压、尽快的转速及较大的泵量。但是过大的泵量可能会冲毁井壁。一般称这样的钻进规程为“中压、快转、大泵量”。在该类岩层中钻进，常易发生糊钻、蹩水、坍塌、扩径等事故。因此一方面应选用优质泥浆洗井，以保护井壁；另一方面应选用大出刃或肋骨式钻头钻进，以防糊钻、憋水。同时，应当创造条件，力争快速通过这段地层，以缩短其井壁暴露的时间。

(2)中硬地层的钻进。

在中硬地层的钻进，一般说来，破碎岩石是主要矛盾，而护壁问题不大，故应多着眼于钻进。为了提高钻速，应尽量选用适应地层的高效钻头，充分发挥分别破碎及掏槽破碎的作用并设法改善碎岩条件，提高碎岩效率。在钻进规程上，应根据岩层的特点，首先保证切削具有效地切入岩石，其次应当考虑到碎岩时间因素和切削具磨损对钻进的影响。因此，对该类地层应选用大钻压、中转速和适当泵量，一般称之为“大压、中速、中泵量”的规程。

(3)裂隙及高研磨性地层的钻进。

在这些特殊的岩层中钻进时，应用特殊的钻进规程。在裂隙岩层，应选用较低钻压、中等转速、中等泵量。钻速要求应适当，以避免切削具崩断和钻孔偏斜。因此，应选用抗崩刃和抗折断能力强的钻头。在高研磨性岩层，应充分发挥大钻压的有效作用，选用适当小的转速和较大的泵量，使井底保持清洁，以减小磨损。同时，可选用抗磨性能强的磨锐式硬质合金钻头或自磨式硬质合金钻头。

178. 什么是冲击回转钻进?

冲击回转钻进是在钻头已承受一定静载荷的基础上，以纵向冲击力和回转切削力共同破碎岩石的钻进方法。冲击回转钻进是冲击式钻进和回转式钻进相结合的一种钻进方法。其孔内钻具的结构是在一般回转钻进钻具的基础上，加上一个冲击器(也称潜孔锤)，在取心钻进中冲击器安装在岩心管上端；在无岩心钻进时，则直接装在钻头之上。钻进时钻头既在一定轴压力作用下，被地面钻机通过钻杆柱带动回转，同时还承受一定频率的冲击能量。

179. 冲击回转钻进为什么能够提高钻进效率?

(1)冲击力是一种加载速度很大的动载荷，其明显特征是作用时间极短，岩石中的接触应力瞬时可达很大值。在这种情况下，岩石不易产生塑性变形而表现为脆性增加。冲击载荷这种瞬时作用和应力集中的特性有利于岩石中裂隙的扩展而形成大体积破碎，从而提高碎岩速度。从所采取的岩心来看，表面破碎坑穴较深，而且粗糙。此外，坚硬岩石一般都由硬度较高的矿物颗粒和胶结物组成，就其物理力学性质而言，它的抗压强度高，但脆性大，表现在冲击载荷作用下，受较小的冲击功即可破碎。另外，冲击速度愈大，岩石脆性也愈大，故在冲击载荷作用下更容易破碎。因此，尽管岩石的动硬度要比静硬度大，而冲击载荷可以以较小的冲击功产生很大的破碎应力，这是以冲击方式破碎坚硬岩石的突出优点。

(2)用硬质合金钻头回转钻进坚硬岩石时，切削刃必须在高的轴向压力下才能切入岩石，然而高的轴向压力将使钻头切削刃磨钝加剧而失去刻取岩石的能力，其结果是回次长度和钻头寿命都相应缩短。冲击回转钻进时的情况则相反：冲击回转钻进所需的轴向压力较小，转速也很低；与回转钻进相比，由于冲击载荷作用，岩石破碎更主要地以体积破碎形式出现，使钻速加快。同时，破碎同量岩石，切削具摩擦路程缩短，故其磨损也减小，因而可以获得较高的回次进尺和钻头寿命，即提高了纯钻进时间。

(3)冲击回转钻进时，加有一定的轴向压力，这就改善了冲击功的传递条件，加强了冲击效果。试验表明：在有一定的预压力下冲击破碎岩石，其强度要降低50%～80%，所以，它比无预压的钢丝绳冲击钻进效率提高3～5倍。又由于冲击器安装在孔底，冲击能量直接施加在钻头或粗径钻具之上，能量散失少，因此，它又比把冲击器安装在孔外的钻进效率高。

(4)冲击器接连不断地对岩石施加冲击载荷，碎岩过程中裂隙扩展可同时从很多薄弱的地方开始破坏。这样有助于压碎和剪切体产生，容易形成均匀坑穴，而两次冲击间形成的凸扇形体中的裂隙，给回转作用提供良好的剪切条件，这是单纯回转钻进不可能有的。

(5)采用高频液动冲击器钻进时，岩石受高频脉冲冲击作用迫使岩石内部分子产生振荡，这也可产生疲劳破碎和使岩石强度降低。

(6)液动冲击器所需的大排量，使孔底液流速度提高，这不仅可起到一定的冲刷岩石的作用，而且使孔底不容易积存岩屑，这就造成不发生或少发生岩石的重复破碎。

180. 冲击回转钻进的应用范围是怎样的?

冲击回转钻进最适用于粗颗粒的不均质岩层，在可钻性 6 ~ 8 级、部分 9 级的岩石中，钻进效果尤为突出。近几年来，冲击回转钻进不仅应用于硬质合金钻进，还应用于金刚石钻进及牙轮钻进，所以，它既可钻进较软的岩层，又可钻进坚硬的岩层。冲击回转钻进应用于小口径金刚石钻进，不仅可提高钻进效率和钻头寿命，而且还可克服裂隙地层的堵心，坚硬致密地层的“打滑”，及某些地层的孔斜等问题。

181. 冲击回转钻进的技术经济效果如何?

国内外大量钻探进尺证明，冲击回转转进具有明显的经济效益。

(1)钻进效率高。硬质合金冲击回转钻进在 5 ~ 7 级、部分 8 级岩石中钻进，比普通硬质合金钻进效率高 50% ~ 100%。小口径金刚石冲击回转钻进在 8 ~ 10 级完整岩石中钻进，比普通金刚石回转钻进效率高 20% ~ 50%。在致密弱研磨性的“打滑”地层中则可提高 50% ~ 100% 或更高。

(2)钻孔质量好。实际使用证明：冲击回转钻进方法，由于钻头破碎岩石的方式不用于回转钻进，所使用的钻进规程钻压小，转速低，同时进尺又快，故不易发生孔斜。

(3)孔内事故小，回次进尺长，纯钻时间利用率高。由于在冲击回转钻进中钻压小、转速低、水量大、孔内干净、管材磨耗少、从而就大大减少钻具折断、烧钻、埋钻、卡钻等孔内事故。另外，轻微的卡钻还可利用冲击器的震击自行排除，故纯钻进时间可提高 20% ~ 25%。

(4)钻探成本低。冲击回转钻进由于效率高、材料消耗少、纯钻进时间利用率高，故钻探成本一般可下降 15% ~ 20%。

182. 冲击器的类型主要有哪几种?

冲击器是冲击回转钻进的一个关键设备，按动力方式，冲击器可分为：

(1)液动冲击器：用高压水或泥浆作为动力介质。

液动冲击器以高压水或泥浆作为驱动介质。尽管液动冲击器1887年就获得专利，但实际到20世纪50年代，前苏联和中国才开始研究并在地质钻探中采用。该冲击器置于岩心管(3～4.5 m长)顶部，对于中硬以上的岩石，较之单纯的回转钻进具有明显优势，并且可与绳索取心和水力反循环连续取心相结合，已广泛应用于地质岩心钻探、水文水井钻探、工程施工钻井、石油钻井等领域。但由于其冲击力被岩心管吸收掉一部分，加之自身冲击能较小，故钻进效果仍低于气动冲击器。

(2)风动冲击器：又称风动“潜孔锤”。用压缩空气作为动力介质，亦称气动冲击器。

风动冲击器也称为风动潜孔锤，是用压缩空气作为驱动介质。其冲击器紧连钻头(若取心也可连接一根岩心管)，由于单次冲击功大，上返岩屑风速高，钻进效率可比液动冲击器高2～3倍。近年来又出现了一些新的进展，如：用于反循环连续取心的贯通式气动冲击器，用潜孔锤偏心扩孔钻头进行跟管钻进，将3～8个单体潜孔锤组成集束式潜孔锤用于大口径钻进，利用潜孔锤解卡、起拔套管以及用于泡沫钻进等。其钻孔直径：单体锤90～762 mm，集束式610～1524 mm；钻孔深度从最浅的埋线杆孔2.3 m，到最深的油气井1000 m以上。

(3)机械作用式冲击器：利用某种机械运动，在钻具回转时产生冲锤上下的动作，这些机械可以是电机、电磁装置，也可能是涡轮或特种机构等。

上述冲击器中，比较成熟的是液动和气动两种，在地质岩心钻探中又以使用液动的较多。

液动冲击器是以钻进的泥浆泵所输送的高压液流作为能源的。利用液流做为动力来源的冲击器种类很多，其中阀式冲击器比较常见和常用，它又可分为正作用、反作用及双作用三种形式。

183. 液动冲击回转钻进有哪些优点?

液动冲击回转钻进与金刚石、硬质合金等钻进方法相比较，有如下优点：

(1)钻进效率高。

(2)可以保证工程质量。

（3）减少孔内事故。

（4）钢材消耗少，成本低。

（5）减轻劳动强度。

184. 液动冲击回转钻进为什么能提高钻进效率？

冲击回转钻进之所以能提高钻进效率的原因，归纳起来有以下几点：

（1）冲击负荷的特点是接触应力瞬时可达极高值，应力比较集中。所以尽管岩石动硬度比静硬度大（一般大 8～9 倍），但仍易产生微裂纹。并且冲击速度愈大，岩石脆性增大，有利于裂隙发育。因此可以用不大的冲击功就可破碎坚硬岩石，而静压入则需很大的功。

（2）切削刀具磨损较小。其原因有：

①钻进中所需的轴心压力较小，转速低。

②体积破碎的摩擦系数低于表面破碎时摩擦系数，而在冲击回转钻进中易达到体积破碎岩石的效果。

③钻速快，切削具的相对磨损减小。

④冲击破碎岩石时，刀具与岩石的作用时间短。

（3）因为在冲击时还加有一定的轴向压力，改善了冲击功能的传递条件，增大了冲击效果。

（4）因为高频并连续地给岩石施加冲击负荷，所以在破碎岩石过程中，裂隙发育较完全，更有利于破碎硬岩石。

（5）因为在冲击中又有连续不断的回转切削作用，改善了冲击负荷的传递方向，充分发挥了冲击破碎岩石和切削破碎岩石的效果。

185. 液动冲击回转钻进为什么能提高工程质量和减少孔内事故？

采用液动冲击回转钻进，在较完整的地层中钻进，岩（矿）心采取率一般都能达到 90% 左右。钻进破碎地层时，虽然由于冲击器所产生的震动作用，促进岩石的破碎，但只要采用孔底喷射式反循环钻具或用双管等技术措施，岩（矿）心采取率仍能达 85% 左右。

实践证明，液动冲击回转钻进能减小钻孔弯曲和防止孔内事故，其主要原因是：

（1）钻压小。液动冲击回转钻进时，所施予钻头的轴心压力，一般为回转钻进的 2/3 左右。由于钻压小，钻具不易弯曲，所以减少了钻孔偏斜。

（2）钻具回转转速低。液动冲击回转钻进的转速，在软岩层中钻进时，一般不超过 200 r/min，在硬岩层中一般控制在 20 ~ 80 r/min（低功高频类型冲击器除外）。由于转速较低，钻具产生的离心作用小，运转平稳，故能减少钻孔偏斜。

由于钻具转速低，压力小，不易发生钻具折断事故。

（3）由于液动冲击回转钻进所用的磨料是硬质合金或金刚石，所以孔壁与钻具间的环状间隙小，有助于防斜。

（4）由于液动冲击回转钻进破碎岩石为体积破碎，特别在软硬互层的易斜地层中钻进，更有助于防止钻孔弯曲。

（5）由于液动冲击回转钻进所用的冲洗液量较大，流速也高，故孔内清洁。一般情况下不会发生埋钻及烧钻事故，即使发生了孔内事故，由于孔内干净也能较顺利排除。

186. 液动冲击器有哪些类型？

液动冲击器按其作用原理可分为“正作用”、“反作用”和“双作用”三种类型。

187. 阀式正作用液动冲击器的工作原理是怎样的？

正作用冲击器以液体压力推动冲锤下行进行冲击，而以弹簧力作用恢复其原位，故称之为“正作用”液动冲击器，其工作原理如图 3－65 所示。

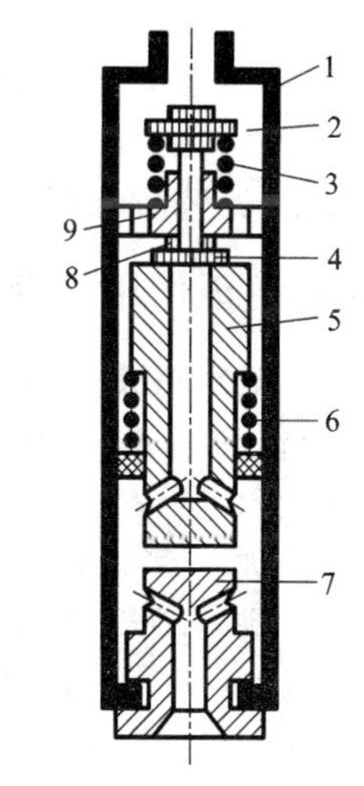

图 3－65　正作用液动冲击器

1—外壳；2—活阀座垫圈；3—阀簧；4—活阀；5—冲锤活塞；6—锤簧；7—铁砧；8—缓冲垫圈；9—阀座

正作用液动冲击器的工作原理：冲锤活塞 5 在锤簧 6 的作用下处于上位，其中心孔被活阀 4 盖住，液流瞬间被阻，液压急剧增高而产生水锤（也称水击）效应。在液压作用下，冲锤活塞和活阀一同下行，压缩阀簧 3 和锤簧；当活阀下行到一定位置时，活阀被阀座 9 限制，活阀停止运行并与冲锤活塞脱开，液流经冲锤活塞中心孔而流向孔底，液压下降，活阀在阀簧作用下返回原位；冲锤活塞在动能作用下利用惯性继续运行，冲击铁砧 7，冲击能量经铁砧 - 岩心管接头 - 岩心管等传至钻头，冲击之后，冲锤活塞在锤簧力作用下弹回，再次与活阀接触，完成一个冲击周期。这种冲击器结构简单，技术成熟，冲锤活塞向下做功时，可利用高压室中巨大的水锤能量；但回动弹簧的反作用力将抵消相当大的冲击力。

188. 阀式正作用液动冲击器有什么优缺点?

阀式正作用液动冲击器的主要优点是：冲锤向下做功时，可利用高压室中巨大的水锤能量。若活塞面积为 30 cm^2、水锤增压 ΔP 为 15 atm(即 10132 N/m^2)时，下行之冲击力可达 450 kgf 左右($\approx$4410 N)。这是一个相当巨大的力量。

阀式正作用液动冲击器的主要缺点是：回动弹簧的反作用力抵消相当大的冲击力。若回动弹簧的刚度为 5 kg/mm，行程为 30 ~ 40 mm，则反作用力可达 150 ~ 200 kg。因为回动弹簧的反作用力当冲击锤对砧子发生冲击时为最大。这就大大抵消了冲击锤的下行冲击力。再加上回动弹簧安装时须有一定的预压力，故抵消的冲击力更大。

189. YZ 型正作用液动冲击器的结构和工作原理是怎样的?

YZ 型正作用液动冲击器的结构如图 3 - 66 所示。其工作原理是：当钻具未到孔底时，下接头 18 与六方套 16 靠钻具自重被拉开，此时阀 4 与活塞 9 呈脱开状态，冲洗液能顺利通过，可在冲击器开始工作前，冲洗孔底。当钻具到达孔底后，六方套坐落在下接头上，阀与活塞闭合，高速液流被骤然截断而产生水击增压，在压缩弹簧的同时，推动阀及活塞和重锤下行，阀行至阀壳上的限位处便停止下行。这一时期称为闭阀加速运行阶段。

活塞冲锤在其惯性力的作用下，继续下行，这时阀与活塞冲锤已经脱开，阀区水压下降，这一时期称为自由行程阶段。冲锤下行撞击铁砧，即为冲击。

阀与活塞脱开后，阀区压力下降，在阀簧张力作用下，使阀上行复位，此即回程阶段。

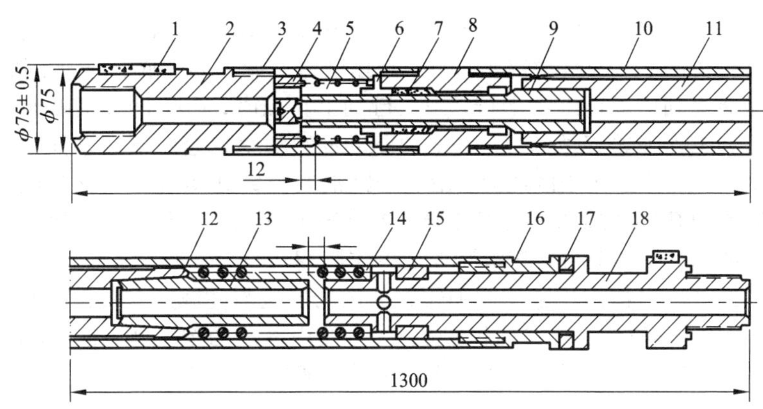

图 3－66　YZ 型正作用液动冲击器结构图

1—保护硬质合金；2—上接头；3—阀壳；4—阀；5—阀簧；6—压盖；7—密封填料；8—中接头；9—活塞；10—外壳；11—重锤；12—锤簧；13—锤头；14—锤簧调节垫；15—卡瓦；16—六方套(或八方套)；17—冲程调节垫；18—下接头

在阀复位的过程中，逐渐缩小阀上的过水断面，这样不仅储存了能量，节省了水量，而且起到了阀上行的缓冲作用。上述各阶段周而复始，就完成了连续的冲击动作。这就是阀式正作用冲击器的工作原理和运行过程。

190. 阀式反作用液动冲击器的工作原理是怎样的？

反作用冲击器是利用高压液流的压力推动冲锤活塞上行，并压缩工作弹簧储存能量，经弹簧释能而做功。其工作原理如图 3－67 所示。

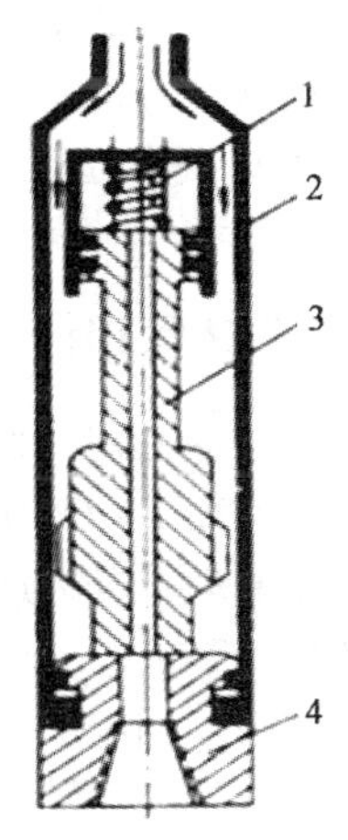

图 3－67　反作用液动冲击器

1—工作弹簧；2—外壳；3—冲锤活塞；4—铁砧

工作原理：高压液流进入冲击器对冲锤活塞 3 产生作用，当冲锤活塞上下端压力差超过工作弹簧 1 的压缩力和冲锤活塞本身的重量时，迫使冲锤活塞上行，并压缩工作弹簧储存能量；与此同时，铁砧 4 的水路被逐步打开，高压液流开始流向孔底，液压下降，冲锤活塞利用惯性继续上行，当上行到上止点时，由于冲锤活塞自身质量和工作弹簧释放储存能量，便驱动冲锤活塞急速向下运动而冲击铁砧；产生冲击作用的同时，由于冲锤活塞与铁砧相接触而又封闭了液流通向孔底的通路，液压开始上升，当上升到一定值，再次作用于冲锤活塞，使其上行，开始第二个工作周期。

这种冲击器由于被压缩弹簧释放出的能量与冲锤活塞自重同时作用，故可获得较大的单次冲击功，冲击器内部压力损失小，能量利用率高。但工作弹簧的工作寿命只有 40 ~ 100 h。

191. 阀式反作用液动冲击器有什么优缺点?

阀式反作用液动冲击器的优点是：①对冲洗液的适应能力较强；②由于被压迫弹簧释放出来的能量与活塞冲锤本身重量同时向下作用，故可获得较大的单次冲击功；③冲击器内部的压力损失较小，故效率较高。

阀式反作用液动冲击器的缺点是：需用刚度较大的弹簧。由于工作弹簧经常受着冲洗液的磨损和化学腐蚀，弹簧必须经严格设计，还必须有特殊的制造工艺。即使这样，弹簧的工作寿命也只有 40 ~ 100 h。

192. 阀式双作用液动冲击器的工作原理是怎样的?

双作用冲击器的冲锤活塞正冲程和反冲程均由液体压力推动，其工作原理如图 3 – 68 所示。

工作原理：当钻具到达孔底时，由于钻具自重作用，使活接头 f 被压紧到外套上的 g 处，这时冲击器内压力工作腔 d 处的液流，分别作用在活阀 2 和塔形冲锤活塞 6 上，由于活阀上下两端的压差，迫使活阀上移到最上位置；由于冲锤活塞上、下两端面积不同而产生的压力差，迫使其也向上移动；当冲锤活塞上行到与活阀接合时，通道 d1 被关闭，冲锤活塞与活阀便一起急速下行，当下行到 h 时，活阀被支撑座 4 限制，冲锤活塞与活阀分离，借助惯性作用继续下行，下行到 s 时，冲击砧子 9；由于冲锤活塞中心通道被打开，液流又恢复循环，在液流压力作用下，活阀急剧上升，冲锤活塞也急剧上行，如此运行，周而复始进行。

这种冲击器采用差动运动方式，故必须有既滑动又隔压的密封件，为使冲击器内部能形成一个压力差，在铁砧部位设有“节流环”、“下阀”等元件，在与冲锤活塞中间部位和活阀上部对应的外壳处设有“呼吸道”。

193. 阀式双作用液动冲击器有什么特点？

阀式双作用液动冲击器结构特点：①阀式双作用液动冲击器的冲锤活塞，其正冲程和反冲程都是由高压液流驱动的；②阀式双作用液动冲击器活塞下部承压面积一般都大于上部，故是一种差动运动方式，因此，必须要有既滑动又隔压的密封件；③为了使冲击器内部能形成一个压力差，一般在砧子部位都设有节流环、下阀或弹性冲尾体等；④冲锤活塞中间部位一般设有呼吸道；⑤从理论上讲，阀式双作用液动冲击器的液流功率恢复较高，工作性能比较稳定可靠。

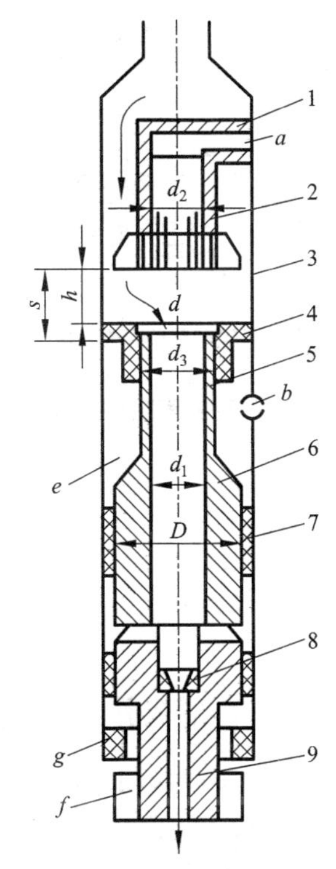

图 3-68　双作用液动冲击器

1—带孔的活阀座；2—活阀；3—外套；4—支撑座；5—导向密封件；6—塔形冲锤活塞；7—导向密封件；8—节流环；9—砧子

194. YS 型无簧式双作用冲击器的结构是怎样的？

YS 型无簧式双作用冲击器的结构如图 3－69 所示。由图可见，冲击器阀 4 与冲锤活塞 9 具有类似的形状，其特点与双作用冲击器相同，阀与冲锤活塞的上端比下端的直径小，从而保证两者在运动过程中，下端有效承受液压的面积大于上端，这就导致了活阀和冲锤活塞可以在没有复位弹簧作用下，由液压推动，实现两者的往复运动。

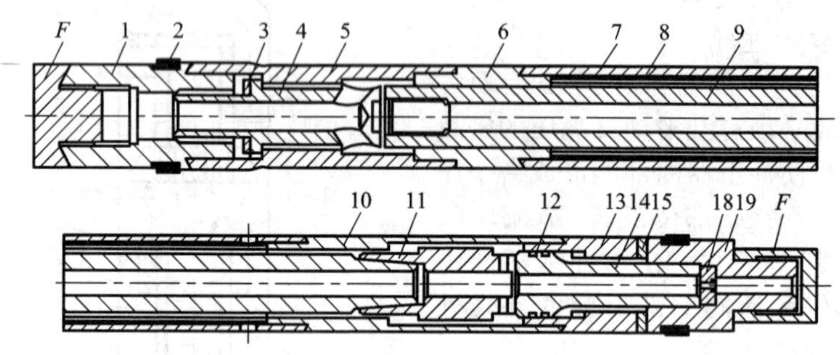

图 3－69 YS 型无簧式双作用冲击器

1—上接头；2—硬质合金；3—调节垫；4—阀；5—阀壳；6—中接头；7—外壳；8—内壳；9—冲锤；10—缸套；11—锤头；12—O 型密封圈；13—花键套；14—联动接头；15—调节垫；16—节流环；17—下接头；F—护丝(套)

195. SH－54 型双作用液动冲击器的工作原理是怎样的?

SH－54 型双作用液动冲击器的工作原理是(如图 3－70 所示)：冲击器未工作时，由上活塞 9、重锤 11 和下活塞 13 组成的冲锤停在砧子 16 上。冲洗液流通过浮阀 2 和冲锤内的中心通孔及节流环 20 流向孔底。液流经过节流环孔时，由于节流阻力作用，液体压力升高，液体压力作用到下活塞上。由于下活塞面积大于上活塞面积，故液体压力差把冲锤抬起，并以一定速度向上运动。冲锤向上运行到与浮阀接触时，即闭阀。这时液流被突然切断而在阀区产生高压水锤。在水锤压力作用下，上活塞向下冲击砧子 16，从而完成一次冲击。然后，又回复到初始状态，冲锤按上述阶段随即产生第二次抬锤和冲击。如此周而复始地工作。

196. 射流式冲击器有什么特点?

射流式冲击器是我国独创的一种采用双稳射流元件作为控制机构的新型钻具，它是通过从泥浆泵输出的高压冲洗液，输入射流元件后产生射流附壁与切换作用，使冲击器形成高频冲击，冲击功传到孔底

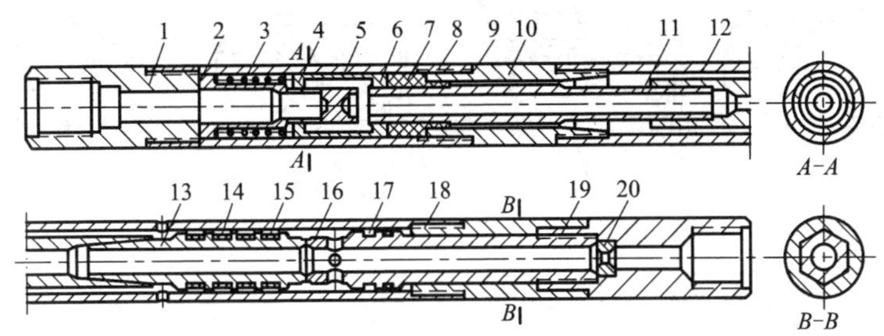

图 3－70　SH－54 型双作用液动冲击器

1—接头；2—浮阀；3—阀弹簧；4—限位套；5—外管；6—压盖；7—密封填料；8—密封垫；9—上活塞；10—中接头；11—冲锤；12—缸套；13—下活塞；14—活塞环；15—O 型圈；16—砧子；17—O 型圈；18—六方接头；19—变丝接头；20—节流环

钻头便达到破碎岩石的目的。与其他类型冲击器相比，射流式冲击器具有下列特点：

(1)钻具结构简单，零件少(能量相同的冲击器，零件少 1/3 以上)。加工方便、安装拆卸简单，易于维修和操作，且性能参数可调。

(2)钻具工作可靠，使用寿命长(由于取消了弹簧、配水活阀等易损零件)。因钻具主件的射流元件的劈尖、工作区上下盖板上都镶焊了硬质合金板块，其使用寿命可达 500 h 以上。

(3)冲击性能良好，能量利用率高。射流式冲击器比阀式冲击器具有压力差大和出口速度高、利用高压水锤能碎岩，其传递效率高等良好的工作性能。

(4)冲击器工作时不会堵水憋死。当用金刚石钻进时，不会导致产生烧钻头以及憋坏水泵零件等。

(5)钻进中产生的高压水锤波比阀式冲击器的小，因此，该冲击器的高压管路系统振动小，钻具工作平稳，冲击能量损失均较少，这对减少水泵、冲击器、高压管路的零件损坏十分有利。

197. 射流式冲击器的工作原理是怎样的?

射流式冲击器的结构如图 3－71 所示，其主要由上接头、射流元件、缸体、活塞、冲锤、外缸、砧子、花键套和下接头等组成。

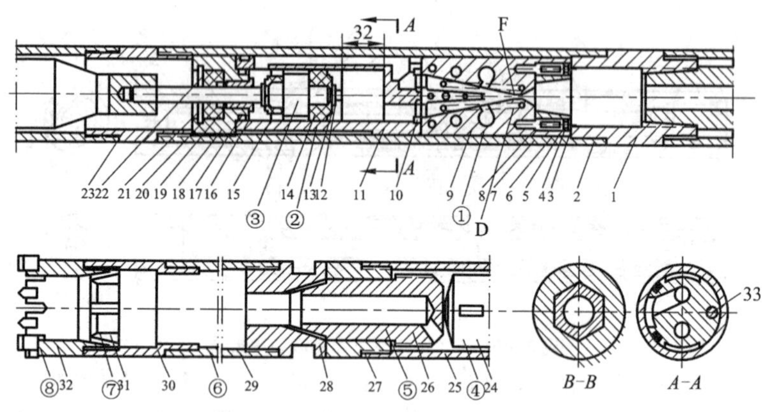

图 3－71 射流液动冲击器结构图

①射流元件；②缸体；③活塞；④冲锤；⑤砧子；⑥岩心管；⑦卡簧；⑧钻头；1—上接头；2—缸套外壳；3—打捞垫；4，13，22—弹簧垫圈；5—螺栓；6，8，10，17—O 形密封圈；7—打捞螺纹；9—射流元件；11—缸体；12—活塞杆；14，20—密封圈；15—支撑环；16—导向铜套；18—压盖；19—支撑环；21—铜垫；23，28—接头；24—冲锤；25—外壳；26—砧子；27—六方套；29—岩心管；30—卡簧座；31—卡簧；32—钻头；33—销钉

工作原理（图 3－72）：由水泵输出的高压液流，经钻杆输入射流元件 1，射流从元件喷嘴喷出，假如在附壁作用下先附壁于右侧，高压液流便由 C 输出，进入缸体 2 的上部，推动活塞 3 下行。此时，与活塞连接的冲锤 4 便冲击砧子 5，因砧子以丝扣与岩心管相连，冲击能量便经岩心管传至钻头上，完成一次冲击作用。在 E 输出的同时，反馈信号回到控制孔 D，在活塞冲程末了，促使射流由 C 切换到 E 输出，液流经 E 及与之连接的水道进入

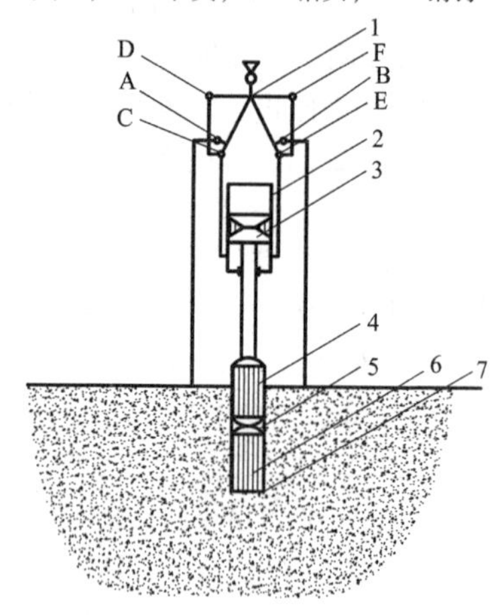

图 3－72 射流冲击器原理图

1—射流元件；2—缸体；3—活塞；4—冲锤；5—砧子；6—岩心管；7—钻头；D、F—信号孔；C、E—输出道；A、B—放空孔

缸体下缸，然后推动活塞上行，做返回动作；同样在输出的同时，反馈信号又回到F，而射流切换到开始位置；继而又从C输出，进入上缸，如此往返，实现冲击作用。上、下缸的回水，则通过C、E输出道而返到放空孔，再经与放空孔连接的水道、过水接头及砧子内的孔道，流入岩心管直到孔底，冲洗孔底后返回到地表。

198. SX－54Ⅲ射吸式冲击器的工作原理是怎样的?

SX－54Ⅲ射吸式冲击器是利用高压液流喷射时的卷吸作用，使活塞冲锤的上下腔产生交变压力差推动活塞往复运动，该冲击器主要由喷嘴、阀、活塞(包括冲锤)、外壳和砧子等组件构成，其结构如图3－73所示。

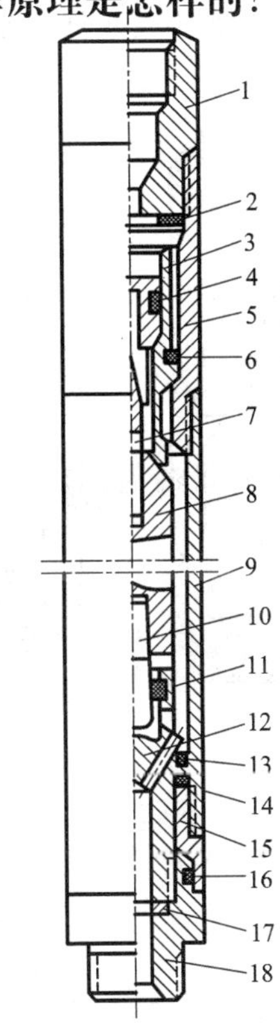

图3－73　SX－54Ⅲ型冲击器结构图

1—水接头；2—阀程调节垫圈；3—阀；4、6、13、16—密封圈；5—阀室；7—活塞；8—冲锤；9—外管；10—封圈；11—尼龙圈；12—传动轴；14—垫圈；15—八方轴套；17—砧高调节垫；18—下接头

工作原理如图3－74所示：启动前，冲击器的阀与冲锤活塞均处于行程下限，液流通道畅通(如图3－74a所示)。启动时，工作液体从喷嘴喷出，高速射流的卷吸作用将活塞上腔介质抽往下腔，上腔迅速降压；进入下腔的液流，由于通道扩大，流速减慢和冲击器砧子里节流孔的增压作用，使活塞下腔压力升高。于是，上、下腔形成压差，使位于行程下限的阀与活塞同时上行；由于阀的质量较轻，运动速度较快，先抵达行程上限(如图3－74b所示)，随后活塞也抵达行程上限，至此回程结束(如图3－

74c 所示)。冲程时，当活塞上升到上限时，与活塞连成一体的冲锤顶部锥体(阀座)与阀闭合(如图 3 - 74c 所示)。高速液流被迅速切断而产生水击，上腔压力猛增；与此同时，活塞下腔压力急剧下降，故上、下腔间压力差推动冲锤活塞和活塞套向下运动(如图 3 - 74d 所示)。阀抵达行程下限后，冲锤活塞因惯性继续向下运动(自由行程)直至冲击砧子为止。此时，阀门完全打开，液流畅通，阀与活塞又进入下一循环的回程。如此周而复始地产生冲击。

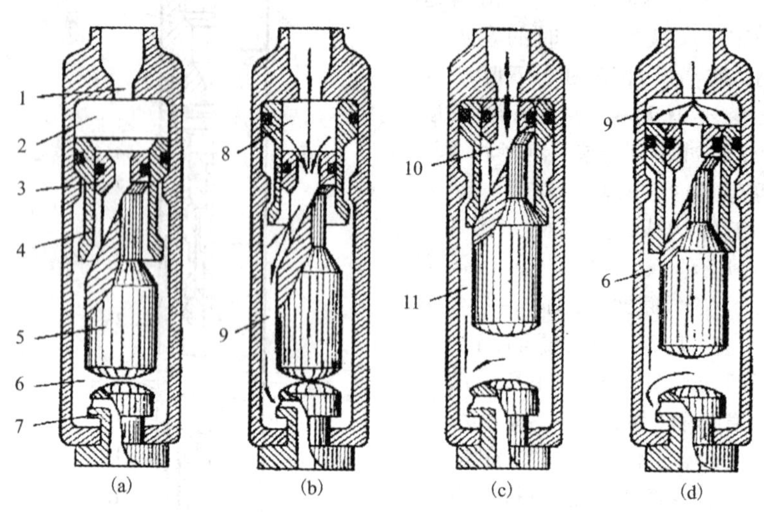

图 3 - 74 SX - 54Ⅲ型工作原理图

(a)未送水时之起始状态；(b)送水时之起始状态；(c)举锤时的回程状态；(d)冲程开始

1—喷嘴；2—上腔；3—活塞；4—阀；5—冲锤；6—下腔；

7—砧子；8—低压腔；9—高压腔；10—产生水击区；11—降压区

这种冲击器工作原理独特，结构简单，运动部件及易损件少，液流在腔体内畅通性较好，适于小口径钻进。

199. SX - 54Ⅲ射吸式冲击器的特点是什么？

(1)无弹簧装置、运动部件及易损零件少。

(2)结构很简单，便于操作使用。

(3)液流在腔体内畅通性较好。

(4)对密封性能要求较低。

(5)易于缩小口径。

(6)存在的主要问题是液流功率恢复较低。

200. TK 型绳索取心冲击回转钻具的结构是怎样的?

TK 型绳索取心冲击回转钻具由悬挂启动机构、冲击器、内外岩心管总成、打捞器等部分组成，具体结构如图 3－75 所示。

(1)悬挂启动机构

TK 型绳索取心冲击回转钻具的悬挂启动机构与一般回转绳索取心钻具相似，即有铰链式捞矛头机构、弹卡定位机构等，主要区别是设置了上下两副弹卡。弹卡的作用为：上弹卡是使内管总成不致因为岩心向上顶以及冲击器工作时的反弹力作用而上升；下弹卡的作用：其一是作启动冲击器时的悬挂机构(内管总成上装有冲击器)；其二是当钻具做回转绳索取心钻进时，作为内管总成的悬挂机构(内管总成不带冲击器)。

(2)冲击器

TK 型绳索取心冲击回转钻具采用了阀式正作用冲击器。要实现液动冲击回转与绳索取心钻进技术相结合，必须具有下列条件：

①液动冲击器要能够随岩心容纳管一起，顺利地通过绳索取心钻杆。

②打捞器要能实现成功的打捞作业。

③冲击器的冲击必须能可靠地传递到带有钻头的外管上，因此钻具外管上要设有花键轴，以便既可传递扭矩又可上下滑动，传递冲击力。

④液动冲击器投入钻孔到位后，要保证供给的冲洗液最大限度地引入冲击器，因此要求冲击器部位的内管与外管间的密封要可靠。

⑤液动冲击器与岩心容纳管组合成钻具总成，长达 5 m 多，因此要求冲击器与内管总成之间设置便于装拆的接头。

(3)内岩心管总成

内岩心管总成 52 是容纳和提取岩心用的。为了避免因冲击器内管总成过长而弯曲损坏，内岩心管总成采用卡槽提引环式联接方式，

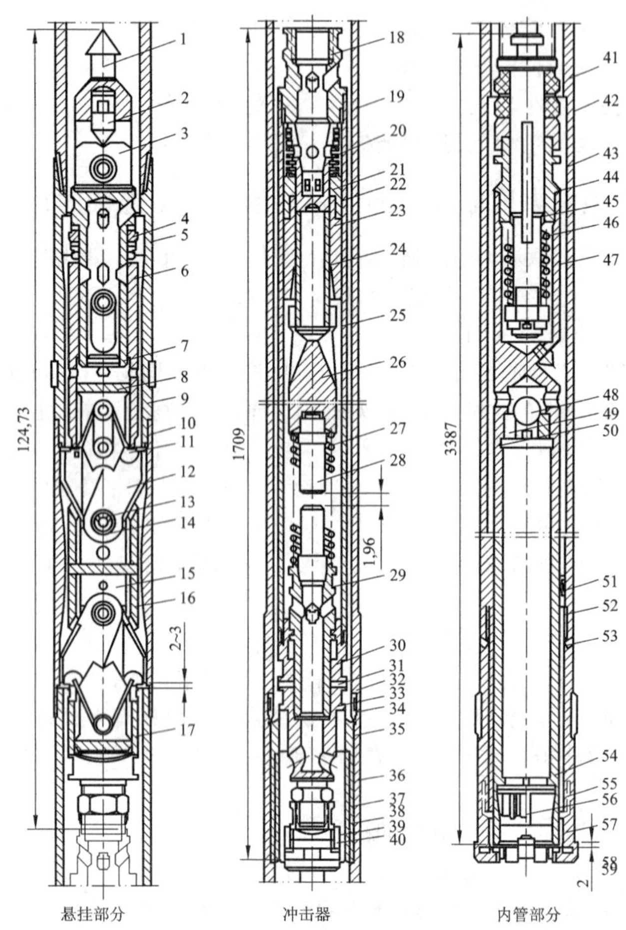

图 3-75 TK 型绳索取心冲击器

1—上锥轴；2—锥轴定位销；3—下锥轴；4—到位报巩圈；5—硬质合金；6—提引套筒；7—端盖；8—主轴；9—异径接头；10—短管；11—卡板弹簧；12—卡板；13—大销套；14—小销套；15—卡板座；16—悬挂套筒；17—联接管；18—进水接头；19—阀簧；20—阀；21—阀座；22—缸体；23—锤套上接头；24—活塞杆；25—锤套管；26—冲锤；27—锤簧；28—砧；29—砧座轴；30—锤套下接头；31—锤自由行程调整垫；32—特定接头；33—排水接头；34—传振环；35—受振环；36—花键套；37—花键轴；38—扭力接头；39—活接头；40—活接头套；41—报警圈；42—轴承挡盖；43—外管；44—内管轴套；45—心轴；46—轴承 8105；47—压力弹簧；48—钢球；49—球阀座；50—内管接头；51—导正环；52—内管；53—扩孔器；54—卡簧挡环；55—卡簧座；56—卡簧；57—钻头

悬挂在冲击器的下部。打捞岩心时，内岩心管总成可以从活接头 39 的卡槽中摘下，十分方便。为了防止钻进时内管及卡簧座松扣、伸长，内管及卡簧座均为反丝(扣)，内管可以调头使用；通过活接头 39 和螺母，可以调节卡簧座 55 和钻头 57 的间隙；止推轴承 8105 和 8106 保证了钻具的单动性。

(4)外管总成

外管总成由异径接头 9、短管 10、联接管 17、特制接头 32、受振环 35、花键套 36、花键轴 37、扭力接头 38、外管、导正环 51、扩孔器 53、钻头 57 等零件组成。

201. 孔底反循环液动冲击器的结构是怎样的?

孔底反循环液动冲击器的结构组成是：阀 1、活塞 5、可以排出由上腔 1 和下腔 13 来的工作液体的水槽 6 和 7、装有压力阀 8 的冲锤 10、带有球阀 15 和过滤器 16 的砧子 14、以及回动弹簧 4、12 和冲锤 10 与壳体 11 之间有环形槽 9 等,如图 3 – 76 所示。

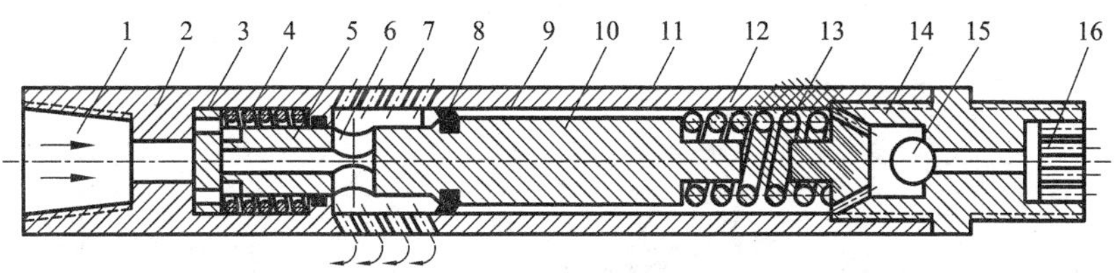

图 3 – 76　孔底反循环冲击器

当液流流经腔室 1 时，在液压作用下弹簧 4 和 12 被压缩，这时阀 3 和冲锤 10 一起向下移动。当阀不能再移动时，液体继续压向活塞 5 的环状台阶上，使得活塞脱离阀。冲锤 10 由于惯性继续向下运动，而阀 3 则恢复其原来位置(这样冲击器就能在钻孔的任何部位进行启动)。向下运动的冲锤把腔室 13 里的液体沿槽 9 和 6 通过单向阀 8 压出管外。在冲锤 10 向上运动时，孔底的液体则经过阀 15、砧子 14 进入腔室 13，然后从腔室 13 压出管外，从而实现孔底局部反循环。

202. 什么是孔底可调式液动冲击器?

对某种岩石来说，它有一个最优的破碎冲击功值和冲击频率值。当冲击器功率不变时，冲击功与冲击频率是成反比的关系。孔底可调式的液动冲击器是一种钻进某种岩石时能自动调整其冲击功和冲击频率大小的冲击器。这种可调式的冲击器，使其在钻进不同岩石时，都处于最优的工作状态。

203. 孔底可调式正作用液动冲击器的结构是怎样的?

孔底可调式正作用液动冲击器的结构如图 3－77 所示。其传递轴压力的接头 1 上接有钻杆，其下接六方轴杆 4。接头 1 压缩短管 2 内部弹簧 3 的同时，也促使六方轴杆 4、阀 6 及冲锤活塞 7 向下移动。但它们的移动距离是有一定范围的，即当轴向压力被弹簧所平衡时，便不能继续向下移动；或者接头 1 下移到与短管 2 相接触时，也不能再向下移动。

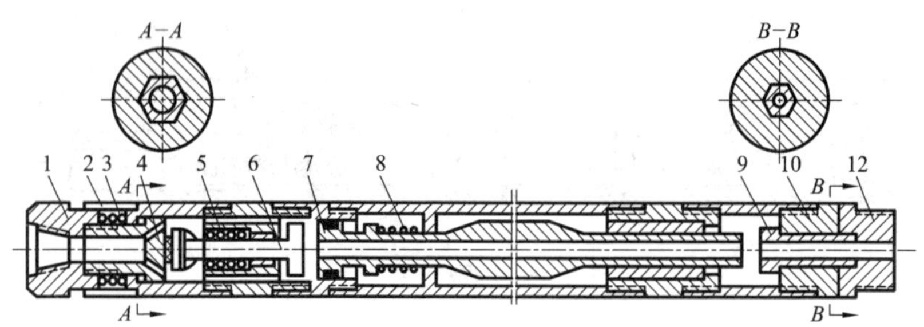

图 3－77 孔底可调式正作用冲击器

1—接头；2—短管；3—弹簧；4—六方轴杆；5—阀弹簧；6—阀；
7—活塞冲锤；8—冲锤弹簧；9—砧子；10—六方套；11—岩心管接头

当六方轴杆 4、阀 6 及冲锤活塞 7 向下移动时，因同时压缩着弹簧 5 及冲锤弹簧 8，便缩短了阀程和冲击行程。所以，虽然输入冲击器的液流不变，但按大小不同的轴压使冲击器性能发生变化。

当遇到硬岩层时，所施加的轴压力较小，使弹簧 3 的压缩量也较小(则冲击行程就加大)，而这时冲击器产生的冲击功大而频率低，这便是以冲击为主的冲击—回转钻进；反之，当遇到软岩层时，冲击器产生的是小冲击功，但频率较高，则是以回转切削为主的回转—冲击钻进。

204. 孔底可调式反作用液动冲击器的结构是怎样的？

图3－78所示为孔底可调式反作用液动冲击器的结构示意图。它除具有接受冲击作用外，其下部接头还起着调节行程大小的作用。冲击器内砧子1的外围装有弹簧3，在轴向压力作用下，弹簧被压缩，此时砧子1、活塞冲锤4以及阀5三者相对于外管2来说，均向上移动一段距离并同时压缩弹簧6及弹簧7。

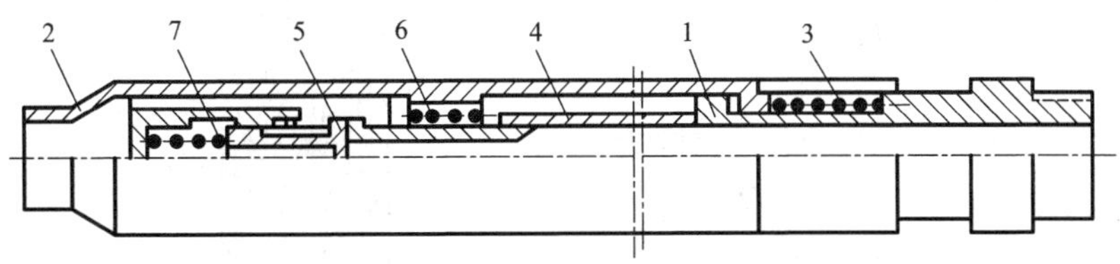

图3－78　孔底可调式反作用冲击器

1—砧子；2—外管；3—调节弹簧；4—活塞冲锤；5—阀；6、7—锤簧与阀簧

当钻进时施加于钻头的轴向压力越大，砧子1、冲锤活塞4和阀5向上移动的距离也就越大(即冲击行程缩小)，也即冲击器所产生的冲击功率低，冲击频率则增加；反之，冲击器所产生的冲击功便增大，而冲击频率则降低。

205. 什么是风动冲击器？

风动冲击器也称风动潜孔锤，是以压缩空气作为驱动动力介质而工作的。因压缩空气也作为洗井介质，所以用风动冲击器进行冲击回转钻进时，也具有空气洗井钻进的特点。

风动冲击器回转钻进比液动冲击器回转钻进的效率要高几倍，其原因是风动冲击器的单次冲击能量较大及孔底清洗效果较好两个方面。但是，使用风动冲击器钻进，需要配备能力较大的空气压缩机，设备较复杂，故使用上受到一定限制。

206. 风动冲击器有哪几种类型?

风动冲击器按其配气方式和结构特点，基本上可分为有阀冲击器和无阀冲击器两类。

207. 有阀风动冲击器的结构和工作原理是怎样的?

有阀冲击器由配气机构的阀片控制气体推动活塞上、下运动。有阀冲击器按排气方式又分为旁侧排气和中心排气两种，使用较多的为中心排气式，即缸内废气是从钻头中心孔排出。虽然这种冲击器结构比较复杂，加工要求较高，但排除岩粉的效果较好，故可降低钻头的磨耗和提高钻进效率。下面以潜孔锤 J－200B 型(图 3－79)为例来说明中心排气式冲击器的工作原理。

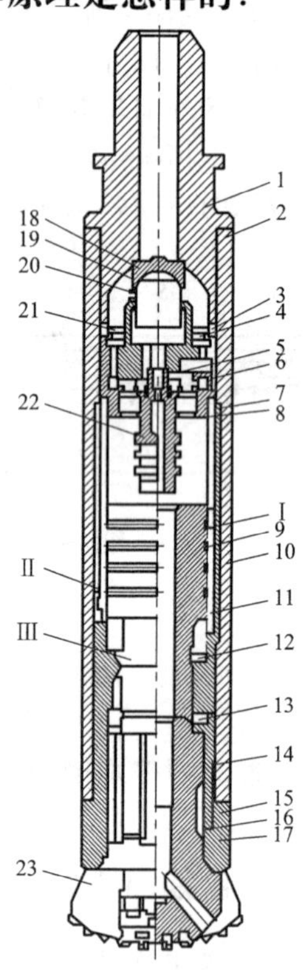

图 3－79 J－200B 型冲击器

1—接头；2—钢垫圈；3—调整圈；4—碟簧；5—节流塞；6—阀盖；7—阀片；8—阀座；9—活塞；10—外壳；11—内缸；12—衬套；13—柱销；14—弹簧；15—卡钎套；16—钢丝；17—圆键；18—密封圈；19—止逆塞；20—弹簧；21—磨损片；22—配气杆；23—钻头

(1)排气机构及工作原理

冲击器工作时，压气由接头 1 及止逆塞 19 进入缸体并分成两路：一路直吹排气路经阀座 8、配气杆 22、活塞 9 的中孔通道以及钻头 23 的中心孔，进入孔底直接吹洗孔底岩粉；另一路是气缸工作配气气路，压气进入具有板状阀片 7 的配气机构，并借助配气杆的配气，实现活塞的往复运动。止逆塞 19 能防止在停风停机状态钻孔中的含尘水流进钻杆，不会影响潜孔锤工作及损坏零件。

(2)防空打机构及工作原理

冲击器工作时，来自活塞的冲击能通过钻头直接传至孔底岩石，缸体不承受冲击载荷。即使在悬吊状态时，亦不允许承受冲击负荷(即所谓空打)。用防空打孔Ⅰ来实现这一功能。当潜孔锤处于悬吊状态时，钻头23及活塞9均借助自重向下滑行一段距离，则防空打孔Ⅰ露出，于是来自配气机构的压气被引入缸体，并经活塞中心孔道及钻头孔道流入孔底，使潜孔锤自行停止工作。

(3)配气机构及工作原理

配气机构由阀盖6、阀片7、阀座8及配气杆22等组成。配气原理可用返回行程和冲击行程两个阶段说明。

①返回行程工作原理：返回行程开始时，阀片7及活塞9均处于下限位置，压气经阀片7后端面、阀盖6上的轴向与径向孔进入内外缸间的环形腔Ⅱ，并至气缸前腔，推动活塞向上运动。此时，气缸上腔经活塞9及钻头23的中心孔与孔底相通，活塞9在压气作用下加速向上运动。当活塞9端面与配气杆22开始配合时，上腔排气孔道被关闭，并处于密闭压缩状态，于是活塞开始做减速运动。当活塞杆端面越过衬套12上的沟槽Ⅲ时，进入下腔的压气便经钻头中心孔与大气相通，在压差作用下，阀片迅速移向上侧，关闭了下腔进气气路，开始了冲击行程的配气工作。

②冲击行程工作原理：冲击行程开始时，活塞和阀片均处于极上位置，压气经阀盖和阀座的径向孔进入气缸上腔，推动活塞高速向下运动冲击钻头。当活塞行至衬套的花键槽被关闭时，下腔压力开始上升，于是活塞上端中心孔离开配气杆，使上腔通大气，压力降低，工作行程结束。当活塞冲击钻头尾部后，阀片因其上、下压差作用，进行换向，活塞重复返回行程动作。

208. 无阀风动冲击器的结构和工作原理是怎样的?

无阀风动冲击器控制活塞往复运动的配气系统布置在活塞或气缸壁上，当活塞运动时，自动进行配气。其特点是：利用压气的膨胀功，推动活塞继续运动，从而减少了动力气的消耗；取消了复杂的配气机构，代之以简单的配气气路，气道路程短，气压损失小。

W－200型冲击器的工作原理（如图3－80所示）：压缩空气经上接头1、止逆塞4进入进气座7的下腔，然后气体分成两路：一路经进气座7的中心孔道和节流塞10进入活塞11和钻头16的中心孔道至孔底冷却钻头和清除岩粉；另一路气体进入外缸9和内缸8间的环形腔，此腔为活塞运动的进气室，推动活塞上下运动。位于进气室的气体，经内缸上的径向孔以及活塞上的环形气槽进入下缸时，活塞开始返程向上运动，当活塞上移关闭进气气路时，活塞靠气体膨胀运行，当下缸与排气孔路相通时，活塞靠惯性运行，故对无阀冲击器而言，其返程包括进气、压缩空气膨胀、活塞惯性滑行三个阶段。同理，活塞在冲程过程中，首先气体经活塞上的环形气槽进入上缸，然后，也经历冲程进气、压缩空气膨胀、活塞惯性滑行三个阶段，完成整个工作循环。所不同的是各阶段运行的长度不同，冲程要保证有足够的进气长度，使活塞获得较大的速度，从而具有较大的冲击能。

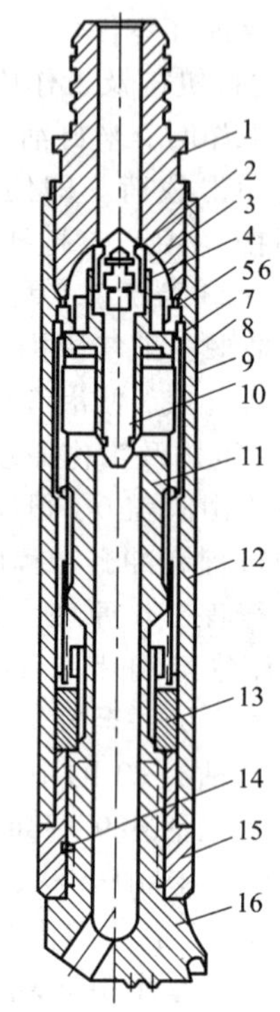

图3－80 W－200型无阀冲击器

1—上接头；2—密封圈；3—弹簧；4—止逆塞；5—垫圈；6—密封垫圈；7—进气座；8—内缸；9—外缸；10—节流塞；11—活塞；12—隔套；13—导向套；14—圆键；15—下接头；16—钻头

209. 冲击回转钻进的硬质合金钻头工作条件怎样？

冲击回转钻进时，钻头的工作条件总的来说，处于比普通回转钻进时更加繁重的工况。除了承受与回转钻进相同的载荷外，纵向振击的载荷比回转钻进更大。但钻进规程选用合理时，钻头所承受的各种载荷反而比回转钻进更低。例如，当冲击回转钻进的钻压和转速均比回转钻进低时，钻头上硬质合金片的磨损较轻；供给的流体流量较大；孔内比较清洁，钻头冷却也较充分；破碎岩石时也比较好地利用了岩石的脆性；冲击载荷对岩石表面造成的裂纹，减轻了回转钻进时硬质合金刃的负担等。所以，大量的试验资料得知：冲击回转钻进的钻头无论是硬质合金钻头或是金刚石取心钻头的寿命，均比回转钻进时有不同程度的提高。

210. 冲击回转钻进用硬质合金钻头采用的合金刃形状有哪几种?

在液动冲击回转钻进中，硬质合金钻头采用的合金刃形状主要有三种：

(1)单楔面刃：多用于可钻性较低的岩石和高频低冲击功的冲击器。

(2)不对称双面刃：多用于可钻性较高和低频率大冲击功的冲击器。

(3)对称双面刃：多用于可钻性较高和低频率大冲击功的冲击器。

211. 冲击回转钻进的金刚石钻头工作情况怎样?

金刚石钻头在坚硬岩石中钻进时，要达到高效碎岩——体积破碎的程度，是需要保证足够的钻压的。但很高的钻压又将造成钻头端面的冲洗困难、温度过高，同时还可能在钻头上底部形成致密的压实层，而这些都是阻碍钻速提高的主要原因。因此，若在金刚石钻头上增加高频和低冲击功时，将会改善金刚石钻头在孔底的工作状况而提高钻进速度。此时，金刚石颗粒承受的载荷和回转钻进相比，主要是增加了纵向的冲击载荷。由于金刚石在液动回转钻进时冲击力较小，频率较高，回转切削是主要的，所以金刚石钻头的工作条件和回转钻进近似。

212. 液动冲击回转钻进硬质合金钻头的主要特点是什么?

液动冲击回转钻进用的硬质合金取心钻头或全面钻头采用钨钴类硬质合金。要求硬质合金除了具有较高的硬度和抗弯强度外，还应有较高的抗冲击强度，一般硬度不低于 HRA86，抗弯强度不低于 140 kg/mm^2。可根据岩石特性、钻头结构和冲击器冲击功大小来选择硬质合金牌号。

液动冲击回转钻进用硬质合金钻头的主要特点是：为了安装岩心卡簧的需要，钻头体一般较长；同时由于冲击器要求的冲洗液量大，钻头具有较大的液流通道；硬质合金镶焊的牢固性(硬质合金块不脱落和早期损坏)要比纯回转钻进用的钻头高。

213. 液动冲击回转钻进常用的取心式硬质合金钻头有哪几种?

我国常用的取心式硬质合金钻头有 HCT 型、大八角型、大八角肋骨型、长方片状肋骨型、异形钻头等。

214. 液动冲击回转钻进用金刚石钻头有什么特点?

液动冲击回转钻进用金刚石钻头主要是取心孕镶式钻头，常用在坚硬、“打滑”地层中，但一般要用高频低冲击功的液动冲击器。与常规金刚石钻头相比冲击回转钻进的金刚石钻头在结构上应具有以下特点：

(1)首选人造孕镶金刚石钻头或聚晶体钻头。

(2)一般选用高强度的或经过浑圆化和金属镀层处理的金刚石。

(3)因为金刚石单晶的抗冲击韧性与粒度成反比，故粒度不要太大，可选用 70 ~ 80 目左右的金刚石，金刚石浓度 75% 左右。

(4)要有足够的胎体强度和硬度，避免受冲击作用而破裂，一般选用中硬 - 硬胎体，唇面形状以平底形、圆弧形和同心圆尖齿形为好。

(5)由于冲洗液量大，为减少冲洗液流经钻头时所产生的阻力，钻头的过水面积应增大，除主水口外，可增设副水口，加长加深钻头钢体内壁水槽，适当增大胎体外径。

215. 风动潜孔锤钻头有哪几种?

风动潜孔锤钻头可分为取心式和全面钻进式两种，目前使用最多的为后者。全面钻进用风动潜孔锤钻头就结构而言，可分为整体式和分体式两种。根据碎岩材料类型，可分为硬质合金型和金刚石加强型。根据切削刃形状的不同，又可分为刃片型、柱齿型和片柱混装型三种。

216. 风动潜孔锤钻头用的硬质合金柱齿有哪些型号?

风动潜孔锤钻头所用的硬质合金牌号和性能与液动冲击钻头类似，其柱齿型号有 K30、K40、K41 等型，如图 3－81 所示。具体型号国家标准中都做了详细规定，如 K4012A，“K”表示矿产开采用，“40”表示半球形柱齿，“12”表示直径为 12 mm，“A”表示高度。这些型号的合金柱齿中，就强度而言，半球齿最高，锥球齿次之，楔形齿最低；但凿岩效率则相反。因此，钻凿极坚硬和坚硬、磨蚀性强的岩石应采用半球齿，钻凿中硬或坚硬、性脆的岩石采用锥球齿，钻进软岩时宜采用楔形齿。

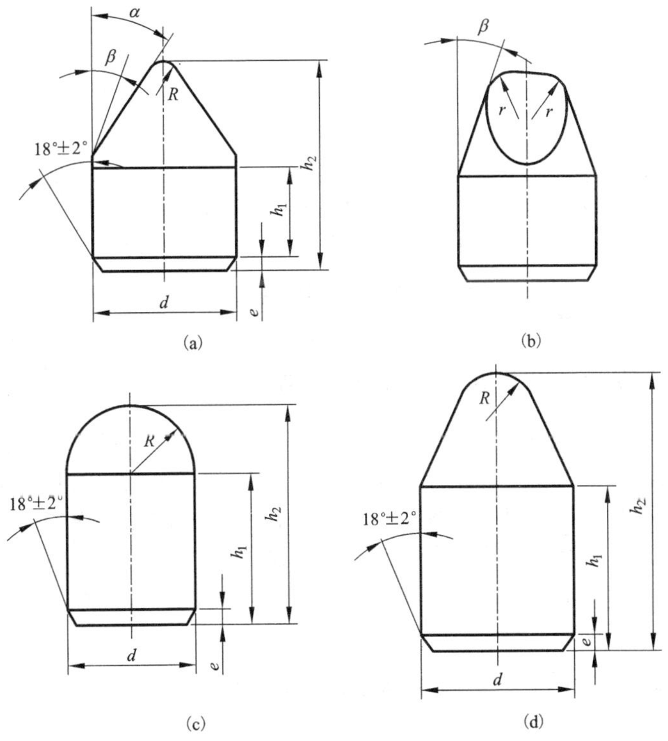

图 3－81　硬质合金柱齿外型图

(a)楔形齿(K30 型)；(b)半球型齿(K40 型)；(c)锥球齿(K41 型)

硬质合金柱齿由于其自身的耐磨性较低，当钻进坚硬磨蚀性岩石时，钻头周边柱齿磨损严重，钻头寿命短。为此，国内外科研和生产制造者采取各种途径解决该问题，如新成分硬质合金、双性能硬质合金等，取得了一定效果，但都没有治本，最好的办法是采用金刚石加强柱齿。

217. 风动潜孔锤钻头用的金刚石加强柱齿有哪些类型?

金刚石加强柱齿有聚晶型和孕镶型两种类型，它们都是将金刚石复合到硬质合金柱齿头部，在其上形成耐磨性很好的金刚石层，同时利用硬质合金良好的冲击韧性，所不同的是烧结工艺和钻头结构。金刚石加强柱齿可延长钻头寿命，提高钻速，降低钻进成本。

聚晶型柱齿在金刚石压机上采用高温高压技术烧结而成。为了解决金刚石聚晶层与硬质合金基体的热膨胀系数不同、弹性模量不同的问题，在金刚石聚晶与硬质合金基体间采用了两层过渡层，在原料配比上力图实现由100%金刚石均匀过渡到100%的C/Co，使得弹性梯度与热膨胀梯度逐渐均匀变化，残余应力与剥落现象大大减少。孕镶型柱齿在中频炉上采用热压法烧结而成，其金刚石层中的金刚石含量为75%左右，采用了特殊的配方和烧结工艺，使得金刚石层与硬质合金基体牢固地连接在一起。

218. 风动潜孔锤柱齿钻头如何制造?

风动潜孔锤柱齿钻头是一种用冷压方法在钻头体的钻孔中嵌装一定数量柱齿的钻头。选20Ni4Mo、34CrNiMo等成分的钢材作钻头体。

与刃片型钻头比较，这类钻头的柱齿钻头在钻孔过程中能自行修磨，使钻头的钻进速度趋于稳定；柱齿损坏20%时，钻头仍可继续工作，而刃片型钻头在崩角后便不能使用；这种嵌装工艺简单，一般用冷压法嵌装即可。

219. 风动潜孔锤柱齿钻头头部形状有哪几种?

柱齿钻头按头部形状可分为二翼形钻头、三翼形钻头和四翼形钻头。二翼形钻头多用于小口径的潜孔冲击器上。三翼形适宜于硬岩条件下工作，四翼形钻头宜用在中硬及中硬以下岩石。图3-82是J-

200 型冲击器用的四翼形柱齿钻头，它近似于半球形的头部(亦称为球齿形钻头)，使边齿的倾斜角扩大到 45°，提高了钻头的寿命。

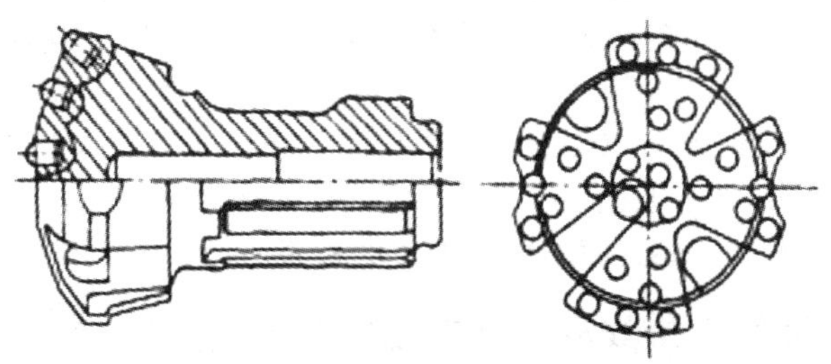

图 3－82　J－200 型冲击器用柱齿钻头

柱齿钻头还可按头部外形分为平头型、圆弧型、中间凹陷型及中间凸出型等。与刃片型超前刃钻头相比，圆弧型和中间凸出型钻头具有较高的钻孔速度。中间凹陷型钻头，由于钻孔时产生凸出的岩核起到定心的作用，所以它能钻较直的炮孔。

220. 冲击载荷碎岩的特点是怎样的?

冲击载荷碎岩的特点是接触应力瞬间可达极高值，应力比较集中，所以尽管岩石的动硬度要比静硬度大，但仍易产生裂纹。而且冲击速度愈大，岩石脆性增大，有利于裂隙发育。因此，用不大的冲击能(例如数丨焦耳)，就可以破碎极坚硬的岩石。

在冲击回转碎岩过程中，钻头刃具上同时作用有轴向静压力 P_J、冲击力 P_C和回转力矩 M。刃具除冲击碎岩外，同时还有切削碎岩作用。所以其具有冲击碎岩和回转碎岩两者的特征，互相补充，发挥各自优点。根据冲击碎岩和回转碎岩作用的主次，又将冲击回转钻进分为冲击回转碎岩和回转冲击碎岩两种形式。

(1)冲击回转碎岩：主要以冲击载荷碎岩为主，轴向静压力主要用来克服钻具的反弹力，改善冲击能的传递。回转力矩主要是使切削具沿孔底剪切两次冲击残留的岩石脊峰。因此，拟定最佳回转速度时，应能够将中间凸起的扇形岩脊剪碎。这种碎岩方法要求冲击器具有低频率、大冲击功，风动潜孔锤即属此类。对于脆性岩石来说，利用这种冲击剪崩和回转剪切作用，造成大颗粒岩体的剥离作用。随着岩石的脆性与硬度增大，碎岩效果愈加显著。

（2）回转冲击碎岩：回转冲击碎岩是把高频低冲击功，加在一般回转钻进的硬质合金钻头或金刚石钻头上。它主要用于小口径钻进，液动冲击器即属此类。该方法之所以能破岩，主要是岩石受高频冲击力后，一方面在刃具接触处产生应力集中，增大了破碎体积；另一方面岩石内部分子被迫振荡而产生疲劳破坏并降低了强度，再加上轴向的静压和回转切削，因而增加了破岩的效果。

221. 冲击回转钻进规程参数有哪些？如何选用？

（1）钻压

钻压能使岩石内部形成预加应力，同时改善冲击能量的传递条件。但是，随着钻压的增加，切削刃的单位进尺磨损量也增加，故为了减少切削刃的磨损，钻压不能过大，但又必须克服冲击器的反弹力。

在液动冲击回转钻进中，当用硬质合金钻头时，对硬度不大和研磨性弱的岩石，要充分发挥回转切削碎岩的作用，应采用较大的钻压。而对于坚硬和研磨性较大的岩石，则应充分发挥冲击碎岩的作用，钻压可相对小些。如对 φ59 口径，在钻进Ⅴ～Ⅶ级岩石时，钻压可选用 5～7 kN，而钻进Ⅷ～Ⅹ级硬岩时，可选用 4～5 kN。而用金刚石钻头时，由于金刚石具有高硬度，以微切削与磨削破岩为主，以冲击为辅，故岩石越硬，其所需钻压也越大，如对 φ59 口径，钻进Ⅴ～Ⅶ级岩石，钻压选用 4～7 kN，而Ⅷ～Ⅻ级，可选用 5～8 kN。此外，随着钻头口径的增大，其钻压也应增大。

风动潜孔锤大都是全面钻头，其冲击功都比较大，钻压对碎岩的影响较小，据前苏联资料报导，其钻压为液动冲击器钻进时的 1/3 就可获得较好的钻进效果。

（2）转速

风动和液动潜孔锤钻进选择转速的方法是一样的。对于硬质合金潜孔锤钻进，回转的唯一目的仅是为了改变硬质合金切削刃破岩的位置，若回转速度过慢时，切削刃将打入先前冲击过的坑穴中，从而引起钻头回转受阻，使钻进效率降低。若回转速度过快，钻速不会增加，却会导致切削刃过早磨损。所以，转速是否合理将直接影响钻速和钻头寿命。合理的转速主要根据最优冲击间隔来确定：

$$n = \frac{60f}{m} = \frac{60f\delta}{\pi D} \ (\mathrm{r/min})$$

式中：D——钻头平均直径，mm；

δ——最优冲击间隔，mm；

f——冲击器冲击频率，Hz；

m——钻头的最优冲击频率，Hz；

n——转数，r/min。

如对于 J－200 型及 W－200 型风动潜孔锤钻进，转速一般在 15～30r/min 范围内较为合理。而用孕镶金刚石钻头进行冲击回转钻进时，应开高转速，一般在 500～700r/min。

(3) 冲洗介质的流量和压力

冲洗介质的流量是冲击回转钻进的一个重要参数，因为其不仅影响洗井的质量，而且直接影响冲击器的工作性能（冲击功和冲击频率），从而影响钻进效率。

在液动冲击回转钻进中，一般随泵量增加，机械钻速也增加。因此，只要岩层允许，泵的能力足够，就应采用大泵量。对硬质合金钻头（孔径 76～91 mm）、金刚石钻头（孔径 56 mm），泵压的一般规律是，冲击器在 0.5～0.6 MPa 下开始工作，当达 1.8～2.0 MPa 时，冲击器工作稳定，随着孔深的增加，平均每百米增加 0.2～0.3 MPa，故其泵压相应增加。

在风动潜孔锤钻进中，因潜孔锤钻进速度快，在单位时间内所产生的岩屑量大且岩屑重，故需比空气钻进大的风量才能使井底干净。此外，潜孔锤本身也需要一定的额定风量才能正常工作。具体风量应根据潜孔锤对风量的要求和钻孔环状上返风速计算来定，选择其大者。上返风速对于取心钻进时取 $v = 10 \sim 15$ m/s；无岩心钻进时 $v = 20 \sim 25$ m/s。

从潜孔锤工作要求来看，工作风压要大于上、下配气室的压差，潜孔锤活塞才能做上下往复运动。目前，国内生产的潜孔锤有两种：低压潜孔锤，所需风压是 0.5～0.7 MPa；高压潜孔锤，所需风压为 0.8～1.1 MPa。钻进时，还需加上随着钻孔深度增加而带来的沿程压降(0.0015 MPa/m)和克服水位以下的水柱压力。

222. 液动冲击回转钻进对钻探设备有什么要求?

采用硬质合金进行冲击回转钻进时，钻机应用低速挡(例如30~50 r/min)，而采用金刚石钻头时，则和回转钻进时相同。

液动冲击回转钻进中，水泵是液动冲击器的动力能源。水泵的压力和泵量的大小，直接影响冲击器的工作性能。

223. 液动冲击回转钻进配备的附属设备主要有哪些?

(1)高压管路系统：液动冲击回转钻进中，水泵的泵量和泵压都比普通钻进时要大(冲击器一般多在1.5~4.0 MPa下工作)。为了保证高压液流的正常输送，一般生产现场应配备一套高压管路系统(如图3-83所示)，其中包括：高压密封水接头、高压胶管及其接头、稳压罐(如图3-84所示)。

(2)孔内附属装置：主要有孔底反射器、钻杆接头密封胶圈等。

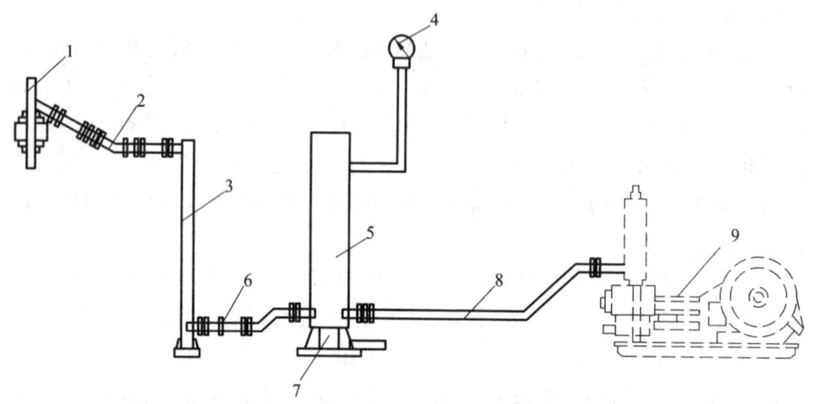

图3-83 冲击回转钻进高压管路系统

1—提引水接头；2—高压胶管；3—立管；4—压力表；
5—稳压罐；6—流量计；7—阀门；8—高压管路；9—水泵

224. 采用液动冲击回转钻进应注意哪些问题?

液动冲击回转钻进过程中，要注意以下几个问题：

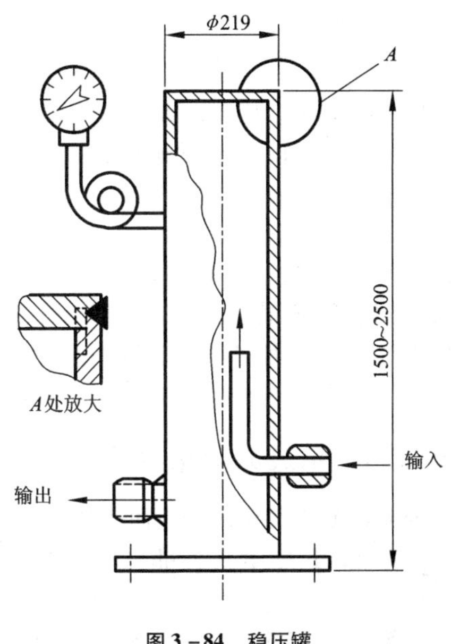

图3－84　稳压罐

（1）钻具下到孔底后，要逐渐增加水量和逐步提高泥浆的压力，以防损坏泥浆泵零件和高压胶管。

（2）钻进时，操作人员要根据泥浆泵压力表的变化及时判断孔内情况，遇到以下异常情况时，应提钻进行检查，以免影响钻进效率：

①当泥浆泵压力突然增高，经提动钻具或多次调整泵量仍无效时（可能由于冲击器水路受阻或岩心堵塞所致）。

②泥浆泵压力突然降低，经检查不是由于泥浆泵原因所造成的。

③进尺突然变慢或不进尺，经反复调整泥浆泵压力、泵量或变更钻进参数仍无效时（一般是由于冲击器发生故障后，工作性能降低或不工作，以及钻头严重损坏所致）。

（3）液动冲击回转钻进须采用卡簧卡取岩心。卡簧的内径要比钻头的内径小0.3～0.8 mm（软岩层应取大值，硬岩层应取小值）。在硬质合金钻进时，如果所钻进的岩石完整，也可以不用卡簧，而采用干钻方法采取岩心。

(4)在破碎岩层中钻进时，为了确保岩(矿)心的采取率，应在冲击器与岩心管之间加装反循环接头，进行局部反循环钻进。

(5)根据岩层情况选用岩心管长度。因为冲击功是通过岩心管传递给钻头，随着岩心管的加长，其冲击能量被岩心管的弹性所吸收的也就愈多，传递效率降低。因此应尽量减少岩心管的长度，提高冲击效能。一般原则是，钻进硬岩层用较短的岩心管，软岩层用较长的岩心管。

(6)为防止岩心管过长或过短而导致钻孔偏斜，可在液动冲击器的上部加添几个扶正器进行导正。

(7)钻进中如遇到轻微的坍塌掉块、发生卡、埋事故，可在提动钻具的同时继续送水，使冲击器产生振动作用以排除事故。

225. 采用液动冲击回转钻进升降钻具应注意哪些问题?

升降钻具时一般要注意下列几个方面的问题:

(1)组装粗径钻具时，要拧紧其各部位的连接丝扣，以减少冲击能量的传递损失。

(2)下钻时要注意检查各部接头处的密封状况，及时更换不适用的密封胶圈，并拧紧丝扣，以免泄漏冲洗液而影响冲击器的工作性能。

(3)下降新的(或重新调整、修理的)冲击器时，应在孔口进行冲击试验，如果发现冲击器工作性能不好，或泥浆泵压力异常时，应放倒钻具进行检查，待确认冲击器正常后，方可下钻。

(5)下钻要稳，严禁猛墩，以防损坏钻头。钻具中途遇阻(探头出露、脱落岩心、钻头外径偏大等)，需要扫孔时，应轻压慢转，以防崩脱硬质合金或损坏金刚石。

(6)提钻中途遇阻经窜动无效时，可开动泥浆泵输送冲洗液启动冲击器，震击遇阻物排除故障。

第四章　钻探工程质量

1. 钻探工程质量在地质勘探中有什么重要性?

钻探工程是地质勘探工作获得直接的地质实物资料的必要手段。钻探工程质量直接地影响着判断地质构造、评价矿产资源、提交矿产储量的准确性与可靠性，最终影响到矿山开采设计的合理性。

在钻探工程中，不仅要努力提高钻进效率，而且更要认真提高工程质量，力求准确地从钻孔中获得真实可靠的地质实物资料。

在钻探生产中，必须坚决制止那种片面追求进尺，忽视工程质量的错误做法。因为它不仅会给地质工作带来人力、物力、财力上的巨大浪费，而且还影响到建厂和开矿等重要工程的设计，给国家造成严重的损失和浪费。

2. 钻探工程质量指标有哪几项? 在地质勘探中的主要作用是什么?

岩心钻探工程质量指标有六项。其内容是：岩(矿)心采取与整理、钻孔弯曲度、简易水文观测、校正孔深、原始报表和封孔。

六项质量指标是全面衡量岩心钻探钻孔质量好坏的标准。在地质勘探中的作用是：

岩(矿)心采取与整理：岩(矿)心采取数量和品质，直接影响着判断地质构造、评价矿产资源、提交矿产储量和矿山开采设计的准确性和可靠性，因此，从钻孔中采取出能够全面代表相应孔段岩矿层的岩(矿)心，要求在数量上有足够的体积，在质量上能够保持原生结构和含矿品位，并通过岩(矿)心的分析、鉴定和化验来了解并确定矿体厚度、埋藏深度、矿石品位、化学成分以及岩矿的物理力学性质等，因此，岩(矿)心采取与整理是衡量钻孔质量的一项重要指标。

钻孔弯曲度的测量及校正孔深：主要用于判断钻孔所钻穿矿体部

位的空间位置，解决矿层的定位等问题。

简易水文观测：是为矿区开采提供必要的水文地质资料，了解矿体的开采条件，也是矿山建设设计依据之一。

原始报表：是现场随施工进度填写的原始记录，是钻探生产全过程的反映，是编制地质报告的基本资料，是分析生产技术组织状况的原始材料，也是今后查对钻孔地质资料的原始依据。终孔由机台汇订成册，交有关部门归档存查。

封孔：为了防止地表水和地下水对矿层的浸蚀以及开采时对矿井所产生的危害，在钻探结束后将钻孔孔口及有关孔段用水泥封闭的工作。

3. 钻孔质量标准分为哪几类?

地质勘探钻孔的质量标准，是以地质技术设计和岩心钻探工程六项质量指标为依据来衡量的。因此，根据钻探质量指标完成的好坏和地质上对钻孔利用情况的不同，将钻孔质量标准分为如下三类：

(1)第一类钻孔

即优良孔，是完全满足地质要求的钻孔。凡达到下列情况之一的就是优良孔：

①施工质量全面达到钻探工程六项质量指标要求的钻孔。

②经上级主管部门批准，钻探六项质量指标中的某几项省略，而其余各项质量指标均已达到设计要求的钻孔。

③在施工过程中，部分质量指标未达到设计要求，但经过采取措施补救后已达到该项质量指标要求的钻孔。

(2)第二类钻孔

即合格孔，是基本满足地质要求的钻孔。凡达到下列情况之一的就是合格孔：

①钻孔有部分质量指标没有达到要求，但周围的钻孔质量较好，或矿床构造比较简单，厚度、品位变化较小，经过验证对比，认为不再需要采取补救措施。在计算矿产储量时，对储量级别没有影响的钻孔。

②钻探工程质量指标虽未达到设计要求，但已取得原设计要求的资料，并解决了地质目的的普查钻孔和构造钻孔。

上述第一类钻孔和第二类钻孔，统称为“合格钻孔”，即地质上可利用的钻孔。

(3)第三类钻孔

即报废孔，是地质上不能利用的钻孔。这一类钻孔主要是由于以下原因，造成在地质上不能利用而报废的：

①钻探施工原因造成的。

②地质设计原因造成的。例如，由于对地质研究程度不够或地质设计错误而盲目施工造成的。

③其他原因造成的。例如，由于特大自然灾害、地质条件复杂以及测量错误等原因造成的。

4. 岩(矿)心采取率在地质勘探中的重要意义是什么?

岩心钻探的主要目的，就是为了获得结构完整、不受污染，有足够数量的岩(矿)心。通过岩(矿)心来了解矿体的埋藏深度、厚度、产状、品位，以及地层的构造和岩石的物理机械性质等，进而对矿产资源进行综合评价，是提交矿产储量报告的第一手资料。所以，在岩心钻探的过程中，要求所采取的岩(矿)心能够力求准确地全面代表相应孔段的岩矿层，在质量上能够保持原生结构和含矿品位，保证采取的岩(矿)心具有最大的代表性。

5. 岩(矿)心采取的基本指标有哪些?

对岩(矿)心采取的基本要求是力求准确地从孔中采出能够全面代表相应孔段岩矿层的岩(矿)心，在数量上要有足够的体积，在质量上能够保持原生结构和含矿品位。具体有下列指标：

(1)岩(矿)心采取率

岩(矿)心采取率即实际孔内采取的岩(矿)心长度与实际钻进进尺之比值。

采取率反映取上岩(矿)心的数量，当然越高越好。地质方面根据普查、勘探程度不同和对岩矿层要求亦不同，各自要求一定的采取率。

对于岩(矿)心采取率的一般要求：岩心不低于65%，矿心不低于75%。如果不足，应进行补取。

(2)完整性

要求取上的岩(矿)心尽量避免人为破碎、颠倒和扰动。要求保持原生结构和原有品位，以便划分矿石类型，观察矿物原生结构和共生关系。

（3）纯洁性

要求取上的岩（矿）心不受外物的浸蚀、污染和渗进，以免影响矿石的品位、品级和物理性质。如煤心混入黏土，灰分增加；滑石混入泥浆，二氧化硅提高等。

（4）避免选择性磨损

矿心的选择性磨损，会使其内在物质成分发生变化，造成矿物人为贫化或富集，歪曲原品位和品级。如性质较软或较轻的，成鳞片状、纤维状、细脉状、薄层状的钼、石墨、云母、石棉等矿物，被磨损后，则发生人为的贫化；对比重较大，成脉状、结晶状、粒状的金、铜、铁、铅锌、汞等矿物，又可能发生人为的富集。

（5）取心部位准确

要求取上岩（矿）心的位置准确，是为了得到岩矿层准确的埋藏深度、厚度和产状，以准确地计算矿产储量和确定其地质构造。

6. 影响岩（矿）心采取率与品质的因素有哪些？

为了提高岩（矿）心采取率与品质，获得数量足够且具有良好代表性的岩（矿）心，了解其影响因素是极其必要的。这样，才能在钻进前，针对性地采取积极措施。

影响岩（矿）心采取率与品质的因素是多方面的，并且也极为复杂。但是综合归纳起来不外乎两个方面：天然因素与人为因素。

（1）天然因素

天然因素即客观存在的地质因素。影响取心数量和质量的，主要是岩（矿）心的物理力学性质和岩矿层的结构、构造两个方面。

若岩矿层厚度大、硬度高、构造完整、结构致密、均质，钻进中不怕冲、不怕振，这对取心极有利，易于得到完整的、代表性高的岩（矿）心。若岩矿层性质松散、酥脆、胶结性差、构造复杂、风化深、裂隙多、节理片理发育、软硬交替频繁、易溶蚀、钻进中怕冲、怕振、怕磨、怕污染和淋蚀，这类岩层对取心极不利，取出的岩（矿）心多呈块状、粒状、片状，且不易获得有足够代表性的岩（矿）心，甚至取不到岩（矿）心。

地质因素是客观因素，但也可根据其具体情况，采取相应的技术措施，减少或消除其对岩(矿)心采取率的影响。

(2)人为因素

人为因素即外界的技术因素，主要包括钻进中的机械破坏作用、技术操作和管理方面的影响。

①钻进中的机械破坏作用

主要表现为：冲洗液流的冲刷与溶蚀作用；钻具回转振动的破坏作用。

钻进中冲洗液的液流，尤其是通过岩心与岩心管壁间小环隙和钻头底部的液流，其流速是很高的，对岩心冲刷力很大，可能把岩心碎屑冲至钻头部位，或与岩(矿)心互磨成粉而流失，或把岩心堵塞，使岩(矿)心磨耗，从而严重地影响采取率。

钻进中，在岩心柱上端液柱的静、动压力，会把酥脆的岩(矿)心压碎，增加断口处的压力，加剧断口磨耗。另外，在提升岩(矿)心时，管内液柱的惯性力会把岩(矿)心从岩心管内压脱，被迫二次套取，严重磨耗岩(矿)心。

当钻进盐类矿产时，采用清水或普通泥浆洗孔，矿心易被冲洗与溶蚀而影响矿产的品位、品级和造成采取率不足。泥浆对矿心还会产生一定的污染作用。

钻进中钻具回转运动，则可能产生离心力和水平振动；当钻头刻取阻力不均时，则会产生纵横向振动，以及因这些振动而引起的钻具与孔壁、钻具与孔底的剧烈敲打和撞击，这些均能严重地将岩心管内的岩(矿)心振断、振碎和磨损。

②技术操作的影响

由于技术操作不合理而导致岩(矿)心被破坏，影响取心质量的主要因素，有以下几个方面：

a. 钻进方法选择不合理

在同一种岩矿层，钻进方法不同，其岩(矿)心采取质量也不相同。钢粒钻进时振动大、孔壁间隙大、钻出的岩(矿)心细，所以对岩(矿)心的磨损破坏作用最大，硬质合金钻进时磨损较轻，而金刚石钻进则最小。

此外，钻进时钻头上的切削研磨材料在一定程度上会影响某些矿石的品位。例如，采用硬质合金钻进钨、钴矿床时，磨损下来的硬质合金粉末，会增加矿心中的钨、钴含量，用钢粒钻进滑石矿床时，则会增加矿心中的氧化铁有害成分；金刚石钻进时，有时也会污染岩心样品，其污染的常见方式为：一是金刚石直接由钻头脱落入冲洗液后掉入松散岩心中；其次是金刚石在孔底烧结生成碳化硅结块。

b. 钻具结构选用不合适

钻头直径愈大，则岩(矿)心愈粗，抗破碎能力愈大，易于保持完整性，也便于卡取，故在一定孔径内，岩(矿)心截面与孔径截面之比值越大，则采取率越高；反之，越低。

钻进中使用弯曲或偏心的岩心管、钻杆或者钻头时，岩心管的同心度不一致，使岩心受到回转振动的冲撞而破坏。

钻头的结构合理，与所钻岩矿层性质适应，可加快钻进速度，缩短岩(矿)心在管内被破坏的时间，十分有利于提高采取率。

钢粒钻头的钻头体太长，岩心残留多，水口太高、太宽，易于堵心，都不利于采取岩(矿)心。

金刚石钻进，取心卡簧的规格要合乎要求，才能可靠地卡紧和提断岩(矿)心。

取心工具的选择对岩(矿)心采取质量的提高至关重要。若能根据所钻岩矿层的性质选择合适的取心工具，就可能取得采取率高和代表性好的岩(矿)心。

c. 钻进规程不适当

不同的钻进规程，对提高岩(矿)心采取质量有很大的影响。压力过大，给进过快，对松散、黏性大的地层，易糊钻、堵塞和烧钻；对硬岩，易使钻头变形，引起岩(矿)心破碎。同时压力过大，加剧孔底钻具的弯曲和振动，使岩(矿)心受到强烈的机械破坏；压力不足，进尺慢，延长了岩(矿)心受破坏作用的时间。

转速过高，钻具受离心力作用大，其振动摆动也大，对岩(矿)心的破坏加剧；转速过低，则钻速低，延长了岩(矿)心受破坏作用的时间。

冲洗液量过大，流速增加，冲刷力也大，会加剧岩(矿)心被冲毁和磨耗的破坏作用。循环方式的不合理，也会造成岩(矿)心被冲刷破坏和重复磨损。冲洗液对盐类矿层，如岩盐、钾盐、镁盐、石膏等均有溶蚀作用。

钢粒钻进，投砂量过多，钢粒直径过大，易扩大孔径和磨细岩(矿)心，加大钻具振动幅度，加剧岩(矿)心的破坏。

回次时间和回次进尺长度对岩(矿)心破坏都有影响。时间越长，进尺越多，岩(矿)心被破碎、磨损、分选和污染的机会越多。缩短回次进尺，不利于钻进效率却有利于岩(矿)心的采取。因此，要提高岩(矿)心采取质量，常采取限制回次时间和回次进尺。

总之，不同的钻进规程，对岩(矿)心采取质量有很大的影响。因此，选择钻进规程，既要考虑钻进的要求，也要考虑取心的需要。

d. 操作方法不正确

这方面的情况也很多，例如：钻进中提动钻具过多、过高，会促使岩(矿)心磨损、折断或破碎成块，盲目追求进尺，回次时间过长，提钻不及时，岩心堵塞后仍继续钻进，增加了岩(矿)心在孔底被破坏的时间；采心方法不当，或卡取不牢，或提钻过猛造成岩(矿)心脱落，再次套取使岩(矿)心受到重复破坏，干钻掌握不当，使岩(矿)心受到严重挤压，或烧灼变质，退心时，过分敲打，岩心紊乱，造成岩(矿)心的人为破碎和上下顺序颠倒，影响了岩(矿)心的完整性，歪曲了岩(矿)心层次。

e. 管理方面的影响

组织管理不善，缺乏必要的规章制度，对采心是十分不利的。例如：思想上片面追求进尺而忽视质量问题，没严格执行钻孔设计与审批制度，施工前没根据钻孔埋想柱状剖面图，做好取心工具和材料的准备工作；遇新矿区或新矿种，没有预先打试验钻孔，以熟悉岩矿层特点和取心技术；缺乏见矿预报质量检查与验收制度等，都会影响岩(矿)心的采取质量。

7. 如何提高岩(矿)心采取率与品质?

根据所钻岩矿层的特点，合理地确定钻孔直径，合理地选择钻进方法，正确地选用钻具，正确掌握钻进技术和操作方法，选用正确的采心方法以及针对前述影响岩(矿)心采取质量的因素，采取相应措施，就能提高岩(矿)心采取率与品质。

在坚硬完整的岩矿层中钻进，要获取质量满足要求的岩(矿)心并不困难，只要操作得当，采用一般的单管正循环钻进，即能取得质量较好的岩(矿)心。但是，对于节理裂隙发育、松软、破碎、怕冲毁怕溶蚀怕污染的复杂岩矿层，就必须选择或设计专用的取心钻具。

所有专用取心钻具，都是为了防止或减轻对岩(矿)心的机械破坏作用而设计的。它们在结构上具有防水、减磨、避振、卡心牢靠和快速钻进等特点。

8. 如何计算岩(矿)心采取率?

岩(矿)心采取率的计算，应以实际钻进固体矿层为计算对象，除设计要求外，浮土、流砂层及表面覆盖的一般不参加计算。废矿坑及天然空洞的进尺或岩粉，坍塌物等，不列入岩(矿)心采取率的计算。

岩心采取率计算方法：

回次采取率(%)=(本次岩心长－上次残留岩心长)/本回次进尺×100

回次采取率(%)=(本次岩粉重/本回次岩心理论重)×100

当采取物为岩粉时，回次采取率计算公式如下：

分层采取率(%)=(分层岩心总长－分层总进尺)×100

9. 取心钻具的防水装置有哪几种?

(1)防液流冲刷

①分水帽：这是单管钻进时装在岩心管内的一种简单隔水装置。主要用来防止冲洗液流直接冲刷岩(矿)心。

②双层岩心管：采用具有内、外两层的岩心管的钻具，使冲洗液由内、外两层岩心管之间流向孔底，钻出来的岩(矿)心则储存在内管里而不受冲洗液流的影响。

③分水接头装置：装在单管取心钻具上部，使冲洗液流沿岩心管外壁流向孔底，避免冲毁岩(矿)心。

④反循环冲洗：冲洗液在岩心管内自下而上流动进行反循环冲洗。钻进时，岩心受向上的冲力呈悬浮状态，因而可以防止冲洗液流对岩(矿)心的破坏，如：全孔反循环、无泵反循环及孔底反循环等。

(2)防止冲刷岩心根部

①内管超前：双层岩心管上的内、外钻头保持一定的“差距”。钻

进时，内钻头首先钻入(或压入)岩层，保护岩心根部免受冲洗液流的冲刷破坏。

②底喷水眼钻头或侧喷水眼钻头：即冲洗液不直接流向孔底，而是经钻头底唇面或侧面上的通水眼，流入岩心管与孔壁的外环隙中。

10. 取心钻具的避振装置有哪几种?

(1)双管单动减振：钻进时，采用内管不回转的单动、双管取心钻具，钻出来的岩(矿)心进入内管以后，可以减少钻具对岩(矿)心的破坏作用。如各种单动双管取心钻具。

要求：双管钻具的内、外管要直，同心度必须保持一致；双管单动机构要灵活可靠。

(2)弹簧室减振：一般装置在单动、双管取心钻具内，由于弹簧的缓冲作用，能消除钻具纵向振动的影响。如阿式单动双管钻具、压卡式单动双管钻具等。

(3)软泥减振：软泥装入双管钻具的内管中，软泥具有较高的黏结能力，能起到很好的黏结作用。在钻进过程中，随着岩(矿)心进入内管的同时，软泥被压缩而把岩(矿)心牢牢地黏住。

(4)加导正管减振：在双管钻具的上部，连接一根与外管同口径的长岩心管，作为钻具的导正管，以保持钻具工作平稳，避免或减轻钻具回转时的振动作用。

11. 取心钻具的减磨装置有哪几种?

双管取心钻具的单动装置(轴承)，钻进时可使内管保持静止状态，减少摆动，因而能减轻对岩(矿)心的撞击及磨损、磨耗。如一般单动双管取心钻具都具有减磨作用。

(1)内壁光滑，内径适当：双壁取心钻具的内管或半合管的内壁要求光滑，内径应稍大于钻头的内径，就可减少岩(矿)心进入时的摩擦阻力，防止岩(矿)心的卡塞和磨损。内管内壁镀铬能达此目的，并能延长内管使用寿命。

(2)孔底反循环装置：利用在粗径钻具部分产生冲洗液反循环作用，可使岩心管或双管钻具内的碎块岩(矿)心保持悬浮状态，从而减少岩心与岩心、岩心与岩心管之间的撞击与磨损。如无泵钻具及各种孔底反循环钻具等。

12. 取心钻具的防岩心污染方法有哪几种?

(1)活塞隔离：在双管钻具的内管里面装有活塞，能起到隔浆、刮浆的作用，如活塞式单动双管钻具。

(2)内管压入隔离：在松软的矿层(如煤矿、磷矿、菱镁矿等)，可以采用内管压入式钻头隔绝泥浆的污染。如阿式单动双管钻具。

(3)内外管间加密封圈：有的单动双管钻具(如活塞式单动双管)，内管超前，并伸入超前钻头的内台阶上，在阶梯状的外钻头水口下部与内管间设置密封圈，以隔离冲洗液，防止岩(矿)心被污染。

此外，若地质条件允许，采用清水钻进或空气钻进，也能防止岩(矿)心污染。

13. 采用哪些装置可保持岩样原生结构?

(1)采用半合管或三层管：钻进完毕，打开半合管便能获得原状的岩样；若采用第三层岩心容纳管，取心时，可利用手压水泵将其退出。

(2)内管超前压入：采用内管超前的单动双管，也能起到保持岩样原生结构的作用。

14. 采用什么方法可防止岩样淋滤溶蚀?

(1)采用饱和冲洗液：当用清水或泥浆钻进盐类矿床时，矿心受到冲洗与溶蚀。因此，钻取盐类矿心应采用与盐类矿床成分相似的饱和盐冲洗液。

(2)双管黄油护心钻进：某地钻进固体天然碱时，采用双管黄油护心钻进，在内管内盛满黄油，黄油能防冲洗液溶蚀矿心，从而提高了矿心的采取质量。

15. 采用什么方法可防止岩(矿)心脱落?

(1)隔水钢球：钻进回次终了时，从钻杆内投入钢球，隔离钻柱内的静水压力，以防止岩(矿)心脱落。

(2)护簧装置：有的单动双管(如阿式单动双管)，采心时内钻头拔断岩(矿)心后且钻具向上提升时，它相对外管先行上升，此时装于外管底部内的爪簧(护簧)露出并向中心收拢，封闭内钻头底端而托住岩(矿)心，从而可防止提升时中途脱落。

16. 岩矿层按取心难易程度分哪几类?

对岩矿层按取心的难易程度进行分类，其目的在于根据不同类型的岩矿层，选择与之相适应的取心工具和取心措施。但是岩矿层的组成、结构构造以及岩石性质均比较复杂，即使是同一类型的岩石，其取心的难易程度在不同地区、不同条件下也有很大的差别。

根据我国钻探工作所遇的岩矿层，按取心难易程度的不同，大致分为如下七类：

第一类：完整、致密的少裂隙的岩矿层。如板岩、石灰质页岩、致密石灰岩、砂岩、花岗岩、角闪岩、闪长岩、致密的铁矿和铜矿等。这类岩矿层的可钻性为4～7级。钻进时经得起振动，不易断裂破碎，耐磨性强，不怕冲刷。一般采用单管金刚石钻进、硬质合金钻进、钢粒钻进。取心容易，采取率高，取出的岩(矿)心完整，呈柱状，代表性较强。

第二类：节理、片理、裂隙发育的、破碎的岩矿层。它又分为两个亚类，即中硬、脆、碎岩矿层和硬、脆、碎岩矿层。

第一亚类岩矿层有矽卡岩、辉绿岩、风化强的橄榄岩和千枚岩、轻硅化灰岩、锰矿、石墨、滑石矿、汞矿和石棉矿等。其可钻性4～6级，黏性低或无黏性，抗磨性低，钻进中若受钻具回转振动，易破碎成碎块，岩屑粉粒状，同时怕冲刷，容易被磨损流失、贫化和污染。一般正循环单管钻进，不易取得足够数量和质量好的岩(矿)心，须选用无泵钻具、双动双管、单动双管或喷反钻具等方法，采用金刚石钻进或硬质合金钻进。

第二亚类岩矿层有石英二长斑岩、粗面岩、变质安山岩、花岗岩、强矽化灰岩和白云岩、脉金、钼矿及铅锌矿等。其可钻性6～9级，部分10～11级，无黏性，钻进中受钻具回转振动和冲洗液冲刷而易破碎成块状、粒状，易被磨损流失或富集，不易取出较完整的岩(矿)心，也不易卡取。同时，随着钻进时间的增加，岩(矿)心被磨损的程度增加。

这类岩矿层大部分需用金刚石钻进、钢粒钻进和针状硬质合金钻进，其取心工具选用喷反钻具、金刚石单动双管钻具。

第三类：软硬不均，夹石、夹层多，层次变化频繁，性质极不稳定的岩矿层。如不稳定的薄煤层、氧化矿床、破碎带、砾石层等。

这类岩矿层围岩与矿体，岩层与矿层之间可钻性相差悬殊，钻进中很易破碎和磨损，黏结性差，怕冲刷，煤层还怕烧灼变质。由于夹层薄而多且极不稳定，不易掌握其变化规律，一般采用隔水单动双管、爪簧式单动双管或单、双动双管钻具钻进。

第四类：软、松散、破碎、胶结性差的岩矿层。如表土、黏土页岩、煤矿、软锰矿、铁帽、铝钒土、褐铁矿、断层带和氧化破碎带等。这类岩矿层其可钻性为1～5级，松散易塌，胶结不良，钻进中易被冲蚀，岩(矿)心呈细粒粉末状，也易烧灼变质。一般采用无泵钻具、喷反钻具或内管超前式单动双管钻具钻进。采用侧喷水眼、半合式或第三层岩心容纳管、护心装置等措施，可提高岩(矿)心采取率。

第五类：易被冲洗液溶蚀、溶化的岩矿层。如岩盐、钾盐、石膏、芒硝、冻土层等。这类岩矿层可钻性为2～5级。由于它们的可溶性，钻进中易被冲洗液溶蚀和溶解，岩(矿)心常呈蜂窝状或完全解体取不上岩(矿)心。因此，必须根据不同盐类矿层，采用不同饱和盐类溶液作冲洗液，选用无泵钻具、喷反钻具或单动双管钻具的金刚石钻进或硬质合金钻进。注意隔水，为防冲洗液溶解，还可采用双管黄油护心钻进。对于缺水的干旱地区或冻土层，可以改变洗井介质，采用空气洗井钻进。

第六类：怕污染的岩矿层。如滑石矿、型砂矿、石灰岩矿、钨矿、钴矿及炼焦煤等。钻进过程中，上述岩层的岩屑，泥浆中的黏土颗粒或冲洗液里的岩粉、岩泥以及磨料、管材磨损下来的粉屑等混入矿心，就会改变矿石的品位和成分。为防止污染，可采用活塞式单动双管钻进；如地层完整，尽可能选用清水作冲洗液；对于缺水地区，还可考虑空气钻进。

第七类：淤泥、流砂类岩矿层。由于这类岩矿层含水，所以需采用特殊的取心工具或取样器。采用花篮结构和活塞球阀式取样器能获得较好的取心率。前者通过花篮可通畅地排除残余泥水，减少污染；后者密封性能好，具有抽吸功能，提钻时腔内产生负压，砂土样不易脱落。

17. 如何根据地层特点选用钻进方法及取心工具?

必须根据各矿区的地层条件和岩矿层的物理机械性质，正确选择钻进方法及取心工具，通过实践，下列钻进方法及工具是比较有效的。

(1) 在松软，无夹矸、易冲毁的煤层或其他软矿层中，采用单动双层岩心管钻进。对稍硬而有夹矸的煤层，可以采用双动双层岩心管钻进。

(2) 在破碎、怕振、易磨损的石棉等矿层中，采用隔水单动双层岩心管钻进。

(3) 在硬、碎、脆的岩矿层中钻进，采用孔底反循环钻具钻进。

(4) 在松散、酥脆易流失的磷矿等岩矿层中钻进，采用无泵钻进，或者采用带半合管的双层岩心管钻进。

(5) 在易被冲洗液溶解的岩盐、芒硝等矿层中，除采用合理的取心工具外，还应采用饱和盐溶液冲孔的方法钻进。

(6) 金刚石钻进，为了防止钻具的振动，增加钻头工作的稳定性，宜选用单动双管金刚石钻进。

18. 单管钻进的取心方法有哪几种?

单层岩心管钻具简称单管钻具，它是最简单的取心钻具。使用单管钻进的取心方法，按岩矿层性质不同有如下四种：卡料卡取法、卡簧卡取法、干钻卡取法、沉淀卡取法。

19. 卡料卡取取心法适用于什么情况?

卡料卡取法适用于当硬质合金钻进或钢粒钻进在硬和中硬、完整、致密的岩矿层时。其具体方法是在钻进回次终了时，从钻杆内向孔底投入卡料(小碎石、铁丝、钢粒等)卡紧扭断岩心。

采用卡料卡取岩心，要注意卡料的粒度、长度、粗细、硬度和投入量。卡料的粒度或铁丝的粗细应与岩心和岩心管之间的间隙相适应，一般卡石直径选用2 ~5 mm 不等；铅丝选10 号或8 号，长度为岩心直径的1.5 ~2 倍。卡石应具有一定的强度和硬度，以免在卡心时挤碎。卡石的投入量约100 ~130 cm^3。

投卡料时，应将钻具提离孔底 70 ~ 100 mm。将卡料按粒度或粗细的不同，按先小后大的顺序逐个投入，并用铁锤不断敲打孔口钻杆。卡料投完后，开泵冲送，泵量由小逐渐增大。泵送一定时间后，将钻具慢慢放至孔底，观察水泵压力变化的情况，如果泵压增高，并有憋水现象，说明卡石已到孔底。此时可停泵开车转动数圈，上提钻具 200 ~ 300 mm，再放回孔底，如果在下放过程中没有阻滞现象，说明卡取成功，便可提钻。

卡料由钻杆内下入到钻头部位所需的时间与孔深、卡料重量、冲洗液的密度、流速及黏度有关。因此，要掌握好卡料到孔底的时间，不能在卡料未到孔底时进行提断岩心的作业。

铅丝卡料多用于比较坚硬的岩矿层，特别适用于钢粒钻进卡心。铅丝卡料可以根据粗细不同选用单股或多股拧成麻花状。采用铅丝卡料卡心时，为使卡心牢固，可以补投一些钢粒，卡料到孔底后，继续钻进 5 ~ 6 min，如发现憋水或钻进受阻时，证明卡料已起作用，即可提钻。

20. 卡簧卡取法是如何卡取岩心的?

卡簧卡取法也称提断器卡取法。此法是利用装于钻头上部的卡簧取心装置。在回次终了，稍上提钻具，即可把岩心卡住并拉断。它适于在岩心完整、直径均匀的硬和中硬岩矿层中使用。

当金刚石钻进时，由于钻头出刃较小，无法投入卡料；同时为保持孔底清洁，防止金刚石崩落，也不宜投入卡料，故通常采用卡簧卡取岩心。当针状硬质合金钻头钻进、硬质合金钻进在深孔、回次进尺较大时，最好也使用卡簧取心。

卡簧(见图 4 -1)套于卡簧座(或钻头上部内锥面)内，卡簧与卡簧座、卡簧与岩心之间隙，必须很好地配合。首先，卡簧与卡簧座的锥度要一致。锥度的大小，在不影响零件强度的情况下，稍大些好，一般为 3° ~ 5°。要求卡簧有较好的弹性和耐磨性、较大的接触面积和与岩心有适度的配合，以便钻进时岩心能顺利通过卡簧，而当上提钻具卡取岩心时，卡簧又能紧紧抱住岩心。卡簧卡心装置下钻前应在地面用岩心进行试验，确认灵活好用后才能下入孔内。

正常钻进时，不能任意提动钻具，否则会在钻进中途提断岩心，造成岩心的堵塞。

卡簧一般用40#铬钢或65#锰钢加工，并经淬火热处理。卡簧的结构常用的有三种形式：

（1）内槽式卡簧（图4－1a），这是一种常用的卡簧，加工时需用专门的胎具。

（2）外槽式卡簧（图4－1b），它比内槽式加工简单。

（3）切槽式卡簧（图4－1c），多用于双层岩心管及绳索取心钻具。这种卡簧与岩心的接触面积较大，卡心效果较好。加工亦比较简单。

采用卡簧卡取岩（矿）心时，要十分注意卡簧与卡簧座、卡簧与岩心之间的间隙适度。

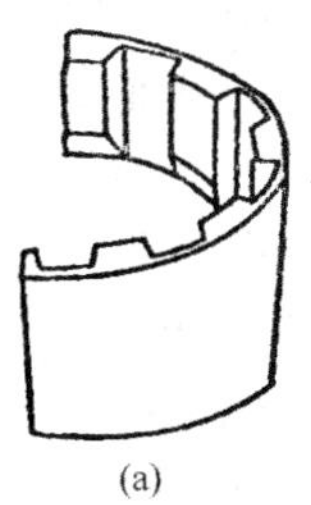
(a)
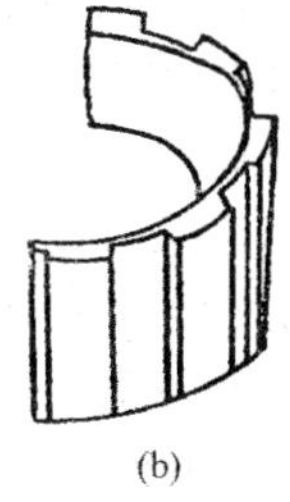
(b)
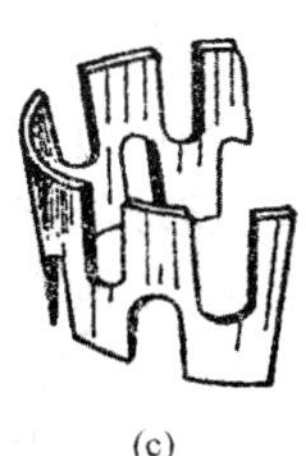
(c)

图4－1　岩心卡簧

（a）内槽式；（b）外槽式；（c）切槽式

21. 干钻卡取岩心法适用于什么情况？

干钻卡取法以硬质合金钻头钻进松散、软质和塑性岩矿层时，若用卡料和卡簧都卡不住岩心，则可用干钻法采取岩（矿）心。即在回次终了时，停止送水，干钻进尺一小段（20～30 cm），利用未排除的岩粉来挤塞住岩（矿）心，再通过回转将其扭断提出。

为了提高岩（矿）心采取率，防止提钻过程中岩（矿）心脱落，使用活动分水投球钻具，可以使干钻取心获得更好的效果。活动分水投球钻具的结构如图4－2所示。其特点是：在普通单管钻具中，增加了适合于遇水膨胀地层安全钻进的导向管1，起分流与防水压两用的分水投球接头2和防止冲洗液冲刷的岩心活动分水帽9。

正常钻进时，冲洗液通过分水接头2的中心孔直接进入岩心管

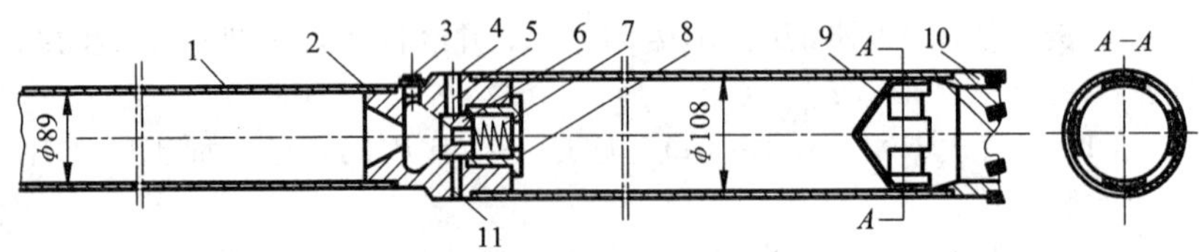

图4－2　活动分水投球钻具

1—导向管；2—分水投球接头；3—取球孔螺塞；4—销卡螺塞；5—销卡机弹簧；6—带阀座的活塞；7—弹簧；8—弹簧座；9—活动分水帽；10—硬质合金钻头；11—通水孔

内，但是由于分水帽9起了保护伞的作用，使松软的岩(矿)心不致被冲洗液冲蚀破坏。提钻前，由钻杆柱内投入的球阀落于球座活塞6上，将中心水道封闭。在水压作用下，被球阀封闭的球座活塞被压而向下移动，当超过接头侧壁上销卡5的位置时，销卡在弹簧7作用下向内伸出，将球阀座挡住，不能上升，同时打开了通水孔11，冲洗液可由此孔排出，改变了液流方向，使孔底形成干钻条件。通过此小孔还可将钻杆中的积水泄出，以免在卸开钻杆时产生喷水。

活动分水帽9呈伞形装于岩心管内，边缘开弧形水口若干个。钻进时，分水帽随岩心一块向上移动，冲洗液经水口由岩心管与岩心管之间的环状间隙通过，起到了保护岩(矿)心顶部不受冲洗液直接冲刷的作用。

为了适应缩径地层的安全钻进，上部导向管1的直径可比岩心管的直径小一级。一般岩心管的长度为1～2 m，导向管的长度约6～8 m。

使用上述活动分水投球钻具的钻进规程及注意事项是：

(1)下钻距孔底50 cm左右时，用大泵量冲孔，到底后将泵量改为50～60 L/min进行钻进。

(2)注意净化泥浆，防止岩粉卡死活动分水接头的活塞和销卡。

(3)当进尺达到回次长度的1/2～2/3(松散岩层选1/2，塑性岩层选2/3)时，投入钢球，继续钻进。提钻前，可酌情停泵干钻一段，待岩心已卡牢，即可提钻。

(4)最好每回次将岩心打满形成自卡。

(5)钻进规程参数：钻压为400～500N/颗；对于完整地层，转数为150～180 r/min；松散地层为100～130 r/min，对完整地层泵量为50～60 L/min；松散地层为40～50 L/min。

22. 沉淀卡取岩心法适用于什么情况?

沉淀卡取法适用于反循环钻进。在回次终了,停止冲洗液循环,利用岩心管内悬浮岩粉的沉淀,挤塞卡牢岩(矿)心。松软、脆、碎的岩矿层中常使用沉淀卡取法。其岩粉的沉淀时间应根据岩粉颗粒的大小、多少、密度及冲洗液的黏度而定,通常取 10 ~ 20 min。沉淀法还常与干钻法结合使用。

23. 什么是双层岩心管钻具?

双层岩心管钻具由内外两层岩心管组成。为了适应于钻进各类不同特点的岩矿层,双管钻具的结构分为双动双管钻具和单动双管钻具两大类,各类又分为若干不同形式。

24. 对双层岩心管钻具的结构有什么要求?

双层岩心管钻具是提高岩(矿)心采取率和质量的重要工具。在复杂地层和金刚石钻进中,应用较为普遍。对双层岩心管钻具的结构,有如下要求:

(1)为防止冲洗液对岩(矿)心的冲刷和静水压力对岩(矿)心的作用,钻具内所有的通水眼和通水道应有足够的通水截面,以保证钻进中水路畅通,水流阻力小。

(2)若是单动双管钻具,必须具有性能良好、灵活可靠、保证内管不转动的单动装置,以避免机械力对岩(矿)心的破坏作用。

(3)为避免冲洗液流直冲岩(矿)心根部,内、外钻头差距应该能够调整,以适应不同性质岩矿层钻进的需要。

(4)为减少岩(矿)心进入内管时的摩擦、挤压和堵塞,内、外两层管必须同心,钻头和内管的内径配合适宜;内管内壁光滑平直(最好镀铬)或设置第三层岩心容纳管,对易污染的岩矿层,还应在内管或容纳管内设置隔浆和刮浆用的活塞。

(5)为减少岩心进入内管的阻力,必须有止逆阀以使内管内的液体在岩心进入时能顺利排出。

(6)必须有可靠的取心装置,以保证提钻中途不致脱落,以及在地表退心方便等。

25. 什么是双动双管钻具？它适用于什么地层？

双动双管钻具是指具有内、外两层岩心管，并在钻进时同时回转的取心工具。此种钻具多用于金刚石钻进和硬质合金钻进，适用在可钻性为1～7级的松软、易坍塌、怕冲刷的岩矿层。也有极少数双动双管钻具采用钢粒钻进，用于可钻性7级以上的破碎、怕冲刷的岩矿层中。双动双管钻具的特点是：结构简单、加工容易。钻进中可避免冲洗液对岩（矿）心的直接冲刷和钻杆内水柱压力的作用，从而对岩（矿）心的互相挤压和磨耗有所缓和。因此，一般能保证获得较好的岩（矿）心采取质量。但是，由于钻进中内管还同时回转，未能避免机械力对岩（矿）心的破坏作用，故对岩（矿）心的完整度和原生结构仍不易得到保持。

26. 双动双管钻具的结构是怎样的？

钻具的结构如图4－3所示。它主要由双管接头，内、外岩心管，内、外钻头，止逆阀和球阀组成。在开有进水眼、回水眼和装有止逆阀、球阀的特制双管接头1下部，连接内、外岩心管5、6。两岩心管下端根据岩矿层性质不同连接不同的钻头。当钻进中硬以下岩矿层时，接以普通硬质合金钻头。内钻头水口较小或不开，并使两钻头保持相当的差距，以避免冲洗液冲刷岩（矿）心根部。差距大小按岩矿层性质而定：松软、胶结性差的大些，反之应小些，甚至为零。一般差距为30～50 mm。

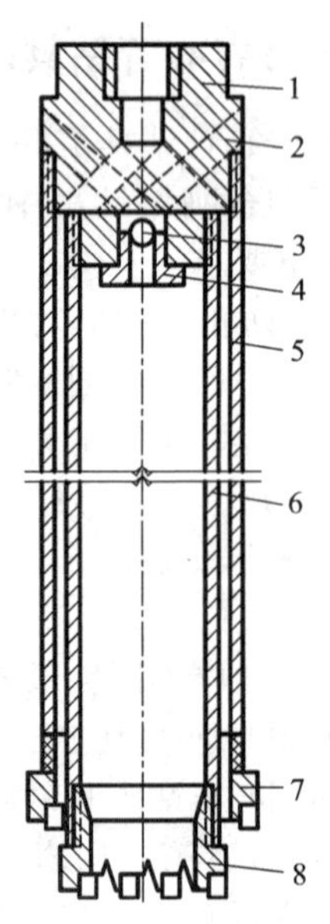

图4－3　合金双动钻具

1—双管接头；2—回水眼；3—止逆阀；4—球阀座；5—外管；6—内管；7—外管钻头；8—内管钻头

钻进中内、外管同时回转并破碎孔底岩石，冲洗液经双管接头的进水孔进入内、外管间的环状间隙，流至孔底冲洗孔底后再沿孔壁外环间隙返至地面，避免了对岩（矿）心的直接冲刷，碎块也不易流失；内管中岩心上部的冲洗液进入而冲开止逆阀3经回水孔排至外环间隙。由于止逆球阀的存在，隔离了上部水柱并防止了静水压力对岩（矿）心的作用，缓和了磨损和避免了提钻时压脱岩（矿）心。

27. 什么是单动双管钻具?

单动双管是一种外管回转、内管不回转的双层岩心管钻具。这种钻具除具有双动双管钻具的防止冲洗液直接冲刷岩（矿）心的作用外，由于内管不转动，可避免因钻具转动造成对岩（矿）心的机械破坏作用。另外有些单动双管还设有防污染、防振、防岩心脱落和退心等装置，可使岩（矿）心的采取率、完整度、纯洁性和代表性等有很大的提高和改善。

28. 单动双管钻具有哪些种类?

单动双管钻具种类繁多，可适应不同类型地层取心的需要。主要有：隔水单动双管、阿式单动双管、压卡式单动双管、活塞式单动双管、金刚石钻进用单动双管钻具。

29. 隔水单动双管钻具适用于什么地层？其结构是怎样的?

隔水单动双管钻具适用于可钻性为3～7级中硬破碎、节理、层理发育，易流失的怕磨、怕振、怕冲刷的岩矿层。钻具由外管接头、单动装置、内外管、卡心装置和特制的隔水钻头等组成（如图4－4所示）。

该钻具具有特制的隔水钻头22和隔水罩19，还备有三种适用于不同性质岩矿层的岩心提断器（单）。因此，除具有一般单动双管钻具的优点外，还具有利于提高岩（矿）心纯洁性和保证采心可靠等特点。

特制钻头的特点是钻头外侧面开有水槽，将内外管环状间隙内的冲洗液引至孔底。钻头内侧有隔水罩，以防止钻进时内管的摆动和冲洗液进入钻头内冲毁岩（矿）心。

根据所采岩（矿）心性质的不同，可采用如下三种岩心提断器：

第一种如图4－5（a）所示，由岩心卡簧和卡簧座组成，用于较完整的岩矿层；

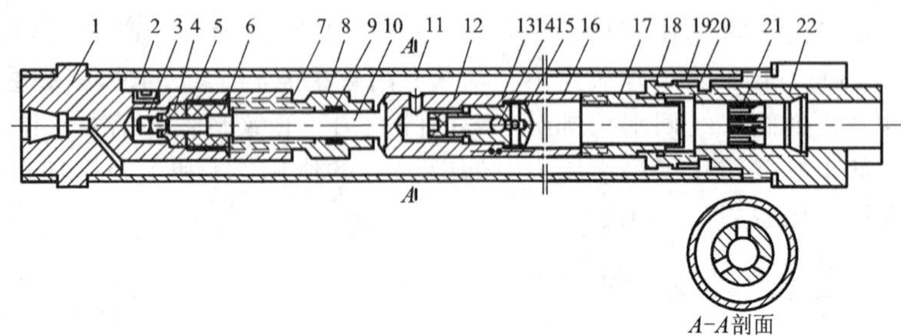

图4-4 隔水单动双管钻具

1—外管接头；2—油堵；3—开口销；4—螺母；5—轴承垫圈；6—推力轴承；7—轴承套；8—螺丝套；9—密封圈；10—心轴；11—外管；12—档销；13—球阀；14—胶皮圈；15—回水阀管；16—内管；17—内管接箍；18—导向块；19—隔水罩；20—提断环座；21—岩心提断器；22—钻头

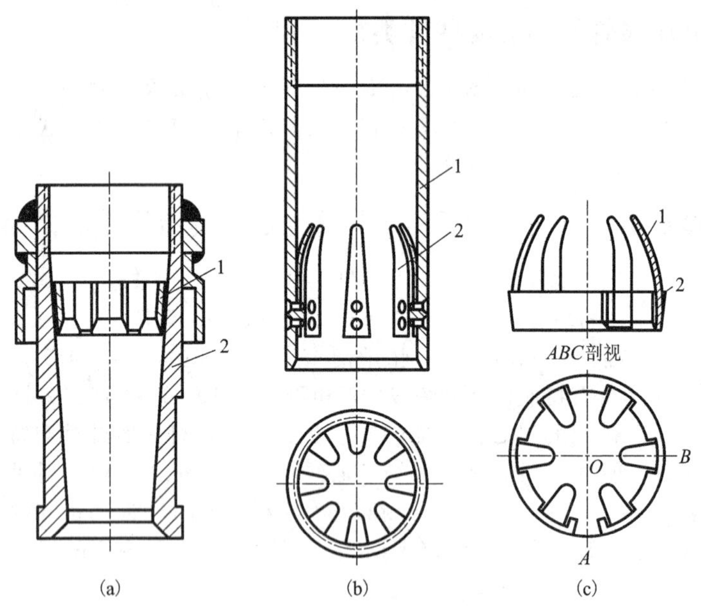

图4-5 岩心提断器

(a)1—卡簧；2—卡簧座；(b)1—卡簧座；2—弹簧片；(c)1—弹簧片；2—卡簧

第二种如图 4－5(b)所示，由卡簧座、铆钉和弹簧片组成，用于破碎和较破碎的岩矿层；

第三种如图 4－5(c)所示，由卡簧座和带弹簧片的卡簧组成，用于坚硬破碎、易被冲毁和有时夹有完整岩(矿)心的岩矿层。

30. 阿式单动双管钻具适用于什么地层？其结构是怎样的？

阿式单动双管钻具主要用于煤层钻进和 1～3 级松软的夹层，以及夹磷少的稳定煤系地层钻进，也可用于钻进 1～2 级松散、易被冲毁的岩矿层，如磷矿、菱镁矿等。

钻具(如图 4－6 所示)由异径接头、联动装置、缓冲装置、单动装置、内外管及内外钻头、岩心容纳管和卡簧护心装置等组成。

该钻具有独特的联动装置，由拉杆 4 和连接器 3 组成。拉杆的凸肩与连接器滑槽是滑动组合，可使内管相对外管有 700～800 mm 的滑动距离。通过联动装置既可传递回转动力和压力，又可纵向伸缩控制爪簧护心装置。下钻和提钻时，拉杆凸肩处于滑槽上部，内管上升，爪簧露出向中心收拢。到底后，内管在钻具自重作用下撑开爪簧，此时拉杆凸肩处于滑槽下部，带动给进钻具进行钻进。缓冲弹簧能根据岩矿层软硬的变化自动调整内、外钻头的差距(即内钻头切入的深度)，岩层愈硬，弹簧被压缩愈大，内钻头超前愈少。弹簧能将内钻头紧紧切入岩矿层，防止冲洗液冲刷岩(矿)心根部。此外，它还有吸收振动、稳定钻具的作用。止推球 26 可使内管不转动，避免机械振动对岩(矿)心的破坏作用。在内管中设置第三层岩心容纳管 17，便于提钻后退心，防止人为破坏岩(矿)心。采用爪簧护心装置，提钻时能封住内钻头底部，保证了岩心不致脱落。外钻头 20 是具一特制的唇面、中部开有八个直通水口的硬质合金钻头。内钻头 21 是一淬火钢制的具有锐利刃口的硬质圆筒。两钻头间有径差，内钻头超前外钻头 3～5 mm，在压力作用下可预先切入岩矿层。钻头的结构和内外钻头的径差，可以防止冲洗液冲刷岩(矿)心根部。

31. 压卡式单动双管钻具适用于什么地层？其结构是怎样的？

压卡式单动双管钻具适用于 3～5 级较完整的、节理发育的或呈纤维状的岩矿层(如白云岩、蛇纹石化白云岩、石棉等)。其效果良

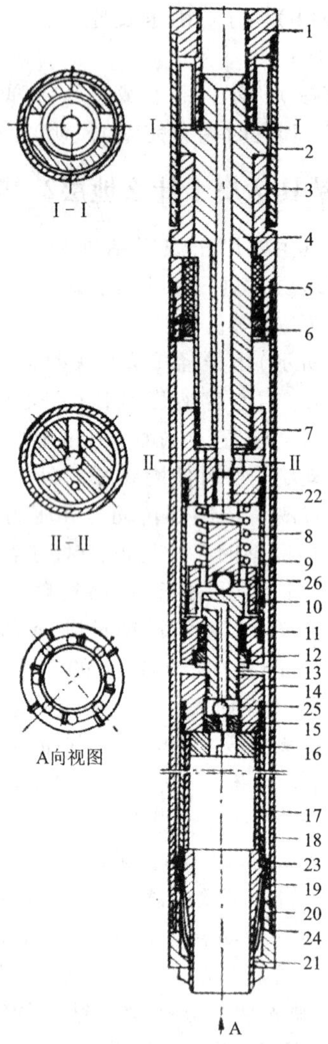

图4－6 阿式单动双管

1—异径接头；2—保护管；3—连接器；4—拉杆；5—塞线；6—塞线压盖；7—分水接头；8—弹簧；9—保护筒；10—止推阀；11—密封盖；12—塞线压盖；13—顶杆；14—内管接头；15—阀座；16—内管；17—岩心容纳管；18—外管；19—爪簧环；20—外钻头；21—内钻头；22—调整螺丝；23—止动器；24—止推球

好，即使是极易发生选择性磨损的石棉矿，亦可取得纯洁度较高和保持原生结构的石棉矿心。

钻具（如图4－7所示）主要由回转部分、单动装置、卡心装置、回水阀、外管及钻头等组成。

采用了轴承单动和万向节单动相结合的双重单动装置。钻具内管不转动，可防止岩（矿）心发生选择性磨损，而保持其原生结构。钻头为一特制的、内壁具有较大锥面的、壁厚较薄、内径相对较大的双管钻头。钻出的岩心直径较粗，且抗破碎能力较强。采用了提断器（卡环）压卡取心。卡心装置断心可靠，卡心牢固，提升时不易脱落。钻具设有结构简单、工作可靠的压卡机构。当采心时，向钻杆内投入钢球，开泵送水，带有锥面凹槽的活阀在水压作用下下移，直至其凹槽最深处与钢球相对时，钢球进入凹槽内，原来被钢球锁住的分水接头及其连接的钻具，则在其重量及水压的共同作用下脱锁下移，迫使提断器沿钻头内锥面下行收缩而卡取岩（矿）心。

32. 活塞式单动双管钻具适用于什么地层？其结构是怎样的？

活塞式单动双管钻具适用于5级以下的松散、粉状、节理发育、怕污染的岩矿层（如3～5级的粉末状、鳞片状的滑石矿以及部分石墨矿等），是钻进滑石矿的一种专用工具。

钻具（如图4－8所示）主要由分水接头、单动装置、特制半合管、胶质活塞和阶梯钻头等组成。

该钻具的最大特点是采取了严密的防止冲洗液接触、污染、冲刷岩（矿）心的技术措施。为了保持岩（矿）心的原生结构，在内管中设有咬合严密的两片半合管，在半合管内设置了胶质活塞，使岩（矿）心与泥浆隔绝。胶质活塞在钻进中起隔浆、刮浆和减振作用，并且随着岩（矿）心顶着活塞进入半合管，产生抽吸作用，提高了岩（矿）心的纯洁度和取心可靠性。在阶梯钻头体的中部设置了斜开水口，使冲洗液不致直冲孔底，半合管下端伸入钻头内台阶上，在钻头水口下部与半合管间设置密封圈，以隔离冲洗液并防止岩（矿）心被污染。

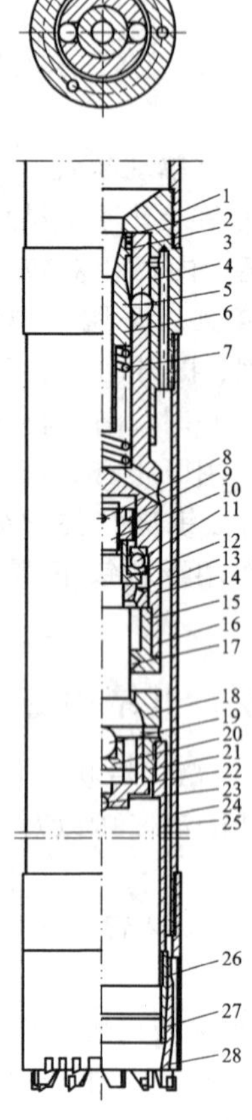

图 4－7 压卡式单动双管

1—导向管；2—压垫；3—牛皮卷；4—外管接头；5—钢球；6—滑阀；7—弹簧；8—开口销；9—螺母；10—心轴；11—轴承；12—轴套；13—轴承；14—分水接头；15—托盘；16—垫圈；17—密封圈；18—内管接头；19—钢球；20—下弹簧子座；21—回水阀座；22—垫圈；23—钢球；24—外管；25—内管；26—挡水圈；27—卡环；28—压卡式接头

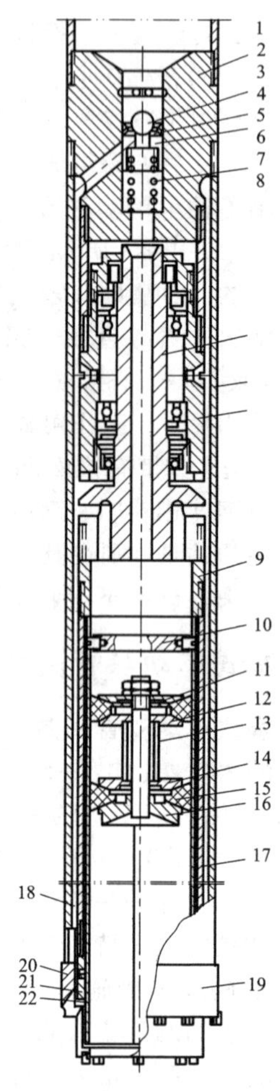

图 4－8 活塞式单动双管钻具

1—分水接头；2—球阀；3—球阀垫；4—球阀座；5—弹簧；6—单动轴；7—外管；8—轴承外壳；9—上接头；10—加固横梁；11—活塞上压盖；12—上托盘；13—支撑管；14—活塞下压盖；15—胶圈；16—下接头；17—半合管(公)；18—半合管(母)；19—下接头；20—稳钉；21—密封圈；22—接头

33. 金刚石钻进用单动双管钻具有什么特点?

生产实践表明，在金刚石钻进中使用单动双管钻具比使用单管钻具，能更有效地保证岩(矿)心采取率，提高钻进效率、延长钻头寿命、降低金刚石消耗，从而达到降低钻探成本的目的。因此，在金刚石钻进中普遍使用单动双管钻具。只有在较完整均质的、坚硬的岩层中，才使用单管钻具钻进。

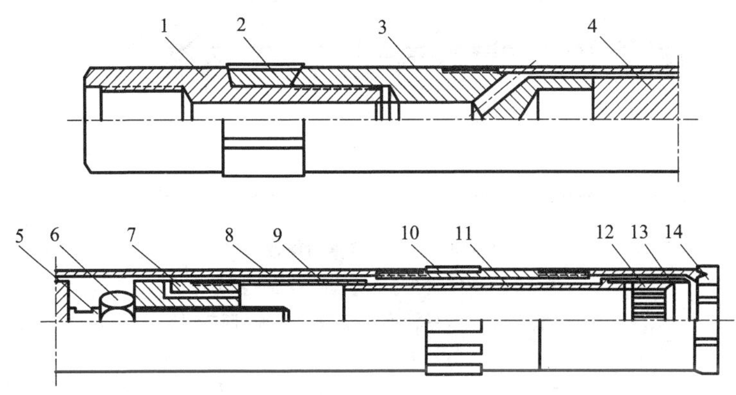

图4-9　单动双管钻具总体结构

1—上接头；2—耐磨稳定环；3—外管接头；4—单动部分；5—心轴；6—锁紧螺母；7—内管接头；8—外管；9—内管；10—扩孔器；11—短节；12—卡簧；13—卡簧座；14—钻头

从金刚石钻进口径小的特点出发，金刚石钻进用的单动双管钻具与大口径的单动双管钻具相比，应有其不同的结构特点：

(1)在总的结构上，由于断面积不大，故应力求简化，以便于加工、维修和保养。

(2)水路设计要合理，除应保证有足够的通水断面之外，在各接头所开的通水孔应尽量采用斜孔，以减小水流阻力。

(3)内管的长度(或内管下端与钻头内台阶间隙)应能够调整，以适应不同岩矿层钻进的需要，扩大钻具的适用范围。

(4)管子的同心度要好，以利于保护岩(矿)心。为此，接头与心轴应尽量加工成一体，或增设定位器。

(5)为了保证有较大通水断面和获得较粗的岩(矿)心，管子的壁厚一般较薄，应采用性能较好的材料加工管子。

现场使用的单动双管钻具结构，形式较多，各有特点。单动双管钻具的总体结构见图4－9。其单动部分采用三种型式：球－单盘推力球轴承式，代号Q（见图4－10）；单盘推力球轴承式，代号D（见图4－11）；双盘推力球轴承式，代号S(见图4－12)。

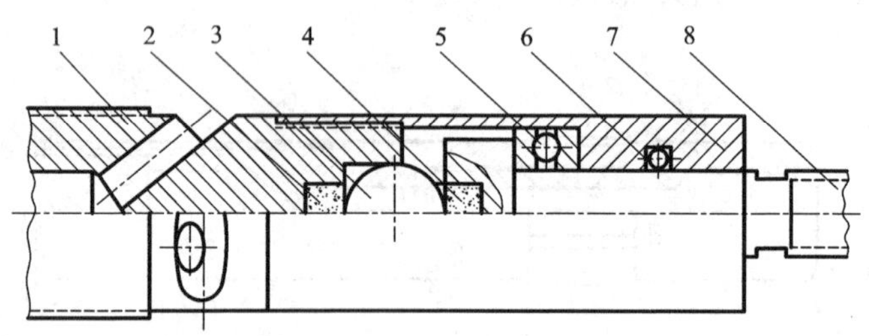

图4－10 球－单盘推力球轴承式

1—外管；2，4—硬质合金；3—钢球；5—推力球轴承；6—O型密封圈；7—轴承外壳；8—心轴(调节螺杆)

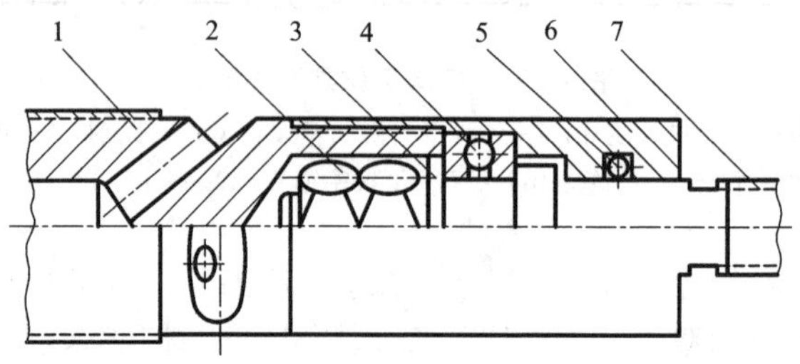

图4－11 单盘推力球轴承式

1—外管接头；2—轴承锁紧螺母；3—垫；4—推力球轴承；5—O型密封圈；6—轴承外壳；7—心轴(调节螺杆)

34. 反循环钻进有什么特点?

岩心钻探中的反循环钻进有全孔反循环钻进和孔底局部反循环钻进两种。局部反循环钻进又可分为无泵反循环钻进(简称无泵钻进)和喷射式孔底反循环钻进(简称喷反钻进)两种。

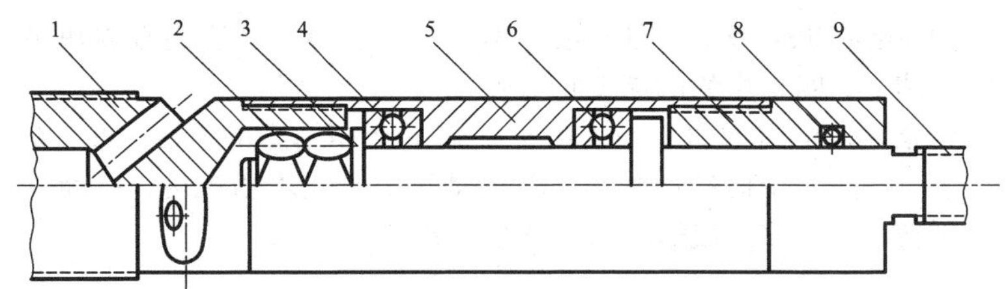

图 4－12　双盘推力球轴承式

1—外管接头；2—轴承锁紧螺母；3—垫；4，6—推力球轴承；5—联接管；7—机头；8—O 型密封圈；9—心轴（调节螺杆）

冲洗液的反循环钻进，与正循环钻进相比有如下优点：由于冲洗液的反向循环，它与岩心进入岩心管的方向一致，避免了冲洗液对岩（矿）心的正面冲刷和液柱压力对岩（矿）心所造成的挤夹和磨损，从而有利于岩（矿）心进入岩心管、减少其流失和重复破碎，同时，还能使岩（矿）心在岩心管内呈悬浮状态，减轻了选择性磨损。这些，对松散脆碎、怕冲刷的复杂地层，在提高取心质量方面是很有意义的。

35. 什么是无泵反循环钻进?

所谓无泵反循环钻进，即钻进中不用水泵进行冲洗钻孔，而是利用孔内的静水柱压力和上下提动钻具在孔底形成局部反循环而实现冲洗孔底的钻进。

36. 无泵反循环钻进的工作原理是怎样的?

如图 4－13 所示。回转钻进的同时，必须每分钟数十次地频繁地上下提动钻具数十厘米。当上提时，球阀 3 关闭，则粗径钻具在孔中有类似活塞的抽吸作用，将混有岩粉的冲洗液吸入岩心管 6 中；当迅速下落时，被吸进来的冲洗液在压力作用下，冲开球阀，并从其上的回水口 2 流出，岩粉即沉淀于取粉管中。反复提动钻具，便可使冲洗液在孔底形成局部反循环，达到清除岩粉、冷却钻头和提高采心质量的目的。

无泵反循环钻进能使采心质量提高的原因：一是由于反循环的优越性（如前所述）；二是液流速度较小，对岩石的冲蚀作用小；三是纵向提动，堵心机会减少，即使堵心由于岩石松软，易使堵心岩块破坏而消除堵心；四是岩粉的涂壁护心作用。

无泵钻进的卡取岩心是采用干钻和沉淀相结合的方法，即：在回次终了，一面减少提动次数，或不提动钻具，让岩粉沉淀，一面加大压力进行干钻，以造成岩心自堵而实行取心。

37. 无泵反循环钻进的适用范围是什么?

根据无泵反循环的特点，无泵钻进最适于在如下地层和条件下钻进：

(1)松软、脆碎、复杂的可钻性为 1 ~6 级的岩矿层，如雄黄二磷矿、钼矿、铅锌矿、黄铁矿等。

(2)松散、胶结性差、易坍塌的 3 ~6 级的岩矿层，如褐煤、褐铁矿、软锰矿、风化矿层、铝钒土及黄土层等。

(3)怕冲刷、易溶蚀的岩矿层，如岩盐、钾盐、芒硝等。

但由于这种钻进是靠孔内的静水柱压力和上下提动钻具来实现孔底反循环钻进的，故所需劳动强度较大，一般仅适用于孔深 150 ~200 m 以内。又因消耗冲洗液量少，最宜于在干旱缺水、供水困难的地区和孔内漏失严重的钻孔中钻进。再由于钻进时冲洗液流动速度不大，对岩心冲蚀作用很小，所以，其岩(矿)心采取率一般都在 80% 以上，且能较好地保持岩(矿)心的原状结构。

无泵钻进的缺点是：劳动强度大，钻进时有间歇，钻进效率低；岩粉量多，操作不当易发生孔内事故。

38. 无泵钻具的结构由哪几部分组成?

无泵钻具的结构比较简单，通常由岩心管接头、导粉钻杆、无泵接头、球阀、取粉管和岩心管等组成。

球阀和取粉管是主要部件。球阀应能起到严密封闭的作用，要求其上下活动灵活。因此，球阀不能太大太重。根据无泵钻进的特点和岩矿层性质，都须带有取粉管(黏性大、岩粉不多时除外)，必要时还采用上下两根取粉管。

39. 开口式无泵钻具的结构有什么特点?

开口式无泵钻具如图 4 -13 所示。其特点是结构简单，收集岩粉能力强，取出岩粉容易。但是钻具的钻杆上开了水眼 2 降低了钻具的强度，因此，它仅宜于在 150 m 以内的浅孔钻进中应用。

40. 闭口式无泵钻具的结构是怎样的?

闭口式无泵钻具如图 4－14 所示。与开口式无泵钻具相比，强度较高，适于破碎、松散、黏性大、比重大的岩矿层和孔深大于 150 m 的钻孔中使用。如遇坍塌、掉块和岩粉较多的岩矿层，它还可在导水接头 2 上增加一开口取粉管，以收取更多的岩粉。

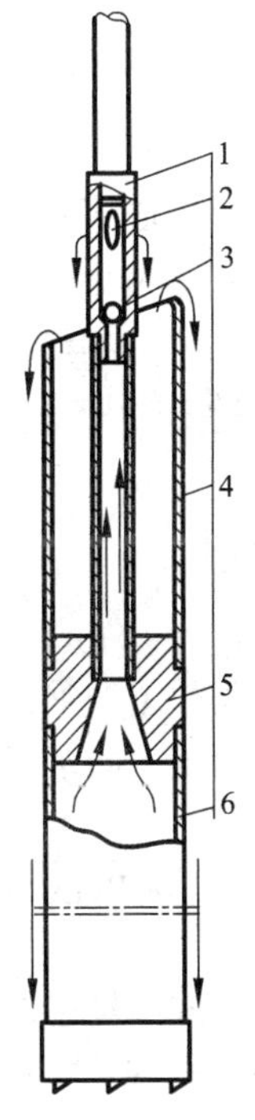

图 4－13　开口式无泵钻具

1—无泵接头；2—回水口；3—球阀；4—取粉管；5—岩心管接头；6—岩心管

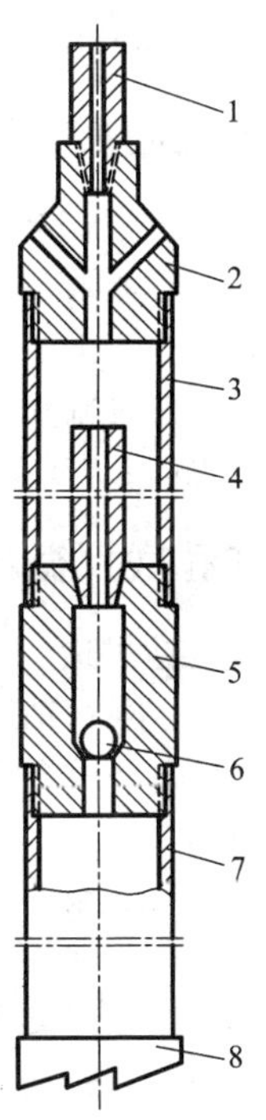

图 4－14　闭口式无泵钻具

1—钻杆；2—导水接头；3—取粉管；4—导粉管；5—特制岩心管接头；6—球阀；7—岩心管；8—钻头

无泵钻具的种类较多，除上述两种基本结构外，还可根据岩矿层性质，进行改型设计，钻具口径也可大小不等。如遇黏性、塑性较强的岩层，钻具可再增加一球阀以隔离钻杆柱内的水柱，变成双球阀式无泵钻具。此时，岩（矿）心进入岩心管时，就不会受到钻杆柱内较大的液柱压力的影响，岩心进入管内的阻力也就减小，亦就不易产生岩心堵塞，从而使钻进效率提高、回次进尺有所增加。

当钻进松软破碎的岩矿层时，还可采用无泵式双管钻具，即在普通双动双管钻具的上端接一个无泵接头，使无泵钻进时还能通过内外管之间隙送水。该钻具的优点是减少了干钻回转时的阻力，而使岩（矿）心采取率和回次进尺均有提高。

41. 喷射式孔底反循环钻具有什么特点？

喷射式孔底反循环钻具（简称喷反钻具），也能起到孔底反循环冲洗的作用。它不必频繁地上下提动钻具，可利用射流泵的工作原理形成孔底反循环。因此，它与无泵钻具相比好处是：使用操作简便，劳动强度小；孔底液流易于控制；孔内清洁，钻进效率高，埋钻事故少，时间利用率也高；岩（矿）心采取率有所提高。

42. 喷射式孔底反循环钻具适用于哪些地层？

喷反钻具钻进适用的范围较广，它既可用于 7 级以上硬、脆、碎岩矿层，进行金刚石钻进；也可用于 4 ~ 6 级松软、胶结性差、易磨损的岩矿层，使用硬质合金钻头钻进；还可用于漏水、涌水地层中的直孔和斜孔中钻进。

由于它对硬、脆、碎地层钻进效果十分显著，所以已成为在复杂地层中提高岩（矿）心采取质量的主要工具之一。

喷反钻进的不足之处是：由于冲洗液反向循环，对于破碎性的岩（矿）心，当喷射过强时会有一定的层次混乱和分选现象。同时在钻孔较深时，由于冲洗液的压头损失和泵量漏失较大，局部反循环效果降低而难于控制，易于造成岩屑堵塞或发生事故等。

43. 喷射式孔底反循环钻具的工作原理是怎样的？

喷反钻具是在一般钻具上增设一个喷反元件。而喷反元件通常是由喷嘴、混合室、喉管、扩散管、分水接头等组成。其工作原理如图 4－15 所示。

当水泵送来的高压冲洗液沿钻杆进入喷嘴，由于喷嘴内腔为锥形，且喷嘴口断面较小，因此，冲洗液以高速(达 13～30 m/s)射入扩散管 5。在此高速射流作用下，喷嘴与扩散管所组成的喷射器周围的液体，被射流带走一部分而形成负压区。在压力差的作用下，下部岩心管 8 中的液体便被抽吸到扩散腔 5 里，高速液流与吸入的液流在混合室 12 内进行混合，进行能量传递或交换(高速射流的动能变为压力能，被吸液体的压力能变为动能)后流入喉管 13，然后，由喉管流入扩散室，经分水接头排水孔 11 (或弯管)排出。排出的冲洗液一部分在剩余压力作用下，沿钻杆与孔壁的环状间隙返出地面，一部分在负压作用下流向孔底，进入岩心管内形成孔底反循环，进而冲洗孔底。改变供给的冲洗液量或调节喷射器元件的参数，就能控制孔底反循环冲洗的强弱。

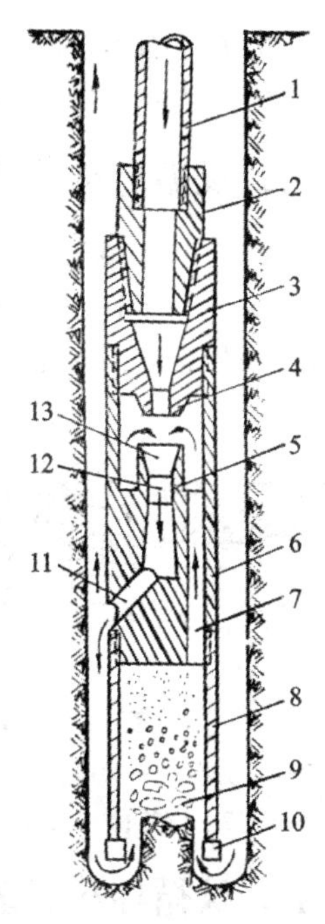

图 4－15　喷反钻具工作原理

1—钻杆；2—变径接头；3—喷嘴接头；4—喷嘴；5—扩散器；6—分水接头；7—返水眼；8—岩心管；9—岩心；10—钻头；11—出水眼；12—混合室；13—喉管

44. 喷射式孔底反循环钻具有哪些结构类型?

喷反钻具总的结构类型分两大类：弯管型和分水接头型。按口径分为大口径(80～110 mm)、通用型(65～75 mm)、小口径又称微型的(45～60 mm)。

按喷嘴数量分为：单喷嘴、双喷嘴、三喷嘴。

按喷嘴排列形式分为：并联和串联。

按钻进方法分为：单管式、双动双管式和单动双管式。

按结构分为：可拆式与不可拆式。

45. 喷射式反循环单管钻具的结构是怎样的?

喷射式反循环单管钻具中弯管型和分水接头型的结构分别如图 4－16、图 4－17 所示。由于分水接头型的出水口是以分水接头来取代弯管，故结构紧凑，强度高，便于加工和安装。

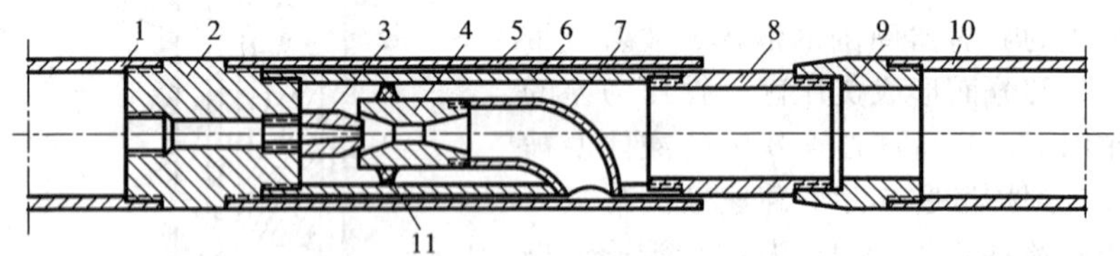

图 4－16 弯管型喷射式孔底反循环单管钻具

1—导正器；2—喷嘴接头；3—喷嘴；4—扩散管；5—挡水管；6—连接管；7—弯管；8—接箍；9—异径接头；10—岩心管；11—导正圈

46. 喷射式反循环双管钻具的结构是怎样的?

喷反双动双管钻具的结构如图 4－17 所示。它与喷反单管钻具相比，能更好地保护孔壁。

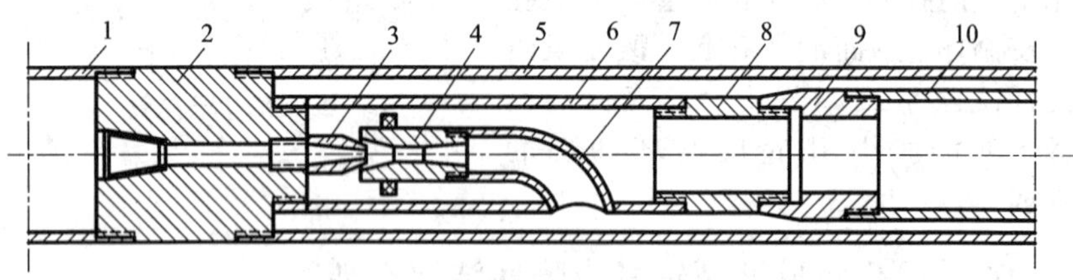

图 4－17 弯管型喷射式孔底返循环双管钻具

1—导正器；2—喷嘴接头；3—喷嘴；4—扩散管；5—外管；6—连接管；7—弯管；8—接箍；9—异径接头；10—内管

47. 喷射式反循环单动双管钻具的结构是怎样的?

喷反单动双管钻具的结构如图 4－18 所示。与喷反双动双管钻具相比较，它具有单动装置，能避免(或减少)因内管回转振动对岩(矿)心的撞击破坏作用。在片理发育、酥脆、易破碎成粉末状的岩层中使用这种钻具，采取率可达 90% 以上。

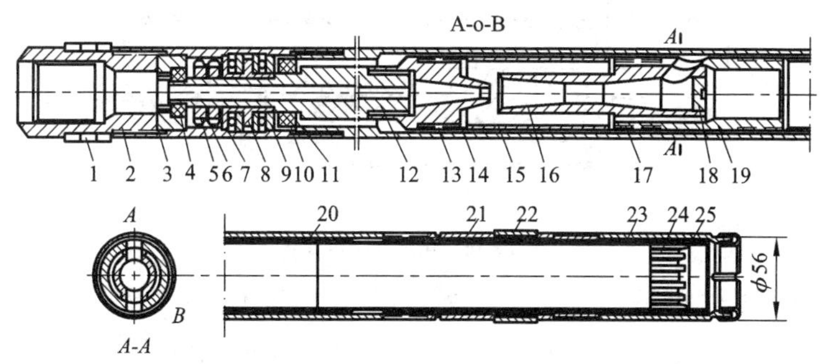

图 4－18　ϕ56 喷反金刚石单动双管钻具

1—合金；2—异径接头；3—上密封圈壳；4—上密封圈；5—锁母；6—垫圈；7—轴承套；8—轴承外壳；9—滚动轴承；10—下密封圈壳；11—下密封圈；12—空心轴；13—外管接头；14—喷嘴接头；15—连接管；16—承喷器；17—分水接头；18—丝堵；19—外管；20—内管；21—内管短节；22—扩孔器；23—钻头；24—卡簧；25—卡簧座；26—垫片

48. 接头型喷反钻具的结构是怎样的?

接头型喷反钻具中微型喷反接头是一种改进型的分水接头式喷反接头，形似锁接头，如图 4－19 所示。它可与各种规格、型式(单管或双管)的钻具相连接，使这些钻具成为喷反钻具。单管钻进时，连接于粗径钻具与钻杆柱之间；双管钻进时，喷反接头接于外管内部，内管接头的上方。接头型喷反钻具是一种与各种微型喷反接头相连接的喷反钻具，可用于各种钻进方法(硬质合金，金刚石和钢粒钻进)，是钻进硬、脆、碎岩矿层广泛使用的取心工具。

微型喷反接头具有多种型式，但其结构大同小异，工作原理亦相同，具有结构紧凑、结实耐用和连接方便的特点。

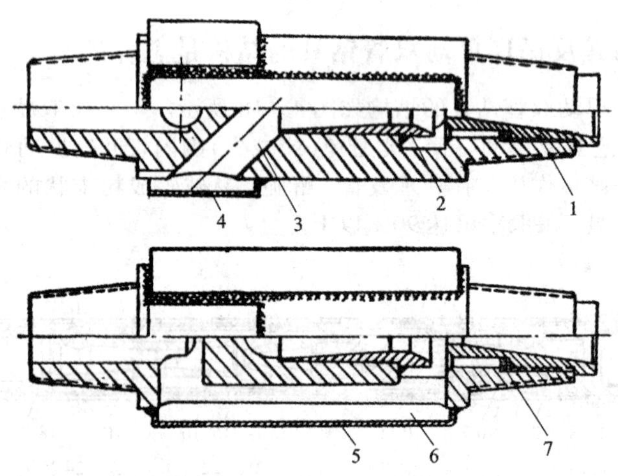

图 4-19 接头型喷反钻具

1—喷嘴；2—承喷器；3—排水孔；4—排水孔罩；5—回水槽；6—回水槽壳；7—垫圈

49. 喷反元件的结构参数代号图是怎样的？

喷反元件应有一个合理的几何形状和尺寸，以期得到最好的喷反性能。有关喷反元件的结构参数的代号如图 4-20 所示。

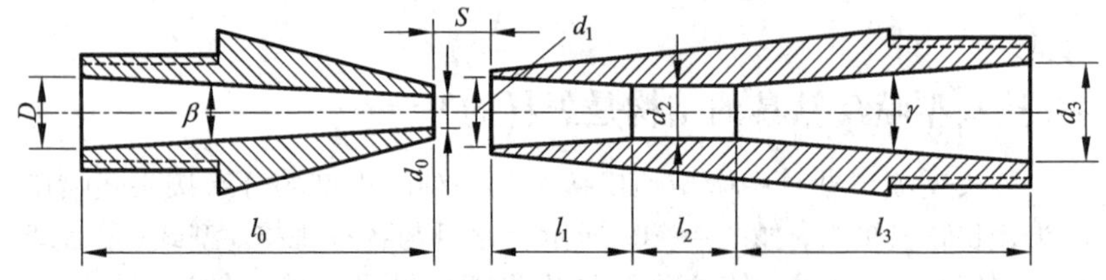

图 4-20 喷反元件的结构参数代号图

50. 喷反元件中喷嘴的作用是什么？如何选择尺寸？

(1) 喷嘴的作用

喷嘴是喷射器的主要组成部件。它是将高压液流的压力能转变成动能的元件，其结构直接决定着射流的特性。高能量的液体通过喷嘴后，便产生最大的动能，使喷射器周围形成抽吸的负压区，从而造成孔底的反循环作用。因此，对喷嘴的结构要求：一是阻力小；二是流速和流量大。

(2)喷嘴尺寸的选择

①喷嘴直径 d_0：喷嘴直径 d_0 可按下式计算：

$$Q = FV = \frac{\pi d_0^2}{4}V; \quad d_0 = \sqrt{\frac{4Q}{\pi V}}$$

式中：Q——液流流经喷嘴的流量，L/min；

F——喷嘴断面积，dm^2；

V——喷嘴处的液流流速，m/s；

d_0——喷嘴的直径，mm。

从上式可以看出：当高速液流 Q 一定时，流速 V 越小，d_0 流速越大；流速 V 越大在一定的范围内负压越高，喷反性能越好。但 d_0 太小，特别是泥浆洗井时，易被岩屑堵塞；而若 d_0 太大，它受着孔径和水泵能力的限制。因此，一般喷嘴直径为 5～10 mm。

②喷嘴的锥度 β：根据流体力学中的管嘴出流理论知，圆锥收敛形管嘴最好，其理想的圆锥角为 8°～15°。此时，其阻力最小，流速、流量最大。当高压水头大于 30 atm(1 atm = 101.325 Pa)时，β 取 8°～12°；喷嘴直径小或高压水头小于 30 kg/cm^2时，可取 12°～15°。

③喷嘴大口直径 D：喷嘴的 d_0 与 β 确定以后，为使喷嘴中的流速收缩及磨损不致增加过急而影响流量系数，喷嘴出口 d_0 应与上端进口 D 保持一定的比例关系。一般此两直径的比值不得小于 1/4。

④喷嘴长度 L_0：由水力学知，当喷嘴收敛角 β = 13°～15°时，最好的喷嘴长度为：

$$L_0 = 2.2(D - d_0) + d_0$$

51. 喷反元件中喉管的作用是什么？尺寸怎样选择？

(1)喉管的作用

喉管是混合室与扩散管之间的一段直管，是混合液流必经的通路。其作用是使混合室流出的混合液流流动均匀，形成较稳定的流动状态，以减少能量损失。为此，其几何形状一般采用圆柱形。

（2）喉管尺寸的选择

①喉管直径 d_2 大于喷嘴直径 d_0。d_2 越大，返水性能越好。但它也受到孔径和射流能量的限制，不能太大。一般选取：$d_2=(1.5\sim3.0)d_0$（弯管型元件可取大些，分水接头型元件可取小些）。

②喉管长度 L_2：根据经验一般选取：$L_2=(1.2\sim1.7)d_2$。

52. 喷反元件中混合室的作用是什么？尺寸怎样选择？

（1）混合室的作用

混合室是高压液流 Q_1 和被吸入液流 Q_2 两者混合的地方，在这里进行能量传递或交换后一起通过喉管。所谓能量传递或交换，就是在两股液流存在压力差的情况下，高速液流 Q_1 失去能量，低速液流 Q_2 得到能量，最后两者达到相近的流速并一起进入喉管。

（2）混合室尺寸的选择

①混合室收敛角 δ：为了减少两股流速相差很大的液流在混合时产生的涡流现象和能量损失，混合室的形状应选用收敛形的。一般选取的收敛角为：$\delta=20°\sim30°$。

②混合室直径 d_1：按经验公式取 $d_1=(1.5\sim2.0)d_2$。

③混合室长度 L_1：按经验公式取 $L_1=4.75(d_1-d_2)$。

53. 喷反元件中扩散管的作用是什么？尺寸如何选择？

（1）扩散管的作用

扩散管是用来降低混合液流的速度，使动能转变为压力能。

（2）扩散管尺寸的选择

①扩散管的扩散角 γ：为使动能变为压力能的转变过程不致过猛，尽量减少其压头损失，扩散管的内径应具有锥度。按理论和经验可得出合理的扩散角为：$\gamma=6°\sim12°$。

②扩散管的大径 d_3：按经验一般选取 $d_3=25\sim40$ mm（弯管型可选大些，分水接头型可选小些）。

③扩散管长度 L_3：按经验公式取 $L_3=7.1(d_3-d_2)$。

54. 喷反元件中喷嘴与混合室的距离如何选择？

喷嘴与混合室之间的空间是工作流 Q_1 与吸入流 Q_2 混合的地方。

两者距离的大小对钻具的抽吸性能有很大的影响。元件尺寸不同，其配合的最优距离值亦不同。这个距离 S 作成可调的。其大小一般通过试验来决定。常用值在 -2 ~ +5 mm 之间，但也有比这更大的。

55. 喷反元件中分水接头排水孔和吸水孔的断面积如何选择？

排水孔（或弯管）是混合液流经扩散管后必经的通道，它的断面积应大于扩散管出口的断面积，以便液流继续扩散和减小流阻损失。吸水孔是反循环液流必经的通道，它必须有足够的断面积让反循环液流通过，以最小的流阻补足负压的抽吸量。根据试验得知：排水孔的总断面积应大于吸水孔的总断面积，后者又应大于扩散管出口的断面积。这三个断面积的比例是 12:8:6。

56. 绳索取心钻进有什么优缺点？

金刚石岩心钻探过程中，升降钻具是最花费时间的一项辅助工序。据统计，一般纯钻时间和升降钻具时间各占 30% ~40% 左右。钻孔越深，升降钻具所占的时间越多，同时，它又是机械化程度差、劳动强度大的辅助工序。因此，要增加纯钻时间，提高钻进效率，最有效的途径是减少升降钻具的时间。

绳索取心法是不提钻取心方法之一，即在钻进过程中，当内岩心管装满岩心或岩心堵塞时，不需要把孔内全部钻杆柱提升到地表，而是借助专用的打捞工具用钢丝绳把内岩心管从钻杆柱内捞取上来。用绳索取心法，只有当钻头被磨损需要检查或更换时，才提升全部钻杆柱，从而显著地减少了升降钻具的次数和辅助时间。

绳索取心钻进的优点主要有：

（1）提高钻进效率。由于减少了升降钻具的辅助时间，相对地增加了纯钻进时间，因而提高了台月效率。一般可提高 25% ~ 100% 左右。

（2）提高岩（矿）心采取率。绳索取心比提钻取心简便得多。钻进过程中能够做到遇堵即提，并有利于提高岩（矿）心采取率和质量。

（3）延长钻头寿命。由于提钻次数减少，对金刚石钻头损坏的机会也相应减少。加之绳索取心钻杆与孔壁的间隙很小，钻头工作稳定，因而相对地提高了钻头寿命。

(4)有利于孔内安全和钻穿复杂地层。由于钻杆柱与孔壁间隙小，岩粉上升迅速，保证了孔底清洁；提钻次数少，减少了孔壁裸露的机会；钻杆柱还可起到套管的作用，因此能快速穿过复杂岩层。但由于钻杆与孔壁间隙小，冲洗液量稍大，流速即大增，故容易冲毁孔壁，每当提钻，抽吸力很大，也易破坏孔壁，这是必须注意控制的。

(5)减轻了劳动强度。这是由于大大减少了提钻次数的缘故。

由于绳索取心钻进具有上述一系列优点，因此可大大降低钻进成本。

绳索取心也存在一些缺点和问题，例如：要求钻杆的材质要好、加工精度要高，使钻杆的成本昂贵；钻杆柱与孔壁的间隙小，增加了钻杆柱的磨损，也使冲洗液循环阻力增大；绳索取心钻头壁较厚，钻进坚硬岩石时，效果差些；另外，回转粗径的钻杆柱阻力大，因此其动力消耗大，在深孔中影响开高转速，等等。

57. 绳索取心钻进主要应用在哪些方面?

绳索取心已成为钻探金属、非金属、煤田矿产及某些水文地质和工程地质钻探取心的主要方法之一。其应用范围包括：

(1)绳索取心钻进的钻孔深度可以自几十米的浅孔直至千米以上的深孔。

(2)绳索取心钻进的钻孔角度可以从0°~360°，即可钻进任意角度的钻孔。

(3)用绳索取心法可以钻进各种地层，既可采用清水，亦可采用优质泥浆作为冲洗液。对于回次进尺不长的岩矿层、取心困难的岩矿层、矿心易受污染或溶蚀的矿层、易坍塌掉块地层，若采用绳索取心钻进更为有利。

58. 绳索取心钻进对钻具的技术要求有哪些?

绳索取心钻具是由单动双管(内管总成和外管总成)和打捞器两大部分组成。它除具备与普通金刚石双管钻具相同的作用外，还要求容纳岩心的内管总成能够在钻杆柱内升降。因此，绳索取心钻具必须具备以下各主要技术性能：

(1)内管总成由钻杆柱内下至外管总成内的预定位置而后固定，

并能防止钻进过程中内管总成向上串动，形成“单管”钻进而捞不上岩心。

（2）内管总成能悬挂在外管总成的座环上，使卡簧座端部离钻头内台阶有一定的间隙（4 mm 左右），保证钻具良好的单动性能和底部的通水性。

（3）内管总成到达外管总成中的预定位置时，应能及时给地面一个信号，以便准确地掌握开始扫孔、钻进时间。

（4）钻进过程中，一旦发生岩（矿）心堵塞，能及时向地表发出信号，使操作者停止钻进并捞取岩心，以减少岩（矿）心的磨蚀。

（5）内管的长度能够调节，使卡簧座与钻头内台阶始终保持最优间隙。

（6）卡取岩心时，内管总成的单动部分能够下移一定距离，以便使卡簧座坐在钻头内台阶上，把拔断岩心的力通过钻头传递到外管，从而保护薄壁内管不致受到损坏。

（7）外管必须能对内管扶正，保证同轴度，以使岩心顺利地进入卡簧座和内管，避免岩心堵塞和磨损。

（8）在钻杆柱内打捞器能以一定的速度下到内管总成上端，并把装有岩心的内管捞取上来。

（9）当打捞器抓住内管提拉不动或提升过程中遇阻时，能够安全解脱内管，以免损坏钢丝绳。

（10）内管总成及悬挂装置与钻杆和外管之间，应能保证有足够的过水断面，以减少钻进过程中的泵压损失和打捞内管时的抽吸作用。

（11）钻进严重漏失地层或干孔时，打捞器能把内管安全地送到预定位置，然后解脱内管。

59. 绳索取心钻具的结构和工作原理是怎样的?

绳索取心钻具结构大同小异，S－75 型绳索取心钻具的结构如图 4－21、4－22 所示。

整套绳索取心钻具分为单动双层岩心管和打捞器两大部分。

双层岩心管部分由外管总成和内管总成组成。

外管总成包括弹卡挡头 1、弹卡室 7、稳定接头 23（上扩孔器）、外管、下扩孔器和钻头组成；内管总成由捞矛头 2、弹卡定位 6、7、悬

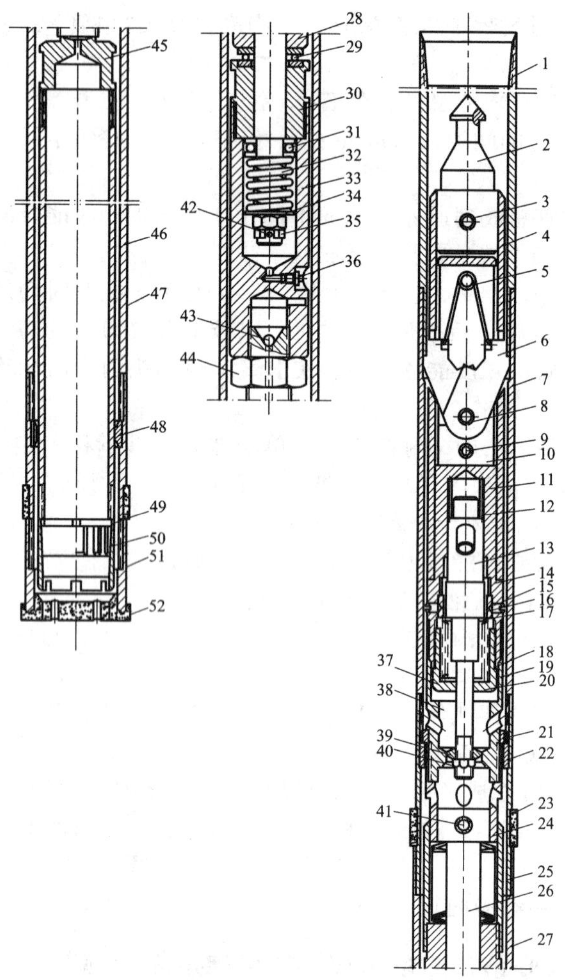

图4-21 S-75型绳索取心钻具双管结构

1—弹卡档头;2—捞矛头;3—弹簧销;4—回收管;5—弹簧;6—弹卡;7—弹卡室;8、9—弹卡销;10—弹卡座;11—弹卡架;12—复位簧;13—阀体;14—定位簧;15—螺钉;16—定位套;17—垫圈;18—固紧环;19—弹簧;20—调节螺堵;21—悬挂环;22—座环;23—扩孔器;24—接头;25—滑套;26—轴;27—蝶簧;28—调节螺栓;29、31—轴承;30—轴承座;32—弹簧;33—弹簧座;34—垫圈;35—螺母;36—油杯;37—垫圈;38—悬挂接头;39—阀堵;40—螺母;41—弹簧销;42—开口销;43—钢球;44—调节螺母;45—调节接头;46—外管;47—内管;48—扶正环;49—挡圈;50—卡簧;51—卡簧座;52—钻头

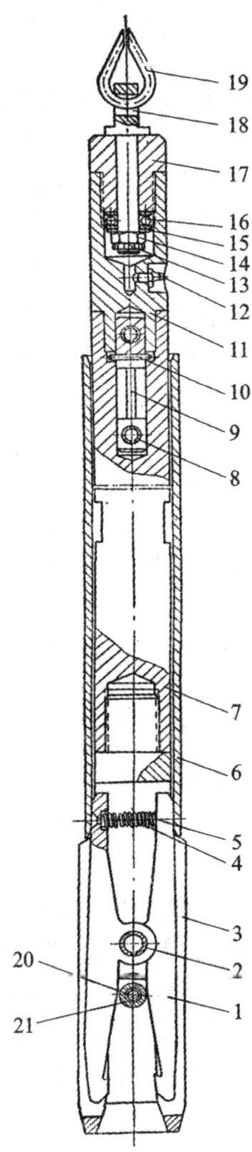

图 4－22　S－75 型绳索取心钻具打捞器结构

1—打捞钩；2，8—弹簧销；3—捞钩架；4—弹簧；5—铆钉；6—脱卡钩；7—重锤；9—安全销；10，20—定位销；11—接头；12—油杯；13—开口销；14—螺母；15—垫圈；16—轴承；17—压盖；18—连杆；19—套环；21—定位销套

挂21、到位报信、岩心堵塞报警、单动、内管保护、调节、扶正、内管、岩心卡取等机构组成。

打捞器一般由打捞机构和安全脱卡机构组成。各机构的工作原理如下：

(1)绞链式矛头机构：由捞矛头、定位卡块、捞矛座等组成。由于捞矛头可在其转动平面内转动180°，因此，在提捞内管总成到地表面后，打捞器与内管总成可在0° ~ ±90°内转动、变换位置。这样，在倒、取岩(矿)心时，内管总成不必放倒而可直接用打捞器吊着，使内管总成倾斜即可将岩(矿)心倒出。此外，在放倒内管时，本机构还可防止捞矛头从打捞器的捞钩中脱出，以免摔坏内管和弄弯内管(注：S－75 型钻具无此机构)。

(2)弹卡定位机构：由弹卡挡头、弹卡板、张簧、弹卡室等零件组成。当内管总成在钻杆柱内下降时，张簧5 使弹卡板6 向外张开一定角度，并沿钻杆内壁向下滑动。当内管总成到达外管总成中的弹卡室7 部位，弹卡板在张簧的作用下继续向外张开，使两翼贴附在弹卡室的内壁上。由于弹卡室内径较大，而其上端的弹卡挡头内径较小，所以在钻进过程中可防止内管总成上串，达到定位作用。另外，弹卡沿钻杆壁向下滑动时，张开一定角度，具有向内下放的倾斜面，如遇阻碍，钻具重量和向下运动的惯性力使弹卡向内压缩张簧，从而使钻具顺利通过。

(3)悬挂机构：由内管总成中的悬挂环21 和外管总成中的座环22 组成。悬挂环的外径稍大于座环的内径(一般相差0.5 ~1.0 mm)。当内管总成下降到外管总成的弹卡室位置时，悬挂环21 座落在座环上，使内管总成下端的卡簧座51 与钻头52 内台阶保持2 ~4 mm 的间隙，以防止损坏卡簧座和钻头，并保证内管的单动性能和通水性能。

(4)到位报信机构：由复位簧12、阀体13、定位簧14、弹簧19、调节螺堵20、阀堵39、调节圈等零件组成。

当内管总成在钻杆柱内由冲洗液向下压送时，阀体的粗径台阶位于定位簧10 内，弹簧处于正常状态，阀堵在关闭位置，冲洗液由内管总成和钻杆柱的环状间隙流通(如图4－23 所示)，如果内管到达外管中的预定位置，内管总成的悬挂环坐落在外管中的座环上，把冲洗液通道完全堵塞；迫使冲洗液改变流向，压缩弹簧，向下推动阀堵，直至阀体的粗径台阶移出定位簧，使阀堵打开(如图4－24所示)。与此同时，泵压表的压力明显升高[约升高5～10atm，即(5～10)×101.325 Pa]，表明内管总成已到达预定位置，可以开始扫孔钻进。由于定位簧的作用，可以防止阀堵自动关闭。所以，在钻进过程中，冲洗液流经此处几乎不消耗泵压。捞取岩心时，打捞器通过捞矛头2、回收管4和弹性销向上提拉阀体，使阀体的粗径台阶克服定位簧的弹力进入定位簧，并继续向上运动，复位簧受压，直至阀堵超过关闭位置，给冲洗液打开一条下泄通道(如图4－25所示)。这样，一部分冲洗液即可以由此下泄，从而减小冲洗液对孔壁的抽吸作用和打捞阻力。内管总成打捞到地表以后，由于复

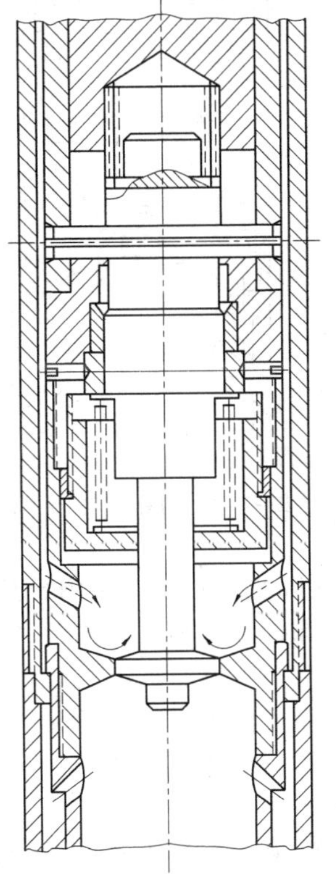

图4－23　内管总成下降状态

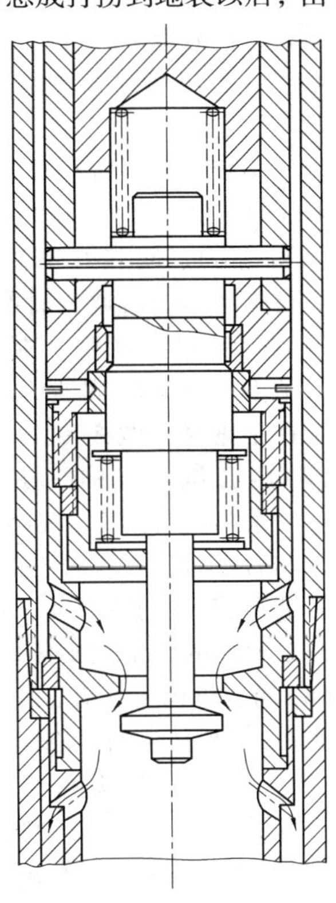

图4－24　内管总成钻进状态

位簧12的作用，随着回收管的复位，则阀堵自动回到关闭位置。

根据钻孔深度的不同，通过调节螺堵20和调节圈37，可以改变弹簧的预紧力，以调节泵压的变化范围。

（5）岩心堵塞报警机构：由滑套25、轴26、蝶簧21等零件组成。钻进过程中，当发生岩（矿）心堵塞或岩（矿）心装满内管时，岩心对内管产生的顶推力压缩蝶簧，使滑套向上移动到悬挂接头38的台阶处，将通水孔堵塞，从而造成泵压升高，遂告诫操作者应停止钻进、捞取岩心。根据钻进地层软硬程度的不同，可以改变蝶簧27的排列形式，并调节蝶簧的弹力，使其既不影响正常钻进，又能在岩（矿）心堵塞时准确报信。

（6）单动机构：由两副推力轴承29、31（8203，8204）实现钻具的单动，也即使内管在钻进时不做旋转。

（7）内管保护机构：由滑动接头、键、弹簧等件组成，又称缓冲机构。

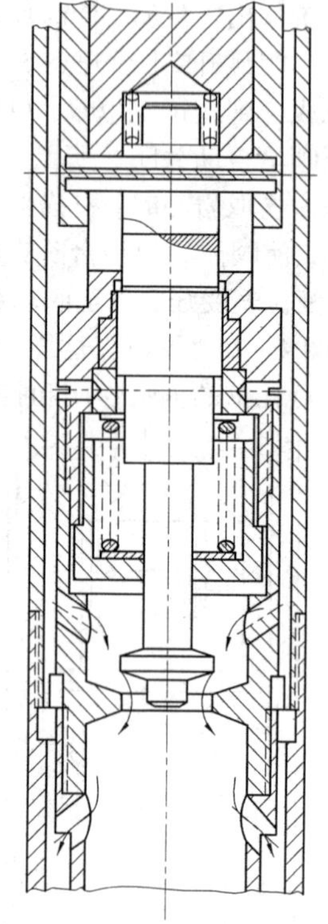

图4－25　内管总成打捞状态

采取岩心时，拔断岩心的力使滑动接头压缩弹簧32向下移动，内管及卡簧座随之下移至钻头内台阶上，从而拔断岩心的力由钻头传递到外管，以保护内管不受损坏。

（8）调节机构：由调节螺母44、接头45、调节心轴等组成。内外管组装在一起时，如果卡簧座与钻头内台阶之间的间隙不合适，则可以通过调节心轴和接头的相互移动进行调节（调节范围0～30 mm），满足要求后，用调节螺母锁紧，以防松动。

（9）扶正机构：外管总成下部的扶正环48，用于内管的导向，使内、外管保持同轴，便于岩（矿）心进入卡簧座51和内管47。

（10）打捞机构：由打捞钩1、打捞钩架3、重锤7和钢丝绳接头组成。取心时，钢丝绳悬吊打捞器放入钻杆柱内，打捞钩靠重锤以1.5

~2.0 m/s 的速度快速下降，由于捞钩架为圆筒状，故导向性好，当它到达内管总成上端时，能准确钩住捞矛头，把内管总成提升上来。

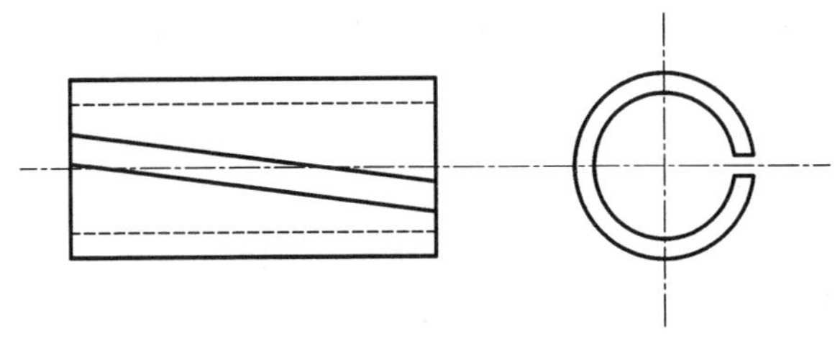

图 4 -26　安全脱卡套管

(11)安全脱卡机构：采用一根长为 1 m，内径比重锤稍大的套管进行安全脱卡。套管壁上(见图 4 -26)开有一斜口。当需要安全脱卡时，将此套管从斜口处套入钢丝绳上，然后下放，套管靠自重下降，及至打捞器穿过钢丝绳接头和重锤，撞击和罩住打捞钩尾部，迫使其尾部向内收缩，端部张开，从而使打捞器与内管总成脱离。

60. 绳索取心钻具如何组装?

首先，应按照装配图分别组装好内、外管总成和打捞器，并对钻具的主要零部件进行认真检查，然后，把内管总成装入外管总成中，调整内、外管的长度配合，并用打捞器试捞内管总成，经确认合乎技术要求后，方能下孔使用。

(1)外管总成的组装和检查。要求如下：

①外管总成中有上、下两个扩孔器：上扩孔器主要起稳定作用，下扩孔器主要用于扩孔。所以，应检查上扩孔器外径是否略小于下扩孔器外径。

②装入座环和扶正环时，应放平摆正后用手推入，禁止用任何铁器敲击，以防损伤螺纹或使座环及扶正环变形，影响内管的升降。

③外管的弯曲度不应大于 0.30 mm/m。否则，应进行矫直。

④外管总成上所有螺纹连接处，要涂抹丝扣油并拧紧。

(2)内管总成的组装和检查。要求如下：

①首先，检查捞矛头是否完整无缺，有无碎裂掉块现象。

②组装弹卡机构时，先将回收管4套于弹卡架11上；再通过回收管和弹卡架的槽，装入弹卡和张簧；最后，通过回收管的装配孔把弹性销打入。装入的弹卡动作应灵活，用手轻轻拉动捞矛头，回收管即可使弹卡缩回(两翼间距应小于或等于回收管直径)，推下回收管，弹卡应立刻张开，其两翼间距大于弹卡室内径，涂沫润滑油，以减小弹卡活动时的摩擦力。

③所有弹簧轴销要装正，其开口方向都应一致朝下或朝上，以改善其受力状态。轴销需用锤子打入并装配紧实，不能有晃动现象。

④组装到位报信机构时，应根据钻孔深度调节工作弹簧的力量(一般浅孔预紧力要小)。

⑤缓冲弹簧的锁母须用开口销锁住，并使缓冲弹簧有一定的预紧度。

⑥拧紧调长机构的调节螺母，以防松(倒)扣，使内管总成伸长而导致其上、下顶死，在外管总成中发生故障。

⑦单动轴承装配时，要注意调配好弹子盘的间隙(不能过紧，亦不能过松)，以用手转动灵活、不晃动为好。轴承装配完毕后，应通过黄油嘴向轴承注油，轴承座内应装满黄油。

⑧卡簧座、内管和内管总成的上部连接，必须同轴，内管应光滑平直，不得有弯曲或局部出现凹坑等现象。

⑨拧紧卡簧座并配好卡簧，一般卡簧的自由内径应比钻头内径小0.2~0.3 mm。

(3)打捞器的组装和检查。将打捞器与绳索取心绞车的钢丝绳相连接，并进行以下检查：

①打捞钩要安装周正，不能向一侧偏斜。

②尾部弹簧应工作灵活可靠，头部张开距离以8~12 mm为宜。

③试验脱卡管的作用——把脱卡管套在打捞器上，用手向下轻轻推动脱卡管，即可罩住打捞钩的尾部，并能使其头部张开(张开距离应大于内管总成的捞矛头直径)。

(4)内外管总成的装配与调整。将内管总成装入外管总成时，应认真调整如下间隙：

①弹卡与弹卡挡头的顶面应保持一定间隙。根据钻具规格尺寸的

不同，一般为3～4 mm。若此间隙过小，使弹卡不能自由地出入弹卡室，使钻具在钻进时不能定位，若间隙过大，则在钻进过程中就会增大卡簧座与钻头内台阶的间隙，影响岩(矿)心的采取率。

②卡簧座与钻头内台阶之间应保持最优间隙。根据钻进地层的不同，该间隙一般为2～4 mm。在保证冲洗液正常循环的前提下，应尽量减小此间隙，以减少冲洗液对岩(矿)心的冲蚀，提高岩(矿)心采取率。

③内管总成应牢固地卡住在外管总成中，不能自弹卡挡头端自由倒出。只有当使用打捞器时，才能顺利捞出。

组装好内、外管总成后，还应组装一套外管总成和两套内管总成作为备用。

61. 绳索取心用钻探设备有什么特点?

(1)钻机：应有专门提升打捞器的小绞车。

(2)水泵：由于钻杆柱与孔壁环状间隙小，冲洗液流通阻力较大，泵压较高，由于钻头壁厚，孔底破碎岩粉多，故泵量稍多。为此，绳索取心钻进时，应采用具有较高泵压的变量泵。

(3)钻塔：由于钻进中不经常起下钻具，起下钻具时也可单根接卸，并拉倒摆放，故采用的钻塔可比常规的低些。塔上还装配有一个小滑车，通过细钢丝绳专供下打捞器和提取内管装置用。

由于绳索取心钻进在钻杆柱中升降内管总成，故应采用内外平的钻杆连接。此外，必须具有相应的附属设备和工具，如绳索取心绞车、夹持器、提引器、拧卸工具等，才能进行绳索取心钻进。

62. 绳索取心绞车的功用有哪些? 其要求包括哪些方面?

绳索取心绞车的功用包括：

(1)将打捞器放入孔内，把装满岩心的内管总成捞取上来。

(2)遇到全漏失地层钻孔为干孔时，利用专用打捞器或干孔送入机构，把内管总成送入孔内。

(3)下放测试仪表，进行孔内测试。

对绞车的要求是：

(1)绳索取心钻进时，因捞取岩心较频繁，故要求绞车起动和制动方便，且应有单独的离合装置。

(2)绞车应有调速装置，以满足钻进不同地层和不同孔深的需要。

(3)绞车应有排绳机构，以使钢丝绳均匀排列，减少钢丝绳的磨损和避免岩心脱落。

(4)绞车的结构要紧凑，重量轻，安全可靠，操作方便，适合野外施工的需要。

63. 绳索取心绞车的类型有哪些?

根据施工现场的具体条件，应选择不同类型的绞车。绞车基本类型有两种：一种为单独驱动式，如汽油机驱动、电驱动、液压马达驱动等。这类绞车的安装位置可以任意选择，具有提升时噪音小、钢丝绳排列整齐、机械磨损小等优点，但需单独配动力，安装需占一定的场地；另一种为机装式(装在钻机上)，依靠钻机传递的动力实现升降。这种绞车结构简单，安装紧凑，且不需要专用动力，使用较方便；但工作时钢丝绳排列不整齐，功率利用不够合理。

机装式绞车可分为机械传动绞车和液压驱动绞车。常见的 S56J －1 型绞车为机械传动绞车，它配 XU －600 型钻机使用，安装在升降机的后侧，利用钻机原来的动力进行工作。

绞车由小链轮、大链轮、离合器、离合手把、卷筒等部件组成。其工作原理如图 4 －27 所示：小链轮 9 安装在钻机升降机的矛头轮上，通过链条 8 把动力传递到绳索取心绞车的大链轮 7 上。提升时，向内拨动手把，离合爪 6 推动摩擦片 5 向内与卷筒轮壳 3 压紧，并带动卷筒 2 转动；刹车时，向外推动手把，借助压缩弹簧 4 的力量使摩擦片向外与卷筒轮壳脱离接触。与此同时，制动带 10 被拉紧，从而把卷筒制动住；下放时，手把处在中间位置，离合器处于离开状态，制动带松开卷筒，因而依靠打捞器及钢丝绳的重量下放。

液压绞车由液压马达驱动。若采用 YMC －40 型摆线马达，当流量为 60 L/min 时，液压马达转速为 200 r/min，扭矩可达 400 N · m。这种绞车结构简单，可无级变速，操作方便，用两根油管和钻机的液压操纵阀连接，即能工作。

单独驱动绞车的型号较多，如 JSJ －1000 型电驱动绳索取心绞车、SJ －X 型绳索取心绞车等。这些绞车的结构特点是单独有动力机，功

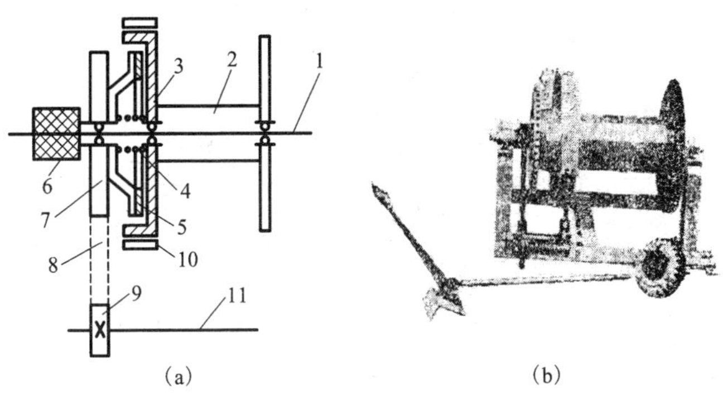

图 4-27 绞车的工作原理(a)及外貌(b)

1—绞车轴；2—卷筒；3—轮壳；4—弹簧；5—摩擦片；6—离合爪；7—大链轮；8—链条；9—小链轮；10—制带；11—钻机绞车轴

率一般为 5.5 kW；另配有变速箱，一般有三个提升速度，离合器采用定型产品，所以通用性好。

64. 绳索取心绞车的排绳如何实现?

为了使绞车工作时钢丝绳能整齐排列，绞车应设置排绳机构。常见的一种排绳机构见图 4-28，它安装在 S56J-1 机装绞车上，由小链轮 5、大链轮 6、往复导向体 8、往复丝杠 9、拨叉支架 13、导向杆 14 等组成。当绞车转动时，便通过小链轮、链条、大链轮带动往复丝杠转动。由于往复丝杠具有正反螺旋扣，正反螺旋牙底两端相交，导向体上的月牙键则沿着螺旋槽移动。当行至丝杠一端时，在两槽底交叉点凹缘的作用下滑行至另一槽，使导向体反向运动。导向体与拨叉支架连为一体，钢丝绳位于拨叉支架的两拨叉之间，这样，当导向体在往复丝杠上左、右移动时，由拨叉带动钢丝绳做相应运动。

选用钢丝绳直径为 4.8 mm，丝杠螺距 16 mm，小链轮 18 牙，大链轮 60 牙，绞车卷筒转速与丝杠的传动比 $i=16:4.8=60:18\approx3.3$，这样绞车卷筒每旋转 3.3 周，拨叉横向移动 16 mm，恰好等于钢丝直径的 3.3 倍，使拨叉与钢丝绳的左右移动保持同步，从而达到自动排绳的目的。

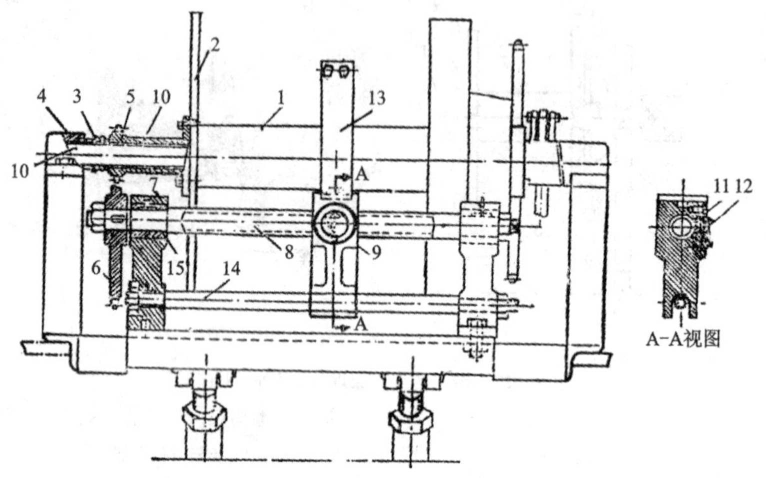

图4－28 绳索取心绞车排绳机构

1—绞车卷筒；2—绞车盘；3—推力轴承；4—轴座；5—小链轮；6—大链轮；7—丝杠轴承座；8—往复导向体；9—往复丝杠；10—空心轴承；11—月牙键；12—外挡板；13—拨叉架；14—导向杆；15—丝杆套筒

65. 绳索取心钻杆夹持器有哪几种?

因绳索取心钻杆接头处无缺口，提下钻时无法使用垫叉，必须采用适合夹持外平钻杆的夹持器。夹持器分为人力操作夹持器和液压夹持器两类。

66. 对绳索取心钻杆夹持器有什么要求?

对夹持器的要求是：

（1）夹持钻杆要牢固，不仅要求能防止跑钻事故，而且升降钻具拧卸立根时，所夹持的孔内钻杆柱不可随着旋转。

（2）夹紧钻杆时，不致发生将钻杆夹出沟槽、凹坑等现象而损伤钻杆。

（3）钻进时，夹持器不影响立轴行程和主动钻杆回转。

（4）夹持部件耐磨，使用寿命长，且便于更换。

（5）夹持器坚固耐用，操作方便，易于安装，尤其是应能适用于钻进斜孔。

67. 绳索取心钻杆人力操作夹持器有哪几种?

人力操作夹特器可分为木马夹持器、球卡夹持器和滚柱式卡瓦夹持器。

(1)木马夹持器。木马夹持器主要由偏心座、卡瓦、曲柄、连杆等部件组成，其工作原理和结构如图4－29、4－30所示。

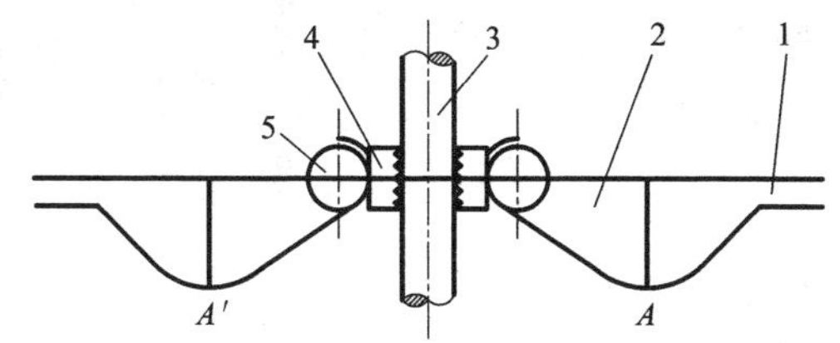

图4－29　木马夹持器工作原理

1—踏板；2—偏心座；3—钻杆；4—卡瓦；5—椭圆重头

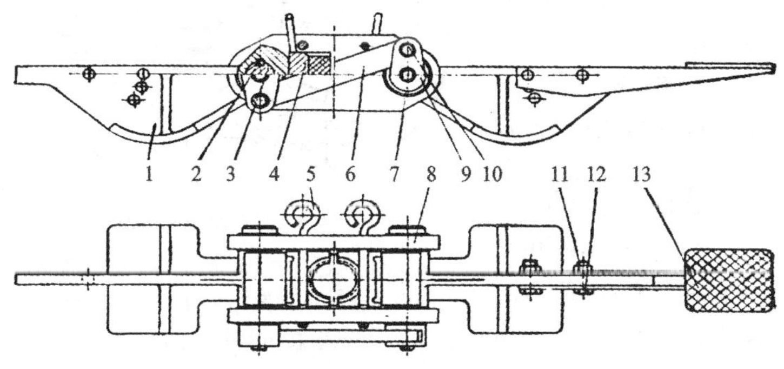

图4－30　木马夹持器结构

1—偏心座；2—键；3—轴；4—卡瓦；5—安全门；6—连杆；7—键；8—夹持板；9—曲轴；10—圆柱销；11—螺母；12—螺栓；13—脚踏板

夹持钻杆时，两个偏心座2上具有椭圆面重头5，它们分别以A和A'为支点向下转动，从而向前推动卡瓦4把钻杆3夹紧；又由于钻杆自重作用，进一步带动卡瓦和椭圆重头向下，因而钻杆柱重量越重，夹持越紧；需要松开时，在提升钻杆的同时，脚踩偏心座的踏板1，偏心座在以 A 为支点转动的同时，通过曲柄连杆机构使另一个偏心座以 A' 为支点转动，从而使两个椭圆重头向上，把夹紧的钻杆松开。

木马夹持器结构简单，坚固耐用，夹持钻杆牢固，钻进时只需提出卡瓦，操作方便。但在斜孔中使用，或提升后期钻杆柱重量变轻时，卸立根应十分注意预防跑钻。

(2)球卡夹持器。由卡瓦3、卡饼4、内卡套5、弹簧6、拨叉等部件组成。根据孔深浅不同，卡饼的排数亦不同，有一排、二排、三排三种。其结构原理如图4－31所示。

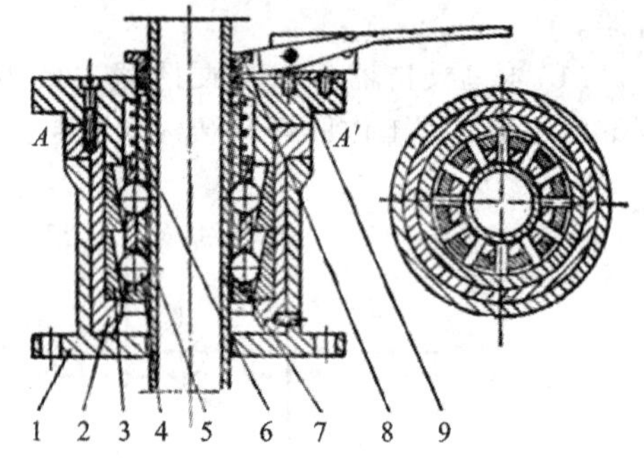

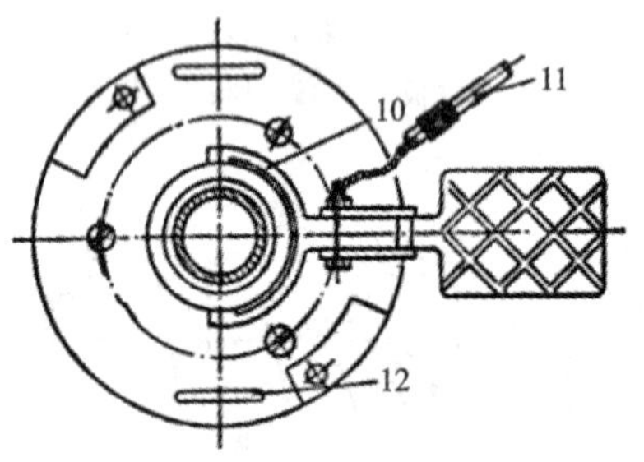

图4－31 球卡夹持器

1—底座；2—承托；3—卡瓦；4—卡饼；5—内卡套；6—弹簧；7—外卡簧；8—卡套帽；9—压盖；10—拨叉；12—提耳

夹持钻杆时，借助弹簧6力量向下推内卡套5，使卡饼4沿具有锥度的卡瓦3向下，并逐渐向内突出，从而夹紧钻杆；松开钻杆时，脚踩拨叉的脚踏板，使内卡套压缩弹簧向上移动，卡饼沿卡瓦锥面向上并向外移动，从而松开夹紧的钻杆。

球卡夹持器夹持钻杆牢固，操作也比较方便。但由于存在着下述缺点：卡瓦与钻杆是点接触，易将钻杆挤夹变形；钻进时需将夹持器搬离孔口，否则影响立轴行程；卸钻杆时，如果夹持钻杆柱重量较轻，则易出现跟着旋转，需另备钻杆钳夹持。所以球卡夹持器实际使用较少，一般仅用于浅孔。

68. 绳索取心钻杆液压夹持器的基本工作原理是怎样的?

为减轻劳动强度、节省人力，可采用液压夹持器。其基本工作原理是：利用油压夹持，钻杆自重锁紧。此类夹持器一般都配有1～2个油缸，通过高压油管与钻机的液压系统相连，当油缸进油，推动活塞杆运动，活塞杆通过一个传动机构使卡瓦做前后运动，以达到夹持和松开钻杆的目的。

69. 绳索取心钻进的提引器有哪几种?

提引器用于升降外平钻杆。主要有两种提引器：球卡式和手搓式。

(1)球卡提引器：它由卡球4、卡瓦3、卡套5、弹簧7、拨叉12、扳手14、提梁8等部件组成(如图4－32所示)。其工作原理与球卡夹持器基本相同。

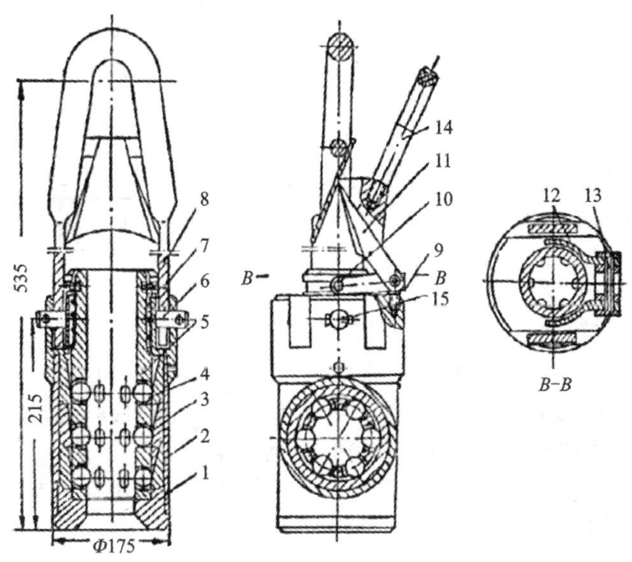

图4－32　球卡提引器

1—底座；2—壳体；3—卡瓦；4—卡球；5—卡套；6—穿钉；7—弹簧；8—提梁；9—螺钉；10—拨销；11—自锁板；12—拨叉；13—弹性轴销；14—扳手；15—销钉

提升钻杆时，借助弹簧力量向下推动卡套，使钢球沿着具有锥度的卡瓦向下滚动，此时，钢球向内突出卡住钻杆，而钻杆重量又带动钢球向下，从而把钻杆牢牢夹紧并提升上来。松开钻杆时，用力搬动拨叉扳手，使卡套压缩弹簧带动钢球向上运动，由于锥度作用，钢球向外移动，从而把卡紧的钻杆松开。钢球的排数有三排、四排以至六排(一般每排六个钢球)。

球卡提引器能自动爬行，如塔上配备移摆管机构，可实现塔上无人操作。由于自动爬杆不能平行作业，降低了升降速度，因此一般都不采用自动爬杆。球卡提引器具有操作方便、节省时间、减轻劳动强度等优点。但当钻孔较深、钻杆重量较大时，提升钻杆后钢球在钻杆与卡瓦间楔紧，不易松开，并有夹伤钻杆接头的现象，故在使用中应特别注意。

(2)手搓提引器：它是最简单的提引器(如图 4 - 33 所示)。其下端有一个与钻杆螺纹相同的接头，采用螺纹连接方式把外平钻杆提升上来。

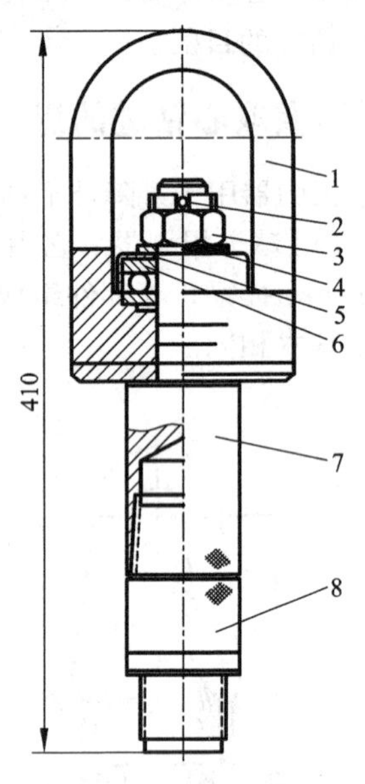

图 4 - 33 手搓提引器

1—吊环；2—开口销；3—螺母；4—垫片；5—挡盖；6—轴承；7—连轴；8—提引接头

由于这种提引器使用起来安全可靠，故被普遍采用。但升降钻杆时，需频繁拧卸螺纹接头，尤其是在塔上拧卸不方便。

我国有的地质队采用了钻杆立根加蘑菇头并使用自脱式提引器进行升降，从而实现了塔上无人。蘑菇头一端车有钻杆公螺纹，另一端铣有挂提引器的切口，使用时每个钻杆立根配用一个。

70. 绳索取心钻进用的拧卸工具包括哪些?

绳索取心钻进用的拧卸工具包括：钻杆钳、拧管机、内管钳及专用卡簧座扳手等。

由于绳索取心钻进所用管材壁薄，而有些管材表面经高频淬火后很硬，冲洗液中的润滑剂还经常在管材外表面形成一层很薄的油膜，使拧卸时易于将钻杆和内外管夹偏或产生打滑现象。所以，选择、使用安全可靠、灵活耐用的拧卸工具，对于延长钻杆和钻具的使用寿命，加快钻杆升降速度，提高钻进效率，都具有重要意义。

（1）钻杆钳。拧卸外平钻杆的钻杆钳有：合金自由钳、更换块自由钳、电镀金刚石自由钳等。

①合金自由钳：常用合金自由钳如图 4－34 所示。这种钳子结构简单，各野外队及修配厂均能自制加工。加工时应注意保证三块钳板的同心度。常采用 5×5×10 方柱合金，咬合角为 90°。如果合金磨钝，可以重新镶焊。

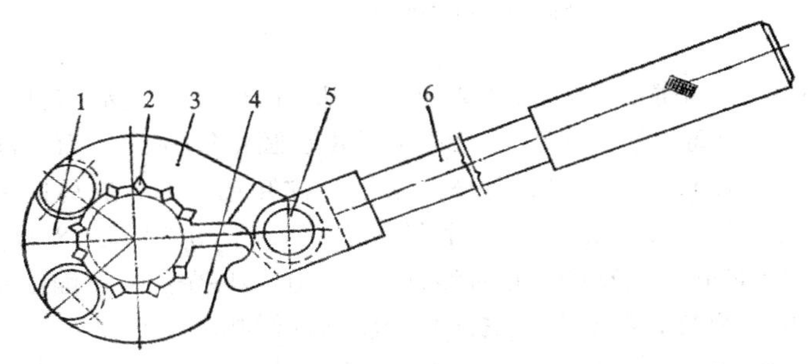

图 4－34　合金自由钳

1—中片；2—合金；3—压片；4—下片；5—铆钉；6—手把

②可更换块自由钳：可更换块自由钳结构如图 4－35 所示。每个更换块上镶嵌三颗规格为 5×5×12 的方柱状合金；如果合金磨钝，则只需更换钳子的压块即可，这延长了钳子使用寿命。

③电镀金刚石自由钳：在钳子两块压板的内表面电镀了 80～100 目的人造金刚石，镀层厚度 0.4 mm。拧卸钻杆时，因金刚石颗粒小、接触点多、面积大，故不易损伤管材。它也可用于拧卸内管。

（2）拧管机。绳索取心用拧管机与普通（常规）拧管机的区别在于其拧卸机构能夹持外平钻杆。

典型的 JSN－56 型拧管机如图 4－36 所示。夹持钻杆时，压力油

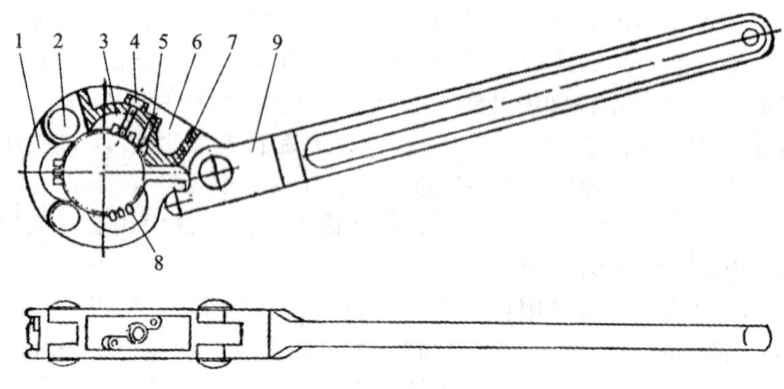

图 4－35 可更换块自由钳

1—中间板；2—铆钉；3—可换压块；4—联接螺钉；5—定位销；6—连扳；7—锁紧板；8—合金；9—手把

进入油缸 1 的下腔，推动活塞 2 向上运动，这样便通过活塞杆 3 和杠杆支架 4、套筒 7 使位于套筒内的卡瓦 8 在圆锥筒 6 的斜面上向下移动，从而卡住钻杆，反之，则松开钻杆。拧卸钻杆时，油马达 9 通过齿轮 11、齿圈 12、棘轮转盘 14 和转盘立柱 16 带动夹持套 18 回转，而滚柱架 19 是固定不动的，此时滚柱 20 被迫沿夹持套圆弧面滚动，向夹持套中心靠拢，直至卡住钻杆并带动钻杆卸扣和上扣。

（3）内管拧卸工具。因绳索取心内管壁很薄，故不允许采用普通管钳和合金自由钳拧卸。一般应采用电镀金刚石自由钳。

拧卸具有水口的卡簧座应使用专门的卡簧座扳手（如图 4－37 所示）。拧卸时，将卡簧座套入卡簧座扳手，使扳手的内凸爪卡入卡簧座水口中，再旋转手把即可拧卸。利用该扳手在现场操作使用，十分方便。

71. 对绳索取心钻杆有什么要求?

绳索取心钻杆除具有普通钻杆的功用外，还必须能在钻杆柱内升降打捞器和内管总成以获取岩（矿）心。所以，认真选用绳索取心钻杆是绳索取心钻进能否成功的关键因素之一。

绳索取心钻杆应能满足下列性能要求：

（1）钻杆壁内外平（或基本内外平），以保证冲洗液的正常循环和

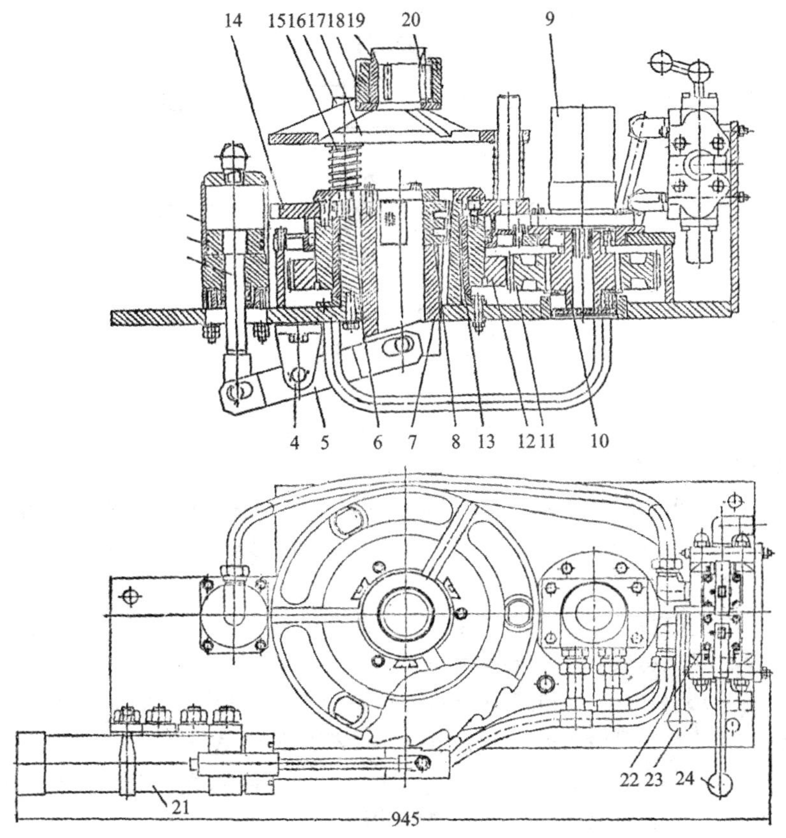

图 4-36　JSN-56 型拧管机

1—油缸；2—活塞；3—活塞杆；4—杠杆支架；5—杠杆；6—圆锥筒；7—套筒；8—卡瓦；9—油马达；10—空心轴；11—齿轮；12—齿圈；13—滑动轴承；14—棘轮转盘；15—弹簧；16—转盘立柱；17—转盘；18—夹持器；19—液柱架；20—滚柱；21—助推油缸；22—操作阀总成；23—夹持控制手把；24—拧卸控制手把

使内管总成在钻杆柱内升降畅通无阻。

(2)钻杆内径大、壁薄，这样不仅可以增大内管总成与钻杆柱间的环隙，加快内管总成和打捞器在钻杆柱内的升降速度，而且还可增大岩心直径，减小钻头壁厚，降低金刚石消耗。

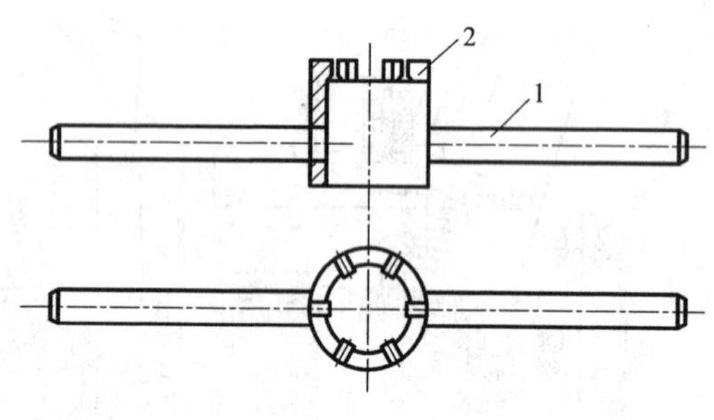

图4－37 卡簧座扳手

1—手把；2—扳手

（3）钻杆直径大，外表面与孔壁间隙小。因此，钻杆（尤其是螺纹连接部分）应耐磨损。

（4）绳索取心钻头壁厚（约比普通双管钻头厚20%），钻进时需要压力较大。这样，钻杆必然承受更大的压扭应力，这对钻杆的材质要求就高。

（5）钻杆螺纹应具有一定强度，且不易变形（尤其是公螺纹），以免影响内管总成和打捞器的升降。

（6）钻杆平直度和同轴（心）度要符合要求。这一方面便于内管总成和打捞器的升降；另一方面可防止钻杆的偏磨。

（7）因钻杆与孔壁间隙小，使冲洗液循环阻力大，为此，要求泵压高，故而钻杆应具有较好的密封性能。

72. 绳索取心钻杆的规格主要有哪些？连接结构是怎样的？

绳索取心钻杆的规格应与绳索取心钻具规格相配合。常用的钻杆规格为：$\varphi43.5\times4.75$、$\varphi52\times4.5$、$\varphi55.5\times4.75$、$\varphi71\times5$、$\varphi87\times5$（注：前面的数字为直径，后面的数字为壁厚，单位均为mm）。

钻杆的连接结构的基本形式有三种：

（1）直接加工公母螺纹（见图4－38）。在钻杆体两端直接加工公母锥螺纹，然后钻杆与钻杆相连。这种结构具有螺纹数量少、加工简便、同心度好等优点。但其管壁较厚并需经热处理提高强度；连接螺纹磨损后再加工就成不定长钻杆。

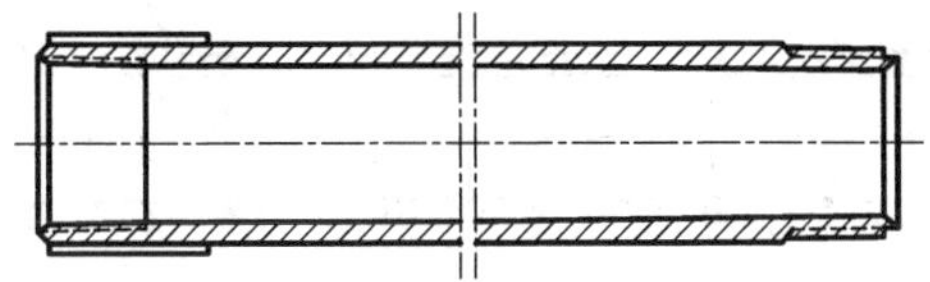

图 4-38　直接加工公母螺纹钻杆

(2)螺纹黏结公母接头(见图 4-39)。钻杆体两端车公螺纹，在其一端黏结两端母螺纹的接头，另一端黏结一端母螺纹，一端公螺纹的接头。由于公母接头材质较好，壁较厚(一般比钻杆壁厚 1 mm)，而且经调质、淬火、镀铬等处理，所以提高了螺纹部位的强度。采用黏结和螺纹连接相结合，可以增加配合表面间的摩擦力，减小螺纹连接的滑移量，相对提高了钻杆的抗扭矩和疲劳强度，同时也增强了螺纹间的密封性能。但存在着螺纹加工量大、黏结剂抗冲击性能差、钻杆体螺纹强度低等缺点。黏结剂分有机和无机两大类，前者属环氧树脂类，后者主要成分为氧化铜粉。

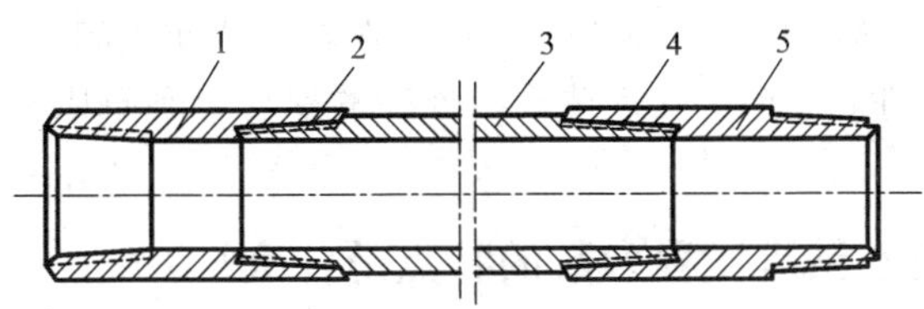

图 4-39　螺纹黏结公母接头钻杆

1—公接头；2，4—黏结公母螺纹；3—钻杆体；5—母接头

(3)焊接公母接头(见图 4-40)。在钻杆体两端分别焊接一个公接头和一个母接头。焊接钻杆除了具有螺纹黏结钻杆的优点外，还具有螺纹数量少、公母接头与钻杆体连接强度高、钻杆体可以采用普通碳素钢制作和减小其壁厚等优点，从而减轻重量，节省钢材，降低成本。但使用焊接钻杆要解决就地修复的问题。

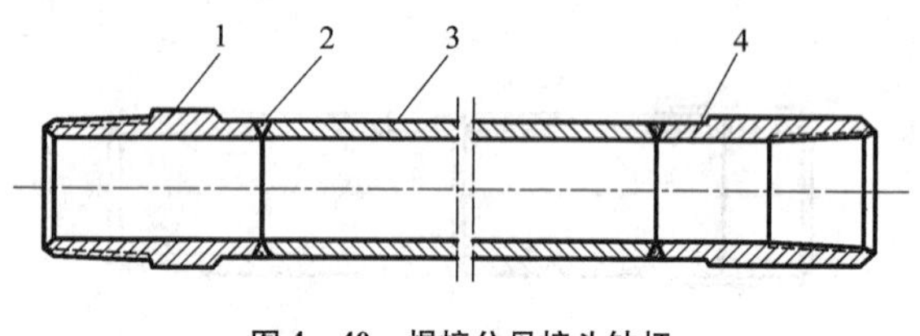

图4－40 焊接公母接头钻杆

73. 绳索取心钻进怎样进行钻头的选择和合理使用?

绳索取心钻头的选择原则基本上与普通双管钻头相同。选择时，特别要考虑绳索取心钻头所具有的特点：例如钻头镶嵌的金刚石质量、胎体性能均要好；与地层应有更广的适应性；内、外径补强好、胎体高等。

由于绳索取心钻头壁厚而影响钻进效率，因此，尽可能选择与岩石接触唇面较小的，能创造多自由面碎岩的钻头(阶梯式或多环槽尖齿式钻头)。

钻头合理使用中需特别注意的是：绳索取心钻头钻进虽然不经常提钻换钻头，但对于钻头来说，同样存在着排队使用问题。特别是当钻进强研磨性岩层时、或者钻头内外径的保径金刚石质量不够好时，更应注意。

74. 绳索取心钻进规程参数的特点是什么?

绳索取心钻进规程与普通双管钻进规程有所不同，但确定规程的方法基本相同。

由于绳索取心钻头唇面比普通钻头要厚，因此钻压比普通双管钻头要大(一般要大25%左右)。转速同样是提高绳索取心钻速的主导因素，因此，只要其他条件允许，应高转速钻进。当然，要注意部分岩层是否完整；钻具和钻孔是否弯曲；严禁超径等不利条件下盲目开高速。由于绳索取心钻杆柱较粗，所以深孔因钻机的功率所限开高转速会受些影响。冲洗液量和泵压，因钻头壁厚，钻进时产生的岩粉多，所以选用冲洗液量稍比普通双管钻进时大。由于钻杆与孔壁间隙小，泵压比普通小口径钻进时高些。

75. 绳索取心钻进在易斜岩层中钻进为什么要注意防斜?

因绳索取心钻进采用粗径钻杆，与钻孔直径的配合关系比较合理，钻杆与孔壁之间的环状间隙小，因此钻杆不易弯曲，这一点十分有利于防斜。但值得注意的是：绳索取心钻杆的壁较薄(一般为 4.5 mm)，轴压又比普通双管钻进时大 25% 左右，故钻杆的刚性差了，而传递的轴压反而大，所以容易弯曲；特别是孔内有塌坍空腔，钻杆更容易弯曲而导致孔斜。因此，在容易产生孔斜的岩层中，使用绳索取心钻进应适当控制钻压和转速，并采取相应的防斜措施。

76. 如何进行绳索取心泥浆钻进?

(1)泥浆特点。在地层条件允许的情况下，绳索取心钻进应尽量采用清水加润滑剂作为冲洗液，这不但便于内岩心管在钻杆内的升降，而且使钻杆旋转的阻力变小，利于开高速。但是在钻进松软破碎、易于坍塌掉块的岩层中，则必须采用泥浆钻进。

由于绳索取心钻进有一系列特点——例如钻杆与孔壁之间的环状间隙小、内管要在钻杆柱内下投等，故对泥浆就有一些特殊要求，即：泥浆黏度低、比重小、沉砂快、流动性好又具有防塌能力。常采用不分散低固相泥浆或无固相冲洗液。

(2)泥皮分析。当绳索取心钻进中使用泥浆时，往往在靠近孔口 3 ~5 根立根处，钻杆内壁上形成一层很致密的泥皮，影响内管总成的上下。泥皮产生的原因一般认为：

①由于泥浆中固相含量多，含砂量大，地表净化工作差，因此较大的颗粒很容易在管壁结泥皮。

②绳索取心钻杆的半径大，泥浆中的固相颗粒随钻杆一起旋转，产生的离心力也大，容易甩至管壁。

③通过对钻杆内泥浆的流态分析，按常用的泥浆流量和泥浆黏度计算雷诺数时，发现它小于 2300，这就说明钻杆内的泥浆流动呈层流状态。而层流对管壁的冲刷能力差，也促使颗粒黏附在管壁上。

从上述原因分析中可知：欲使管内不结泥皮的根本性措施，还得从泥浆本身着手。即首先要保证造浆用黏土粉的质量——高质量的黏土粉结泥皮现象就轻；其次要注意地表泥浆的净化工作——加长泥浆沉淀槽，采用旋涡式除砂器等，使泥浆始终保持低固相状态；此外，稍稍降低转速、加大冲洗液量，有时也能减轻泥皮的产生。

进行泥浆钻进时，还需注意使用超规格钻头（即外径比标准钻头外径大的钻头）。超规格钻头能增加环空间隙，从而能减轻回转阻力和减少循环液的压力损失，也有利于泥浆在孔壁形成护壁的泥皮。

77. 绳索取心钻进有哪些操作注意事项?

金刚石绳索取心钻进操作规程主要的几点注意事项是：

(1)要避免打“单管”现象（即不在内管未到底就抢先钻进）。绳索取心钻进一旦打“单管”，就会打捞不上岩心，造成提钻后重新套扫，带来不少麻烦。例如：当孔内不干净，有残留岩心，则下外管时不能一下到底。否则残留岩心进入外管，内管总成就下不到预定位置；定位机构失灵，内管上窜，钻杆柱内有脱落岩心，钻杆和内管弯曲等，都会造成打“单管”。

(2)严防卡簧座和内管接头反扣，一旦反扣内管总成便顶死在弹卡室内，从而造成打捞失灵的后果。

(3)提钻时，应先打捞出内管总成以增加冲洗液的流通断面，以及减小抽吸作用和压力激动对孔壁的影响。提钻后重新下钻时，同样应先下外管，再投内管，以减小下降的冲击力，有利于孔壁稳定。

(4)绳索取心钻进时因环空间隙小，故上、下钻时引起的压力激动值大（特别是孔内的动水压力与提、下钻速度成正比），所以应合理控制提、下钻速度。当钻进复杂地层时，应放慢提、下钻速度。

(5)提升钻具及打捞内管总成时，均须向孔内回灌一定量的冲洗液，避免因钻杆柱外提时液柱下降，造成钻杆柱内外之间的压力差而致使孔壁坍塌。

(6)钻进时，严禁盲目加压。压力过大压弯双管，将带来不少不良后果。

(7)内管总成中调长螺杆处的强度较低，操作时（特别是当提拉内管总成时），要严防调长螺杆弯曲而造成内管弯曲。

(8)停钻时需及时打捞内管总成。

(9)若确认已发生烧钻，就应先将钻具提离孔底，然后用打捞器提升内管总成，最后提外管总成并进行检查。切勿内、外管一起提升，否则就有可能将内管留在孔内，使事故更复杂化。若遇到断钻杆事故，一般采用套管公锥去打捞。若遇卡、埋钻事故，则不能采用强拉或顶的办法，应用反丝钻杆来反。

78. 绳索取心钻进的取心操作技术有哪些?

当钻进到岩心快装满内管（进尺不准超过内管长度）或发生岩心堵塞时，应立即进行打捞岩心：停泵后先将钻具提离孔底，卡断岩心，提起机上钻杆，并在接头处卸开；钻机后退，拧上钻杆护丝，下放打捞器（打捞器在冲洗液中以 1.5 ~ 2 m/s 的速度下降）；当确认打捞器捞钩已钩住捞矛头时，即可以开动绞车提升内管。

当内管捞出孔口后，卸开捞钩，缓慢下放，以免调长螺杆部分被折弯。此时应检查岩心采取情况。确认钻杆柱内无岩心时，可将另一套备用内管由孔口投入钻杆内，并对上机上钻杆、开泵压送内管，以促使内管加速向下滑行。为避免在滑行过程中，被钻杆接头台阶部分顶住，可以适当开车晃动钻具；如孔内漏失变成干孔，则需用专用的干孔投放器下放内管。当确认内管已准确可靠地到达外管中时，方准缓慢扫孔及钻进。

捞取岩心后，若发现内管中无岩心或岩心欠缺时，应当判断原因。如岩心脱落在钻杆柱内时，应立即提钻处理。

一旦发现钻杆折断，则不准下入打捞器进行捞取内管的工作。

拧卸内管须用专用多触点自由钳；拧卸卡簧座须用专用的卡簧座扳子。

拧开内管任意一端（卡簧座或内管接头）后，可轻轻敲击内管倒出岩心，切勿用铁锤猛击，以免管壁产生凹瘪，造成钻进时堵塞岩心。

取出岩心后，应清洗并检查内管总成，然后重新组装起来，经过检查认为合格后，放在不易被压、踩的地方，以备下个回次再用。

79. 绳索取心钻进技术的发展方向是什么?

（1）不断完善与改进绳索取心钻具结构，增加钻具规格品种。

我国研制成功的不同型式的绳索取心钻具，虽然可以满足绳索取心钻进工艺的基本要求，但其结构性能还需在实践中不断改进和完善。如：需进一步提高到位报信机构和岩心堵塞报信机构的灵敏性和可靠性等。

已在生产中使用的直径为 60、75、91 mm 等口径的绳索取心钻具，已形成系列，基本上满足了地质勘探孔的要求。还需研制深孔(2500 m 以上)用的绳索取心钻具；坑道用以及水文水井用的绳索取心钻具，也需继续扩大品种形成专用钻具系列。

(2)加强绳索取心钻头的试验研究，不断增加钻头品种。

应加快大颗粒高强度人造金刚石的研究以及聚晶体、复合体钻头的研究；设计适于钻进坚硬岩层、弱研磨性或强研磨性岩层用的新型绳索取心钻头，以解决目前存在的效率低、钻头寿命短的突出问题。

(3)进一步提高钻杆加工质量、解决焊接钻杆修复问题。

钻杆加工质量不够稳定，断钻杆的事故率还是相当高，大大影响机台的经济技术效果。为此，要严格把住钻杆加工的质量关。

焊接钻杆是有不少优点的，但损坏后野外队不能修复，须到路途遥远的专业厂修复，很不经济。故应尽快推广小型地质钻杆专用焊机。

(4)加快绳索取心钻进附属设备的液压化和配套工作。

绳索取心钻进的附属设备，如绳索取心绞车、孔口夹持器、拧管机等均可采用液压技术，它不仅可减轻劳动强度，还能大幅度地提高工作效率。故应尽快解决拧卸工具(包括拧管机)、打捞工具、测斜仪等的配套工作。

(5)加强绳索取心钻进工艺的研究，主要包括：

①确定合理的提钻时间(即换钻头时间)。

②探讨最合理的孔深(浅孔)应用范围。

③研究影响内管总成下降速度的因素及计算方法。

④加强防斜措施的研究。

⑤根据不同岩层，选择合理的环空间隙。

⑥研究钻杆柱内结泥皮的机理及其清除方法。

⑦加强复杂地层钻进工艺的研究，等等。

(6)钻具向多功能、互换的方向发展，不断扩大绳索取心钻进的应用范围。

①绳索取心与冲击回转相结合。

②绳索取心与不提钻换钻头的结合。

③绳索取心钻进不提钻测斜。

④定向取心技术用于绳索取心。

⑤定向钻进与绳索取心相结合。

⑥绳索取心防斜专用钻具。

⑦为提高岩(矿)心采取率的绳索取心钻具(半合管、三层管、超前内管等)。

⑧绳索取心与空气钻进或泡沫钻进相结合。

⑨绳索取心与止水工作相结合(在原内管部位下入做孔内渗透性试验的止水元件,无需专门升降钻杆柱即可做渗透性试验)。

80. 什么是复合钻具钻进取心技术?

岩心钻探各种取心钻具有着各自不同的优点,但也有其局限性,在坚硬地层、复杂地层、深孔或超深孔钻进取心中,单一的取心钻进技术方法往往难以达到既能保证取心质量,又能达到高效率钻进的理想效果。绳索取心钻进是岩心钻探常用的一种钻进取心技术,基于绳索取心钻进方法,复合钻具钻进取心是指将孔底局部反循环、冲击回转、孔底马达等钻进技术与绳索取心钻进技术相结合所形成的取心钻进技术。

81. 喷射式局部反循环绳索取心钻具适用于什么地层?有什么结构特点?

喷射式局部反循环绳索取心钻具如图4-41所示。适用于地质构造复杂,断层裂隙发育,岩石软硬不均且破碎松散,孔内漏失等复杂地层钻进取心,相对于普通绳索取心钻进,可有效提高岩(矿)心采取率,岩(矿)心堵塞少,回次进尺长,孔内干净,事故减少,且使用方便,操作简单,容易加工,可靠性强。

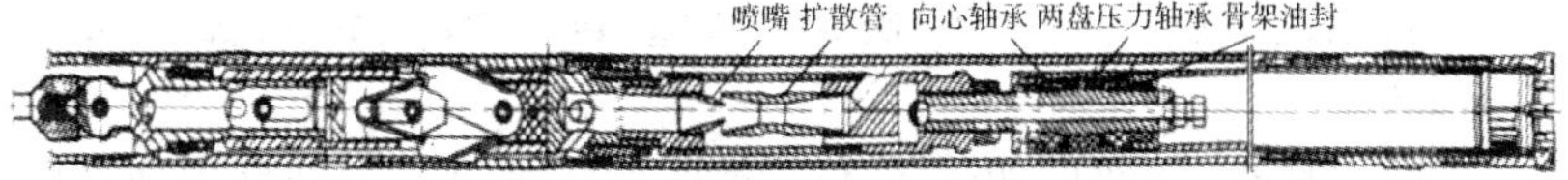

图4-41　喷射式局部反循环绳索取心钻具

钻具结构特点：

（1）在 YS75 型绳索取心钻具基础上增加了喷射反循环装置，钻具兼具喷射式局部反循环和绳索取心钻进特点，能有效地减少对冲洗液岩（矿）心的冲刷作用。

（2）喷嘴与扩散管距离选择 5 mm 为宜，喷嘴直径 8 mm，钻具水路畅通，对泥浆、清水均适用。

（3）为增强钻具单动性能，增加了两盘向心轴承和两盘压力轴承，并采用骨架油封防止冲洗液进入轴承。

（4）在内管总成的心轴上装有调节水量的调节螺母，钻进时内管返流水量大小不受水泵水量和泵压大小的控制。

82. 喷射式局部反循环绳索取心钻具的工作原理是什么？

钻进时冲洗液沿钻杆进入内管总成上部，挡肩与抗磨环封闭，冲洗液进入喷嘴，以高速射入扩散管，在混合室周围形成负压，孔底液流经内管被吸入混合室，与高速液流汇合后，由高速射流带入到扩散管，经扩散管分水孔、内外管环隙到钻头底部形成分流。一部分冲洗液在负压作用下进入内管形成局部反循环，起到冷却钻头、清洁孔底、悬浮岩屑、润滑和保护岩（矿）心作用，另一部分冲洗液绕过钻头至外管与孔壁环状间隙形成正循环。

83. 喷射式局部反循环绳索取心钻具使用注意事项有哪些？

（1）下钻前首先检查钻具单动性能及各部件配合间隙是否合适，并根据钻进岩石情况调整调节螺母改变过水断面大小来调节内管返量，调节完成后，固定调节螺母，防止回扣。

（2）钻进坚硬破碎的岩石时，调节内管返流量，使其能悬浮岩粉，清洁孔底，冷却钻头；在松散、怕冲刷的地层中钻进，可将内管流量调小，使其能起到润滑、减阻和防止岩心堵塞的作用。

（3）钻进参数：钻压 5 ~ 10 kN，转速 400 ~ 750 r/min，泵量 50 ~ 70 L/min。

（4）更换新钻杆时，必须进行检查，严防脏物进入钻杆内堵塞喷嘴。钻进酥、松、软、硬、脆、碎地层时，必须采用底喷隔水钻头或底喷阶梯水口钻头。

(5)破碎层钻压不宜过大，进尺速度不宜过快，避免岩心堵塞。完整地层钻进时，钻头内径与卡簧内径严格配合好，以免影响内返液流的效能。

(6)内管长度不宜过长，一般控制在1.3～2.5 m时，反循环作用较好，可获得较高岩(矿)心采取率。

84. 什么是绳索取心液动冲击回转钻具?

绳索取心液动冲击回转钻进是在绳索取心钻进的基础上，增加冲击回转钻进功能，通过专用的连接、传动和定位机构将绳索取心钻具与液动冲击器组合为一体，实现投放、定位、冲击回转钻进、提拉收缩打捞总成等一系列功能。

钻具组合结构如图4－42所示，钻压和扭矩由地面通过钻杆柱、取心外管传递给取心钻头进行回转钻进，在回转钻进的同时液动锤产生的冲击载荷通过传功板、传功环、外花键轴和下外管传递给取心钻头，在回转钻进的基础上叠加一定频率的冲击动载荷；岩心装满后，采取常规的绳索打捞器提取内管总成(含液动锤)。

该钻具将绳索取心和液动冲击回转钻进的优势相互结合，能防止岩心堵塞，增加回次进尺。尤其是在破碎地层及坚硬致密地层中钻进，可显著提高钻进效率。同时，该钻具对控制孔斜也具有一定的防斜保直作用。

85. 绳索取心液动冲击回转钻具结构特点是怎样的?

SYZX系列绳索取心液动锤钻具结构特点如下：

(1)外管总成由与绳索取心钻杆相连接的弹卡挡头、弹卡室、密封接头、上扩孔器(内装上扶正环)、上外管、承冲环接头、下外管、下扩孔器(内装下扶正环)和钻头组成。内管总成由捞矛头、回收管、弹卡钳、弹卡架、密封套、YZX系列液动锤、传功板、单动接头、堵塞报信套、缓冲接头、缓冲室、上分离接头、下分离接头、调节接头和卡簧座等组成。

(2)YZX液动锤结构如图4－43所示。液动锤采用双喷嘴配流结构，依靠锤阀各自产生的压力差运动，减少了密封副数量和冲程阻力，简化了钻具结构，而冲击功较传统的液动锤有了较大幅度的提

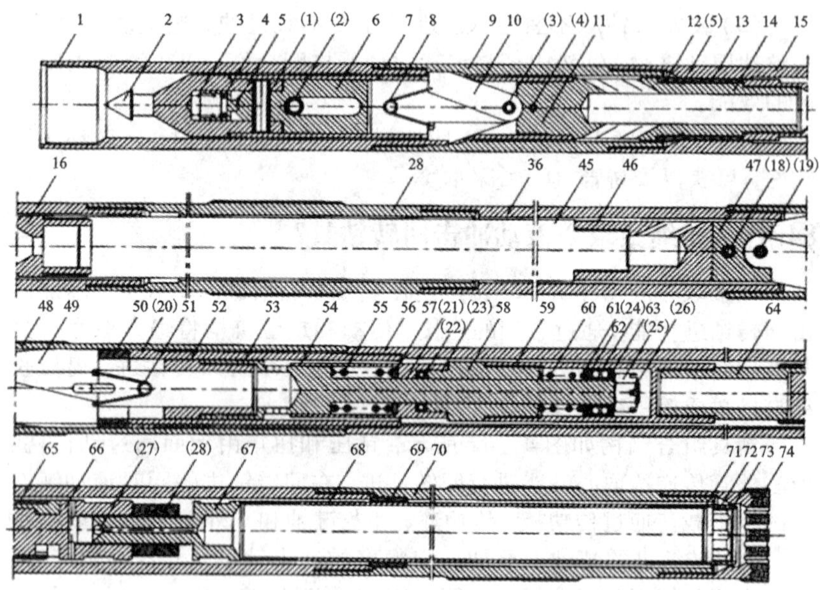

图 4-42 SYZX 系列液动锤绳索取心钻具结构图

1—弹卡挡头；2—捞矛头；3—捞矛头弹簧；4—捞矛头弹簧垫；5—捞矛座；6—回收管；8—弹卡钳张簧；9—弹卡室；10—弹卡钳；11—弹卡钳支座；12—悬挂环；13—密封套；14—弹卡架；15—密封接头；16—上接头；28—稳定器；36—上外管；45—内花键套；46—传功板架；47—传功板座；48—外花键架；49—传功板；50—传功环；51—传功板张簧；52—外花键轴；53—单动接头；54—堵塞报信套；55—堵塞报信弹簧；56—下外管；57—堵塞报信弹簧垫；58—缓冲接头；59—缓冲室；60—缓冲弹簧；61—缓冲弹簧座；62—6208 轴承左端盖；63—6208 轴承右端盖；64—上分离接头；65—挡环；66—下分离接头；67—调节接头；68—岩心管；69—下扶正器；70—扩孔器；71—卡簧挡圈；72—卡簧；73—卡簧座；74—钻头；(1)～(4)、(18)、(19)—弹性圆柱销；(5)、(20)、(21)、(23)—O 形密封圈；(22)—单向推力球轴承；(24)—双列向心推力球轴承；(25)—螺母；(26)—开口销；(27)—钢球；(28)—螺母

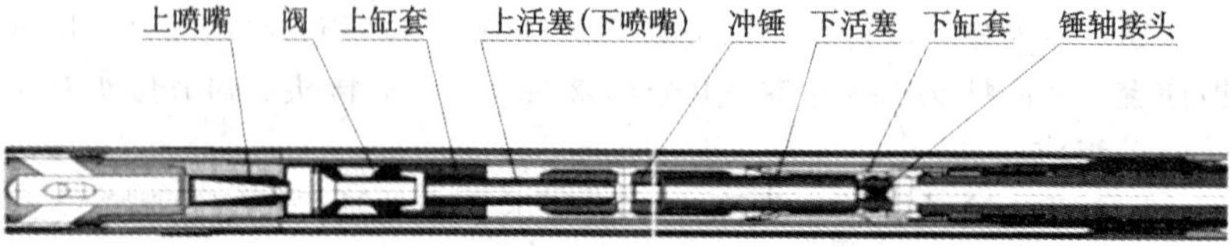

上喷嘴 阀 上缸套 上活塞(下喷嘴) 冲锤 下活塞 下缸套 锤轴接头

图 4-43 YZX 系列液动锤结构原理示意图

高。内外管之间及阀锤高低压区之间的密封均采用机械式密封，比橡胶密封耐磨性高、寿命长，且密封接头、阀、锤上的螺旋槽又具有排沙及液压定心作用，提高了液动锤对冲洗液的适应性，减少了摩擦阻力，有利于液动锤正常工作；液动锤内无易损坏的弹簧零件，钻具寿命较长；该液动锤取消固定式节流环，击砧水垫影响小，有利于深孔钻进；传递冲击功装置采用具有相互包容的刚性结构，简单、可靠、寿命长，使用维修及更换方便；结构参数可调，能满足多种钻进要求；泵量、泵压较低，须配备附加装置较少。

86. 绳索取心液动冲击回转钻具的液动锤工作原理是怎样的?

YZX 系列绳索取心液动锤工作原理：启动时，工作液体从上喷嘴喷出，高速射流的卷吸作用将上缸套上腔介质抽往下腔，上腔迅速降压，同时由于下喷嘴的节流作用，上缸套下腔的压力升高；使阀迅速上行至上限。进入下腔的液流，经下喷嘴高速喷出，同样由于卷吸作用使锤体腔内压力下降，而与冲锤连接的下活塞底部由于水路被截断，压力升高，于是形成压差，使冲锤上行抵达行程上限，上活塞与阀接触关闭水路，至此回程结束。冲程时，由于冲锤上活塞顶部与活阀下端闭合，高速液流被迅速切断而产生水击，上腔压力猛增；与此同时，冲锤下腔压力急剧下降，故上、下腔间压力差推动冲锤活塞和活阀向下运动。活阀抵达行程下限后，冲锤活塞因惯性继续向下运动，直至冲击砧子(锤轴接头)为止。活阀与冲锤活塞又进入下一循环的回程，如此周而复始产生冲击。

87. 绳索取心液动冲击回转钻具如何使用?

(1)钻进参数：钻压和转速应根据所钻进的地层、钻孔结构与钻头直径、类型合理选择，一般采用绳索取心液动锤钻进所选择的钻压和转速比普通绳索取心钻进略低一些；泵量的选择可参照液动锤工作参数选择，一般情况下，绳索取心液动锤钻进的泵量比普通绳索取心钻进略大一些。由于液动锤是靠泥浆泵驱动，绳索取心液动锤钻进的泵压应为液动锤工作泵压加上循环泵压。

(2)钻进中尽量使用清水或乳化液，如若必须使用泥浆，也应选择润滑良好的低固相泥浆，应特别注意保持冲洗液性能及固相含量，及时净化和处理循环系统沉淀的岩粉及杂物，可利用地形加长泥浆循环道，必要时配备泥浆除砂器。

(3)绳索取心液动锤钻进一般采用孕镶金刚石钻头，热压钻头和电镀钻头均可，但钻头胎体硬度和强度要略高于常规金刚石钻头，胎体中的金刚石一般选用高强度或经过浑圆化和金属镀层处理，钻头应具有较大的水口面积和良好的导流性能。

88. 什么是螺杆马达液动锤绳索取心钻进?

螺杆马达液动锤绳索取心钻进是将绳索取心、液动潜孔锤、螺杆马达三种钻具组合为一体(简称“三合一钻具”)，利用绳索取心不需提钻取心的优越性，利用液动潜孔锤钻进效率高、岩心堵塞几率少的优越性，利用螺杆马达作为孔底动力、不需全孔钻柱回转、扭矩损失少的优越性，形成新的组合式取心钻进技术。由于钻杆不回转，其受力状况大大改善，消除了钻杆旋转对孔壁敲击引起的坍塌、掉块，有利于孔壁的稳定，可以避免钻杆的折断及因钻杆折断带来的其他孔内事故，还可解决深孔取心钻进钻杆摩阻损耗过大、地表钻机动力不足或转速不够、钻进效率低等问题，在中深孔、深孔和超深孔复杂地层取心钻进中有着广阔的应用前景。该组合钻具在中国大陆科学钻探工程中得到成功应用，并取得了良好的技术效果。钻具组合结构如图4-44所示。

89. 螺杆马达液动锤绳索取心钻具结构特征是什么?

以S系列绳索取心钻具为主要机构，加装阀式结构的液动潜孔锤和我国石油系统多头螺杆钻具；利用绳索取心钻具的悬挂机构解决螺杆马达与外管总成的密封问题，保证全部冲洗液供螺杆马达工作；利用绳索取心钻具的定位弹卡消除了螺杆马达定子产生的反扭矩；利用伸缩式传扭板将螺杆马达输出的扭矩传递到外管总成并带动钻头回转钻进；设计了分流机构，解决螺杆马达与液动潜孔锤所需流量不匹配问题，按比例进行分流并保证液动潜孔锤工作性能不受影响；设计了内管总成到位补偿机构，使内管总成悬挂到位后，液动潜孔锤的传功机构同时到位；设计了径向微调机构，防止内管总成投放过程中因弯曲被卡在钻杆或外管总成中。

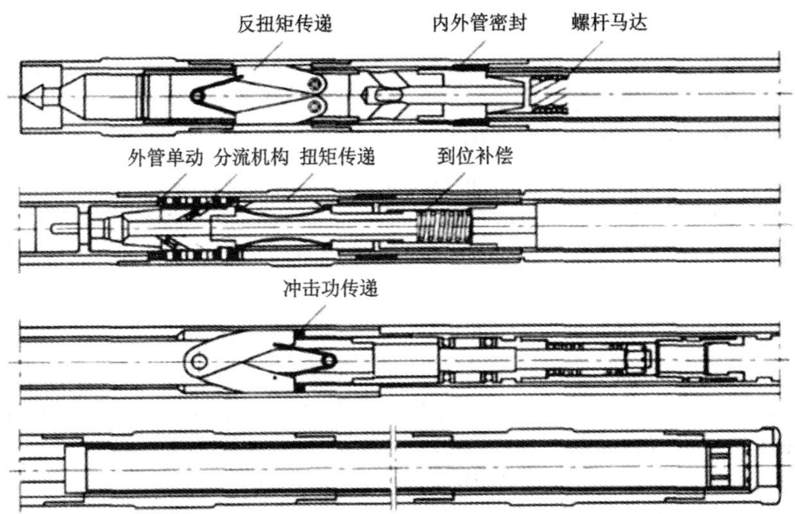

图4－44　螺杆马达液动锤绳索取心钻具结构原理示意图

90. 三合一绳索取心钻具主要机构有哪些?

三合一绳索取心钻具主要由绳索取心钻具、液动潜孔锤、螺杆马达及其之间的连接机构、冲洗液分流机构、扭矩与反扭矩的传递机构、外管单动机构、到位补偿机构等组成。钻进回次结束后，用绳索打捞器将装满岩心的内管总成提升到地表。

(1)螺杆马达与外管总成的密封

为了保证螺杆马达能全功率工作，内管总成投放到位后与外管总成的密封采用端面与径向双密封结构，密封结构简单、可靠、耐用，可以满足内外管总成的密封要求，冲洗液全部进入螺杆马达。

(2)扭矩与反扭矩的传递机构

内管总成投放到位后，螺杆马达作为孔底动力带动外岩心管和钻头回转，螺杆马达扭矩的传递采用伸缩式弹卡结构并以螺旋花键的形式进行传递。内管总成到位后，螺杆马达稍有相对转动，伸缩弹卡在弹力作用下很快进入螺旋花键槽内，此时螺杆马达的扭矩传递到外岩心管上。螺杆马达在传动轴输出扭矩的同时，马达的定子将会承受与传动轴输出扭矩大小相等方向相反的反作用力，该反作用力通过绳索取心钻具定位弹卡直接作用在不回转的弹卡室上，弹卡除了完成绳索取心的功能外，还要起到反扭矩的传递作用，因而，弹卡设计成双支点结构，保证其有足够的强度。

（3）外管总成的单动机构

螺杆马达作为孔底动力带动下部外岩心管及钻头回转，而上部不回转。其单动机构主要由主轴承、副轴承、滚针轴承和花键套、心管组成。主轴承承受全部钻压，传功板带动花键套、心管、单动接头及下部回转，实现单动。

（4）内管到位补偿与缓冲机构

钻具总长超过16 m，因加工、装配公差等原因会影响到内管总成的悬挂密封及冲击功的传递，为此专门设计了到位补偿机构，以保证在内管总成投放下降过程中绳索取心悬挂到位与液动潜孔锤传功板到位时互不影响。到位补偿机构由滑动接头和弹簧等组成。其工作原理是：内管总成投放到位后，液动潜孔锤传功板先与传功环接触，上部靠其重力继续下行，压缩弹簧，直至绳索取心悬挂接头悬挂在座环上，这样既保证了液动潜孔锤正常传递冲击功，又使内管总成与外管总成能起到良好的密封作用，使冲洗液全部供螺杆马达工作。内管总成投放到位后有很大的冲击力，所以，到位补偿机构的弹簧也给内管总成到位起到了缓冲作用，防止到位后因冲击力过大而损坏钻具。

（5）冲击功的传递

主要由传功板、传功环、传功接头等组成。液动潜孔锤的冲击功通过传功板、传功环传递到外管传功接头上，给外管及钻头施以具有一定能量的高频振动，增加回次进尺长度，提高钻进效率。

（6）冲洗液分流与液动潜孔锤的流量匹配

螺杆马达所需泵量是液动潜孔锤的2倍左右，为了使液动潜孔锤能够稳定地工作，螺杆马达排出的冲洗液在进入液动潜孔锤之前分流50%至内外管环状间隙，剩余的冲洗液确保液动潜孔锤正常工作。冲洗液分流机构由分流接头及喷嘴组成，由于分流比率随压力变化，分流结构采用可拆式、两级、多孔、小径的分流结构，单孔分流面积越小，分流量越稳定，随着孔深与泵压的增加，随时调整分流喷嘴的数量。同时，为增强组合钻具的适应性，匹配设计了具有较大流量适用范围的小径、深孔、高能液动潜孔锤。

91. 什么是螺杆马达转子驱动的绳索取心钻具?

螺杆马达转子驱动的绳索取心钻具由外管总成和内管总成组成，外管总成由反扭弹卡装置、密封悬挂、传扭装置、轴承室、取心外管、扩孔器及取心钻头等组成，内管总成由打捞装置、螺杆马达、传扭弹卡机构、万向轴装置、单动装置及岩心管等组成(见图4-45)。

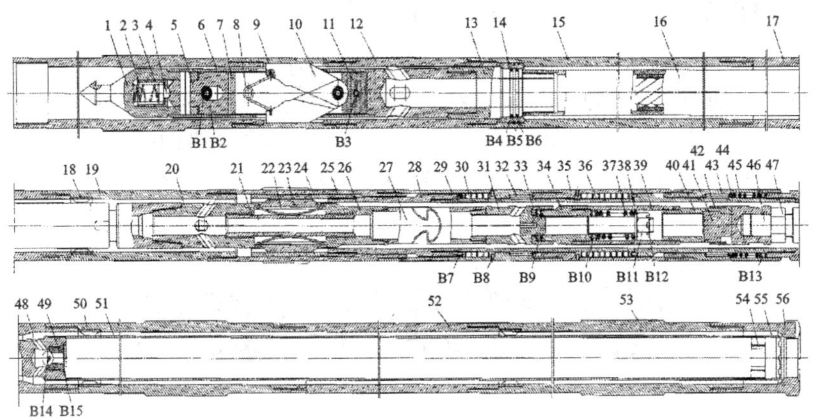

图4-45 螺杆马达驱动绳索取心钻具结构图

1—捞矛头；2—压紧弹簧；3—卡块套；4—定位卡块；5—捞矛座；6—回收管；7—弹卡架；8—张簧；9—弹卡室；10—弹卡；11—弹卡座；12—短外管；13—马达接头；14—悬挂密封套；15—悬挂上外套；16—螺杆马达；17—上外管；18—马达扶正环；19—下外管；20—上限位接头；21—弹卡心轴；22—弹卡弹簧；23—弹卡键；24—弹卡花键套；25—扶正外管；26—下限位接头；27—万向轴；28—传动接头；29—上轴承外套；30—复合轴承；31—连杆接头；32—滚针轴承；33—轴承座；34—轴承压套；35—下轴承外套；36—轴承内管；37—弹簧；38—垫片；39—弹簧套；40—上分离接头；41—下分离接头；42—挡环；43—下轴承外套；44—压垫；45—缓冲弹簧；46—调节接头；47—调节螺母；48—变位接头；49—阀座；50—扶正环；51—取心内管；52—取心外管；53—扩孔器；54—卡簧；55—卡簧座；56—取心钻头；B1、B2、B3—弹性柱销；B4—O形密封圈；B5—挡圈；B6—O形密封圈；B7—销；B8—紧定螺钉；B9—轴承；B10—轴承；B11—开槽螺母；B12—开口销；B13—轴承；B14—钢球；B15—孔用弹性挡圈

冲洗液从打捞头处的喷射孔进入螺杆腔体驱动螺杆马达回转，马达转子输出的扭矩由一套传扭装置传递给绳索取心钻具外管，带动取心钻头回转钻进，钻压通过外管总成上的轴承室传递给取心钻头，岩

心装满后，采取常规的绳索打捞岩心管(含螺杆马达)。

该方法可以避免地面回转大量能量消耗以及钻柱与孔壁的摩擦，对于金刚石绳索取心来说，钻柱高转速更加剧了能量的消耗，而且对井壁产生很大的干扰，易发生掉块、卡钻等事故，井底动力通过泥浆来驱动，仅仅带动钻头、岩心管回转，整个钻柱不回转或仅慢慢回转(以克服钻压的损失)。

92. 什么是涡轮马达绳索取心钻具?

以涡轮马达为井底动力驱动绳索取心钻具外管总成回转，内管不转、容纳岩心，其结构主要由外管总成和组合了涡轮马达的绳索取心钻具内管总成组成(见图4-46)。该方法采取率高，美国和前苏联已用于科学超深孔钻探结晶岩，前苏联使用孔深已超过10000 m。

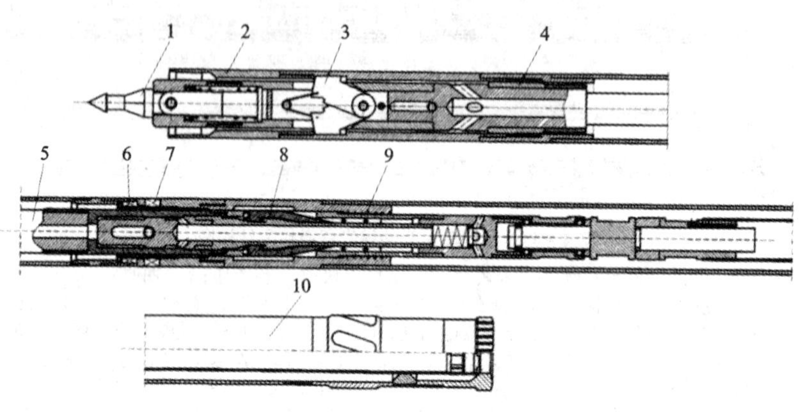

图4-46 涡轮马达绳索取心钻具结构

1—捞矛头；2—外管总成；3—上弹卡组件；4—引流封堵组件；5—涡轮马达；6—小轴承；7—大轴承；8—传扭装置；9—下封堵器；10—钻头及取心管组件

93. 什么是螺杆马达液动锤驱动双管取心钻具?

螺杆马达液动锤驱动双管取心钻进组合钻具结构如图4-47所示，属于井底动力冲击回转取心钻进方法。在普通单动双管钻具的基础上，以螺杆钻具提供回转动力，以液动锤提供冲击载荷，可避免钻柱回转所带来的问题，同时可获得较高的钻进效率和岩心采取率。不足之处是需要提钻取心，但其钻具结构相对于螺杆马达液动锤驱动绳索取心钻具要简单。其关键技术主要体现在单动双管取心钻具性能（单动性能、卡心性能、岩心管强度等）、岩心管长度、液动锤工作性能（可靠性、工作寿命等）、金刚石取心钻头性能（与地层的配伍性、抗冲击能力、工作寿命等）。该方法在中国大陆科学钻探工程有成功应用。

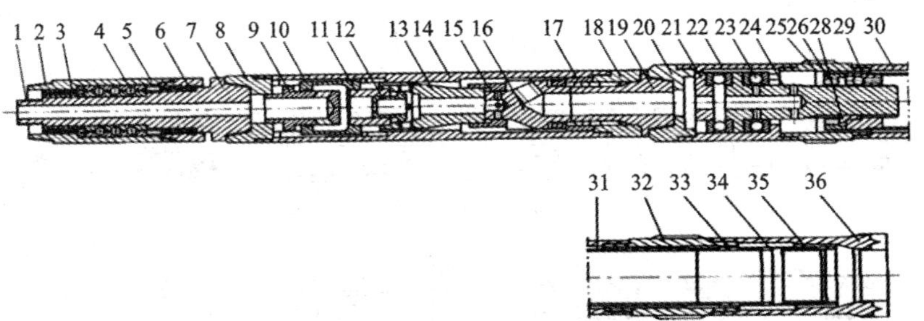

图 4－47　螺杆马达液动锤驱动双管取心钻具结构

1—螺纹连接头；2—井底马达外壳连接结构；3—上硬质合金轴承；4—推力球轴承；5—井底马达外壳；6—下硬质合金轴承；7—井底马达驱动轴；8—阀式冲击器上接头；9—上阀；10—缸套；11—上活塞；12—心阀；13—冲锤；14—阀式冲击器外管；15—传功座密封套；16—传功座；17—密封套；18—花键套；19—带外花键下接头；20—取心工具上接头；21—压盖；22—轴承腔；23—轴承；24—心轴；25—上扩孔器；26—背帽；27—钩头楔键；28—岩心管接头；29—外管；30—岩心管；31—下扩孔器；32—短节；33—卡簧座；34—卡簧；35—取心钻头

94. 什么是绳索取心＋螺杆钻＋不提钻换钻头取心钻具？

螺杆钻具和不提钻换钻头绳索取心钻进系统将绳索取心、螺杆钻与不提钻换钻头钻具三者结合在一起，发挥各自的优势，取长补短。其特点是采用孔底动力钻具螺杆钻，钻进时钻杆柱不回转，能够不提钻更换新钻头。SLB56/75 型绳索取心＋螺杆钻＋不提钻换钻头组合钻具已获得国家专利。

95. 绳索取心+螺杆钻+不提钻换钻头钻具结构原理是怎样的?

SLB56/75 型绳索取心+螺杆钻+不提钻换钻头组合钻具结构原理如图 4-48 所示，绳索取心钻具部分的结构与常规绳索取心钻具大致相同，仅增加了反扭矩接头和密封装置。另外，将绳索打捞部分与取心钻具分开，把取心钻具放在组合钻具系统的下端，螺杆钻具上端通过一个接头与绳索打捞部分连接，螺杆钻具驱动轴输出端与不提钻换钻头机构连接。

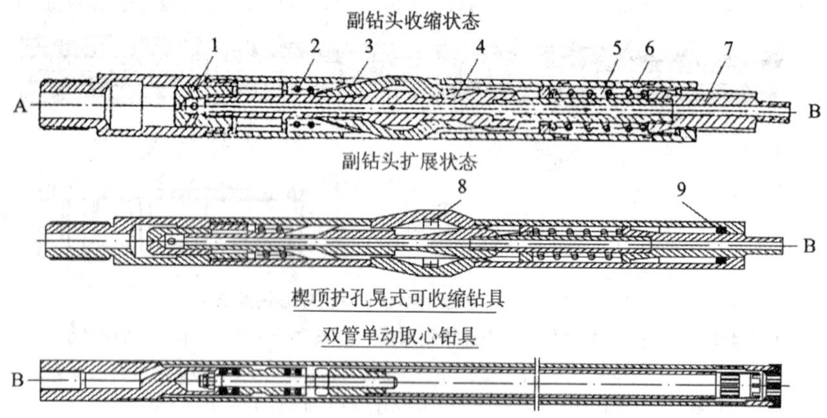

图 4-48　螺杆钻具不提钻换钻头绳索取心钻具结构

1—报风阀；2—收缩板；3—副钻头；4—楔形心柱；5—压缩弹簧；6—定位套；7—花键轴；8—定位块；9—缓冲垫

工作时，冲洗液达到绳索打捞部分，由于密封装置的作用，压力液体经过水接头进入螺杆钻具，驱动螺杆马达转子旋转，经万向轴把转矩传输到驱动轴及不提钻换钻头钻具和取心钻具旋转，产生反扭矩，通过绳索打捞部分的弹卡和螺杆钻具中的反扭矩接头，传递给绳索取心钻杆，最终由地表反扭矩装置来承受。当组合钻具与孔底接触，轴压达到一定值后，不提钻换钻头钻具上的组合副钻头由于受到花键轴、花键套、定位套、中空导杆、楔形心柱的联合作用，压缩承压弹簧，副钻头由投放时的收缩状态，变成钻进时的扩展状态。

当取心钻具装满岩心或者主、副钻头磨钝时，需要停泵，将绳索钻杆上提一段距离，使组合钻具系统离开孔底呈悬挂状态。由于下部取心钻具的自重加上承压弹簧的复位作用，迫使不提钻换钻头钻具上的副钻头收缩到原定的最小尺寸，即可下入打捞器将组合钻具系统从绳索取心钻杆内捞出。

96. 绳索取心＋螺杆钻＋不提钻换钻头组合钻具的性能参数是怎样的？

SLB56/75 型绳索取心＋螺杆钻＋不提钻换钻头组合钻具性能参数：

（1）S75 绳索取心钻具：与组合钻具配合使用的绳索取心钻具必须适当改进，增加螺杆、不提钻换钻头密封连接及反扭矩等装置。

（2）螺杆钻具：外径 56 mm，螺杆马达波齿比 5∶6，液体压力降 3.2 MPa，输出扭矩 124 N · m，液体耗量 180 ~ 230 L/min，输出轴转速 430 ~ 560 r/min，钻具长度 2.4 m。

（3）不提钻换钻头钻具：副钻头扩展最大外径 75 mm，收缩最小外径 56 mm，钻具长度 1.2 m。

（4）取心钻具：绳索取心单动双管式取心钻具，取心钻头外径 56 mm，扩孔器外径 56.5 mm，内管长度 2 ~ 4 m，采取岩心直径 39 mm。

97. 绳索取心＋螺杆钻＋不提钻换钻头组合钻具的操作要点有哪些？

SLB56/75 型绳索取心＋螺杆钻＋不提钻换钻头组合钻具系统的操作要点：

（1）组合钻具的投入：首先将组合钻具中绳索取心钻具部分的非打捞部分连同绳索取心钻杆下入孔内，钻杆下到离孔底的距离应大于组合钻具系统的长度。组合钻具在地表组装好后，从绳索取心钻杆中投入，使其悬挂于钻杆下端。

（2）钻进：投入钻具以后，与常规绳索取心钻进一样，将立轴上的主动钻杆与绳索取心钻杆连接。不同的是，必须将主动钻杆锁死，不使其转动，以承受反扭矩。再连接泵、高压胶管、水龙头、主动钻杆。

在地表开泵向钻具系统提供压力液体的同时，下放钻具使其与孔底接触，并通过钻机立轴向绳索取心钻杆施加适当轴压力。当钻具下行一定距离时，不提钻换钻头钻具上的报信阀也上行到位。此时泵压指标由大变小，表明不提钻换钻头钻具上的组合副钻头已扩展到位，调整钻压即可进行钻进。

(3)打捞组合钻具系统：当取心钻具中岩心装满或主、副钻头磨钝需更换时，可将组合钻具系统从孔内打捞出来。其操作程序如下：①停泵；②将绳索取心钻杆提离孔底一定距离，使组合钻具在孔内呈悬挂状态，此时不提钻换钻头钻具上的副钻头已收缩到设计最小尺寸；③卸开主动钻杆后，从绳索取心钻杆中投入打捞器打捞组合钻具；④地表取出岩心或更换钻头后，将组合钻具系统重新投入，进行下一回次钻进。

98. 什么是反循环连续取心钻进?

反循环连续取心钻探技术是一种不提钻、利用不同的循环介质把岩心(或岩屑)经钻杆的中心通道连续不断地输送到地表的钻探方法。

99. 反循环连续取心钻进的原理是怎样的?

如图 4 - 49 所示，当水力反循环连续取心钻进时，冲洗液由水泵经双管水龙头 1 进入双层钻杆内、外管的环状间隙，到达孔底而开始分流，其中大部分进入内管中，以反循环方式向上流动(水的上升速度约 3 m/s，空气则为 25 m/s 或更大)，把岩心及岩屑携带到水龙头处，再通过岩心回流软管 3 将岩心排至岩心收集器内。另一小部分冲洗液从钻杆与孔壁之间狭小的环状间隙，按正循环方式缓慢地向上流动，起到稳定孔壁和润滑钻具的作用。

钻进过程中，在钻具的内管下部装有岩心切断器(见图 4 - 50 中 4)，当钻出的岩心达到一定长度时(约为岩心直径的 2 倍)，即被岩心切断器所切断。这样，岩心被成段地、连续不断地从孔底输送至地表。

反循环连续取岩屑钻进示意如图 4 - 51 所示。冲洗介质可以是冲洗液或在冲洗液中注入空气，以减轻内管中所产生的静水压头，使其能在严重漏失地层维持冲洗液的循环。若采用注气方法钻进时，在内、外管环状间隙被泵入充以高压空气泡的重冲洗液，此时，当它流经钻头上返时，在内管中因高速流动和水柱压力渐减而变为带低压空气泡的轻冲洗液。这就促进了液流上返，并加强了冲洗液的循环。

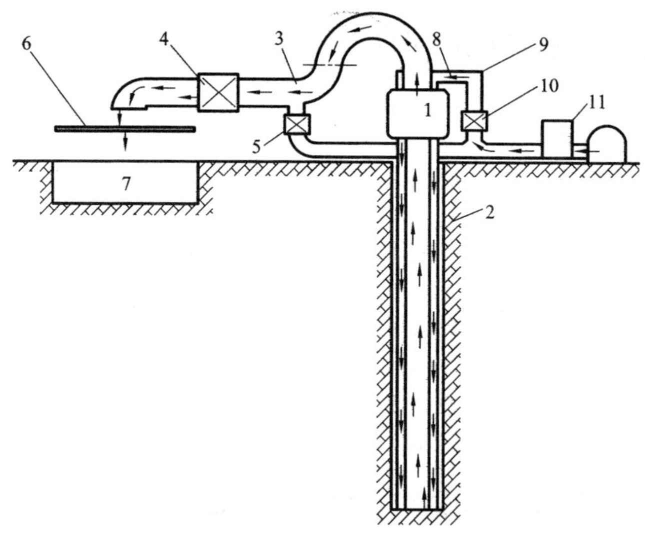

图 4－49　水力反循环连续取心方法装置

1—双管水龙头；2—双管钻杆柱；3—岩心和岩屑回流软管；4—软管阀门；5—返井软管阀门；6—筛网；7—水池；8—洗井液；9—接立管的软管；10—立管阀门；11—泥浆泵或空压机

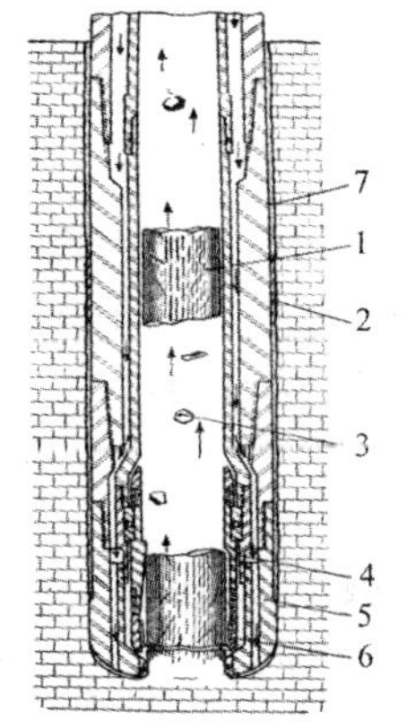

图 4－50　连续取心钻具

1—岩心；2—扩孔器；3—岩屑；4—不转动的岩心；5—取心钻头；6—岩心卡簧；7—回流液

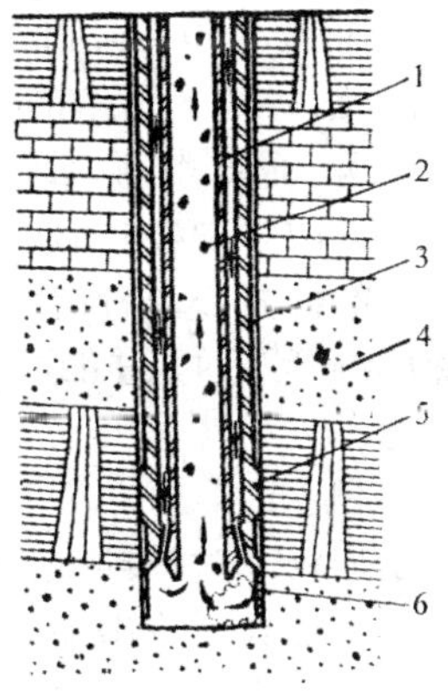

图 4－51　连续取岩屑钻进

1—干空气或雾湿空气；2—岩屑；3—静水或特殊洗井液；4—含水层；5—扩孔器或桥架；6—钻头上的裙

100. 反循环连续取心钻进如何分类?

反循环连续取心钻进法根据所形成反循环的钻管系统的不同，可分为：单管反循环；双管反循环；三管反循环。

根据输送岩心(或岩屑)的原理不同可分为：气举反循环；泵压反循环；泵吸反循环。

根据反循环的冲洗介质不同可分为：空气反循环；清水(泥浆)反循环。

根据所排出的地质样品不同可分为：反循环取心；反循环取屑。不论是取心还是取屑其工作原理都是一样的。由于双管反循环能可靠地形成反循环并可顺利穿过覆盖层、破碎带、非胶结地层、裂隙节理发育等复杂地层，因此，国内、外生产现场大多采用双管反循环钻进。

101. 反循环连续取心钻进有什么优缺点?

反循环连续取心具有如下优点：

(1)钻进效率高。

由于无需提钻取心，减少了升降钻具及其他辅助时间，起下钻时间可减少30% ~50%。和绳索取心相比，它还减少了打捞内管总成的时间。因此，时间利用率高。

(2)岩心采取率高，取心质量好。

样品从内管中心被输送到地表，不致因冲洗液冲蚀孔壁而污染样品。由于能使岩心或岩样形成后随时连续不断地输送至地表，所以对样品深度判断及时，并能取得有真实代表性的样品。采取率一般可达95%以上。

(3)孔底干净。

由于岩粉及时被排出，减少了井底重复破碎，避免了钻头底唇面由于岩粉不能及时排出而形成的“缓冲垫”。因此，可大幅度提高时效，且延长了钻头寿命。

(4)易于穿过复杂地层，钻孔可以不下套管，外钻杆就等于跟管钻进的套管。

(5)在含水层或含油气层等地层钻进时，可避免泥浆对孔壁的堵塞，这使该类地层能保持其原有的自然渗透率。

（6）单位成本低，相同地层条件下，反循环连续取屑钻进的成本，仅为取心钻进的 1/5 ~ 1/3。

反循环连续取心（或取屑）钻进所存在的问题是：

斜孔、水平孔还未能应用；钻进深度和所适应的岩层有一定局限性，还不能完全代替普通岩心钻进。例如当钻进石棉、水银等酥脆矿层时，碎屑状的岩样破坏了地层的原状结构，难以直接获得所钻地层的物理力学性质（如容重、湿度、节理等）。

在钻进过程中因为冲洗液是由双壁钻杆的环状空间进入内管通道的，在此过程中，不易进入钻头底唇部分，故钻头底唇的冷却效果不是很好。

遇到坚硬岩层时，岩心难以被切断或岩心切断器磨损严重。

钻探设备和附属工具还过于笨重，价格亦昂贵，一次性投资较大。

102. 反循环连续取心钻进的应用范围是什么？

（1）水文地质和工程地质钻探。

（2）地质填图以及金属非金属钻探（特别是金矿钻探）。

（3）水井钻探。

（4）冲洗液漏失严重地层的石油钻井及海底采矿等方面。

可以预料：随着贯通式潜孔锤的出现，以及钻进设备和工具的进一步轻便化（如采用轻合金钻杆等），此种钻探技术将会在深孔、硬岩钻进中发挥更重要的作用。

103. 反循环连续取心钻进钻机有什么特点？

自行或拖挂式全液压钻机钻进效率高，钻机采用全液压控制，有利于快速、准确地完成钻进过程中的各个机械动作，降低操作者的劳动强度。由于钻进不受取心回次长度的限制，故要求动力头给进式有尽可能大的行程，以尽量减少辅助时间。

104. 反循环连续取心钻进用侧入式水龙头有什么特点？

侧入式水龙头（或气水龙头）其作用是将水泵（或空压机）压出的高压冲洗介质，导入双层钻杆的内、外管之间的环状间隙中，直达孔底；并将内管中的岩心（岩屑）输送至地表。因此，水龙头必须为上返样品提供足够大的中心通道。由于水龙头通常被安装在动力头之下，所以承受有压力和扭矩，因而要求有良好的密封性能。

105. 反循环连续取心钻进的双壁钻杆起什么作用?

双壁钻杆是进行反循环连续取心（取屑）钻进的关键，它不仅要像常规钻杆一样传递压力、扭矩及为冲洗介质提供下行通道，还必须为上返样品提供一连续的上返通道。

双壁同心钻杆之间的连接形式主要有两种：刚性连接和非刚性连接。刚性连接采用定心肋骨使内、外管焊接成一体，内、外管接头均采用螺纹连接。这种连接形式内、外管均承受载荷；且钻杆连接时要求内、外管接头的螺纹同步。因此，钻杆的轴向尺寸误差要求十分严格。非刚性连接是采用定心肋骨把内管固定在外管内，防止内管轴向窜动，外管两端采用带螺纹的接头，内管两端采用无螺纹的承插接头。内管不承受载荷，其密封靠内管接头的弹性密封圈。国内、外普遍采用非刚性连接形式。

106. 反循环连续取心钻进用什么装置收集岩心?

水力反循环连续取心钻进时，在地表应设置岩心接收器，用以收集由内管返出的岩心。当空气反循环连续取屑钻进时，岩屑随高速气流连续排出，故地表需有一装置以使气样分离。

107. 对反循环连续取心钻进的钻头有什么要求?

反循环连续取心（取屑）钻头的唇面结构应具有有利于形成反循环的特点，即能使岩屑向钻头中心聚集。实践证明，反螺旋唇面结构的钻头具有这种特点。该钻头在转动过程中在其唇部形成一种“涡流”，在“涡流”的作用下，岩屑就能向中心“内聚”，使冲洗介质容易地把岩屑带走并进入中心通道。

反循环钻进用的钻头寿命要长，否则反循环连续取心（取屑）的优点难以发挥。国内、外反循环钻进所使用的钻头，有多种类型。在松软覆盖地层多以合金刮刀或肋骨钻头为主；在破碎复杂地层以牙轮钻头为主，在完整基岩地层中，则以金刚石或复合片钻头为主。

108. 反循环连续取心钻进的卡断器结构是怎样的?

反循环连续取心钻进法的岩心切断是靠装在钻头上部某一高度的岩心卡断器完成的。岩心卡断器的结构主要有楔面式、卡块式和滚球式。虽然它们的结构不一，但作用原理都是在岩心形成一定长度之后，使其受到一个径向力以致把岩心卡断。

岩心卡断器在与岩心接触时应尽量保证单动性，这样可减少因磨削岩心而造成的岩心堵塞。为此，卡断器与卡断器座应采用动配合。国外在有的大口径钻具上，在卡断器和卡断器座之间装有径向轴承。滚球式卡断器的单动性能要比楔面式和卡块式的好。卡断器的寿命至少应该和钻头的寿命相等。

109. 反循环连续取心钻进时如何防止钻进时岩心堵塞?

在反循环连续取心技术上的难题是岩心容易堵塞在内通道。造成管内岩心堵塞的原因是由于大小不同块度的岩样具有不同的上返速度，因此就有可能相互产生挤卡，或者大块岩样长度不合适，受上返液流作用翻转而卡塞在内管通道中。岩心的上返速度与冲洗介质的上返速度、冲洗介质和岩心的比重、岩心的体积以及岩心和中心通道的环状间隙、孔深等因素有关。

关于携带岩心的能力和上返速度，尚未有完善的计算公式。一般说，岩心直径愈大，其上升速度愈接近液流上返速度。岩心直径愈大，冲起它所需的最低液流速度也愈大。因此，钻进深孔所用的钻杆内径，较浅孔的要大。

为防止管内岩心堵塞，应在施工中采取必要的措施：一是要注意上返速度，通常岩心在内通道的上升速度愈快，发生堵塞的几率就愈少。这是因为岩心上升达到一定速度时，会在其下部形成一种具有抽吸作用的负压区，这样，可以减少岩屑钻入岩心和内通道间隙的机会；二是要提高双壁钻具的加工精度，以防止其内管系统发生泄漏和断流所引起的卡塞；三是要注意卡断器的结构。根据所钻岩石性质来调整卡点高度，并注意被切断岩心的长度，避免岩心在管内翻转卡塞内管；四是要注意岩心和内通道之间的间隙。此间隙的大小会影响冲洗液的上返速度。

110. 什么是钻孔弯曲？钻孔弯曲的原因是什么？弯曲的条件是什么？

钻孔在施工中，往往会发生偏离原设计的方向和角度，即偏离既定的空间位置，称为钻孔弯曲。如图 4－52 所示。

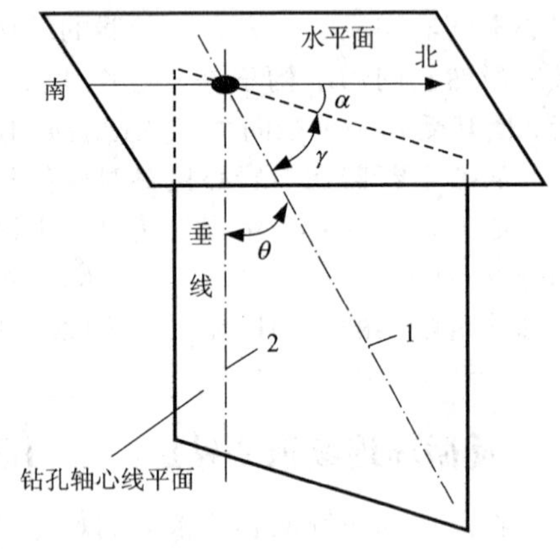

图 4－52 钻孔空间位置

1—钻孔轴心线；2—钻孔垂线

顶角 θ：钻孔轴心线与水平面的垂线所夹的角，称为顶角 θ。

倾角 γ：钻孔水平线与钻孔轴心线所夹的角，称为倾角 γ，也是顶角 θ 的余角。两角的和为 90°。

造成钻孔弯曲的根本原因是粗径钻具轴线偏离钻孔轴线。粗径钻具轴线偏离钻孔轴线的方式，可能是偏倒，也可能是弯曲。因此，产生钻孔弯曲必要而充分的条件是：

(1) 存在孔壁间隙，为粗径钻具提供偏倒(或弯曲)的空间。

(2) 具备倾倒(或弯曲)的力，为粗径钻具轴线偏离钻孔轴线提供动力。

(3) 粗径钻具倾斜面方向稳定。

粗径钻具倾斜面是指偏倒(或弯曲)的粗径钻具轴线与钻孔轴线所决定的平面，孔壁间隙和倾倒(或弯曲)力是实现钻孔弯曲的必要条件；而粗径钻具倾斜面方向稳定是产生钻孔弯曲的充分条件。

钻具倾斜面稳定在某一方向时，钻杆柱只做自转而不做公转运动。可以推知，钻孔弯曲是在钻杆柱自转的情况下发生的。如果钻杆柱公转，则必定带动偏倒或弯曲的粗径钻具围绕钻孔轴线转动，使钻头在不同的时刻朝着不同的方向钻进，这只能产生扩壁作用，而不导致钻孔弯曲。

111. 什么是钻孔的方位角?

钻孔的方位角是：从正北方向开始，顺时针方向至钻孔的轴线，与在水平面上的投影所夹的角，称为方位角 α。如图 4－52 所示。

111. 钻孔弯曲对钻探工程造成哪些不良后果?

在钻进(井)工程中，为了达到一定的地质目的或工程目的，必须根据地质、地形条件和技术条件合理设计钻孔的轨迹。但是在工程施工中，由于自然因素和技术因素的影响，实际的钻孔轨迹往往偏离设计轨迹。这种现象称为钻孔弯曲或钻孔偏斜。钻孔弯曲程度是评价钻探工程质量的重要依据之一。钻孔弯曲往往会给钻探工程造成不良后果。

(1)对地质成果的影响

有可能歪曲矿体产状、打丢矿体、遗漏断层或改变勘探网度，从而影响对矿体的评价、构造的判断和储量计算的精确程度。

(2)对钻探施工的危害

由于孔身偏斜或过分弯曲，钻具在孔内弯曲变形严重，钻具与孔壁摩擦阻力增加，钻压传递条件恶化，钻杆磨损加剧，钻杆折断事故增多，升降钻具困难，钻进功耗增加和钻进速度下降。钻孔弯曲超过允许范围而达不到地质目的时，则需要纠斜或重新钻孔。这就要耗费大量人力、物力和时间，增加经费开支。

(3)其他方面

水文水井钻探中，由于钻孔弯曲，可能会造成深井泵无法下入到钻孔中，即使下入钻孔中，也会引起深井泵的过早损坏。在钻孔桩施工中，会引起桩基倾斜，严重影响桩基承载力。

要完全避免钻孔弯曲是很困难的。但是，应当采用一切可能的措施，把钻孔弯曲程度控制在允许的范围之内。从钻探工艺与技术角度出发，了解钻孔在地下空间的位置，研究钻孔弯曲的原因、机理和规律性，从而采取相应的对策，进行防斜和纠斜，甚至利用钻孔弯曲趋势，或者进行人工造斜与保直，实现定向钻进。

112. 钻孔轨迹的基本要素包括哪些?

为了了解钻孔在地下空间的位置，表征钻孔轨迹的空间形态，必须了解和控制钻孔轨迹要素。

钻孔轨迹的基本要素包括钻孔的顶角、方位角和对应的钻孔孔深。如图 4－53 所示，在三维坐标系中原点 O 代表开孔点，X 轴代表南北方向，Y 轴代表东西方向，Z 轴代表地下方向。$OABC$ 是钻孔的空间轨迹。其基本要素为:

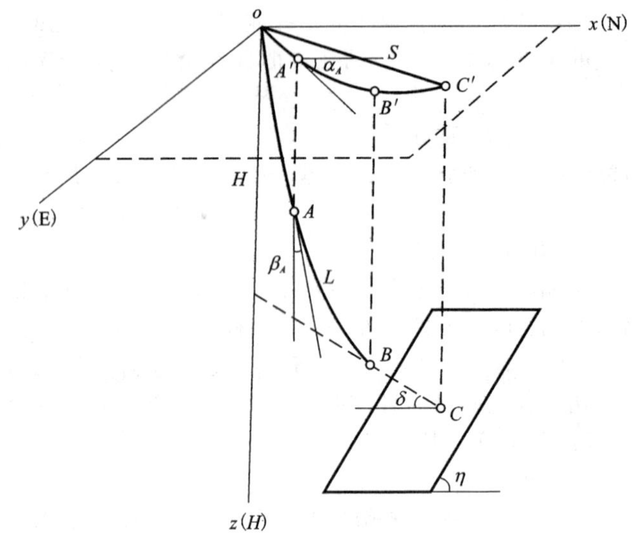

图 4－53 钻孔轨迹

(1)顶角

钻孔轨迹上某点的顶角是该点的切线与铅垂线之间的夹角，一般用 θ 表示。顶角的余角($90° - \theta$)称为钻孔某点的倾角。顶角变化的范围是 0°～90°。

(2)方位角

钻孔轨迹上某点的方位角是该点的切线在水平面上的投影与真北方向之间的夹角，一般用 α 表示，并且从真北方向开始按顺时针方向计算。用罗盘测量方位角时，测得的数值是磁方位角，应该加入钻孔所在地的磁偏角，才能得到真方位角。方位角变化的范围是 0°~360°。

(3)孔深

钻孔轨迹上某点的孔深是孔口到该点的钻孔轴线的长度。

如果钻孔轨迹某段是直线，则其顶角和方位角不变；如果钻孔轨迹某段是曲线，则在曲线上的每一点可能有不同的顶角和方位角。倘若曲线只有顶角变化，而无方位角变化，那么这样的钻孔轨迹是垂直平面内的曲线。顶角变化也称顶角弯曲。顶角增大时称顶角上漂；顶角减小时称顶角下垂。在这种情况下钻孔轨迹的水平投影是一条直线，而它的剖面则是一条曲线。倘若曲线既有顶角变化，又有方位角变化，那么这样的钻孔轨迹可能是空间曲线，也可能是倾斜平面内的曲线。方位角变化也称方位角弯曲。在这种情况下钻孔轨迹的水平投影是一条曲线，而它的剖面也是曲线。倘若钻孔轨迹只有方位角变化，而无顶角变化，那么这样的钻孔轨迹是一条空间螺旋线。其水平投影是圆弧，剖面是直线。

利用钻孔轨迹的基本要素，可以计算出轨迹上每一点的空间坐标，如图 4－54 所示，假设钻孔轨迹为一斜直线，坐标系的原点为孔口，X 轴取正北方向，Y 轴取正东方向，Z 轴铅垂向下。借助测斜仪，测出钻孔各个深度上(即测点)的顶角和方位角。轨迹上的空间坐标计算如下：

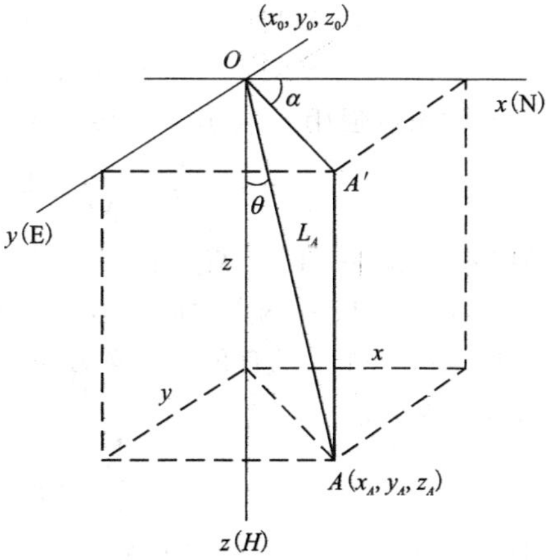

图 4－54　直线型钻孔轨迹图

$$x_A = x_0 + L_A \sin\theta \cos\alpha$$

$$y_A = y_0 + L_A \sin\theta \sin\alpha$$

$$z_A = z_0 + L_A \cos\theta$$

式中：x_0，y_0，z_0——孔口坐标；

x_A，y_A，z_A——钻孔轴线上点 A 的坐标；

θ——开孔顶角；

α——开孔方位角；

L_A——孔口至测点钻孔轴线的长度。

113. 什么是钻孔轨迹弯曲强度?

钻孔轨迹的弯曲强度实质上是指钻孔轨迹单位长度上钻孔弯曲角度的变化量，可用曲率 k 或弯强 i 表示。曲率的单位是 rad/m，弯强的单位是°/m。它们的关系是：$i = k \times 360/2\pi = 57.3k$。

钻孔轨迹的弯曲强度可分为钻孔轴线单位长度的顶角变化量，称为顶角弯强；单位长度的方位角变化量，称为方位角弯强；单位长度的全角变化量，称为全弯强。

顶角弯强用 i_θ 表示。若某一孔段的顶角变化均匀，则：

$$i_\theta = \frac{\Delta\theta}{\Delta L} = \frac{\theta_B - \theta_A}{L_B - L_A}$$

式中：θ_A，θ_B—— A、B 两点的钻孔顶角，(°)；

L_A，L_B——A、B 两点的孔深，m；

$\Delta\theta$——A、B 两点之间顶角增量，(°)；

ΔL——A、B 两点之间延伸长度，m。

方位角弯强用 i_α 表示。若某一孔段的方位角变化均匀，则：

$$i_\alpha = \frac{\Delta\alpha}{\Delta L} = \frac{\alpha_B - \alpha_A}{L_B - L_A}$$

式中：α_A，α_B——A、B 两点的钻孔方位角，(°)；

$\Delta\alpha$——A、B 两点之间的方位角增量，(°)。

如果某一孔段既有顶角又有方位角变化，则产生全弯曲角 γ。全弯强用 i 表示：

$$i = \frac{\gamma}{\Delta L} = \frac{\gamma_B - \gamma_A}{L_B - L_A}$$

式中：γ_A，γ_B——A、B 两点的钻孔的全弯曲角，(°)。

全弯强值越大，表明钻孔弯曲程度愈强烈。

钻孔轨迹上 A、B 两点的全弯曲角 γ 的计算公式为：

$$\cos\gamma = \sin\theta_A \times \cos\alpha_A \times \sin\theta_B \times \cos\alpha_B + \sin\theta_A \times \sin\alpha_A \times \sin\theta_B \times \sin\alpha_B + \cos\theta_A \times \cos\theta_B$$

钻孔全弯强对于校核钻杆柱工作的安全性和粗径钻具入孔的可通过性有实际意义，也是设计定向钻孔轨迹的一个重要参数。

114. 钻孔顶角、方位角允许弯曲度为多少?

现行规定钻孔顶角的最大允许弯曲度，在每 100 m 内，直孔不得超过 2°，斜孔不得超过 3°。随钻孔的加深，可以递增计算。

方位角根据矿区的具体情况，由有关部门一起商定。

115. 形成钻孔弯曲的原因分为哪几类?

形成钻孔弯曲条件的原因大致可分为三类，即地质、技术和工艺因素。

(1) 地质因素

影响钻孔弯曲的地质因素主要是岩石的各向异性和软硬互层。地质因素是客观存在的，只能通过工艺技术措施来减弱甚至抵消它的促斜作用。主要的促使孔斜的地质因素有：

①岩石的各向异性

某些具有层理、片理等构造特征的岩石，其可钻性具有明显的各向异性。如图 4－55 所示，钻头沿垂直于岩层方向钻进的岩石破碎效率最高，而平行于层理的方向，效率最低，倾斜方向的碎岩效率居中。因此，在倾斜岩层中钻进时，极易产生钻孔向垂直于层面的方向弯曲(俗称顶层进)。

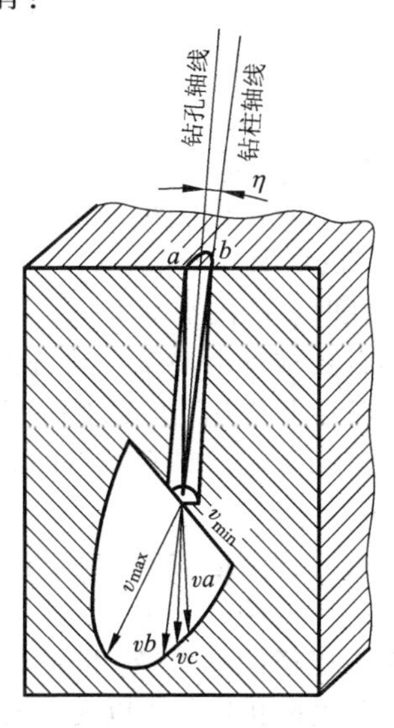

图 4－55　在各向异性岩层中钻进示意图

钻孔弯曲强度与岩石各向异性强弱和钻孔遇层角的大小有关。所谓钻孔遇层角就是钻孔轴线与其在层面上的正投影的夹角。当遇层角约为 45°时，钻孔弯强最大。

②软硬互层

钻孔以锐角穿过软硬岩层界面，从软岩进入硬岩时，由于软、硬部分抗破碎阻力的不同，使钻孔朝着垂直于层面的方向弯曲；而从硬岩进入软岩时，则钻具轴线有偏离层面法线方向的趋势。但由于上方孔壁较硬，限制了钻具偏倒，结果基本保持着原来的方向；钻孔通过硬岩进入软岩又从软岩进入硬岩时，最终还是沿层面法线方向延伸。如图 4－56 所示。

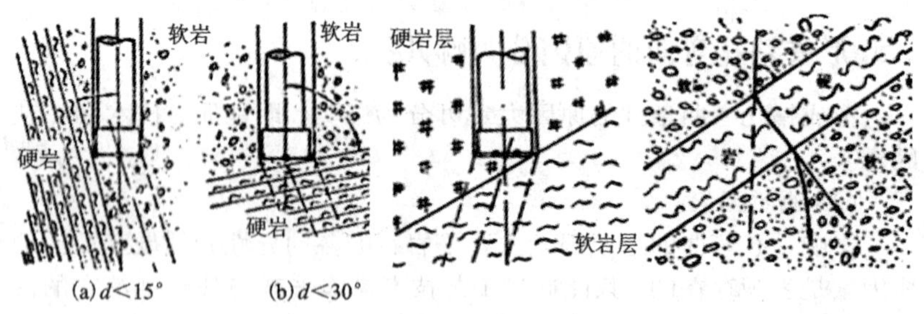

图 4－56 软硬互层示意图

钻孔遇层角存在着临界值。超过此值时，钻孔顶层进；低于此值时，钻孔将沿硬岩的层面下滑(俗称顺层跑)。

这也说明钻进中粗径钻具倾斜面方向稳定是客观存在的。

(2)技术因数

开孔时，钻机基础不平，立轴安装不正确，未下孔口管或孔口管方向不合要求都会使钻孔轨迹偏离设计的空间位置。这些因素主要是在开孔阶段起作用，但钻孔一旦开始偏斜就会对以后的钻孔继续延伸产生严重的影响。钻孔较深时，即使顶角偏差不大，也会导致很大的水平偏距。

钻进过程中造成钻孔弯曲的技术原因主要是钻具的结构和尺寸。现行的一切钻进方法中，为了保证冲洗液畅通、排除岩屑，钻头直径往往大于粗径钻具直径，同时，钻头在钻进过程中不可避免地还要产生一定程度的扩壁，所以孔壁与粗径钻具之间的空隙必然存在。钻进过程中必须对钻头施加轴向压力，由于存在孔壁间隙，而钻杆柱为一细长柔性杆件，在压力的作用下，钻杆柱将产生弯曲变形，轴向压力将沿弯曲钻杆产生水平分力，当粗径钻具直径较大、长度较小时，钻具为一刚体，使粗径钻具偏倒，所以，使粗径钻具倾倒或弯曲的力也是客观存在的。

(3)工艺方面的原因

影响钻孔弯曲的工艺因素，主要有钻进方法、钻进规程参数。不同的钻进方法具有不同的破碎岩石特点，导致不同的孔壁间隙。钢粒钻进时孔壁间隙最大，因此孔斜最大。硬质合金钻进时孔壁间隙次之，一般孔斜中等。金刚石钻进孔壁间隙最小，通常只有 1 ~ 3 mm，在钻具刚度足够时，孔斜最小。

钻进规程参数是影响孔斜的重要因素。钻压过大，会造成钻杆柱甚至粗径钻具弯曲，使钻头紧靠孔壁一侧，此时偏倒角可能达到最大值，并且钻具与孔壁摩擦阻力增加，钻具只围绕自身轴线自转而不做公转，此时钻具倾斜面有固定方向，从而导致钻孔弯曲。转速过高，钻杆柱回转离心力增大，从而加剧了钻具的横向振动和扩壁作用，结果孔壁间隙增加。但是，钻压过小，转速过低，则进尺慢，效率低，钻头停留在孔底时间长，也会扩大孔壁间隙，增加孔斜。

冲洗液量过大，特别是在较软的岩层中，液流会冲刷、破坏孔壁。冲洗液质量不好，某些易塌岩石会产生大肚子孔段，这些都会使孔壁间隙剧增，为钻具偏倒、钻孔弯曲提供条件。钻进规程参数过大，不仅会增大孔壁间隙，而且会使钻杆柱强烈弯曲。

116. 在哪些地质条件下容易产生钻孔弯曲?

岩石软硬互层、层理及片理发育等是导致钻孔弯曲的重要原因，而且具有一定的规律性。此外，钻孔中有断层、破碎带、坚硬包裹体，大裂隙和溶洞等，也会产生钻孔弯曲。

117. 钻孔穿过软硬互层时为什么会产生钻孔弯曲?

因为岩石软硬互层，其抵抗破碎的能力不同，软岩层进尺快，硬岩层进尺慢，使孔底产生了破碎不均匀，造成了钻进的速度差，加之软岩层钻孔直径大等原因，因此，钻孔容易弯曲。

118. 岩层由软变硬导致钻孔弯曲有什么规律性?

钻头由软岩层进入硬岩层时，钻孔的顶角和方位角会发生变化。具体情况如下：

(1)当钻孔轴线与层面的夹角小于15°~20°时，钻孔沿硬岩层下滑，即“顺层跑”。如图4-57所示。顶角和方位同时变化。

(2)当钻孔轴线与层面的夹角大于30°时，钻孔向垂直硬岩层方向弯曲，即为“顶层进”。如图4-58所示。

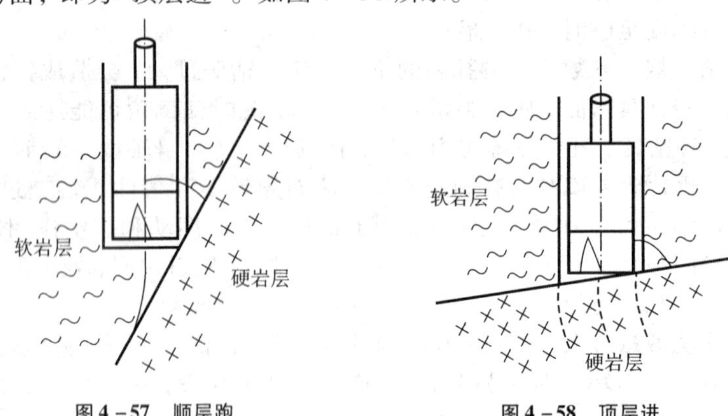

图4-57 顺层跑　　图4-58 顶层进

(3)当钻孔轴线与岩层层面的夹角位于20°~30°之间时，钻孔的弯曲没有一定的规律，具体情况取决于岩层的硬度差。

119. 为什么要经常分析钻孔弯曲的原因?

因为矿区的具体条件不同，各种因素对钻孔弯曲的影响程度不等，分析研究钻孔弯曲的各因素是为了利用钻孔弯曲的规律，制定合理的工艺技术措施，以达到预防和控制钻孔弯曲，不断提高钻孔质量，多、快、好、省地完成钻探任务。

120. 钻孔弯曲的规律有哪些?

在钻进过程中，钻孔弯曲往往与某些地质剖面的特性有关。钻孔弯曲的规律性不是绝对的和一成不变的，而是表现为一种趋势，并且这种趋势经常被各种各样因素引起的偶然性偏斜所复杂化。通常上可以列出以下的一些趋势：

(1)在变质岩(如结晶片岩、片麻岩等)中钻进时，钻孔弯曲强度大于在沉积岩(如页岩)中钻进时的弯强，更大于在岩浆岩(如花岗岩、辉绿岩)中钻进时的弯强。

(2)在均质岩石中钻进时，钻孔弯曲强度小于不均质岩石中钻进时的弯强，并且岩石的各向异性程度越高，则钻孔弯曲强度越大。

(3)在层理、片理发育和软硬互层的岩石中钻进时，钻孔朝着垂直于层理面、片理面的方向弯曲。钻孔遇层角大于临界值，钻孔方位垂直于层面走向时，顶角上漂而方位角稳定；钻孔方位与层面走向斜交时，既有顶角上漂又有方位角弯曲，方位变化趋向于与层面走向垂直；钻孔遇层角小于临界值，则钻孔沿层面下滑，方位角变化不定。

(4)钻孔穿过松散非胶结岩石、大溶洞时，钻孔趋向下垂直位置，孔身变陡；钻孔碰到硬包裹体时，可能朝任意方向弯曲。

(5)如无工艺技术因素影响，在水平或接近水平的层理发育岩石中钻进垂直孔时，即使岩石各向异性很强，软硬不均程度很大，钻孔也不会产生较大弯曲。

另外，与钻具结构等技术工艺因素有关的趋势是：

①孔壁间隙大，粗径钻具短，钻具刚度差，则钻孔弯曲强度大。

②钻孔顶角小，方位变化大；钻孔顶角大，方位变化小。顶角超过30°时，方位趋于稳定，按一般规律方位角弯曲往往与钻具回转的方向一致。

121. 什么是钻孔测斜?

为了随时掌握与控制钻孔空间位置的变化，预防与纠正钻孔弯曲，在钻进中必须测量钻孔轨迹各孔段上的基本参数，即：顶角、方位角和孔深。这一工作称为钻孔弯曲度测量，简称测斜。

122. 钻孔弯曲的测量原理是什么?

钻孔弯曲的测量原理包括顶角测量原理和方位角测量原理，孔深测量一般只是借助电缆(测绳)或钻杆将测斜仪下入到指定深度来控制。

(1)顶角测量原理

根据钻孔顶角定义，测量顶角必须符合两个条件：一是该角度代表测点钻孔轴线与铅垂线的夹角；其二是该角度在钻孔弯曲平面内。目前，顶角测量原理是利用地球的重力场，有液面水平原理和悬锤原理等。

①液面水平原理(氢氟酸测斜)

氢氟酸测斜仪就是利用液面水平原理来测量钻孔的顶角。把20%～30%浓度的氢氟酸注入长度为100～150 mm，内径为15～25 mm的玻璃试管中。注入量为试管长度的1/3左右。然后，将盛有氢氟酸的玻璃试管装在特制的接头内，用橡胶塞加以密封。用钻杆将其下到孔内待测位置，静止停留15～25 min后，提钻取出试管。由于氢氟酸对玻璃的腐蚀作用，在试管上留有液面痕迹。根据液面的高低，就可算出顶角。钻孔顶角 $\theta = tg^{-1}(\frac{h_2 - h_1}{D})$。

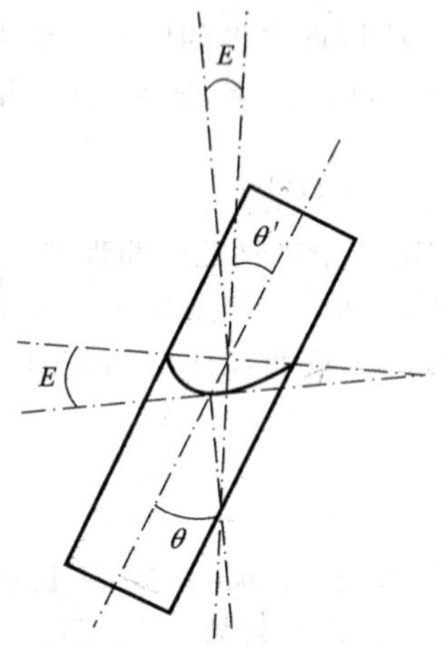

图4－59　顶角校正关系图

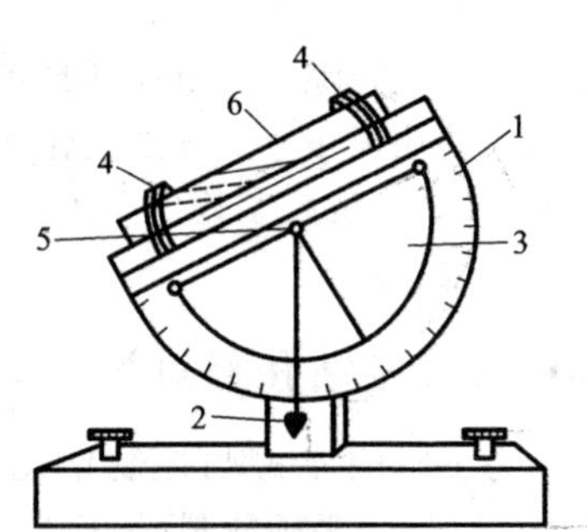

图4－60　倾斜仪

1—量角器；2—悬锤；3—半圆盘；4—固定架；5—转动轴；6—玻璃管

由于有毛细管的作用，试管形成了如图4－59所示的蚀痕曲面。由此测出的顶角必须校正，按下式可求出实际顶角 θ：

$$\theta = \theta' + E$$

式中：θ——钻孔的实际顶角；

θ'——玻璃试管上的实测顶角；

E——校正角。

为了避免计算和校正上的麻烦，可以利用倾斜仪来直接测定。

②悬锤原理

悬锤测量钻孔顶角的原理如图 4－61 所示。

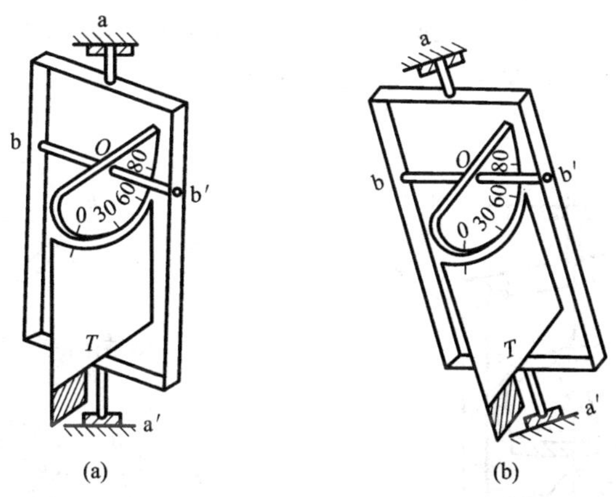

图 4－61　悬锤测量钻孔顶角的原理示意图

框架可绕 a 轴灵活转动，b 轴与 a 轴垂直相交，在 b 轴中点 O 悬挂一个能灵活转动的弧形刻度盘，刻度盘转动面与钻孔弯曲平面一致，刻度盘因重力作用永远下垂。当仪器在垂直孔内时，刻度盘上的 0°正对准弧形竖板上的标线，即顶角为 0°；当仪器在倾斜孔内时，弧形竖板倾斜一个角度，此角度就是钻孔顶角 θ。

（2）方位角测量原理

根据钻孔方位角的定义，方位角的测量必须满足两个条件：一是该角度必须是钻孔轴线上某点的切线方向与地北的夹角，二是该角度必须是水平面上的角度。

在无磁性干扰或干扰很小的孔段中，可利用地磁场定向原理；在有磁屏蔽（如在套管内）或磁干扰较大（如存在磁性矿体）的孔段中，因为磁针失去定向能力，可用地面定向原理。

①地磁场定向原理

地磁场定向原理是利用罗盘磁针的指北特性或磁敏感元件（磁通门）确定倾斜钻孔的方位角。因此，测量时罗盘必须处于水平状态，并且罗盘上0°线必须指向钻孔弯曲方向。为了满足这些要求，罗盘的转动轴应垂直于钻孔弯曲平面，并且在其下部装有重块，使罗盘保持水平。此外，罗盘上0°与180°连线及框架上的偏重块都在框架的垂直平分平面内（即钻孔弯曲平面内），偏重块与180°线同侧。这样一来，在倾斜钻孔中180°线必定指向钻孔弯曲方向。此时，0°线与磁针指北方向的夹角就是钻孔的磁方位角（见图4－62）。

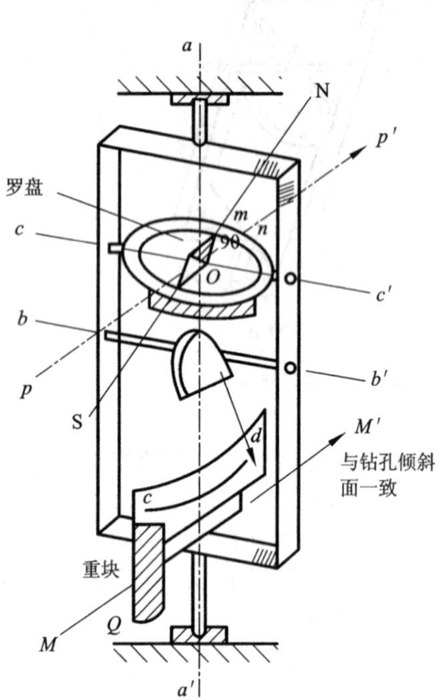

图4－62 地磁场定向原理测钻孔方位角示意图

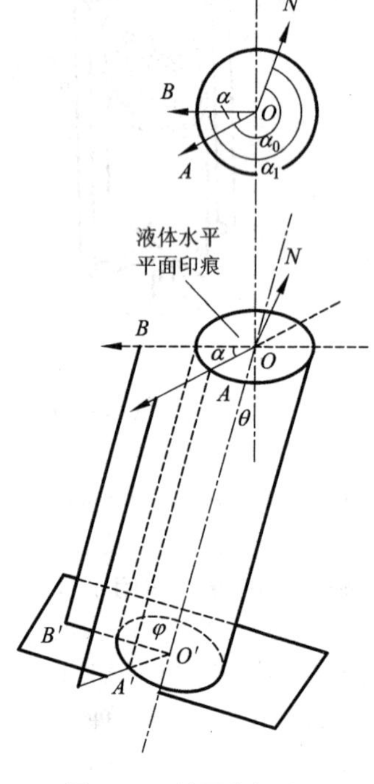

图4－63 地面定向原理测钻孔方位角示意图

②地面定向原理

在地面将一定位方向设法传到孔内各个测点。如图 4－63 所示，若取地面定位方向为 OA，其方位角为 α_0，OA 在圆 O' 上的投影为 $O'A'$。钻孔弯曲平面的方向为 OB，其方位角为 α_1，令 $\angle AOB = \alpha_1 - \alpha_0$，$OB$ 在圆 O' 上的投影为 $O'B'$。若令 $\angle A'O'B' = \varphi$，则此在钻孔横截面上的 φ 角，即为终点角。

根据投影几何，可有以下关系：

$$\text{tg}\alpha = \text{tg}\varphi\cos\theta$$

式中：α——已知定位方向与钻孔倾斜方向间的方位角差；

φ——终点角；

θ——测点处钻孔顶角。

采用地面定向原理测钻孔方位角的具体方法有钻杆定向法、环测定向法和陀螺惯性定向法。

123. 什么是非磁性矿体的全测法？

非磁性矿区常用的测斜仪，测量方位角都用磁针，而测量顶角大部分采用重锤，但是读数的方法不尽相同。有用机械顶卡装置固定罗盘和重锤读数的；有将角度的变化转换成电阻值来读数的；也有用照相、感光或固结浮动磁球等方法读数的。此外，有些仪器每次下孔只能测一个点的顶角和方位角，称为单点全测仪；有些仪器每次下孔能测许多点的顶角和方位角，称为多点全测仪。

124. 磁性矿体中的全测法有哪几种？

由于存在磁性干扰或磁屏障，在磁性矿体中或套管内无法利用地磁场定向和使用磁针式测斜仪。因此，必须采用地面定向原理来测量钻孔方位角，即在地面求测一条通过钻孔中心的方向线作为定位方向，再将此定位方向传递到孔内各测点，并以此定位方向作为基准，根据终点角进一步计算钻孔方位角。

按传递地面定位方向的方法，可分为：钻杆定向、环测定向和惯性定向。

125. 如何预防钻孔弯曲?

(1)在设计钻孔时应考虑钻孔弯曲

①按照地层条件设计钻孔

a. 布置钻孔时，尽量使钻孔垂直于岩层层面及岩层走向。

b. 对于松软、疏松、破碎地层、厚覆盖层、裂隙及溶洞发育地层应尽可能设计垂直孔，因为在这些地层中，常因钻具自重而使斜孔产生铅垂方向的弯曲。

②按钻孔弯曲规律设计钻孔

对孔斜规律明显的地层或岩层倾角较大、钻孔轴线无法与之垂直相交的地层，应充分利用造斜地层的自然弯曲规律，辅以人工控制弯曲措施，设计初级定向孔。

若已知钻孔弯曲规律是方位基本稳定而顶角偏离设计值较大时，应改变顶角的设计，使之能达到预定见矿点的位置。通常有如下几种方法：

a. 沿勘探线平移法：如图 4－64 所示，原设计钻孔拟按 $O'a$ 方向钻至矿点 a，但按该地区钻孔弯曲规律，若由 O' 点开孔，则钻孔轴线将因顶角弯曲而使见矿点偏离至 b。为了达到在 a 点见矿的要求，可在勘探线上向后移动孔位。具体方法是过 a 点引 bO' 的平行线，与地面交于点 O，该点即为后移的孔位。

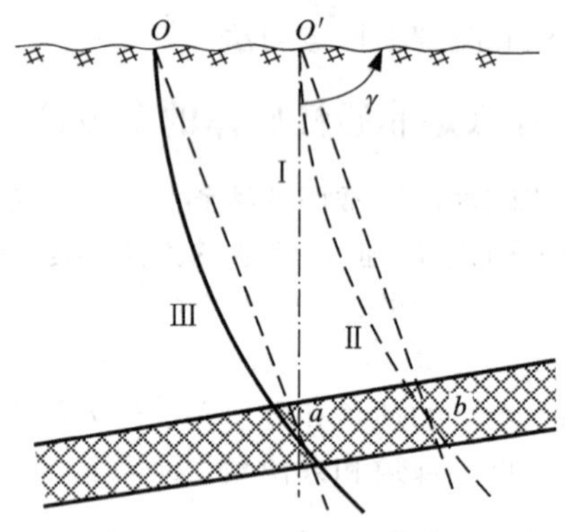

图 4－64 沿线移动孔位法

b. 增大开孔倾角法：当移动孔位受到地形等条件的限制而按原设计又无法钻至预定见矿点时，可根据倾角弯曲规律，用增大开孔倾角的方法钻进，γ_1 是调整后的开孔倾角(见图 4－65)。

c. 离线平移法。若已知钻孔弯曲规律是倾角基本稳定而方位角变化较大时，应按方位角变化规律调整钻孔设计。离线平移法(见图 4－66)是根据周围钻孔的弯曲规律，钻孔实际钻穿矿体的位置 b 与设

计见矿点 a 的水平偏距为 ba，然后在地表，沿勘探线方向并按方位偏移的相反方向移动与 ba 相等的距离 OO'，按 Oa 方位钻进，便可以在预定见矿点钻穿矿体。

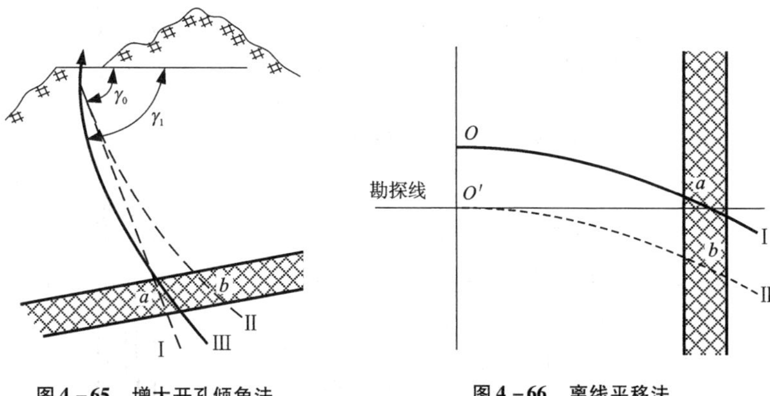

图4－65　增大开孔倾角法　　**图4－66　离线平移法**

d. 立轴扭转安装法。立轴扭转安装法实质上是使开孔方位按周围钻孔的方位弯曲规律，向相反方向偏移。偏移的方法是扭动钻机立轴，右偏左移，左偏右移，使钻孔达到预定见矿点。

（2）保证安装质量，把好换径关

①安装设备前，地基要平整、坚实、填方部分不得超过1/3，基台木要水平、稳固。

②钻机立轴倾角的方向要符合设计要求，上对塔上天车，下对设计孔位。同时，在钻进过程中还要经常检查和校正立轴方向。

③要保证按设计方向开孔，粗径钻具要直，长度要逐渐加长至10 m左右。孔口管要固定牢，其方位和倾角要符合设计要求。

④换径时，应采用带导向的综合式异径钻具。

（3）采用合理的钻具结构

采用合理的钻具结构，是为了保证较高的同心度，提高钻具的刚性，减小钻具与孔壁的间隙，实现孔底加压，增强钻具的稳定性和导正作用，以改善下部钻具的弯曲形态，提高钻进时的防斜能力。

钟摆钻具、偏重钻具和满眼钻具等形式的组合钻具对防止和纠正钻井弯曲有明显的效果。

①钟摆钻具

钟摆钻具的结构如图 4－67 所示。钻具中，岩心管的长度较短，约 1.5～2 m，其上接钻铤。钻铤质量大于孔底所需的钻压，中和点落在钻铤上。从图中可知，在钻具与孔壁的切点 T 以下，由钻具质量引起的横向分力将钻头推向孔壁下方，此力称为钟摆力（减斜）F_d。

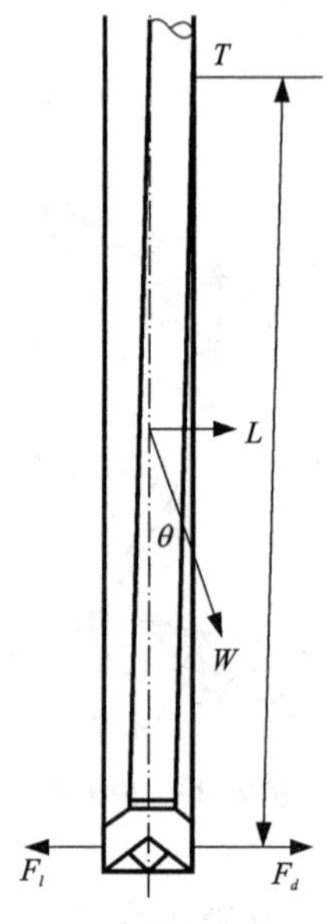

图 4－67 钟摆钻具

$$F_d = W\sin\theta \cdot \frac{l}{L}$$

式中：W——切点以下钻铤的质量；

θ——钻孔顶角；

L——孔底与切点的距离；

l——切点以下钻具的重心与切点的距离。

由上式可以看出，当钻孔顶角一定时，增大减斜力的途径是：加大切点以下钻具的质量，如选用厚壁钻铤等；在略高于切点的位置上装一扶正器，提高切点的位置，或以增大切点以下钻铤长度的方法来增大钻具的质量。此外，采用扶正器还可以减小下部钻具的倾斜角和增斜力，从而进一步加大钻具的防斜能力。

②偏重钻具

偏重钻具是在普通钻铤的一侧钻一排浅窝，造成钻铤偏重。当钻具回转时，偏重产生离心力，转速愈高离心力愈大。钻进时，当偏重朝向孔壁下侧时，离心力与钟摆力方向一致，可以对孔壁产生较大的冲击纠斜力，使钻孔倾角逐渐减小。同时，由于这种周期性的旋转不平衡性，使下部钻柱发生强迫振动，这种弹性的横向振动，会增大钻头切削孔壁下侧的能力。此外，由于离心力的作用，使偏重钻铤的重边在旋转时永远贴向孔壁，这样就使下部钻柱具有公转的特性，消除了自转对孔斜的影响，在直孔中更具有防斜作用。如图 4－68 所示。

为了发挥偏重钻铤的防斜作用，宜采用高转速。同时，在组合钻具中，应把质量差集中在钻具下部，尽量接近钻头，并使偏重钻铤的减重部分的质量位于距轴线尽可能远的部分，才能有效发挥作用。钻铤重边和轻边的质量差推荐为钻铤总重的 0.5% ~5%，实践表明，偏重钻铤的长度一般在 9 m 左右就能起到良好的纠斜作用。

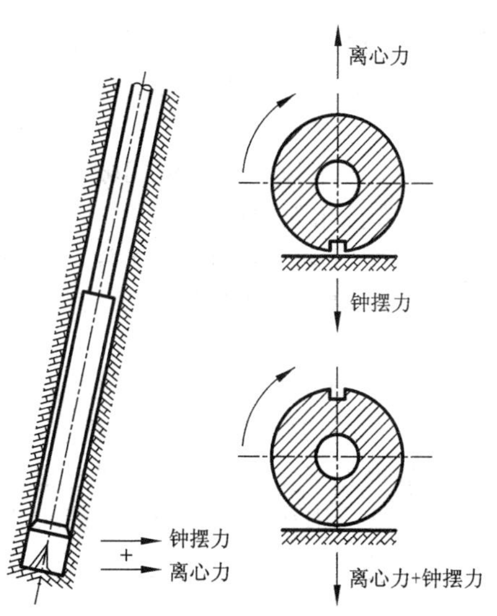

图 4 -68 偏重钻铤的减斜作用

③满眼钻具

满眼钻具是由 3 ~5 个直径与钻头直径相近的扶正器和外径较大的钻铤(如方钻铤)组成，可以增大钻具的刚度，减小钻头倾斜角，保持钻具在孔内居中。因此，能限制由于钻柱弯曲而产生的增斜力。

使用满眼钻具时，要注意计算扶正器的安装位置，并经常检查扶正器的磨损情况，一般应保证扶正器与孔壁的间隙小于 1 mm，若大于 4 mm 则扶正器完全失去满眼的作用。满眼钻具用于垂直孔钻进时，虽然可以消除或限制工艺技术因素对孔斜的影响，削弱地质因素的促斜作用，但并不能完全避免孔斜的发生和及时了解钻进过程中的孔斜情况与防斜效果，均属被动垂孔钻进系统。

126. 钻孔弯曲如何纠正?

(1)使顶角下垂的方法

一般在松散、溶洞地层中钻进时，钻具具有自然下垂的趋势。而在其他地层，可采用组合式钻具(如钟摆钻具、偏重钻铤等)，带双弧形水口的钢粒钻头钻进，或者采用带人工支点的悬垂钻具等方法慢慢使钻孔轨迹下垂。

(2)使顶角上漂的方法

钻具通常在钻进中具有自然上漂的倾向。因此，使钻具上漂是比较容易实现的。具体措施是采用短岩心管（其长度约为普通岩心管的2/3），适当加大钻压与水量。采用钢粒钻进时，可选用大直径钢粒、增大投砂量的方法，或采用大一级直径的钻头配小一级直径的岩心管组成塔式钻具，以扩大孔壁间隙，促使钻具上漂。

（3）方位角偏斜纠正

对方位角偏斜的纠正，通常是在钻孔方位顺钻头回转方向偏斜时（右旋），采取左旋钻具的方法纠正。这种方法对钢粒钻进具有一定效果。

（4）对顶角和方位角均有较大偏斜时的纠正

采用一般纠斜方式不能奏效时，可在弯曲异常的孔段灌注水泥，然后用导向钻具重新开孔的方法纠斜，此法适用于中硬以上岩层。此外，还可以采用在孔内下偏心楔或用连续造斜器的方法纠斜。

第五章　钻探浆液与护壁堵漏

1. 钻井液一般可分为哪几类?

从总的使用目的来看，可以将钻井液浆液分为 4 个大类，即钻井液类、堵漏固井浆材类，注浆液类，浇铸混凝土类。根据具体用途可将每个大类细分为若干个种类(见表 5 -1)。

表 5 -1　钻井与岩土工程钻井液分类表

分类	用途	品名举例	主要作用
钻井液	油气井钻井液 地质勘探钻孔冲洗液 工程地质勘察钻探液 水井钻井液 灌注桩钻孔稳定液 完井、修井、压裂液	泥浆、乳状液、清水、盐水、气体、泡沫、化合物溶液等	排除钻碴、稳定井壁、平衡地层压力 排除岩屑、保护孔壁、冷却润滑钻具 排除钻屑、冷却润滑钻具 排除钻碴、稳定井壁、平衡地层压力 排除钻碴、稳定井壁 修整井眼、增加产量
堵漏固井浆材	钻孔护壁堵漏浆材 固井浆液 封孔浆液 快速止水浆液	水泥、水玻璃、化学凝固剂、棉籽核等惰性材料	稳固孔壁、防治漏失和涌水 使套管与井眼地层固结稳定 灌封钻孔孔眼 快速封堵矿井与坑道内的漏水
注浆液	静压注浆液 高压旋喷、深层搅拌浆液 粉体喷射材料 灌浆锚杆 土钉墙浆液	水泥、石灰、化学材料等	浆液以渗透、挤密等方式固结强化地层 浆液与地下岩土混合成桩 干粉料与地下土、水混合固结地层 使锚杆和岩土固结，稳固地层 使土钉和岩土固结，稳固地层

续表 5－1

分类	用途	品名举例	主要作用
浇铸混凝土	地下连续墙浆材 灌注桩成桩浆材 井场地基加固浆材 基建等工程辅助浆材	水泥、混凝土材料	混凝土与钢筋在槽内固化成地下墙 混凝土与钢筋在孔内固化成地下桩 加固井场地基用 井场道路等辅助工作用

2. 钻井液按物理性质分为哪几类?

钻井液包括钻井液基浆、护壁堵漏材料、压裂液、稳定液等，它们广泛应用于地质勘查钻探、石油天然气钻井、地下水等资源钻采、矿山钻掘工程、工程地质勘察等领域。

向地层中钻进是上述领域必须或经常从事的工作，而钻井液技术又是钻进工作的重要环节。钻进的深度深浅不一，有浅到几米的工程地质勘察孔，也有深到几千米的石油天然气钻采井，甚至深达12500 m的科学钻探井；钻进的口径也有很大差异，例如地质岩心钻探孔和锚杆注浆孔往往只有几十毫米，而基础工程施工中的灌注桩孔径却有 1 ~2 m 甚至更大。尽管钻井情况千差万别，但是钻井液作为排除钻进时井内钻碴的循环介质在所有钻进中不可缺少。同时，钻井液还能起到保护井壁，平衡地层压力，冷却润滑钻具，提供井底动力，液力碎岩，返送井底岩样等作用。

在各种地质条件下钻井，经常会遇到诸如砂、砾、卵石、破碎带、裂隙、溶洞等地层，采取专门的护壁堵漏材料来稳定井壁，防止钻井液漏失和地下水的涌入，是在这些地层中钻进必须采取的措施。否则，将会因为井壁失稳破坏以及井内漏涌严重而使钻进工作无法进行。例如，在地质勘查钻探和矿山钻掘工程钻孔时经常会遇到地质上的构造破碎带；在地下水钻采、地质灾害治理和基础工程施工时经常会钻经流砂层或卵砾石层；在油气井开发或工程地质勘察过程中经常会遇到不稳定的软土或泥页岩等，采用合适的护壁堵漏材料来对付这些复杂地层成为关键课题。

在基础工程施工、地质灾害治理等领域，钻进的最终目的是要强化地加固岩土，稳定坡体。例如钻孔灌注桩、压力注浆、高压旋喷、粉体喷射、灌浆锚杆和土钉墙等。在这些工程中，不仅需要钻井或钻进，而且要在钻井完成后或在钻进的同时向井内或孔内注入可以固化的浆液，用以固结、强化地层和岩土。另外，在基础工程的地下墙施工中，还经常采用挖槽灌浆法来形成坚实的基础，即先挖槽再下入钢筋笼，然后向槽内浇铸混凝土，而在砂、土等软弱地基层中挖槽往往会引起槽壁的失稳坍塌，这时可以将钻井液作为挖槽的槽壁稳定液，用以平衡地层对槽壁的侧向压力，即对槽壁有个液力支撑作用，防止槽壁的失稳坍塌。

压裂液在石油、天然气、煤层气、地下水等流体资源以及盐、石膏、天然碱、芒硝等可溶性矿种的钻采中经常用到。在钻井完成后，向井底注入专门的高压液体，压开地下岩层，并形成较大尺寸的裂缝，是增加地下流体资源和可溶性矿种产量的重要手段。此外，油气井工程中还经常进行完井、修井、固井等作业，相应地就需要设计和使用完井液、修井液和固井浆材。井喷是在一些压力异常地层钻井中有可能发生的事故，为了防止井喷，也需要用到一些特定的浆液。

在矿山钻掘工程中，快速止水堵漏是不可缺少的安全技术措施，其中关键问题之一就是如何选配和使用合适的快速堵漏浆材。另外，在软弱地面安放钻机设备和钻塔时，井场地基需要加固；出于安全考虑，在许多情况下，钻孔后需要封孔，这些都需要用到能够固结的浆材。类似地，钻井和岩土工程中的许多辅助性工作(如工程基建等)也需要用到各种浆材。

3. 钻井液按化学性质分为哪几类?

从化学性质上可以将工程浆材的组分分为无机浆材、有机浆材和粒状料三大类。

无机浆材成分包括各种无机盐、碱、酸等化合物，如 Na_2CO_3、NaOH、NaCl、$CaSO_4$、$CaCl_2$、Na_2SiO_3、$CaSO_4$、$Al_2(SO_4)_3$、$FeCl_3$ 等。它们的相对分子质量一般较小，分子结构也比较简单，靠无机化学反应在钻井液中产生作用。无机化合物除少数(如 Na_2SiO_3 等)单独或主体作为钻井液外，大部分均是作为其他钻井液的外加剂，用以改善其他主浆液的使用性能。如泥浆处理剂 Na_2CO_3 在 1 m^3 泥浆中的加量仅为几千克，却能明显提高黏土的造浆性能；又如 $CaCl_2$ 和 Na_2SiO_3 等作为外加剂可以使水泥浆速凝、早强。

有机浆材取自于有机化合物及其衍生物，如钠羧甲基纤维素、水解聚丙烯酰胺、煤碱液、瓜尔胶、羟乙基淀粉、魔芋粉、铬制剂、磺化沥青、脲醛树脂、十二烷基硫酸钠、OP－10 等，品种繁多。从有机化学组成上可以将它们分为丹宁类、木质素类、腐植酸类、纤维素类、丙烯酸类、聚醣类、树脂类、表面活性剂类和其他共聚物类等。有机浆材的相对分子质量较大，分子结构也比较复杂。有机浆材既可单独或主体作为钻井液，也可作为其他钻井液的添加剂。例如以 PAM 有机大分子为主可以配制具有合适黏度等性能的无黏土钻井液，而 PAM 又可以作为泥浆的处理剂来附加使用。有机浆材作为护壁堵漏等凝固性工程作业的主剂和辅剂的用例也很多，如脲醛树脂等可以作为快速凝固堵漏的主浆液，木质素磺酸盐等用做水泥的减阻剂效果良好。

粒状料类是由微小或较小固体颗粒组成的群状体系，如黏土粉、水泥粉、重晶石粉、二硫化钼、砂、砾、核桃壳、棉籽核、赛璐珞等。这些固体颗粒的内部都是化学惰性的，而在颗粒表面有可能与外界发生表面物化反应（如黏土粉、水泥粉），也有可能与外界不发生任何反应（如砂砾、核桃壳、棉籽核等），一般称后者为典型的惰性材料。粒状料类在钻井液中所起的作用视不同品种而大相径庭，有分散体系、固结材料主成分、加重剂、润滑剂、惰性堵漏料之分。

4. 钻井液按物质状态分为哪几类？

物质的基本状态有 3 种，即液态、气态和固态。少数情况下，钻井液以单一的物质成分和物质状态出现：纯液态的如清水、化学溶液、油类等；纯气态的如空气、氮气、二氧化碳气体等；纯固态的如黏土粉、水泥粉、棉籽核、砂砾等。但是，大部分情况下钻井液都是以两种或两种以上的混合物质或混合状态出现，即表现为分散体系。泥浆、泡沫、水泥浆、混凝土、乳状液浆等均是典型的分散体系。如果按两种物态混合，钻井液可有液/固、液/液、液/气、固/液、固/气、固/固、气/液、气/固、气/气等类型。

5. 钻井液循环方式有哪几种?

钻井液循环主要有 3 种方式，即全孔正循环、全孔反循环和孔内局部反循环。

全孔正循环时，钻井介质由地面的压力泥浆泵或压风机泵入地面高压胶管，经钻杆柱内孔到井底，由钻头水口返出，经由钻杆与孔壁的环状空间上返至孔口，流入地表循环槽、净化系统或注入除尘器中，再由泥浆泵或压风机泵入井中，不断循环，如图 5 – 1(a)所示。全孔正循环循环系统简单，孔口不需要密封装置，这种循环方式在各种钻探中得到广泛的应用。

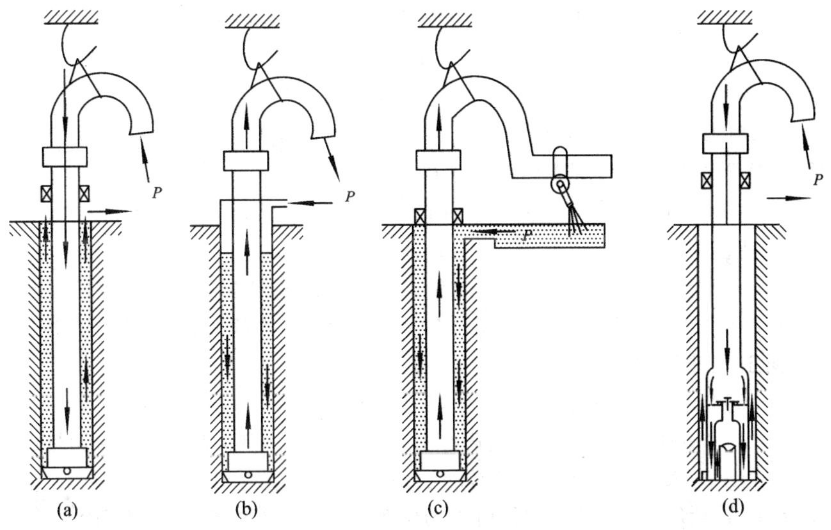

图 5 – 1　钻孔循环方式示意图

(a)全孔正循环；(b)全孔反循环(压注式)；(c)全孔反循环(泵吸式)；(d)孔内局部反循环

全孔反循环时，钻井介质的流经方向正好与正循环相反。钻井介质经孔口进入钻杆与孔壁的环状空间，沿此通道流经孔底，然后沿钻杆内孔返至地表，经地面管路流入地表循环槽和净化系统中，再行循环。

全孔反循环又具体分为压注式和泵吸式两种方式。压注式[见图

5-1(b)]所用的泵类型与全孔正循环相同，但孔口必须密封，才能使钻井介质压入孔内，这就需要专门的孔口装置，它必须保证孔口密封，同时必须允许钻杆柱能自由回转和上下移动；泵吸式[见图5-1(c)]采用抽吸泵，将钻井液从钻杆内孔中抽出，进行循环。

6. 全孔正循环和全孔反循环比较有什么特点和区别?

全孔正循环和全孔反循环比较，有以下特点和区别：

(1)由于反循环钻井液从钻杆柱内孔上返至地表，流经的断面较小，因而上返速度较大，且过流断面规则，有利于在不大的泵量下将大颗粒岩屑携带出孔外，在大口径水井钻进、灌注桩钻进和空气钻进中，为了能较好地携带出岩屑，常采用全孔反循环洗井方式。

(2)在固体矿床钻探中采用反循环方式，可将岩心从钻杆中带出地表，用以实现反循环连续取心钻进。

(3)全孔反循环的流向与岩心进入岩心管的方向是一致的，可使岩心管内的破碎岩(矿)心处于悬浮状态，避免了岩(矿)心自卡和冲刷，从而有利于岩(矿)心采取率的提高。

(4)在相同情况下，反循环所需的泵量比正循环小，因此对井壁的冲刷程度较小；同时，流动阻力损失也较小。

(5)钻头旋转使破碎下来的钻碴离心向外，这与正循环在钻头部位的液流方向一致，而与反循环的流向相反。从这一点来看，正循环有利于孔底清碴。

(6)压注式反循环所需的孔口装置复杂。

(7)正循环和压注式反循环在井内产生的是正的动压力，即循环时井内的压力大于停泵时的静液柱压力；而泵吸式反循环恰恰相反，产生的是负的动压力，即循环时井内的压力小于停泵时的静液柱压力。

全孔正循环和全孔反循环冲洗可以是闭式的(完全的循环，冲洗液经沉淀除去岩屑后重复使用)和开式的(非完全的循环，冲洗介质排出地表后即废弃)。闭式循环通常用于液体冲洗介质，而开式循环则大都用于气体介质。

7. 钻井液的泵量是由什么决定的?

泵量是指单位时间内向井内送入循环液的体积量，它的大小对钻进速度和钻进质量有着明显的影响。

钻井液的泵量决定于钻井方法、钻进速度、地层特性、钻孔结构和钻具特点。在保证冲洗孔底和冷却钻头的同时，泵量主要以能够有效地携带钻屑为基本确定依据。钻井实践和理论总结出两种确定泵量的方法，它们考虑问题的出发点分别是钻屑的上返速度和钻屑在循环液中的含量。

8. 如何以钻屑的上返速度达到必须值来确定泵量?

因为钻屑的重度比钻井液的重度大，钻屑相对于钻井液有沉降速度 V_1，所以岩屑的绝对上移速度 V_2 是钻井液的上返速度 V_3 减去钻屑相对于钻井液的沉降速度 V_1，即：$V_2 = V_3 - V_1$。

若已知钻屑相对于钻井液的沉降速度 V_1 和所需达到的岩屑绝对上移速度 V_2，则必需的钻井液的上返速度 V_3 为：$V_3 = V_2 + V_1$。因此，所需的钻井液泵量 Q 为：$Q = V_3 \times A$ 。

式中：A——钻井液上返流经的通道断面截面积。对于正循环，A 为环状间隙横截面积；对于反循环 A 为钻杆内圆横截面积。

为保证岩屑以不大的绝对速度上移，取 $V_2 = (0.1 \sim 0.3) V_1$，则 $V_3 = (1.1 \sim 1.3) V_1$。

上返速度确定之后，所需泵量就是上返流速 V 与循环液过流断面面积 A 的乘积。

对于正循环，冲携钻屑的过流面积是孔壁与钻杆之间的环状间隙横截面积。因此正循环时所需泵量为：

$$Q = v \frac{\pi (D^2 - d^2)}{4}$$

式中：D——钻孔内径，mm；

d——钻杆外径，mm；

V——钻进速度，m/h。

对于反循环，携带钻屑的过流面积是钻杆内孔横截面积。因此反循环时所需泵量为：

$$Q = v \frac{\pi {d_1}^2}{4}$$

式中：d_1——钻杆内径，mm。

9. 如何以循环液中钻屑的百分含量不超过一定值来确定泵量?

以循环液中钻屑的百分含量不超过一定值来确定泵量，换一句话来表述这种方法，即以钻进速度来确定泵量。

循环液在孔底与钻头破碎下来的钻屑相混合，将它们携出地表。循环液中钻屑的含量不能过大，以维持循环液的各项设计性能并有利于地表净化循环液。一般情况下，钻屑含量不超过10%。

当钻头尺寸(钻头底唇面积)A 和钻进速度 v 一定时，单位时间内产生的钻屑量 q 也就确定了。此时，循环液中钻屑的含量 W 由泵量 Q 决定：泵量大则钻屑含量少；反之泵量小则钻屑含量多。根据这一原理，若已知允许的最大钻屑含量 W，则可建立泵量的计算公式：

$$W = \frac{q}{Q} \times 100\% = \frac{A \times v}{Q} \times 100\%$$

$$Q = \frac{A \times v}{W}$$

10. 钻井液循环时的压力损失由哪些因素决定?

钻井液在循环流动过程中，流经地面管路、钻杆、孔底钻具、钻头和环状间隙时，形成一定的水力损失或称压力损失，也可称为压降。正常循环时水泵的泵压力用来克服上述压力损失，迫使循环液流动。水泵上的压力表所显示的压力就是上述各部分压力损失的总和。显然，水泵所承受的压力是随循环负载的变化而变化的。而水泵铭牌上所标的额定压力是指水泵所能承受的最大压力。

钻井液循环时的压力损失由以下因素决定：

(1)循环通道的长度，主要取决于钻孔的深度。钻孔越深，压力损失越大。

(2)循环液的流变性。循环液的黏性越大，压力损失越大。

(3)泵量或流速的大小。泵量或流速越大，压力损失越大。

(4)过流断面的截面积。钻井口径越大(钻杆直径不变)，压力损失越大。

钻井液循环阻力损失可由下式表示：

$$P = k \sum P_i = k(P_1 + P_2 + P_3 + P_4)$$

式中：P_1、P_2、P_3、P_4分别为流体流经地面管路、钻杆、孔底钻具和环状间隙时的阻力损失。

当循环泵量和循环液流变性不变时，流经地面管路和孔底钻具的阻力损失 P_1、P_3基本不变。而流经钻杆和环状间隙的阻力损失 P_2和 P_4则是随井深的增加而呈线性增加的。当井深增加到一定深度以后，P_2和 P_4占了总阻力损失的绝大部分。

11. 钻井浆液的流变性对钻进过程的哪些方面有影响?

浆液的流变性对钻进、排粉、孔壁稳定、钻孔漏失及流动阻力(压力损失)等均有重要影响。理论和实践均已说明，泥浆黏度越高，机械钻速越低，如使用清水的机械钻速就比使用泥浆高。这里指的是泥浆的表观黏度(视黏度或有效黏度)对钻速的影响。泥浆是一种剪切稀释流体，随着剪切速率的升高，其表观黏度会降低。这种剪切稀释作用，不同泥浆也是各不相同的。剪切稀释作用好的泥浆还有利于悬浮携带岩粉(岩屑)以及稳定孔壁，减少漏失等作用。这是由于环状空间上返速度低时(特别是石油钻进)，剪切速率变低，泥浆表观黏度升高的影响。在超深井、高压喷射钻井及金刚石岩心钻进均要求泥浆具有良好的剪切稀释作用，以利于提高钻速。

12. 什么是钻井泥浆?

钻井泥浆是由黏土、水(或油)和少量处理剂混合形成，具有可调控的黏性、比重和降失水等性能，在相当多的情况下能够满足悬排钻碴、稳定井壁、防止漏失、冷却润滑钻具、提供井底动力等基本钻进需要，并且来源广泛，成本较低，配制使用方便，所以成为应用最广泛的钻井液。

13. 按适用条件钻井泥浆如何分类?

按适用条件，可以把泥浆分为：①用于砂层、砾卵石层、破碎带等机械性分散地层的泥浆，简称松散层泥浆；②用于土层、泥岩、页岩等水敏性地层的抑制性泥浆，简称水敏抑制性泥浆；③用于岩盐、钾盐、天然碱等水溶性地层的泥浆，简称水溶抑制性泥浆；④用于较为稳定、漏失较小的硬岩钻进的泥浆，简称硬岩钻进泥浆；⑤用于异常低压或异常高压地层的低比重泥浆或加重泥浆；⑥用于超深井、地热井等高温条件下的抗高温泥浆。

14. 什么是黏土矿物？黏土矿物有哪几个族类？

土主要由黏土矿物组成，另外还可能含有非黏土矿物和其他杂质。

土中的非黏土矿物主要有长石、石英、方解石、方英石、蛋白石、黄铁矿、沸石等。这些非黏土矿物的含量不一，它们是泥浆中含砂量的主要来源，对泥浆性能起负面影响，因此，这些物质的含量越少越好。

土中的杂质主要是有机物和可溶性盐。有机物为植物的茎、根、叶及其他腐植质等。可溶性盐为钙、镁、钠、钾的碳酸盐、硫酸盐、氯化物和硝酸盐等。这些物质明显影响泥浆的纯度和性能。

黏土矿物分为 4 个族类，它们均属于含水铝硅酸盐，并有一定量的金属氧化物。典型黏土矿物的化学组成含量如表 5－2 所示。

表 5－2 典型黏土矿物的化学组成含量表

黏土矿物		各种化学成分的含量/%							
名称	产地	SiO_2	Al_2O_3	Fe_2O_3	CaO	MgO	Na_2O	K_2O	H_2O
高岭石	江西浮梁高岭	45.58	37.22	—	0.46	0.07	0.45	1.70	13.39
	江苏苏州阳山	47.00	38.04	0.51	0.16	0.22	—	—	13.53
蒙脱石膨润土	辽宁黑山	68.74	20.00	0.70	2.93	2.17	—	0.20	6.80
	浙江临安	71.29	14.17	1.75	1.62	2.22	1.92	1.78	4.24
	美国怀俄明	55.44	20.14	3.67	0.50	2.49	2.76	0.60	14.70
	山东潍县	71.34	15.14	1.97	2.43	3.42	0.31	0.43	5.06
	新疆夏子街	63.70	16.43	5.45	0.28	2.24	2.57	1.94	5.57
伊利石水云母		52.22	25.91	4.59	0.16	2.84	0.17	6.09	7.14
	湖南澧县	64.21	20.13	2.12	0.26	0.52	—	—	8.27
凹凸棒石	美国乔治亚	53.64	8.76	3.36	2.02	9.05	—	0.75	20.00
	江苏盱眙	55.35	8.43	5.06	0.15	9.73	0.18	1.85	17.14
海泡石	江西乐平	61.30	0.57	0.73	0.15	29.70	0.16	0.19	7.10
	南澳大利亚	52.43	7.05	2.24	—	15.08	—	—	19.93

（1）高岭石族。代表性矿物为高岭石，其他矿物包括埃洛石、地开石、珍珠陶土等，含高岭石矿物为主的黏土称为高岭土。

（2）蒙脱石族。代表性矿物为蒙脱石，其他矿物包括绿脱石、拜来石、皂石等，含蒙脱石矿物为主的黏土称为膨润土或蒙脱土。

（3）水云母族。代表性矿物为伊利石（伊利水云母），其他矿物包括绢云母、水白云母等，含伊利石矿物为主的黏土称为伊利土或水云母土。

（4）海泡石族。代表性矿物为海泡石，其他矿物包括凹凸棒石、坡缕缟石等，相应的黏土分别称为海泡石黏土、凹凸棒黏土和坡缕缟石黏土。

从上表中可以大致看出 4 类黏土矿物在化学组分上的特点和差别：高岭石的三氧化铝（Al_2O_3）含量较高，蒙脱石的二氧化硅（SiO_2）含量较高，伊利石的钾离子含量较高，而海泡石族的 H_2O 含量较高。另外，三氧化二铁（Fe_2O_3）、氧化镁（MgO）、氧化钙（CaO）等的含量也各有不同。依据化学成分的含量，可以初步确定黏土的种类。

15. 黏土矿物的构造特点是怎样的？

一个黏土颗粒是由许多层黏土矿物晶胞（片）堆叠形成，而黏土矿物晶胞又是由晶胞的最小构造单元组成。不同种类的黏土矿物，它们的最小构造单元都是一样的。但是，基本构造单元之间的连接方式和晶胞结合形式不同，因而形成不同黏土矿物各自的特点。

黏土矿物的基本构造单位是硅氧四面体和铝氧八面体。

硅氧四面体的结构如图 5－2 所示，每个四面体的中心是一个硅原子，它与四个氧原子以相等的距离相连，四个氧原子分别在四面体的四个顶角上。从单独的四面体看，4 个氧还有 4 个剩余的负电荷，因此各个氧还能和另一个邻近的硅离子相结合。依此，四面体在平面上相互连接，形成四面体层。

铝氧八面体的结构如图 5－3 所示，每个八面体的中心是一个铝原子，它与三个氧原子和三个氢氧原子以等距离相连。三个氧原子和三个氢氧原子分别在八面体的六个顶角上。由于还有剩余电荷，氧原子还能和另一个临近的铝离子相结合。依此，八面体在平面上相互连结，形成八面体层。

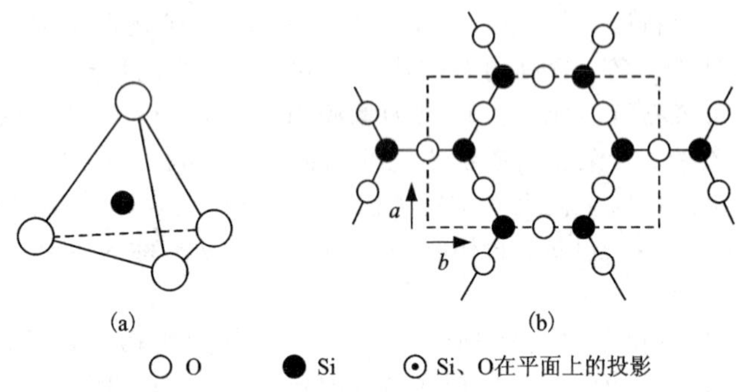

图5－2　硅氧四面体及其晶层示意图

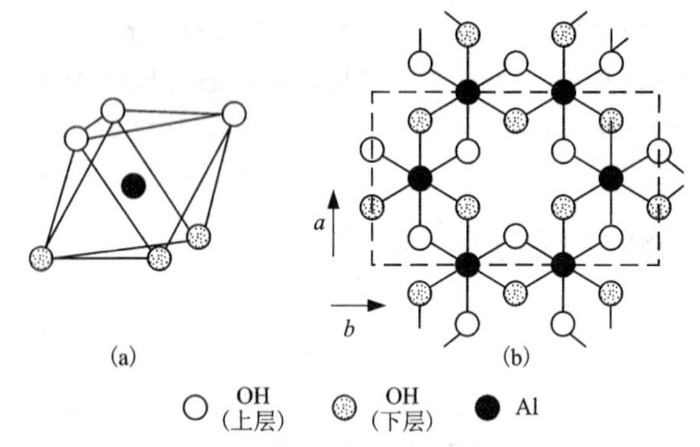

图5－3　铝氧八面体及其晶层示意图

硅氧四面体层和铝氧八面体层是不同黏土矿物所共同具有的基本晶层。但是，这两种基本晶层在不同黏土矿物中的结合方式是不同的，因而主要导致了不同黏土矿物在造浆等性能上的差异。

还有一个影响黏土矿物造浆等性能的重要因素是同晶置换，它是指在晶格构架不变的情况下，四面体中的硅(+4)被低价离子铝(+3)或铁(+3)置换，八面体中的铝(+3)被低价离子镁(+2)等置换。同晶置换导致黏土颗粒带负电，而黏土颗粒的负电性是影响其性能的重要因素。一般情况下，同晶置换是黏土原生条件所决定的，不同黏土矿物的同晶置换程度有着明显的差异。

16. 高岭石的结构特点是怎样的?

高岭石的化学式是 $Al_4(Si_4O_{10})(OH)_8$，晶体构造是由一层硅氧四面体和一层铝氧八面体组成，两层间由共同的氧原子连接在一起组成晶胞，如图 5－4 所示。

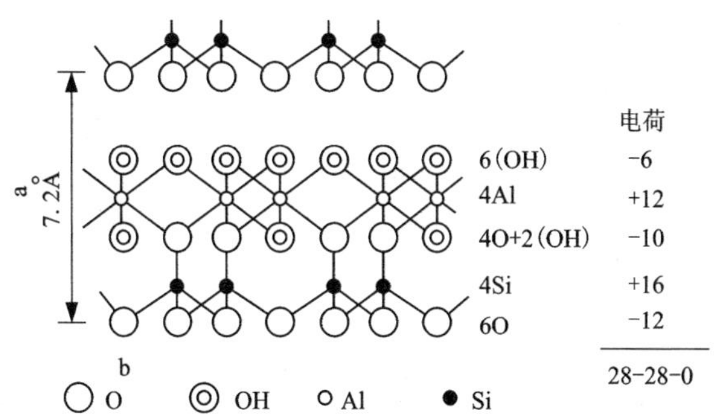

图 5－4　高岭石的结构特点

高岭石矿物，即高岭石黏土颗粒是由上述晶胞在 C 轴方向上一层一层重叠，而在 A 轴和 B 轴方向上延伸而形成的。由于晶胞是由一层硅氧四面体和一层铝氧八面体组成，故称为 1∶1 型黏土矿物。其相邻两晶胞底面的距离为 7.2Å。另外，其晶体构造单位中电荷是平衡的。

高岭石重叠的晶胞之间是氢氧层与氧层相对，形成结合力较强的氢键，因而晶胞间连接紧密，不易分散。故高岭石黏土颗粒一般多为许多晶胞的集合体，与下面分析的蒙脱石相比颗粒较粗，小于 2 μm 的颗粒含量仅占 10%～40%。

高岭石矿物晶体结构比较稳定，即晶格内部几乎不存在同晶置换现象，仅有表层 OH^- 的电离和晶体侧面断键才造成少量的电荷不平衡，因而其负电性较小。由于负电性很小，致使这种黏土矿物吸附阳离子的能力低，所以水化等“活性”效果差。

由上可知，高岭石矿物由于晶胞间连接紧密，可交换的阳离子少，故水分子不易进入晶胞之间，因而不易膨胀水化，造浆率低，每吨黏土造浆量低于 3 m^3。同时因可交换的阳离子量少，黏土接受处理的能力差，不易改性或用化学处理剂调节泥浆性能。因此，高岭石不是好的造浆黏土。

从钻井的井壁稳定性看，如果钻进遇到高岭石类黏土或富含高岭石的泥质岩层时，一般井壁不易膨胀和缩径，但易产生剥落掉块。

17. 蒙脱石的结构特点是怎样的?

蒙脱石的化学式是$(Al_{1.67}Mg_{0.33})(Si_4O_{10})(OH)_2 \cdot nH_2O$。其晶体构造是由两层硅氧四面体中间夹有一层铝氧八面体组成一个晶胞，四面体和八面体由共用的氧原子连接(见图5－5)。同样，在C方向重叠，沿A、B方向延伸，形成蒙脱石黏土颗粒。由于蒙脱石矿物的晶胞是由两层硅氧四面体和一层铝氧八面体组成，故称为2∶1型黏土矿物。其晶胞底面距为9.6Å，吸水后可达21.4Å。

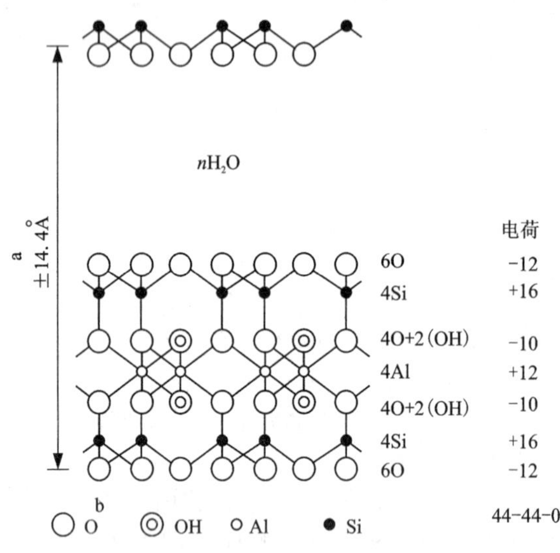

图5－5 蒙脱石的结构特点

(图中右侧数值是叶蜡石结构中电荷的数值，不是蒙脱石的数值)

蒙脱石矿物晶体构造的特点之一是，重叠的晶胞之间是氧层与氧层相对，其间的作用力是弱的分子间力。因而晶胞间连接不紧密，易分散为微小颗粒，甚至可以分离至一个晶胞的厚度，一般小于 1 μm 的颗粒达 50% 以上。从形状上看，晶胞片的长度往往为其厚度的几十倍，是薄片状的颗粒。

蒙脱石矿物晶体构造的另一特点是同晶置换现象很多，即铝氧八面体中的铝被镁、铁、锌等所置换，置换量可达 20% ~35%。硅氧四面体中的硅也可被铝所置换，置换量较小，一般小于 5%。因此，蒙脱石晶胞带较多的负电荷，其阳离子交换容量大，可达 80 ~ 150 meq/mL。

由上可以分析出，蒙脱石黏土由于晶胞间联系不紧密，可交换的阳离子数目多，故水分子易进入晶胞之间，黏土易水化膨胀，分散性好，造浆率高，每吨黏土可达 12 ~16 m^3左右。同时，因可以吸引较多的阳离子，故“活性”大，接受处理的能力强，易改性或用化学处理剂调节泥浆性能，是优质的造浆黏土矿物。

从钻井的井壁稳定性看，如果钻进中遇到蒙脱石类黏土或富含蒙脱石的泥质岩层时，易产生膨胀缩径甚至孔壁流散等孔内复杂情况。

18. 伊利石的结构特点是怎样的?

伊利石又称伊利水云母，其化学式是：

$K_{<1}(Al,Fe,Mg)_2[(Si,Al)_4O_{10}](OH)_2 \cdot nH_2O$

伊利石的结构总体上与蒙脱石相似，即也是由两层硅氧四面体中间夹一层铝氧八面体组成晶胞，故也是 2∶1 型黏土矿物。不同之处是伊利石两晶胞之间存在较多的钾离子(K^+)，因而使其性能与蒙脱石有较大差别。

伊利石晶胞之间钾离子的直径为 2.66Å，与硅氧四面体六角环的空穴内径相当，故钾离子进入空穴后不易出来，它的嵌合作用使上下两层晶胞连接得很紧，水分子也难以进入其中。因此这种黏土不易分散。

伊利石晶格内部也有同晶置换现象，如硅氧四面体中有 1/6 的硅(Si)可被铝(Al)置换，使晶胞呈现负电性，因而有一定的离子交换能力。但它吸附钾离子后，由于钾离子不易电离出去，使其失去“活性”，交换能力降低。

上述结构特点的制约，使伊利石的造浆能力低，且难以改性和用化学处理剂调节泥浆性能。

在钻进中钻到伊利石黏土或富含伊利石的泥质岩层时，不易膨胀缩径，但有剥落掉块的可能。

19. 海泡石的结构特点是怎样的?

海泡石族黏土矿物化学式为：$Mg_8(Si_{12}O_{30})(OH)_4(OH_2)_4 \cdot 8H_2O$，为含水镁铝硅酸盐。它也是2∶1型黏土矿物，但颗粒的片状程度没有蒙脱石那么明显，而是呈棒状，从微观结构看属于双链状构造。在常规条件下，海泡石的造浆性能不如蒙脱石，但由于具有特殊的结构构造，使其在高温下体现出良好的稳定性。

首先，在海泡石中，硅氧四面体所组成的六角环都依上下相反的方向对列，而相互间被其他的八面体所连接，因而晶体构造中有一系列的晶道，具有极大的内部表面，水分子可以进入内部孔道；其次，海泡石中的镁离子含量高，而镁离子又能束缚众多的结晶水。因此，由于水的散热效应等，使海泡石具有较高的热稳定性，能耐260℃以上的高温，因而适于配制深井和地热井泥浆。

另外，由于特殊构造，海泡石黏土具有良好的抗盐性，它在淡水和饱和盐水中的水化膨胀情况几乎一样。因此是配制盐水泥浆或对付盐类地层泥浆的好材料。

20. 高岭石、蒙脱石、伊利石、海泡石等黏土矿物的性能差异是怎样的?

4种黏土矿物的特点列表如表5－3所示。

表5－3 4种黏土矿物的性能比较表

矿物名称	化学成分	晶胞结构类型	晶层排列	晶胞间引力	晶胞间距	阳离子交换容量	比重	造浆性能
高岭石	$Al_4(Si_4O_{10})(OH)_8$	1∶1	OH层与O层相对	有氢键引力强	7.2	3～5	2.58～2.67	不易分散
蒙脱石	$(Al_{1.67}Mg_{0.33})(Si_4O_{10})(OH)_2 \cdot nH_2O$	2∶1	O层与O层相对	分子间力弱	9.6～21.4	80～150	2.35～2.74	易分散造浆率高

续表 5－3

矿物名称	化学成分	晶胞结构类型	晶层排列	晶胞间引力	晶胞间距	阳离子交换容量	比重	造浆性能
伊利石	$K_{<1}(Al,Fe,Mg)_2[(Si,Al)_4O_{10}](OH)_2 \cdot nH_2O$	2∶1	OH 层与 O 层相对，层间有 K^+	引力较强	10.0	10～40	2.65～2.69	不易分散
海泡石	$Mg_8(Si_{12}O_{30})(OH)_4(OH_2)_4 \cdot 8H_2O$	2∶1	双链状结构	—	12.9	20～30	—	耐高温抗盐

综合表中的结果，蒙脱石是最好的泥浆配制材料；海泡石在常温等一般条件下造浆性能比蒙脱石差，但在耐高温、抗盐方面具有较好的稳定性；高岭石与伊利石的造浆性能差。

21. 黏土矿物的鉴定有哪几种?

黏土矿物的鉴定是确定黏土矿物的种类，检查其是否属于以蒙脱石为主的膨润土。由于黏土矿物的粒级一般在几微米以下，因此鉴定的方法主要有两大类型：

(1)矿物鉴定方法：差热分析和失重分析法、X 衍射法、红外光谱法、化学分析法、电子扫描显微镜法。

(2)物化性能测定法：吸兰量试验、膨胀试验、胶质价试验、pH 试验、阳离子交换容量测定。

这些方法属于化学分析和仪器分析范围，它们的工作原理和操作规范可参阅相关专业书籍。

以差热分析方法为例。黏土矿物在加热时会失去水分，质量减轻。一般黏土矿物中含有三种水：自由水、吸附水和晶格水(黏土矿物结晶构造中的一部分水，一般温度升高到 300℃ 以上才能失去)。通过对黏土矿物加热时所发生变化的分析，不仅能够说明因脱水和结晶构造所引起的吸热反应的特征，还能指示温度升高时因形成新的物象所引起的放热反应。差热分析的结果以热效应对炉温的连续曲线的形式绘出。曲线中的波谷表示吸热反应，波峰则表示放热反应。曲线离基线的偏差反映试样温度与炉温之差，是热效应强度的量度。几种黏土矿物的差热曲线如图 5－6 所示。

高岭石在 400～500℃开始失去结晶水，表现强烈、尖锐的吸热谷，这时，高岭石结构破坏形成非结晶质的偏高岭石。950～1050℃时有一放热峰，这是由于偏高岭石重结晶所产生的。

伊利石在 100～200℃吸附水逸出，呈宽缓的吸热谷。550～650℃排出结晶水呈现较宽的吸热谷。850～950℃继续排出结晶水，晶格破坏，有一较弱的吸热线。900～1000℃有一明显的放热峰。

蒙脱石有三个特征吸热谷和一个放热峰；第一吸热谷在 100～300℃之间，是逸出吸附水的反应，因相对湿度和层间可交换性阳离子不同，可表现为单谷、双谷或三谷。550～750℃为第二吸热谷，是排出结晶水的反应，平缓且宽。900～1000℃出现第三吸热谷，晶体结构破坏，紧接着出现一个放热峰，表示矿物重结晶形成尖晶石和石英等。

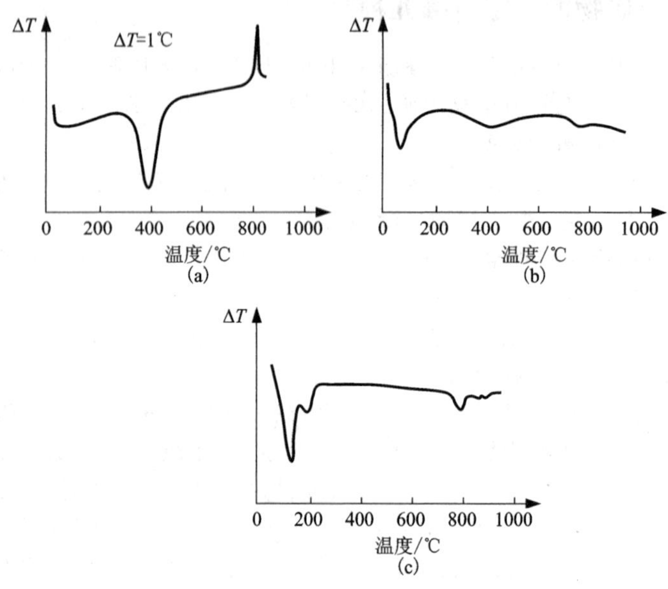

图 5－6　三种黏土矿物的差热曲线

(a)高岭石；(b)伊利石；(c)蒙脱石

22. 评价造浆膨润土优劣的测试项目包括哪些?

综合国内外对膨润土的研究成果，评价造浆膨润土优劣的测试项目包括：(1)蒙脱石含量；(2)胶质价和膨胀倍数；(3)阳离子交换容量、盐基总量和盐基分量；(4)可溶性盐含量；(5)造浆率；(6)流变特性和失水特性。

23. 什么是造浆黏土的造浆率?

对造浆黏土的评价方法之一是按照造浆性能要求确定黏土的造浆率。所谓造浆率是指：配得表观黏度为 15×10^{-3} Pa·s的泥浆时，每吨黏土造浆的立方数，计量单位为 m^3/t。它直接表示泥浆造浆效率的高低，以此评价泥浆的宏观性能。造浆率的具体测定规范是：在定量的蒸馏水中加入定量的膨润土粉，经搅拌后密封静止24小时，使之充分预水化，然后搅拌，用直读式旋转黏度计测600转时的读数，当读数为30即对应表观黏度 15×10^{-3} Pa·s 时，依加土量计算造浆率：

$$B=\frac{V_w}{W_s}+\frac{1}{M_s}$$

式中：B——造浆率，m^3/t；

V_w——水的体积，mL；

W_s——土的质量，g；

M_s——土的密度，g/cm^3。

显然一次性定量配出的被测泥浆不可能正好为 $\eta_A=15\times10^{-3}$ Pa·s，因此应该预估水、土加量范围，配制2～3种不同水、土比的泥浆，分别测定它们的 η_A值，然后用两点或三点连线法插值或顺延出造浆率值。

测定造浆率之前，对被测黏土的加工处理应该按照统一要求进行，使黏土的细度、水分含量、含砂量等指标处于标准范围，以保证造浆率测定的准确性。

表观黏度虽然比较重要地反映了泥浆的性能，但是并不能唯一表明泥浆性能，更严格的造浆率指标还应该结合泥浆的失水量、屈服值、塑性黏度等指标来进行评价。国外造浆用商品膨润土的质量标准，主要是API标准即美国石油协会标准，此外，还有原来的OCMA

（石油公司材料协会）标准、日本的JBAS标准和前苏联标准等（见表5－4）。我国目前采用国际上通用的API标准作为商品膨润土的质量标准。若将表观黏度与失水量、屈服值、塑性黏度、漏斗黏度等结合起来衡量，能更加符合钻井实际来准确地反映膨润土的本质特征。

表5－4　黏土造浆率质量标准指标表

制定者	质量标准指标					
	对被测土的技术要求		泥浆达到的性能指标			造浆率/$(m^3 \cdot t^{-1})$
	水分含量/%	200目筛余量/%	API失水/%	屈服值/(0.478Pa)	漏斗黏度/s	
API标准	<10	<4	<13.5	$3 \times \eta_p$	—	>16
OCMA标准	<15	<2.5	<15	—	—	>16
JBAS标准	<10	<4	<15	$3 \times \eta_p$	—	>16
前苏联标准	6～10	含砂量<6	—	—	25	15

注：η_p为泥浆的塑性黏度

24. 什么是黏土的水化？

黏土的水化是指黏土颗粒吸附水分子，黏土颗粒表面形成水化膜，黏土晶格层面间的距离增大，产生膨胀以致分散的过程。黏土水化的结果即形成泥浆。黏土的水化效果对黏土的造浆性能和土质地层孔壁的稳定有重大影响。

25. 黏土水化的原因有哪些？

黏土颗粒与水或含电解质、有机处理剂的水溶液接触时，黏土便产生水化膨胀，引起黏土水化膨胀的原因有：

（1）黏土表面直接吸附水分子。

黏土颗粒与水接触时，由于以下原因而直接吸附水分子：①黏土颗粒表面有表面能，依热力学原理黏土颗粒必然要吸附水分子和有机处理剂分子到自己的表面上来，以最大限度地降低其自由表面能；②

黏土颗粒因晶格置换等而带负电荷，水是极性分子，在静电引力的作用下，水分子会定向地浓集在黏土颗粒表面；③黏土晶格中有氧及氢氧层，均可以与水分子形成氢键而吸附水分子。

(2)黏土吸附的阳离子的水化。

黏土表面的扩散双电层中，紧密地束缚着许多阳离子，由于这些阳离子的水化而使黏土颗粒四周带来厚的水化膜。这使黏土颗粒通过吸附阳离子而间接地吸附水分子而水化。

26. 影响黏土水化的因素有哪些?

(1)黏土矿物本身的特性

黏土矿物因其晶格构造不同，水化膨胀能力也有很大差别。蒙脱石黏土矿物，其晶胞两面都是氧层，层间连接是较弱的分子间力，水分子易沿着硅氧层面进入晶层间，使层间距离增大，引起黏土的体积膨胀。伊利石黏土矿物其晶体结构与蒙脱石矿物相同，但因层间有水化能力小的 K^+ 存在，K^+ 镶嵌在黏土硅氧层的六角空穴中，把两硅氧层锁紧，故水不易进入层间，黏土不易水化膨胀。高岭石黏土矿物，因层间易形成氢键，晶胞间连接紧密，水分子不易进入，故膨胀性小。同时伊利石晶格置换现象少，高岭石几乎无晶格置换现象，阳离子交换容量低，也使黏土的水化膨胀差。

(2)交换性阳离子的种类

黏土吸附的交换性阳离子不同，形成的水化膜厚度也不相同，即黏土水化膨胀程度也有差别。例如交换性阳离子为 Na^+ 的钠蒙脱石，水化时晶胞间距可达 40Å，而交换性阳离子为 Ca^{2+} 的钙蒙脱石，水化时晶胞间距只有 17Å。

(3)水溶液中电解质的浓度和有机处理剂含量

水溶液中电解质浓度增加，因离子水化与黏土水化争夺水分子，使黏土直连吸附水分子的能力降低。其次阳离子数目增多，挤压扩散层，使黏土的水化膜减薄。总起来是使黏土的水化膨胀作用减弱。盐水泥浆和钙处理泥浆对孔壁的抑制作用就是依据这个原理。

27. 黏土水化膨胀的过程是怎样的?

黏土的水化膨胀过程经历两个阶段，即：表面水化膨胀和渗透水化膨胀两个阶段。

(1)由表面水化引起的膨胀

这是短距离范围内的黏土与水的相互作用，这个作用进行到黏土层间有四个水分子层的厚度，其厚度约为10Å。在黏土的层面上，此时作用的力有层间分子的范德华引力、层面带负电和层间阳离子之间的静电引力、水分子与层面的吸附能量(水化能)，其中以水化能最大。此三种力的净能量在第一层水分子进入时的膨胀力达到几千大气压(H. Van 奥尔芬指出，欲将最后几个分子层的吸附水从黏土表面挤走，需要2000～4000×0.101325 MPa的压力)。

(2)由渗透水化引起的膨胀

当黏土层面间的距离超过10Å时，表面吸附能量已经不是主要的了，此后黏土的继续膨胀是由渗透压力和双电层斥力所引起的。随着水分子进入黏土晶层间，黏土表面吸附的阳离子便水化而扩散到水中，形成扩散双电层，由此，层间的双电层斥力便逐渐起主导作用而引起黏土层间距进一步扩大。其次黏土层间吸附有众多的阳离子，层间的离子浓度远大于溶液内部的浓度。由于浓度差的存在，黏土层可看成是一个渗透膜，在渗透压力作用下水分子便继续进入黏土层间，引起黏土的进一步膨胀。由渗透水化而引起的膜膨可使黏土层间距达到120Å。增加溶液的含盐量，由于浓度差减小，黏土膨胀的层间距便缩小，这也是用盐水泥浆抑制孔壁膨胀的原理。

黏土水化膨胀达到平衡距离(层间距大约为120Å)的情况下，在剪切力作用下晶胞便分离，黏土分散在水中，形成黏土悬浮液。

28. 黏土－水界面的扩散双电层成因与结构是什么?

由于黏土颗粒在碱性水溶液中带负电荷(在端部则多数带正电荷)，必然要吸附与黏土颗粒带电符号相反的离子——阳离子到黏土颗粒表面附近(界面上的浓集)，形成黏土颗粒表面的一层负电荷与反离子的正电荷相对应的电层，以保持电的中性(平衡)。黏土颗粒吸附阳离子使阳离子在黏土颗粒表面浓集的同时，由于分子热运动和浓度差，又引起阳离子脱离界面的扩散运动，黏土颗粒对阳离子的吸附及阳离子的扩散运动两者共同作用的结果，在黏土颗粒与水的界面周围阳离子呈扩散状态分布，即形成扩散双电层。更值得指出的现象是，这种扩散层本质性地分成两部分：吸附层与扩散层，其结构如图5－7所示。

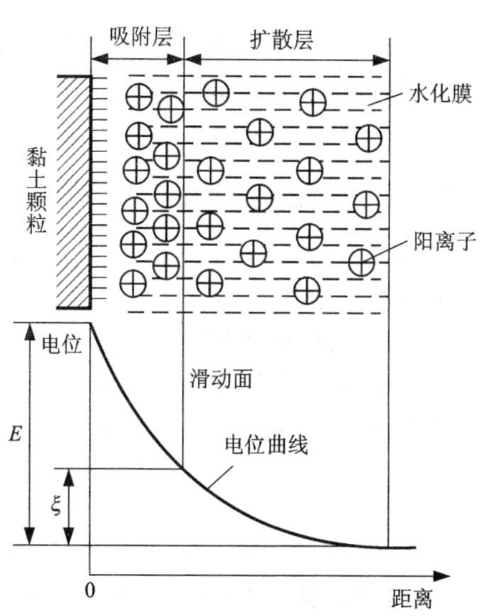

图5－7 黏土表面的扩散双电层

(1)吸附层

吸附层是指靠近黏土颗粒表面较近的一薄层水化阳离子，其厚度一般只有几个Å。这一薄层水化阳离子，由于与黏土颗粒表面距离近，阳离子的密度大，静电吸引力强，被吸附的阳离子与黏土颗粒一起运动，难以分离。

(2)扩散层

扩散层是吸附层外围起直到溶液浓度均匀处为止(离子浓度差为零)由水化阳离子及阴离子组成的较厚的离子层。这部分阳离子由于本身的热运动，自吸附层外围开始向浓度较低处扩散，因而与黏土颗粒表面的距离较远，静电引力逐渐减弱(呈二次方关系减弱)，在给泥浆体系接入直流电源时，这层水化离子能与黏土颗粒一起向电源正极运动，而相反向电源负极运动。扩散层中阳离子分布是不均匀的，靠近吸附层多，而远离吸附层则逐渐减少，扩散层的厚度，依阳离子的种类和浓度的不同，约为10～100Å。

(3)滑动面

它是吸附层和扩散层之间的一个滑动面。这是由于吸附层中的阳离子与黏土颗粒一起运动，而扩散层中的阳离子则有一滞后现象，因而呈现滑动面。

(4)热力电位 E

它是黏土颗粒表面与水溶液中离子浓度均匀处之间的电位差。热力电位的高低，取决于黏土颗粒所带的负电量。热力电位愈高，表示黏土颗粒表面带的负电量愈多，能吸附的阳离子数目也愈多。

(5)电动电位 ζ

它是滑动面处与水溶液离子浓度均匀处的电位差。电动电位取决于黏土颗粒表面负电量与吸附层内阳离子正电量的差值。电动电位愈高，表示在扩散层中被吸附的阳离子愈多，扩散层愈厚。

29. 影响电动电位的因素有哪些?

电动电位的大小受以下几方面因素的影响：

(1) 阳离子的种类

阳离子的种类决定了阳离子电价的高低和阳离子的水化能力。当黏土颗粒吸附高价阳离子时，由于一个离子带的电荷多，黏土颗粒表面的总电荷量一定时，吸附层中被阳离子中和的电量多，于是电动电位低，扩散层中的阳离子数目少，扩散层及黏土表面的水化膜薄，黏土颗粒易于聚结。若黏土颗粒吸附的是低价阳离子，吸附层中被阳离子中和的电量少，电动电位高，扩散层中的阳离子数目多，扩散层以及水化膜厚，黏土颗粒不易聚结。例如，钙膨润土用碳酸钠处理，Na^+取代 Ca^{2+}，因 Na^+为一价离子，且水化能力强，黏土颗粒周围的扩散层以及水化膜厚，泥浆趋于分散稳定。相反，配制好的泥浆使用时受钙侵，Ca^{2+}取代黏土表面吸附的 Na^+，由于 Ca^{2+}是二价离子，水化能力弱，因而黏土颗粒的水化膜变薄，泥浆由分散转化为聚结而失去稳定性。

(2) 阳离子浓度

阳离子(例如 Na^+)虽水化能力强，黏土颗粒水化膜厚，泥浆稳定，但 Na^+浓度有一合适的范围，若 Na^+浓度过大，同样会使泥浆由分散转为聚结。这是因为：①阳离子浓度大，阳离子挤入吸附层的机会增大，结果使电动电位降低，扩散层以及水化膜变薄(即所谓挤压双电层)，分散体系由分散转化为聚结；②阳离子浓度大，阳离子数目多，阳离子本身水化不好，同时阳离子水化而夺去黏土直接吸附的水分子，因而使黏土颗粒周围的水化膜变薄，分散体系由分散转为聚结。泥浆使用时受盐(NaCl)侵，是由于 Na^+过多，起了压缩双电层的作用，使泥浆由分散转为聚结，甚至失去稳定性。又如钙膨润土用纯碱改性处理时，碳酸钠存在有最佳加量，加量过大则起反作用，造浆量降低，泥浆性能变坏。

此外，泥浆的分散稳定或聚结，还受阴离子的影响，如钙膨润土改性而加入钠盐，加入 Na_2CO_3 而黏土颗粒分散，若加入 NaCl，则黏土颗粒聚结。故泥浆处理加入无机盐时，必须考虑阴离子的影响。

30. 双电层理论对钻井泥浆应用有什么指导意义？

由于吸附的阳离子水化，使黏土颗粒周围形成水化膜。电动电位愈高，扩散层愈厚，黏土颗粒周围的水化膜也愈厚，阻隔作用的增强使黏土颗粒在运动时愈不易因碰撞而黏结，黏土颗粒的水化分散效果便愈稳定；电动电位愈高，黏土颗粒之间的斥力愈大，分散性就愈强。因此，黏土颗粒表面带电量一定时，黏土颗粒在悬浮液中的水化分散稳定性主要取决于电动电位的高低。双电层理论的这一重要结论对钻井而言，具有两个方面的实际应用意义。

双电层理论对钻井泥浆应用的指导意义在于：①原生膨润土矿多为钙膨润土，造浆时加入一价钠盐，提供 Na^+，因离子交换吸附，扩散双电层中阳离子由 Ca^{2+} 转为 Na^+，ζ 电位升高，扩散层增厚，黏土分散，泥浆稳定。②泥浆受钙侵时，Ca^{2+} 的浓度增大，扩散双电层中 Na^+ 转为 Ca^{2+}，ζ 电位下降，扩散层变薄，黏土颗粒聚结，泥浆失去稳定性。③为处理泥浆而加入低价阳离子电解质时，应严格控制加量，过量会起压缩扩散层的副作用，同时必须考虑阴离子的影响。④可以通过加入低价或高价阳离子无机处理剂来调节泥浆的分散或适度聚结，用以配制不同种类（分散的或适度聚结的）的泥浆。

从井壁稳定的角度来看，双电层理论也有重要的指导意义：若所钻地层的膨润土含量较高，在外界阳离子的作用下，ζ 电位升高，水化分散性增强，易使井壁水化分散，给钻井工作带来井眼缩径、垮塌等不利影响。因此，在石油天然气钻井、基础工程钻掘及其他遇到泥岩、页岩、黏土等地层钻进时，采取压缩双电层，降低 ζ 电位的措施，能使井壁、槽壁的稳定性增强。

31. 正电荷扩散双电层是怎样形成的？

在酸性和中性的黏土悬浮液中，黏土片端部的 Al－OH 和 Si－O 键的 OH^- 和 O^{2-}，因电离或断键而离去，于是黏土颗粒的端部便带正电荷，形成带正电荷的扩散双电层。因为正电荷与黏土层面所带的负电荷相比是较少的，故就整个黏土颗粒而言，所带的净电荷是负的。

黏土颗粒表面所带电荷的性质与溶液 pH 有关。当 pH 由酸性转为碱性且 pH 不断升高时，带正电荷的端部也可转为带负电荷；而当 pH 降低，溶液的酸性增大时，黏土颗粒层面带的负电荷也可转为带正电荷。因此，为使黏土颗粒带稳定的负电荷，形成稳定的带负电荷扩散双电层，必须使黏土悬浮液处于碱性状态，即 pH 必须大于 7，一般要求为 8.0 ~9.0，有时要求 pH 高达 9 ~10 以上。

32. 黏土在水中的分散状态是怎样的?

制备泥浆用的黏土，可能是优质膨润土，即以蒙脱石为主的黏土；也可能是混合型普通黏土，并且泥浆中还加有不同种类、不同数量的处理剂，因而黏土 - 水分散体系中黏土颗粒呈不同的形态存在。总的可分为分散、絮凝、聚结三种形态。因黏土种类不同，表面带电情况不同，其结合形式也有所不同，如图 5 -8 所示。颗粒之间的连接有三种情形：面 - 面接触，边 - 面接触和边 - 边接触。以蒙脱石为主的膨润土，黏土含量低时可呈 A 的状态，随着土含量的增加向 C 和 E 型发展。而以高岭石为主的劣土，则从含量低时的 B 型向 D、F 型发展。钻进时含有岩屑的实际井浆，其中固体颗粒的存在状态比较复杂，可能是下图的各种形式的综合。

图 5 -8 黏土在水中的分散状态示意图

A—分散不絮凝；B—聚结，但不絮凝；C—边 - 面结合，仍分散；
D—边 - 边结合絮凝；E—边 - 面结合，聚结且絮凝；F—边 - 边结合聚结且絮凝

33. 什么是泥浆的稳定性?

泥浆分散体系中，黏土颗粒的分散和聚结是泥浆体系内部两种对立的倾向。由于地球重力场的存在和体系外部环境的经常变化，因而泥浆体系中黏土颗粒的凝聚或聚结是经常的、绝对的，而分散和稳定则是暂时的、相对的。研究泥浆分散体系的目的，是在了解泥浆体内部稳定和聚结的动力过程的基础上，通过对泥浆进行化学处理，使分散性差、不稳定的泥浆体系转变为分散性好而相对较稳定的泥浆以满足钻井的要求。

泥浆分散体系的稳定是指它能长久保持其分散状态，各微粒处于均匀悬浮状态而不破坏的特性。它包含两方面的含意，即沉降稳定性和聚结稳定性。

34. 什么是泥浆的沉降稳定性?

沉降稳定性又称动力稳定性，是指在重力作用下泥浆中的固体颗粒是否容易下沉的特性。泥浆中固体颗粒的沉降决定于重力和阻力的关系。当重力和阻力相等时，颗粒均速下沉。若颗粒为球形，按 Stokes 定律，其沉降速度为：

$$v = \frac{2r^2(\rho - \rho_0)g}{9\eta}$$

式中：r——球形颗粒的半径，cm；

ρ，ρ_0——颗粒和分散介质的密度，g/cm^3；

η——分散介质的黏度，Pa·s；

g——重力加速度，m/s^{-2}。

要满足上式，必须符合三个条件：①球形颗粒的运动要十分缓慢，周围液体呈层流分布；②颗粒间距离是无限远，即颗粒间无相互作用；③液相是连续介质。

由上式可看出：沉降速度与颗粒半径的平方、颗粒和介质的密度差呈正比，与介质黏度呈反比。尤以颗粒的大小对沉降速度影响最大。

按上式，当颗粒和分散介质的密度分别为 2.7 和 1.0，分散介质的黏度为 1.5×10^{-3} Pa·s 时，可求出沉降 1 cm 的时间。

由上式计算出，颗粒大于 1 μm 便不能长时间处于均匀悬浮状态。

用普通黏土配制的泥浆，其中的黏土颗粒大都在 1 μm 以上，故不加处理剂难以获得稳定的泥浆。因此，要提高泥浆分散体系的沉降稳定性，必须缩小黏土颗粒的尺寸，即应采用优质黏土造浆，以提高其分散度，其次应提高液相的比重和黏度。

35. 什么是泥浆的聚结稳定性？

泥浆的聚结稳定性是指泥浆中的固相颗粒是否容易自动降低其分散度而聚结变大的特性。泥浆分散体系中的黏土颗粒间同时存在着相互吸引力和相互排斥力，这两种相反作用力便决定着泥浆分散体系的聚结稳定性。

泥浆分散体系中黏土颗粒之间的排斥力是由于黏土颗粒都带有负电荷，黏土颗粒表面存在双电层和水化膜。具有同种电荷(负电荷)的黏土颗粒彼此接近或碰撞时，静电斥力使两颗粒不能继续靠近而保持分离状态。同时黏土颗粒四周的水化膜，也是两颗粒彼此接近或聚结的阻碍因素。当两颗粒相互靠近时，必须挤出夹在两颗粒间的水分子或水化离子，进一步靠近时便要改变双电层中离子的分布。要产生这些变化就需要做功。这个功等于指定距离时的排斥能或排斥势能。排斥势能(V_R)决定于颗粒所带的电荷，同时是相互间距离的函数。它大致是随着颗粒间距离的增加呈指数下降，故近似地可写成：

$$V_R \approx \frac{1}{2}\varepsilon r\varphi_0^2\exp(-KH_0)$$

式中：ε——溶剂的介电常数；

r——球形颗粒的半径，m；

φ_0——颗粒表面的电位，V；

H_0——两球形颗粒球面最短距离，m；

K——离子氛半径的倒数，$1/K$ 可看作为双电层厚度的量度，m^{-1}。

泥浆分散体系中黏土颗粒之间的吸引力是范德华引力。范德华引力是色散力、极性力和诱导偶极力之和。对两个原子来说其大小与两原子间的距离的 7 次方呈反比(或对吸引能来说是 6 次方)。但泥浆中的黏土颗粒是由大量分子组成的集合体，它们之间的吸引势能大约与颗粒表面间距离的 2 次方呈反比。若为球形颗粒，体积相等，当两颗粒接近到两球表面间距离 H_0 比颗粒半径 r 小得多时，则两颗粒间的吸引势能(V_A)为：

$$V_A = -\frac{A\ \alpha}{12H_0}$$

由上看出，排斥能和吸引能都是颗粒间距离的函数，只是变化规律不同。若势能以距离为函数作图，可得势能曲线，如图 5 -9 所示。

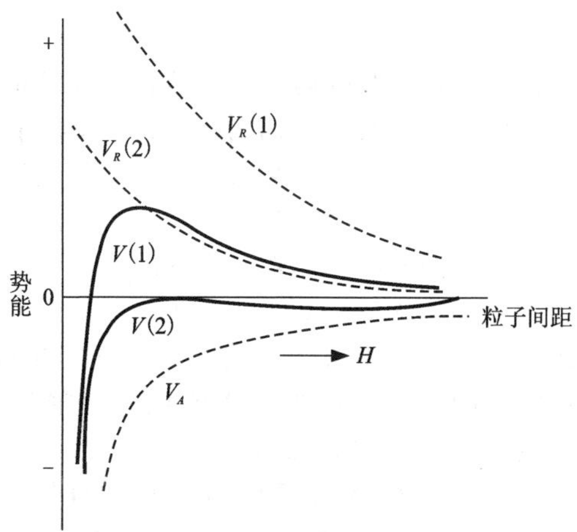

图 5 -9　相互吸引势能曲线

两颗粒间的势能是排斥势能和吸引势能之和，即：$V = V_A + V_R$。

从图 5 -9 的势能曲线看出，势能曲线的形状决定于 V_A 和 V_R 的相对大小。$V(1)$ 是排斥力大于吸引力的势能曲线，这时颗粒可保持稳定而不聚结。$V(2)$ 则表示在任何距离下排斥力都不能克服颗粒之间的引力，因此便会聚结而产生沉降。曲线 $V(1)$ 上有一最高点，叫斥力势垒，颗粒的动能值只有超过这一点才能引起聚结，所以势垒的高低往往标志着分散体系稳定性的大小。

36. 泥浆的性能对钻探有哪些影响?

泥浆的性能是泥浆的组成以及其各组分间相互物理化学作用的宏观反映，它是反映泥浆质量的具体参数。泥浆性能及其变化，直接影响着机械钻速、钻头寿命、孔壁稳定、孔内净化和预防孔内问题等一系列钻井工艺问题。泥浆的主要性能有泥浆密度、固相含量、泥浆的流变特性(黏度和切力)、泥浆的滤失性能(泥浆的失水量和泥饼厚度)、泥浆的含砂量、润滑性、胶体率和pH等。

37. 什么是泥浆的相对密度、固相含量与含砂量?

密度是指物质的质量跟它的体积的比值。在泥浆的性能中常使用比重,即相对密度。

泥浆的相对密度是指泥浆的质量与同体积水的质量之比。泥浆相对密度的大小主要取决于泥浆中固相的质量,而泥浆中固相的质量则是造浆黏土质量和钻屑质量之和。在有加重剂等其他固相物质加入的时候,加重剂等物质的质量也须计入。

泥浆的固相含量指泥浆中固体颗粒占的质量或体积百分数。泥浆中的固相包括有用固相和无用固相,前者如黏土、重晶石等,后者为钻屑。泥浆中的固相,按固相密度来划分,可分为重固相(重晶石密度为4.5,赤铁矿为6.0,方铅矿为6.9等)和轻固相(黏土密度一般为2.3~2.6,岩屑密度一般在2.2~2.8之间)。

泥浆的含砂量指泥浆中砂粒占的质量或体积百分数。

采用造浆率高的膨润土配制泥浆,黏土含量(质量/体积)在4%~6%以下便可达到要求的黏度,此时泥浆密度在1.03~1.05左右。相反,若用造浆率低的黏土配浆,要达到同样的黏度,黏土用量要达20%~30%以上,此时泥浆密度高达1.15以上。目前对优质轻泥浆,在黏度符合要求时,泥浆中的固相含量应控制在4%左右(体积含量),此时泥浆密度在1.05~1.08左右。

38. 泥浆的密度和固相含量对钻井有哪些重要意义和影响?

(1)地层压力的控制

钻井中防止漏失、涌水和维持孔壁的稳定,重要的一点是要维持钻孔、地层间的物理力平衡。而孔内静液柱压力的大小决定于孔内液柱的单位质量或密度以及垂直深度,即:

$$P_s = 0.1\gamma H$$

式中:P_s——静液柱压力,N;

γ——单位体积的质量或密度，kg/m^3；

H——液柱垂直高度，m。

若把每单位高度（或深度）增加的压力值叫压力梯度，用 G_s 表示静液压力梯度，则：

$$G_s = \frac{P_s}{H} = 0.1\gamma$$

因此静液柱压力梯度 G_s 决定于泥浆的密度，可以调节泥浆的密度使 G_s 与地层压力梯度 G_p 相适应以求得钻孔－地层间的物理力的平衡。

（2）对钻速的影响

近年来进行的泥浆密度、固相含量对钻速影响的研究得出如下的结论：

①随着泥浆密度的增加，钻速下降，特别是泥浆密度大于 1.06～1.08 时，钻速下降尤为明显。

②泥浆的密度相同，固相含量愈高则钻速愈低。由此得出泥浆密度相同时，加重泥浆的钻速要比普通泥浆高，因为加重泥浆的固相含量低。

③泥浆的密度和固相含量相同，但固相的分散度不同，则固相颗粒分散得愈细的泥浆钻速愈低。由此，不分散体系的泥浆其钻速要比分散体系的泥浆高，如图 5－10 所示。甚至有些研究者得出小于 1 μm 的颗粒对钻速的影响比大于 1 μm 颗粒的影响大 12 倍。因此，为提高钻进效率，不仅应降低泥浆的密度和固相含量，而且应降低固相的分散度，即应采用不分散低固相泥浆。

（3）含砂量的影响

泥浆中的无用固相（主要为岩屑）含量会给钻进造成很大的危害。首先，无用固相含量高，泥浆的流变特性（见下节）变坏，流态变差。不仅使孔内净化不好而引起下钻阻卡，而且可能引起抽吸，压力激动等，造成漏失或井塌。其次，泥浆中无用固相含量高，泥饼质量变坏（泥饼疏松，韧性低），泥饼厚。这样，不仅失水量大，引起孔壁水化崩塌，而且易引起泥皮脱落造成孔内事故。第三，泥浆无用固相含量高，对管材、钻头、水泵缸套、活塞拉杆磨损大，使用寿命短。

因此，在保证地层压力平衡的前提下，应尽量降低泥浆密度和固相含量，特别是无用固相的含量。

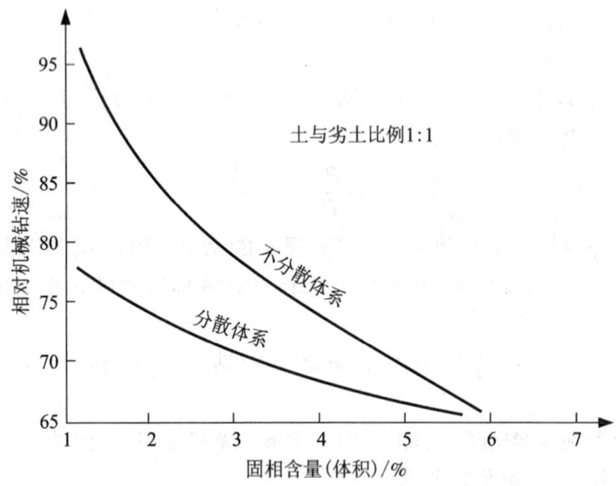

图5-10 泥浆固相含量对钻速的影响

39. 测量泥浆比重(相对密度)的仪器是什么?

测量泥浆密度的仪器目前用得最多的是比重秤(所测比重即相对密度),其结构如图5-11所示。测量时,将泥浆装满于泥浆杯中,加盖后使多余的泥浆从杯盖中心孔溢出。擦干泥浆杯表面后,将杠杆放在支架上(主刀口坐在主刀垫上)。移动游码,使杠杆呈水平状态(水平泡位于中央)。读出游码左侧的刻度,即为泥浆的相对密度值。可以把这种方法的原理形象地归结为“杠杆原理”。

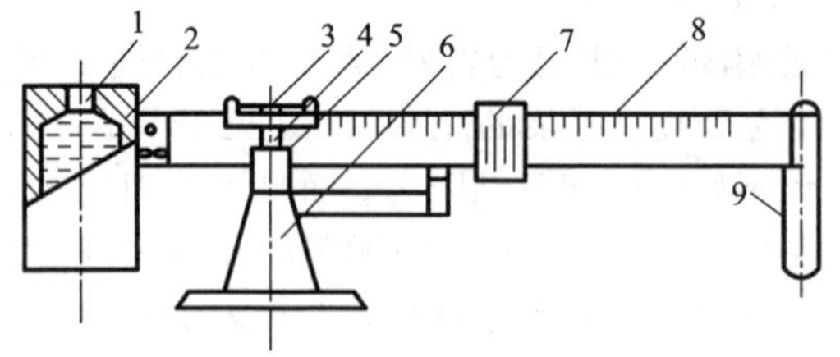

图5-11 泥浆比重秤

1—杯盖;2—泥浆杯;3—水平泡;4—主刃口;5—主刃垫;
6—支架;7—游码;8—杠杆;9—金属颗粒

测量泥浆相对密度前，要用清水对仪器进行校正。如读数不在1.0处，可通过增减装在杠杆右端小盒中的金属颗粒来调节。

对泥浆中固相含量的测定，一般采用“蒸馏原理”，如图5-12所示。取一定量(20 mL)泥浆，置于蒸馏管内，用电加热高温将其蒸干，水蒸气则进入冷凝器，用量筒收集冷凝的液相，然后称出干涸在蒸馏器中的固相的重量，读出量筒中液相的体积，计算泥浆中的固相含量，其单位为相对密度或体积百分比。

40. 泥浆的含砂量如何测定?

对泥浆的含砂量的测定，采用筛析原理，如图5-13所示。

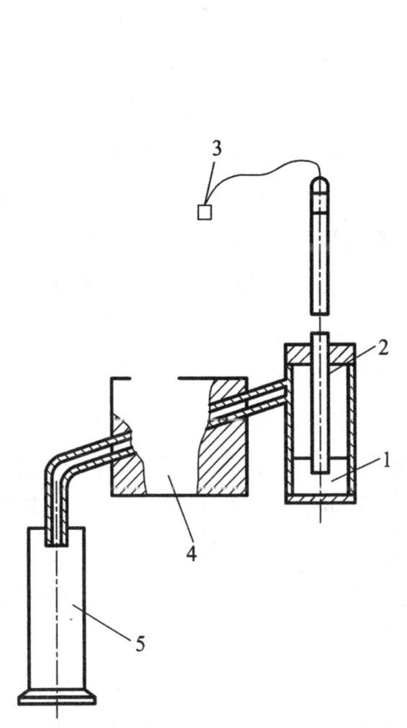

图5-12　钻井液固相含量测定仪

1—蒸馏器；2—加热棒；

3—电线接头；4—冷凝器；5—量筒

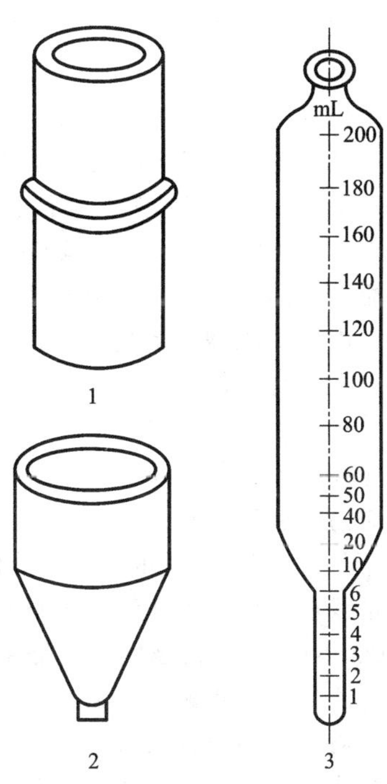

图5-13　泥浆含砂量测定

1—过滤筒；2—漏斗；3—玻璃量杯

41. 什么是泥浆的流变性?

泥浆的流变性是指泥浆的流动和变形性质，它以泥浆的黏稠性为主要研究对象。

42. 不同泥浆的流变关系大体上可以分为哪几种理论流型?

泥浆流动时的剪切应力与剪切速率之间的关系用流变方程和流变曲线来表达。不同泥浆的流变关系大体上可以分为四种理论流型，即牛顿流型、宾汉流型、幂律流型和卡森流型。一种具体泥浆的实际流型与哪一种理论流型较相近，就认为它属于该理论流型。泥浆的流型主要取决于构成泥浆的材料组成及其含量。

黏土含量较少的细分散泥浆比较接近于牛顿流型，其剪切应力主要由相互无连接力的黏土微粒及水分子之间的摩擦力构成。由牛顿流型关系式可知，反映该类泥浆黏稠性的流变参数是牛顿黏度 η。

由于一般泥浆(在未加稀释剂和高聚物加量很少的情况下)存在黏土颗粒之间的结合力，具有一定程度的网架结构。因此，泥浆在发生流动之前需要克服一定的结构力。其流型用宾汉流型来反映较为合适。由宾汉流型关系式可知，反映该类泥浆黏稠性的流变参数是动切力 τ_o和塑性黏度 η_p。

当泥浆中的线形高聚物或类似油微粒的可变形物质含量较高，并且泥浆结构力很低时，可以用幂律关系来描述泥浆流型。这种流型的切应力随剪切速率的变化不是线性关系，而是由快到慢呈幂指数关系，也就是说流动慢时切力增加得快，流动快时切力增加得慢。其原因是线形高聚物等在流动中具有顺流方向性。流速越大，顺流方向性越强，阻力增加得越慢。由幂律流型关系式可知，反映该类泥浆黏稠性的流变参数是稠度系数 K 和流型指数 n。

对于许多泥浆而言，既存在着黏土颗粒的空间网架，又有线形高聚物或类似的物质，也就是说既存在结构力，又有剪切稀释作用。因此，用卡森流型来反映其流变关系更为合适。由卡森流型关系式可知，反映该类泥浆黏稠性的流变参数是卡森动切力 τ_c和卡森高剪黏度 η_∞。

43. 泥浆黏稠性对钻井工作有什么影响?

泥浆把钻碴从井底携至地表或者在井中悬浮钻碴，主要是靠泥浆的黏稠性；对于破碎的不稳定井壁，利用较黏稠的泥浆还可以起到较好的黏结护壁作用。仅从这两点考虑，泥浆的黏度和动切力应该取高值。这也是选择泥浆作钻井液的基本出发点。

但是，泥浆的黏稠性大又有不利的方面，主要表现在：使井底碎岩效率降低；增加泥浆循环的流动阻力；增大对井壁的液压力激动破坏。因此，不能盲目增大泥浆的黏稠性，而应根据具体地层和钻井工艺要求，综合兼顾多方面的情况，确定合适的泥浆黏度和动切力。

44. 什么是泥浆的表观黏度与剪切稀释作用?

如果把泥浆分为四种流型的流体，则具体衡量这四种泥浆黏稠性的参数是互不相同的。可以用一个统一的指标参数来反映各种泥浆的相对黏稠性，这就是表观黏度 η_A，它等于泥浆流动时的剪切应力 τ 与剪切速率的比值。对于牛顿流体，表观黏度就是牛顿黏度，是常量；而对于其他三种流型的流体，表观黏度不是常量，而是随剪切速率增加而减小的变量(这一点，无论从流变方程还是流变曲线上都能很好地说明)。如果取剪切速率比较中间的某一定值作为对象，用该点对应的表观黏度作为平均表观黏度，则不同流型泥浆的黏稠性就有了相对统一的比较标准。

泥浆表观黏度随剪切速率增加而减小的性质称为泥浆的剪切稀释作用。剪切稀释作用对钻井工作十分有意义：在钻头部位，泥浆流速大，表观黏度低，有利于井底碎岩；而在环空中，由于泥浆流速减小，表观黏度提高，有利于悬携钻碴。

45. 什么是泥浆凝胶强度和触变性?

一旦泥浆停止流动即静止，便有或多或少的结构逐渐形成，直至趋于稳定。把泥浆静置时的结构力称为泥浆的凝胶强度，用静切力表示。凝胶强度是随泥浆静置时间的增长而增大的，即静切力是时间的函数。反过来看，当外加一定的切力使泥浆流动时，结构拆散，流动性增加，这就是泥浆的触变性。凝胶强度的大小和增长的快慢，对悬浮钻碴和开泵时的循环阻力有直接影响。为使停泵后井内钻碴悬浮而不下沉，希望泥浆有快速强凝的触变性；但这又会导致重新开泵时的循环阻力过大。因此，应该使泥浆具有快速中等强度的触变性。

46. 什么是泥浆的失水造壁性?

在井中液体压力差的作用下，泥浆中的自由水通过井壁孔隙或裂隙向地层中渗透，称为泥浆的失水。失水的同时，泥浆中的固相颗粒附着在井壁上形成泥皮(泥饼)，称为造壁(见图 5－14)。

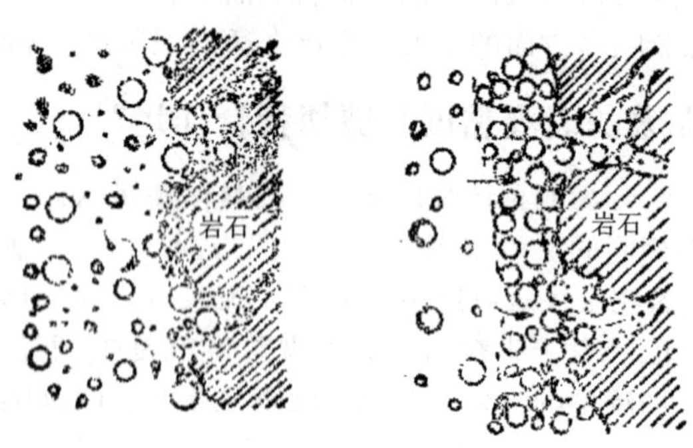

图 5－14 泥浆失水造壁性示意图

井中的压力差是造成泥浆失水的动力，它是由于井中泥浆的液压力与地层孔、裂隙中流体的液压力不等而形成的。井壁地层的孔隙、裂隙是泥浆失水的通道条件，它的大小和密集情况是由地层岩土性质客观决定的。泥浆中自由水的概念在前面已经叙及，除了较大的裂隙和空隙外，一般地层的孔、裂隙较小，只允许自由水通过，而黏土颗粒周围的吸附水随着黏土颗粒及其他固相附着在井壁上构成泥皮，不再渗入地层。

井壁上形成泥皮后，渗透性减小，减慢泥浆的继续失水。若泥浆中的细粒黏土多而且水化效果好，则形成的泥皮致密而且薄，泥浆失水便小。反之，泥浆中的粗颗粒多且水化效果差，则形成的泥皮疏松而且厚，泥浆的失水便大。很明显，泥皮厚度(更严格地说应是滤余物质)是随失水量增大而增加的。

泥浆在井内的失水处在两种不同的背景条件下。一种是水泵停止循环，泥皮不受液流冲刷，井内的液压力只是泥浆柱静水压力，这时的失水称为静失水；另一种是水泵循环，泥皮受到冲刷，井内的液压力是泥浆静水柱压力与流动阻力损失之和，这时的失水称为动失水。根据实际钻井工序，这两种失水是交替进行的。

另外，在钻头破碎孔底岩石，形成新的自由面的瞬间，泥浆接触新的自由面，还未形成或很少形成泥皮，泥浆中的自由水以很高的速率向新鲜岩面失水，这时的失水称为瞬时失水或初失水。

静失水时，泥皮逐渐增厚，失水速率逐渐减小。因此时压力较小，泥皮较厚，故失水速率比动失水小。

动失水时，泥皮不断在增厚，同时又不断被冲刷掉，当增厚速率与被冲刷速率相等时，泥皮厚度动态恒定，失水速率也就基本不变。

以钻孔某一孔深处的孔壁为讨论对象，该处孔壁的失水全过程，从钻头钻经此处开始，发生短暂的瞬时失水之后，即形成动失水、静失水的不断循环反复，直至钻井完成。

47. 泥浆的失水性对钻井工作有什么影响?

许多情况下，泥浆的失水对钻井的危害较大。

(1)当地层为泥页岩、黄土、黏土时，失水过大会引起井壁吸水膨胀、缩径、剥落、坍塌。

(2)对于破碎带、裂隙发育的地层，渗入的自由水洗涤了破碎物接触面之间的黏结，减小了摩擦阻力，破碎物易滑入井眼内，造成井壁坍塌、卡钻等事故。

(3)在溶解性地层中的失水越多，井壁地层被溶解的程度就越高。

(4)厚泥皮会加大对钻具的吸附，使钻杆回转阻力增加。

(5)厚泥皮使环空过流面积减小，循环阻力和压力激动增大。

(6)厚泥皮使测井数据的准确性降低。

(7)失水量越多，对地层的侵染越严重。

(8)失水量越多，对地层的伤害越严重，影响油、气、水的渗透率，降低井的产量。

失水性对钻井的有利影响是：初失水可以湿润岩土，使其强度降低，有利于钻头对其破碎，提高钻进速度。

48. 什么是泥浆的静失水?

泥浆的静失水是一个渗滤过程，因此遵循达西渗流定律。在此假设：地层的渗透率和泥皮的渗透率均是常数，且前者远大于后者；泥皮是平面型的，其厚度与钻孔直径相比很小。泥皮的厚度随时间增加而逐渐增大。按达西定律则有：

$$Q_t = \frac{\mathrm{d}V_t}{\mathrm{d}t} = \frac{KA\Delta P}{h\mu}$$

式中：Q_t——渗透速率，m^2；

K——泥皮的渗透率，m^2；

A——渗滤面积，m^2；

ΔP——渗滤压力，Pa；

h——泥皮厚度，m；

μ——滤液黏度，Pa · s；

V_t——滤失液体的体积，即滤失量，m^3；

t——渗滤时间，h。

当一定量泥浆完全滤失掉时，则有下面的关系；

$$V_m = h \cdot A + V_t;\ V_t = h \cdot A \cdot C_c V_t = h \cdot A \cdot C_c$$

式中：V_m——过滤的泥浆体积，m^3；

V_t——泥皮中固体颗粒堆积的体积，m^3；

C_c——泥皮中固体颗粒的体积百分数。

C_m 为泥浆中固体颗粒的体积百分数，即 $C_m = \frac{V_t}{V_m} = \frac{h \cdot \mathrm{A} \cdot \mathrm{C_c}}{h \cdot A + V_t}$，于是由上式可得：

$$h = \frac{V_t}{A(\frac{C_c}{C_m} - 1)}$$

将上式 h 代入式 Q_t 中，得：

$$\frac{\mathrm{d}V_f}{\mathrm{d}t} = \frac{KA^2(\frac{C_c}{C_m} - 1)\Delta P}{V_f\mu}$$

整理后有：

$$V_f \mathrm{d} V_f = \frac{KA^2(C_c - 1)\Delta P}{\mu}\mathrm{d}t,$$

积分后得：

$$\frac{V_f^{\ 2}}{2} = \frac{KA^2(\frac{C_c}{C_m} - 1)\Delta Pt}{\mu}$$

即：

$$V_f = A\sqrt{\frac{2K(\frac{C_c}{C_m} - 1)\Delta Pt}{\mu}}$$

由式 V_f 看出：单位渗滤面积的滤失量($\frac{V_f}{A}$)与泥皮的渗透率 K、固相含量因素($\frac{C_c}{C_m} - 1$)、滤失压差 ΔP、渗滤时间 t 等因素的平方根成正比；与滤液黏度的平方根成反比。虽然式 V_f 是静态状况下的失水量关系式，但它能比较有效地反映影响失水的大部分因素，其数学推导过程确切，便于建立统一的衡量标准。

49. 什么是泥浆的动失水？

关于动失水，主要是在静失水的基础上加入对泥皮冲刷的影响，由于模拟环境与各种井内复杂的动态情况存在差异，建立统一的解析模型比较困难。现在，国内外已有一些动失水衡量的理论正在不断发展。从对泥皮的动冲刷力考虑应该着重在两个问题上进行深入研究：①钻井液循环和钻具回转引起对泥皮的液动冲刷，特别注意流速场分布在泥皮界面处流速的大小和流态；②泥浆在泥皮界面上相对滑动的润滑性和黏滞阻力。

50. 分析泥浆降失水的主要途径有哪几方面？

分析泥浆降失水的主要途径为：①平衡或减小钻井液与地层孔隙流体之间的压差；②选用优质造浆黏土和有关处理剂，增加水化膜厚度；③增加泥浆中黏土的含量；④选用能提高水溶液黏度的处理剂，增加泥浆滤液黏度；⑤加快在复杂地层段的钻进速度，减少井壁裸露时间；⑥减少钻井液循环对井壁的冲刷。

51. 用什么仪器测量泥浆的静失水量?

采用气压式失水仪(见图5－15)可以测量泥浆的静失水量。测试条件：压差7.1×10^5 Pa，过滤断面45.3 cm^2，温度20～25℃。测量时连续测两个点(例如7.5 min，30 min)，然后按$V_f=k\sqrt{t}$计算，衡量泥浆的失水特性。

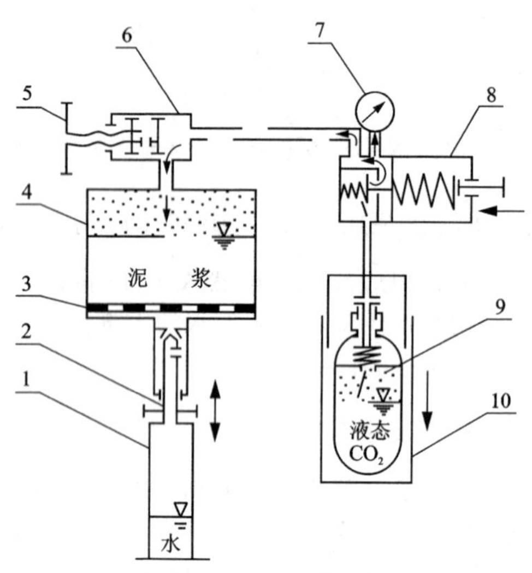

图5－15 气压式失水仪

1—量杯；2—放水阀；3—过滤板；4—泥浆杯；5—放空阀旋钮；6—放空阀；7—压力表；8—减压阀；9—CO_2气瓶；10—气源总体端盖

52. 如何测量泥浆的动失水量?

测量泥浆的动失水量的动滤失仪如图5－16所示，仪器最高压差为10 MPa，相对滤器表面产生的流速梯度范围在0～500^{-1}之间自由变换。用泥浆2.2 L，底部装有滤纸过滤孔，侧壁有两个岩心滤孔，可装岩心长3～18 cm，既可测得泥浆在滤纸上的动、静失水量，又能在不同渗透率的岩心上测得动、静失水数据。

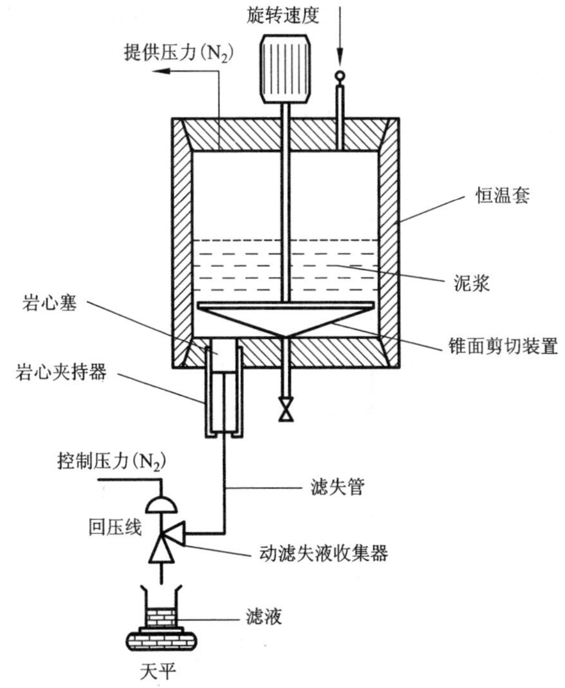

图 5－16　动滤失仪

53. 高温高压失水仪的主要性能指标是怎样的?

高温高压失水仪如图 5－17 所示，高温高压动滤失仪(便携式)除能模拟井下温度和压差外，还能模拟泥浆流动时对井壁产生的剪切速率，其主要性能指标为：工作压力 0～300 MPa，工作温度为 20～150℃，剪切速率为 0～700 s^{-1}，泥浆用量为 200～300 mL。

54. 什么是泥浆的胶体率?

泥浆的胶体率是泥浆中黏土水化分散程度及其悬浮状态稳定性的简易且有效的衡量。将 100 mL 泥浆倒入有刻度的量筒中，静置 24 h，观察泥浆析出水分的情况。如上部析水 5 mL，则表明泥浆胶体率为 95%。一般要求泥浆的胶体率在 96% 以上。

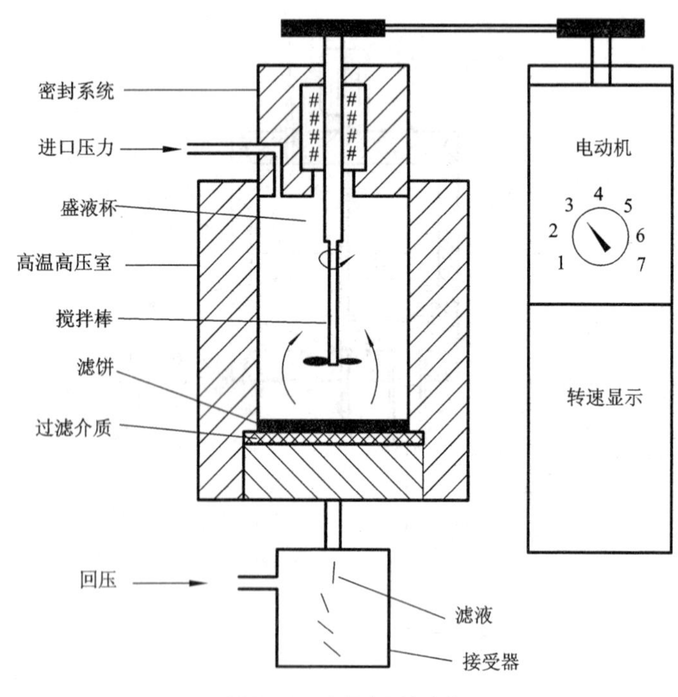

图 5－17　高温高压失水仪

55. 什么是泥浆的稳定性?

泥浆稳定性与胶体率在本质上相似，它是以静置 24 h 后泥浆上下两层的密度差来衡量的，一般规定密度差值应小于 0.02。

56. 什么是泥浆的 pH?

泥浆的 pH（酸碱度）对泥浆的性能有很大影响。黏土颗粒带负电，它必须在碱性条件下才能维持稳定，多数有机处理剂必须在一定的 pH 下才能发挥好的效用。不同配方的泥浆具有自身的 pH，一般应控制在 8～11 之间。泥浆在使用过程中，若发现 pH 相对于原设计值发生了变化，则应及时加以调节。提高 pH，可以加入 NaOH、Na_2CO_3 或 $Ca(OH)_2$ 等；降低 pH，可加入稀释的 HCl 或酸式盐。泥浆 pH 的简单测量，是用 pH 试纸；较精密的测量可用 pH 电位计（酸度计）。一般是对泥浆滤液进行测量，有时也可直接对泥浆进行测量。

57. 什么是泥浆的润滑性与泥皮黏滞性?

泥浆的润滑性与钻具磨损、循环流动阻力、设备功率消耗等有密切关系。为提高泥浆的润滑性，可以使用油包水乳化泥浆、油基泥浆、PAM 泥浆等，也可以在一般泥浆中加入一部分油或无机润滑剂如硫化钼（M_0S）和石墨粉等。泥浆润滑性用润滑仪测定，图 5－18 显示的是极压润滑仪，测量时，圆环和钢柱都浸泡在被测液中，由力矩控制机构控制两者的接触压力，当两者发生相对转动时，读出转矩数值并换算出被测液体的摩擦阻力值。泥皮黏滞性是衡量钻进过程中钻具回转或升降时，受泥皮阻尼的特性。

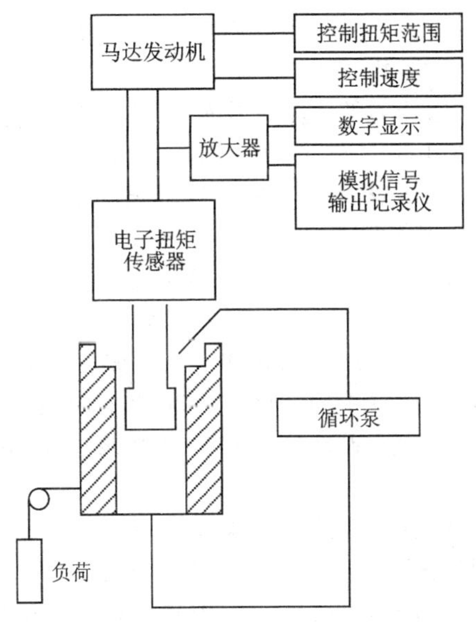

图 5－18　润滑性测定仪

石油钻井中泥皮黏滞性大时，往往黏附卡钻，起钻困难。因此泥皮黏滞性是一个比较重要的性能指标。泥皮黏滞性可用泥皮黏附系数测定仪测量。

58. 什么是泥浆的抑制性?

泥浆的抑制性是指泥浆抑制井壁岩土水化、膨胀、分散的性能，在原理上与黏土的造浆性和井壁的遇水稳定性有密切的联系，其评价实验的仪器和方法较多，例如简单的浸泡实验法、页岩膨胀测试仪、瓦式膨胀仪、滚子炉滚动回收率法、毛细管吸收时间法、页岩稳定性指数实验法等。

59. 泥浆的一般设计方法是怎样的?

较全面的泥浆设计的基本流程是：设计泥浆的重度、流变性、降失水性等主要技术指标；确定泥浆的胶体率、允许含砂量、固相含量、pH、润滑性、渗透率、泥皮质量等重要参数；选择造浆黏土和处理剂；进行泥浆处理剂配方设计；泥浆材料用量计算；确定泥浆的制备方法；拟订泥浆循环、净化、管理措施。

(1)按平衡地层压力的要求计算泥浆的重度 γ，即 $\gamma h = P_c$ 或 $\gamma h = P_0$。P_C、P_0分别为井深 H 处的地层侧压力或地层空隙流体压力。那么，究竟是按 P_C还是按 P_0计算，要视实际情况下平衡哪一种压力更为重要来定。如果两者都需要平衡，就应该分别计算出两种结果，权衡出介于两者之间的某值。一般钻井泥浆的重度在 1.02 ~ 1.40 之间。

(2)考虑悬排钻碴、护壁堵漏的要求确定泥浆的流变性。流变性的指标主要是黏度 η 和切力 τ。η 和 τ 的调整范围很宽，一般 η 的范围在 10 ~ 100 MPa · s ，τ 的范围在 0 ~ 20 Pa，应视不同钻井情况具体确定。另外，在一些情况下，还要考虑泥浆的剪切稀释作用和触变性。

(3)泥浆的其他设计指标的参考范围为：失水量一般应不大于 15 mL/30 min，含砂量不大于 8%，胶体率不小于 90%，pH 视不同泥浆在 6 ~ 11 之间变化，润滑性必要时应控制在 0.02 ~ 0.5。

各种钻进情况下的钻进目的、地层特点、钻进工艺方法等差异甚大，因而对钻井泥浆性能等有明显的不同的要求，设计重点也因此而不同。例如，在钻碴粗大及井壁松散的地层中，泥浆的黏度和切力等流变性指标成为设计重点；在稳定的坚硬岩中钻进，泥浆设计的重点是针对钻头的冷却和钻具的润滑，而此时护壁和排粉等则处于次要位置。又如在遇水膨胀塌孔的地层中钻进，泥浆的设计重点则应放在降失水护壁上；在对压力敏感的地层中，泥浆的重度设计又显得尤为重要。因此，针对特定的钻进情况，在全面设计中找出相应的设计要点，是做好泥浆设计的关键所在。

在泥浆性能设计中可能会遇到一些相互矛盾的情况，满足一些设计指标时，另一些指标则得不到满足。对此，应该抓住主要问题，兼顾次要问题，综合照顾全面性能。

在一些要求不高的场合，可以酌情精简对泥浆性能的设计，适当放宽对一些相对次要指标的要求，以求得最终的低成本和高效率。

60. 泥浆材料的用量如何计算?

(1)泥浆总体积的计算。所需泥浆总量 V 是钻孔内泥浆量 V_1、地表循环净化系统泥浆量 V_2、漏失及其他损耗量 V_3 的总和：

$$V = V_1 + V_2 + V_3$$

(2)其中钻孔内泥浆量为：$V = \frac{1}{4}\pi D^2 H$。地表循环净化系统泥浆量为泥浆池、沉淀池、循环槽和地面管汇的体积之和。漏失及其他损耗量，应根据实际情况确定。

(3)黏土粉用量计算。

配制 1 m^3体积的泥浆所需黏土密度 q 按以下过程推导计算：

$$q = \frac{\gamma_1(\gamma_2 - \gamma_3)}{\gamma_1 - \gamma_3} \times 1000$$

式中：γ_1——黏土的密度，2.6～2.8；

γ_2——泥浆的密度；

γ_3——水的密度。

(4)配浆用水量计算。

配制 1 m^3体积的泥浆所需水量 V_w 为：

$$V_w = 1000 - \frac{q}{\gamma_1}$$

(5)增加密度加土(或重晶石)量的计算。

配制加重泥浆时，加重 1 m^3泥浆所需加重剂的密度 W(kg)为：

$$W=\frac{\gamma_B(\gamma_2-\gamma_0)}{\gamma_B-\gamma_2}\times 1000$$

式中：γ_B——加重剂的密度；

γ_2——加重泥浆的密度；

γ_0——原浆的密度。

(6)降低泥浆比重所需加水量 $x(m^2)$：

$$x=\frac{V(\gamma_1-\gamma_2)}{\gamma_2-\gamma_3}$$

式中：V——原浆体积，(m^3)；

γ_1——原浆密度；

γ_2——加水稀释后的泥浆密度；

γ_3——水的密度。

(7)泥浆处理剂的用量计算。

总的来看，处理剂在泥浆中的加量较少，按体积含量计一般只占泥浆总体积的0.1%～1%，具体数值由不同的配方决定。值得注意的是要澄清处理剂的加量单位，粉剂一般是以单位体积泥浆中加入的重量来计，而液剂则是以单位体积泥浆中加入的体积量来计。在一些特殊情况下，还有以单位黏土粉重量中加入多少处理剂来计算。

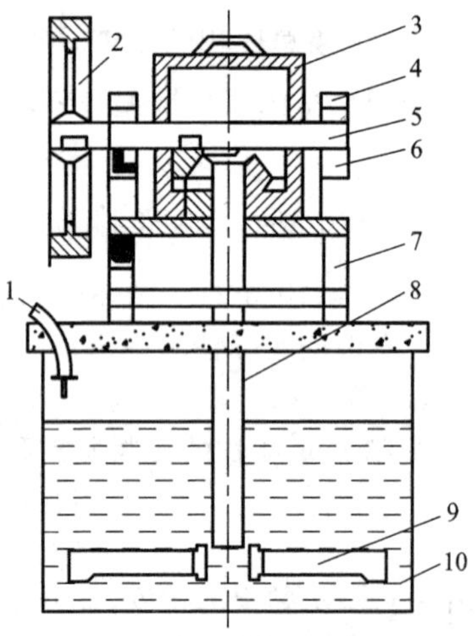

图5－19　立式泥浆搅拌机

1—输水管；2—工作轮；3—齿轮箱；4—轴承；5—传动轴；6—伞齿轮；7—机架；8—搅拌轴；9—搅叶；10—搅拌桶

61. 泥浆如何配制?

无论是井场制备或泥浆站集中制备供应各井场，制备泥浆的设备有两种：一是用泥浆搅拌机(卧式或立式的)；一是用水力搅拌。

勘探岩心钻探用的泥浆搅拌机，卧式的容量一般为0.3～0.5 m^3；立式的一般为0.5～1 m^3(见图5－19)。搅拌机速度一般为80～100r/min。

使用黏土粉造浆时，最好采用水力搅拌器(见图5－20)。黏土粉加入漏斗中，并利用水泵排出管的液流与黏土粉在混合器中混合，混合液在混合器中沿螺旋线上升至容器上部，输出泥浆。反复循环几次后，便可配得所需性能的泥浆。

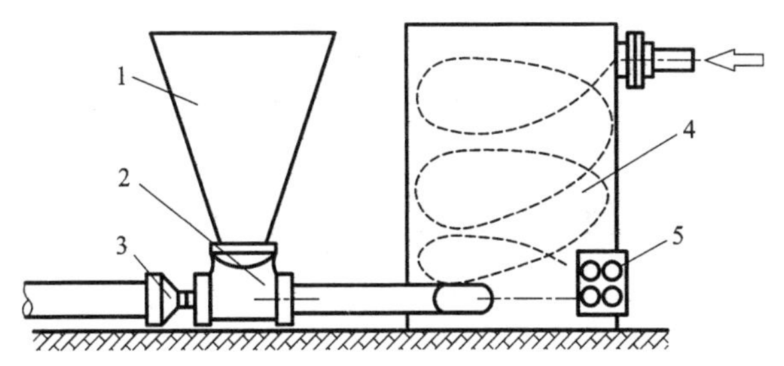

图5－20 泥浆水力搅拌器

1—漏斗；2—三通管；3—喷嘴；4—容器；5—钢板

为使泥浆有较好的性能，用黏土粉配得的泥浆最好在储浆池中陈化24 h，然后放入循环系统中，由泥浆泵送入孔内使用。

62. 对机械分散地层使用的泥浆有什么要求?

在砂层、砾石、卵石以及破碎带地层中钻进，成孔的难度很大。这类地层称为机械分散地层。由于颗粒之间缺乏胶结，钻进时井壁很容易坍塌。

对于这类地层用泥浆护壁，解决问题的关键是增加井壁颗粒之间的胶结力。黏性较大的泥浆适当渗入井壁地层中，可以明显增强砂、砾之间的胶结力，以此使井壁的稳定性增强。

提高泥浆黏度，主要通过使用高分散度泥浆(细分散泥浆)、增加泥浆中的黏土含量、加入有机或无机增黏剂等措施来实现。细分散泥浆是含盐量小于1%，含钙量小于$120 \times 10^{-4}\%$，不含抑制性高聚物的分散型泥浆。其组成除黏土、Na_2CO_3和水外，为了满足钻井需要，往往加有提黏剂、降失水剂和防絮凝剂(稀释剂)。依所加处理剂的不同，可有不同种类，如钠羧甲基纤维素泥浆、铁铬盐泥浆、木质素磺酸盐泥浆和腐植酸泥浆等。用较高黏度的细分散泥浆在砂、砾层中钻进的成功工程很多，包括在流砂地层中钻进。

63. 机械分散地层使用的泥浆典型配方有哪几类?

(1)Na - CMC(钠羧甲基纤维素)泥浆，起到提黏和降失水作用。

(2)铁铬盐—Na - CMC 泥浆，铁铬盐起防絮凝(稀释)作用。

(3)木质素磺酸盐泥浆，在提黏基础上解决泥浆防絮凝和降失水。

(4)腐植酸泥浆，采用煤碱剂或腐植酸钠(钾)作稳定剂(防絮凝)，并可配合其他处理剂使用。

64. 对水敏性地层使用的泥浆有什么要求?

在黏土、泥页岩中钻进，突出问题之一是钻井井壁的遇水膨胀、缩径，甚至流散、垮孔。其原因是黏土、泥页岩中存在着大量的黏土矿物，尤其是蒙脱石黏土矿物的存在，使井壁黏土接触到钻井液中的水时，即发生黏土的吸水、膨胀、分散。这样的地层又称之为水敏性地层。

显然，对于水敏性地层，应尽量减少钻井液对地层的渗水，也就是降低泥浆的失水量以及增强井壁岩土的抗水敏性，抑制分散是最为关键的问题。

65. 水敏性地层使用的泥浆配制要点有哪几方面?

(1)选优质膨润土。由于水化效果好，黏土颗粒吸附了较厚的水化膜，泥浆体系中的自由水量大大减少，所以优质土泥浆的失水量远低于劣质土的。

(2)采取“粗分散”方法。使黏土颗粒适度絮凝，而非高度分散，从而使井壁岩土的分散性减弱，保持一定的稳定性。

(3)添加降失水剂。Na - CMC、PAM 等降失水剂通过增加水化膜厚度，增大渗透阻力、井壁网架隔膜作用，可使失水量显减少。

(4)提高基液黏度。泥浆中的“自由水”实际上是滤向地层的基液，其黏度愈高，向地层中渗滤的速率就愈低。

(5)调整泥浆比重，平衡地层压力。井眼中液体压力与地层中流体的压力差是泥浆失水的动力，尽可能减少压力差，维持平衡钻进是降失水的有效措施。

（6）利用特殊离子对地层的“钝化”作用。一些特殊离子的嵌合作用可以加强黏土颗粒之间的结合力，从而使井壁稳定性提高。

（7）利用大分子链网在井壁上的隔膜作用。泥浆中的大分子物质相互桥接，滤余后附着在井壁上形成阻碍自由水继续向地层渗漏的隔膜。

（8）利用微颗粒的堵塞作用。在泥浆中添加与地层空隙尺寸相配伍的微小颗粒，可以堵塞渗漏通道，降低泥浆的失水量。

（9）活度平衡。泥浆中电解质类型和含量的调整可以使其与地层物质相平衡，从而减少或消除泥浆水向地层移动趋势，降低失水量。

66. 水敏性抑制性泥浆有哪几类?

适合水敏性地层钻进的抑制性泥浆主要包括：钙处理泥浆、钾基泥浆、乳化沥青泥浆以及油包水活度平衡泥浆。

67. 什么是钙处理泥浆?

钙处理泥浆是粗分散泥浆的代表。粗分散泥浆的一个重要特性就是降低岩土过度分散，从而保持井壁的稳定。Ca^{2+}的作用机理是取代黏土颗粒表面的Na^{+}，降低ζ电位，压缩双电层，使黏土颗粒适度聚集，井壁的分散性降低。较为典型的钙处理泥浆有：石膏－铁铬盐泥浆、氯化钙－褐煤泥浆。

68. 什么是钾基泥浆?

钾离子对泥、页岩的特殊抑制原理，在前面内容中已有叙述，含钾离子的化合物有多种，因而可配制多种类型的钾基泥浆。若同时再加入基于其他稳定井壁原理的处理剂，则解决地层水敏问题的效果会更好。钾基泥浆的种类有：PAM－KCl泥浆、分散型氯化钾泥浆、氢氧化钾－褐煤泥浆、氢氧化钾－磺酸盐泥浆、铝钾泥浆。

69. 什么是乳化沥青泥浆?

乳化沥青泥浆抑制水敏性地层的原理是泥浆循环时，由于岩石表面的矿物吸附乳化剂而使乳状沥青破乳，放出沥青微粒黏附在孔壁上，形成薄而坚韧的沥青质膜，起封闭隔水作用，防止水渗入水敏性地层，以及沥青质封堵水敏性页岩的孔隙和微裂缝，从而起到稳定孔壁的作用。

乳化沥青泥浆的配制方法是，先配制沥青膏，然后配制沥青泥浆。沥青膏的配制有多种方法，如表 5 – 5 所示。

表 5 – 5　乳化沥青的配方/%

成分＼配方	1	2	3	4	5	6
10 号石油沥青	25	30	25	30		
60 号石油沥青	75	70	75	70	100	60
肥皂	1.1	1.1	–	–	–	–
洗衣粉	1	0.9	–	–	–	–
聚乙烯醇	–	–	4	4	–	—
十二烷基磺酸钠	–	–	–		–	1
平平加	–	–	2	2	–	–
NaOH	0.4	0.4	0.88	0.88	–	0.1
水玻璃	0.4	–	1.6	1.6	–	–
石灰[以 $Ca(OH)_2$ 计]	–	–	–	–	45	–
水	100	97.6	100	100	105	38.9

70. 什么是油基泥浆？如何配制？

油基泥浆不是以水而是以油作为主要分散介质。以其中的油包水乳化泥浆为典型例子，它可以有效地抑制水敏性泥页岩地层、大段岩盐层的井壁分散，并适于低压地层、高温、超深井钻进，润滑性、防塌防卡性也较好。

油包水乳化泥浆是以油为外相，水为内相，用乳化剂配制而成。它在井壁上形成一油膜阻挡层，阻止井壁的水化膨胀；通过调节油水比例来与地层配伍；通过调节水相中盐的浓度来调节油膜阻挡层两侧的渗透压力，使之达到活度平衡，在压力平衡下消除水的运移，从而稳定泥页岩井壁。

油包水乳化泥浆的组成和配制工序比较复杂，配制成本也较高。①油相，柴油或煤油，为满足流变性等要求，一般油相占60% ~70%；②水相，采用盐水并按活度平衡要求调节其含盐量；③乳化剂，包括油溶性和水溶性的，多为复合型的。常用的乳化剂有石油磺酸铁、十二烷基酰醇胺、腐植酸酰胺、司盘 -80 等；④油中可分散的胶体，用于悬浮重晶石、钻碴、增黏和降失水，主要为膨润土，使膨润土转变为亲油有机膨润土的有机阳离子活性剂、氧化沥青等；⑤水相活度调节剂，常用的盐有氯化钠、氯化钾、氯化钙等，水相含盐量视地层性状在3% ~60%范围内调节；⑥碱度调节剂，调节泥浆的 pH，一般用石灰。此外经常还用到加重剂和消泡剂等。

此油包水乳化泥浆的配制工艺如表5 -6 所列。

表5 -6　油包水乳化泥浆的配制工艺

序号	工序名称	内容	温度
1	准备工作	(1)配混合盐水； (2)配沥青油浆	(1)60℃； (2)80 ~110℃
2	有机转化	柴油 + DDB + 黑山土 + 纯碱	43 ~62℃
3	加乳化剂	加司盘 -80	62℃
4	有机土浆与沥青油浆混合	补加柴油至70%	60℃
5	加乳化剂	加石油磺酸铁和腐植酸酰胺	60 ~80℃
6	加混盐水	含 $NaCl + CaCl_2 + KCl$	65℃
7	加碱度调节	加氧化钙	50℃
8	加重	加重晶石	58 ~60℃

71. 什么是有机阳离子聚合物泥浆?

这是一种新型的钻井液，以有机阳离子聚合物(或称高分子量聚阳离子、大阳离子)为包被絮凝剂，以小分子量有机阳离子化合物(小阳离子)作为黏土稳定剂，并配合使用降失水剂、降黏剂、封堵剂、润滑剂等的钻井液体系。它具有很强的抑制性、良好的流变性，而且易于维护。

大阳离子由于其带高正电荷，中和能力强，聚合物链长，架桥作用好，能以较快的速度和较强的静电作用力以单分子层形式铺敷在黏土上，使黏土的比表面和表面负电荷大大下降，从而使黏土的水敏性基本丧失而起到稳定井壁的作用；而小阳离子又能进入到黏土片的晶层间形成持久的吸附，使黏土颗粒间的连接力更牢固，使抑制泥页岩水化、膨胀和分散的能力进一步提高。

有机阳离子聚合物泥浆主要是水基泥浆，也可以配制成乳状液。其黏土等主要成分与普通水基泥浆相近，但其中至少含有一种高分子量的阳离子聚合物。

大阳离子中绝大多数是含氮的聚合物，少数含有磷、硫等元素。在泥浆中常用的季铵盐型聚合物的结构通式为：

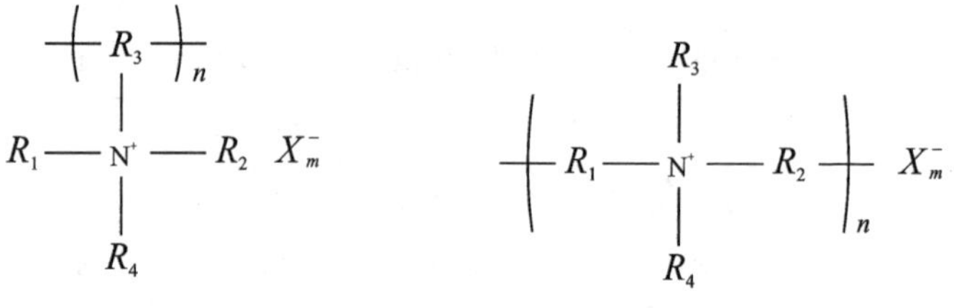

$$\begin{array}{c} \left[\!-R_3-\!\right]_n \\ | \\ R_1 - N^+ - R_2 \quad X_m^- \\ | \\ R_4 \end{array} \qquad\qquad \left[- R_1 - \overset{\displaystyle R_3}{\underset{\displaystyle R_4}{\overset{|}{\underset{|}{N^+}}}} - R_2 - \right]_n \; X_m^-$$

式中，R_1、R_2、R_3、R_4是含有一定数目碳原子的烃基，如脂肪烃、环烷烃、芳香烃基，其中1~2个烃基是长链的，其余含碳原子较少，若氮原子在环内，则烃基的数目相应减少；X表示阴离子，可以是卤素离子、硝酸根离子等；n是聚合度；m是能使聚合物保持电中性的阴离子数目；氮原子可以被磷、硫原子置换，当氮被硫置换时，R_4不存在。

例如，聚胺甲基丙烯酰胺(代号 CPAM)，其结构式为：

$$\left[-CH_2-\underset{\displaystyle CONH_2}{\underset{|}{CH}}-\right]_x\left[-\underset{\displaystyle CONHCH_2-\underset{\displaystyle H}{\underset{|}{\overset{\displaystyle R}{\overset{|}{N^+}}}}-R'A^-}{\underset{|}{CH_2}}-CH-\right]_y$$

又如，阳离子淀粉，其结构式为

$CH_2-O-CH_2-\underset{OH}{\underset{|}{CH}}-CH_2-N^+(CH_3)_3Cl^-$

H　C—O　H

C　H　C

OH　H

C—C　O—

H　OH　n

小阳离子较常用的有环氧丙基三甲基氯化铵（代号 QC 和代号 NW－1），它们的结构式分别为：

$$\underset{\diagdown O \diagup}{CH_2-CH}-CH_2-\underset{\displaystyle CH_3}{\underset{|}{\overset{\displaystyle CH_3}{\overset{|}{N^+}}}}-CH_3Cl^- \qquad (QC)$$

$$CH_3-\underset{\displaystyle CH_3}{\underset{|}{\overset{\displaystyle CH_3}{\overset{|}{N^+}}}}-CH_2-CH_2-\underset{\displaystyle CH_3}{\underset{|}{\overset{\displaystyle CH_3}{\overset{|}{N^+}}}}-CH_3\,2Cl^- \qquad (NW\text{-}1)$$

使用有机阳离子聚合物泥浆必须解决好两个问题：①防止泥浆中黏土颗粒在高价阳离子的强烈聚结作用下沉淀；②能够在泥浆中与广泛使用的阴离子型泥浆处理剂共存。理论研究和实验表明：采用合理的处理剂配方可以较好地解决这两个问题。

现场使用的基本配方示例：膨润土 4%，CPAM 0.2% ~0.4%，QC 0.2% ~0.3%，Na - CMC 0.2% ~0.3%。

72. 哪种泥浆体系适用于典型的溶蚀性地层？泥浆配置的原理有哪些？

溶蚀性地层以氯化钠盐层最为典型，其他还有钾盐、石膏、芒硝、天然碱等。这类地层又称为水溶性地层，它遇到钻井液中的水，就会发生溶解，使钻井井壁溶蚀掉，其结果经常导致井眼超径、垮塌。

对付水溶性地层，主要从两方面入手解决：一是降失水，其原理和方法前面已经介绍过；二是降低钻井液对地层的溶蚀性。在泥浆中加入与地层被溶物相同的物质，使溶解度趋于饱和，就是常用的治理溶蚀的方法。例如在岩盐中钻进，采用盐水泥浆作为钻井液，防塌效果良好。

盐水泥浆是黏土悬浮液中氯化钠含量大于 1%，或用咸水(海水)配制的泥浆，它是靠氯化钠的含量较大而促使黏土颗粒适度聚结并用有机保护胶维持此适度聚结的稳定粗分散泥浆体系。依含盐量的高低，分为盐水泥浆，一般含盐量为 3% ~7%；海水泥浆，总矿化度一般为 3.3% ~3.7% 和饱和盐水泥浆，氯化钠约为 33% ~36%。

盐水泥浆的黏度低，切力小，流动性好，抗盐侵，抑制岩盐地层的溶解，抗黏土侵的能力强，抑制泥页岩水化膨胀、坍塌和剥落的效果好。

典型的盐水泥浆的配置原理有两种方式：

(1) 先用淡水制备分散性泥浆，然后加盐转化为盐水泥浆。

(2) 直接用盐水或海水配置泥浆。

前一种配置方式使溶解度趋于饱和，降低钻井液对地层的溶蚀性。后一种方式，由于膨润土和普通黏土在盐水中不易分散，因此需要采用抗盐黏土，如凹凸棒土、海泡石等。

73. 硬岩钻进用泥浆有什么特点？

坚硬的岩石是钻进经常遇到的地层，像花岗岩、石英岩、榴辉岩、片麻岩、闪长岩等属于非常坚硬的岩石，像大理岩、白云岩、千枚岩、板岩、密实的泥页岩等中等硬度的岩石也比黏土和砂、砾要硬得多。

对于钻进而言，坚硬岩石有以下特点：

(1)由于岩石坚硬，钻进时破碎岩石所需要的消耗大，进尺慢，钻头磨损厉害，容易烧钻，这对钻进是不利之处。

(2)硬岩中钻进多见于地质勘探孔等情况，此时一般孔径较小(小于150 mm)，而孔深则较大(可达1000 m以上)，因此钻进液的循环阻力大。

(3)钻进坚硬岩石形成的井壁相对稳定，除了遇到较大的地层破碎带，一般情况下不易发生像土层、泥页岩和砂砾层那样的严重坍塌垮孔。

(4)由于硬岩钻进多采用像金刚石钻头这样的磨削方式碎岩，钻屑颗粒细小，因而悬排钻屑较为容易。

针对以上特点，对硬岩钻进泥浆的设计应侧重于增强泥浆的润滑性和冷却性，减少泥浆的流动阻力，减少固相含量以利于提高钻速；而对泥浆的悬排能力和护壁性往往要求不高。

在泥浆中，聚丙烯酰胺(PAM)不分散低固相泥浆是一种用于硬岩石钻进的泥浆类型，其主要组成包括：预水化膨润土、聚丙烯酰胺絮凝剂、降失水剂、润滑剂和水。所谓低固相是指泥浆体系中的固相(包括造浆黏土和岩屑)含量按体积计不大于4%；所谓不分散是指对进入泥浆体系的钻碴起絮凝作用，不使其分散。

在PAM长链分子结构中，$NaCOO^-$基团可以很好地水化，OH^-基团则能吸附絮聚钻碴，而对造浆黏土颗粒，由于相互间的负电斥力，难以将它们捕捉絮聚，因此PAM具有选择性絮凝钻碴的功能。另外，PAM的分子结构特点还使它在泥浆中发挥出其他一些重要作用。经理论分析和实践证明，聚丙烯酰胺不分散低固相泥浆依托PAM长链分子的特殊作用，在硬岩钻进中呈现出如下的优越性：①低固相含量、流动性好，使机械钻速明显提高，尤其在硬岩中的效果显著；②循环流动阻力损失小，激动压力也小；③PAM还有较强的润滑性，可以减少钻具磨损；④流动性和润滑性好，使钻机与泥浆泵的功率消耗降低；⑤流动性强，冷却钻头效果较好；⑥利用 PAM 的降失水性、抑制岩土分散性和在井壁上的网膜多点吸附性，具有较好的护壁堵漏性能；⑦泥浆的净化再生程度高；⑧井内清洁、事故率低；⑨污染减轻、成本较低。

74. 高温条件下钻井用泥浆应考虑哪些问题?

在高温地层中钻井，常规泥浆中黏土的分散度增大并且发生“钝化”，失去活性；泥浆处理剂断链、降解、吸附能力减弱，失去其应有的作用；泥浆体系处在高温解吸、高温去水化和高温降黏状况下。因此，泥浆的性能变差，甚至整个泥浆体系遭到破坏。

对此，高温条件下使用的泥浆应考虑解决如下问题：①选用耐高温的造浆黏土，如海泡石和凹凸棒石黏土等。②采用抗高温和抗盐能力较强的有机处理剂。丙烯酸类的衍生物、腐植酸类的磺化体，以及各种树脂具有较高的抗温能力，各种树脂与腐植酸类的复合物则既抗高温又抗盐，是目前抗高温处理剂的发展方向。一些处理剂的抗温能力如表 5－7 所示。③减少黏土加量，对付黏土分散度增大的情况。此时，为保持泥浆携带岩屑和悬浮重晶石的能力，必须加入抗温抗盐的结构增黏剂。实践表明：石棉纤维是较合适的材料。石棉的结构单元呈圆筒状，宏观呈纤维状，圆筒的两端带正电荷，与黏土层面的负电荷相吸而形成结构，具有提黏作用，提高携带钻屑的能力。

表 5－7　一些处理剂的抗温能力

处理剂名称	抗温能力/℃	处理剂名称	抗温能力/℃
钻井粉(于淡水中)	70	磺甲基丹宁	180～220
生物聚合物	120～140	水解聚丙烯腈	200～230
纤维素及其衍生物	140～160	腐植酸及其衍生物	220～230(或更高)
铁铬盐	130～180	磺甲基酚醛树脂	220～230(或更高)

现以地热井为例，介绍抗高温泥浆的配制。因地热钻井的地层大

都为岩浆岩和变质岩，水敏性地层较少，因此，它与石油钻井泥浆有区别。石油钻井泥浆不仅要重点考虑抗温而且要同时重点考虑水敏性地层的抑制；而地热井泥浆一般重点只考虑抗温。从国外地热井钻进的经验看，其泥浆组成比石油钻井泥浆简单。在泥浆体系的设计上，依地热井的温度不同可分为三种情况：

(1)100℃以下的低温地热井。其泥浆类型与普通岩心钻探相同，为膨润土低固相泥浆。

(2)100℃以上至200℃的中温地热井。一般采用膨润土、高岭土或海泡土配浆，或用它们的混合土配浆，处理剂则用铬褐煤、丙烯酸盐、特种树脂，并加耐温石棉。

(3)温度200℃以上为高温地热井。其泥浆的配制主要用海泡土，处理剂主要是褐煤、特种树脂、丙烯酸类和耐温石棉。

美国和日本用的泥浆组成和性能如表5－8所示。

表5－8　地热井泥浆的组成和性能举例

国别	适用井温/℃	泥浆组成/%						
		膨润土	海泡土	丙烯酸盐	BH	褐煤	NaOH	温石棉
日本	110～200℃	3～4	—	0.5～1	2～3	—	0.3～0.5	1～2
日本	200℃以上	—	2～4	0.5～1	2～3	—	0.3～0.5	0～2
美国	200℃以上	—	4～4.5	0.5～0.6	—	1.4～1.5	0.25～0.3	—

国别	泥浆性能						
	相对密度	漏斗黏度/s	塑性黏度/(mPa·s)	屈服值/(0.478Pa)	胶凝强度/(0.478Pa)	失水量/mL	pH
日本	1.05～1.08	15～20	10～15	5～10	5～10	10～20	9.5～10
日本	1.05～1.15	35～40	5～10	5～10	5～10	10～20	9.5～10
美国	1.08～1.03	38～42	5～10	5～10	5～10	10～20	95～10

为提高润滑性，可加入抗温性能好的润滑添加剂。日本研制的由几种高分子组成的非离子型表面活性剂TEL－CLEAN，可用于230℃以下润滑减阻，使泥浆的摩擦系数降为0.15左右。

75. 怎样得到高密度泥浆?

在高压地层等一些需要明显增大泥浆比重(相对密度)的场合，仅靠增加泥浆中黏土粉含量已经不能解决问题。因为过量的黏土势必使泥浆黏度、切力增大，导致泥浆在流动性方面不符合要求；同时，黏土的重度(2.2)并不很高，用它增加泥浆的密度，效果不显著。因此，应该用专门的加重剂增加泥浆密度。

重晶石($BaSO_4$)为白色粉末，密度为4.2～4.6 g/cm^2，细度要求过200目筛子，筛余不大于3%。重晶石只溶于浓硫酸，生成硫酸氢钡，不溶于水、有机溶剂、其他酸和碱溶液。

石灰石粉($CaCO_3$)，密度2.2～2.9 g/cm^2，不溶于水，但溶于含CO_2的水中，生成重碳酸钙。石灰石粉也可作堵漏材料用。

其他加重剂还有：密度4.9～5.2的磁铁矿粉(Fe_3O_4)，密度5.3的赤铁矿粉(Fe_2O_3)，密度7.4～7.6的方铅矿粉(PbS)等。

76. 低密度泥浆有什么特点?

泡沫泥浆是目前应用较广泛的低密度泥浆，其相对密度可降低至0.65～0.70左右。它主要用于井壁不稳定的低压漏失地层和石油钻进的低压油气层钻井。在平衡地层压力的同时，由于其密度低，有利于提高机械钻速。另外，充气泥浆的黏度和切力较高，携带岩屑能力强，孔内清洁事故少。

77. 什么是无黏土钻井液?

无黏土钻井液，也称原浆无固相钻井液，是不用黏土，仅在水中加入化学处理剂而形成的具有相应钻井性能的钻井液。这类钻井液是适应钻井要求，在低固相泥浆的基础上发展而成的。它与清水相比，具有较好的悬携钻屑的能力，且在井壁上形成薄的吸附膜，具有一定的护壁能力，有较好的润滑性和减阻作用。它与泥浆比较，则有较轻的比重，同时黏度调整灵活，流动性好，因而能提高井底钻头的碎岩效率。无黏土钻井液在循环中对地下流体矿床产层的堵塞较小，能提高生产层的产量。

78. 清水作为钻井液有什么优点?

清水是资格最老的钻井液，其历史比其他钻井液要早两千多年。现在，在不少情况下仍能用清水钻井，有时用清水比配制其他钻井液要方便、省时、成本低，因为清水的来源广泛、直接。例如：在稳定性很好且不漏失的岩石中钻进，不用泥浆而用清水作为钻井液；在一些漏失严重地层中，当地表水源非常丰富时，用清水顶漏钻进，这对用其他钻井液来说是不可能的；在一些富含黏土的地层中钻井，清水水化井壁地层而形成自然造浆，若井深不大，钻井期间不会明显垮孔，则用清水自然造浆是最为经济有效的措施。传统上认为，用清水作钻井液不会堵塞含水层，因此直至现在还有许多水井钻进不采用泥浆或其他黏性浆液，而坚持用清水钻进。

从材料性能优点上看，清水黏度小(仅为 1 cP，即 0.001 Pa · s)，流动性好，因此冲洗井底岩屑的能力强，冷却钻具的效果好。

当然在一些限制条件下，清水不宜作为钻井液，或者作钻井液的效果较差，这些情况在介绍其他钻井液时都进行过阐述。

清水更多地是作为大部分钻井液的液相，成为配制其他类型钻井液所不可缺少的基本材料。

无论是直接作为钻井液还是作为其他钻井液的基本液相，对水的质量都有一定的要求，水质尤其对钻井泥浆、乳状液和泡沫的性能有重要影响。除用淡水泥浆外，有时则只能用咸水或海水配浆。

水中含有各种盐类，主要有钙、镁、钠、钾的碳酸盐、重碳酸盐、硫酸盐和氯化物。具体反映指标是水的总矿化度和水的硬度。

水的总矿化度是指水中离子、分子和各种化合物的总含量。通常以每升水在 105 ~ 110℃ 下烘干时所得干涸残重来表示。根据总矿化度大小，可将水分为：

(1) 淡水：干涸残渣 <1 g/L。

(2) 盐水：干涸残渣 1 ~ 50 g/L，其中 1 ~ 3 为弱矿化水，3 ~ 10 为中矿化水，10 ~ 50 为强矿化水。

(3) 卤水：干涸残渣 >501 g/L。

水的硬度是指水中钙、镁盐的含量。水的硬度又可分为：暂时硬度和永久硬度。暂时硬度和永久硬度之和为水的总硬度。

暂时硬度是指水中存在钙、镁的重碳酸盐和碳酸盐。当水被加热煮沸后，重碳酸盐分解，形成沉淀物，可达到去钙、镁的目的。其反应式如下：

$CaSO_4 + Na_2CO_3 = CaCO_3\downarrow + Na_2SO_4$

永久硬度是指水中存在钙、镁的硫酸盐和氯化物等。煮沸时不会产生钙、镁沉淀物。此时应向水中加入碳酸钠或磷酸钠，才能产生相应钙盐的沉淀，从而达到软化水的目的，其反应式如下：

$CaSO_4 + Na_2CO_3 = CaCO_3\downarrow + Na_2SO_4$

$MgSO_4 + Na_2CO_3 = MgCO_3\downarrow + Na_2SO_4$

水的硬度以 meq/L 水（毫克当量/每升水）为单位。按水的总硬度，可将其划分为：(1)极软水，水中钙离子 <1.5；(2)软水，水中钙离子为1.5～3.0；(3)中硬水，水中钙离子为3.0～6.0；(4)硬水，水中钙离子为6.0～9.0；(5)高硬水，水中钙离子为9.0～14.0；(6)超硬水，水中钙离子为14.0～21.0；(7)极硬水，水中钙离子 >20.0。

钻探配浆大都就地取水，一般为地表水（江、河、湖、塘），有时也用井水、泉水等，大部分为软水。有时遇到矿化度较高的咸水，就需要进行水的软化，一般加纯碱（Na_2CO_3）来使水软化。

79. 什么是化学溶液钻井液？

化学溶液钻井液是无黏土钻井液的主体类型，它是由无机盐和不同种类的高聚物组合而成，品种繁多。化学溶液具有一定的流变特性和降失水特性。

80. 化学溶液钻井液中无机盐的作用是什么？

化学溶液钻井液中无机盐的作用是：

(1)与有机聚合物进行适度交联，以提高溶液的黏度，降低溶液的失水量；

(2)调节溶液的矿化度，以平衡地层的化学活度，抑制地层的膨胀分散或破碎坍塌；

(3)调节溶液的 pH。

81. 化学溶液钻井液中无机盐有机高聚物的作用是什么？

化学溶液中有机高聚物起的作用是：

(1)增黏或增稠。高聚物溶物的特性黏度[η]与高聚物分子量 $\overline{M}$ 之间一般呈[η] = KM^a 的关系(K, a 是一定温度下某种聚合物的常数)。高聚物的分子量愈大，则溶液的黏度愈高。

(2)降失水。高聚物通过与无机盐的适度交联可降低溶液的滤失量。为降失水常加入中小分子的聚合物，如 CMC、HPAN 等。

(3)絮凝作用。高聚物如聚丙烯酰胺、野生植物胶等对混进溶液的岩屑有较好的絮凝作用，使溶液在使用过程中能维持无固相或尽量低的固相含量。

(4)防塌作用。高聚物与无机盐一起，通过多点吸附架桥、化学活度平衡等在孔壁上成膜而对孔壁起抑制防塌作用。

(5)润滑作用。高聚物都有一定的润滑及减阻作用，为提高溶液的润滑性，可辅助加入适量的表面活性剂。

由此，化学溶液是既具有比重小、黏度低、有适当的失水量因而有利于提高钻速，又具有成膜护壁效应的新型冲洗液。

82. 化学溶液的流变特性是怎样的?

据一些研究者的室内测试，化学溶液的原浆是属于假塑性流体，或带屈服值(屈服值较小)的假塑性流体，具有一定的剪切稀释作用。部分水解聚丙烯酰胺溶液用三氯化铁适度交联后的流变曲线如图 5 - 21 所示。蒟蒻野生植物胶用硼砂适度交联后的流变特性如图 5 - 22 所示。由图看出，可通过调节交联剂的加量来调节化学溶液的流变特性。

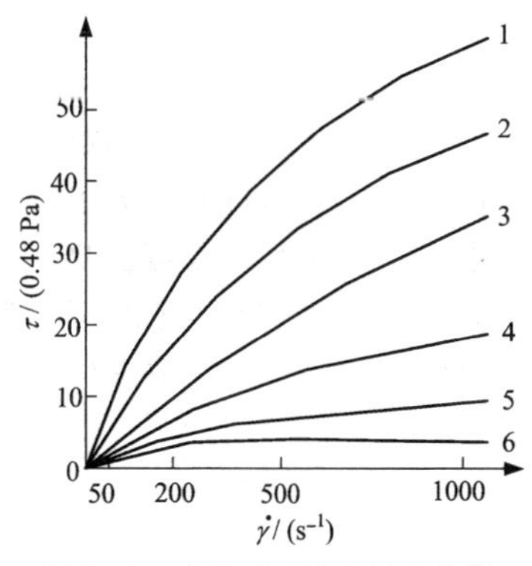

图 5 - 21　PHP 化学溶液流变曲线

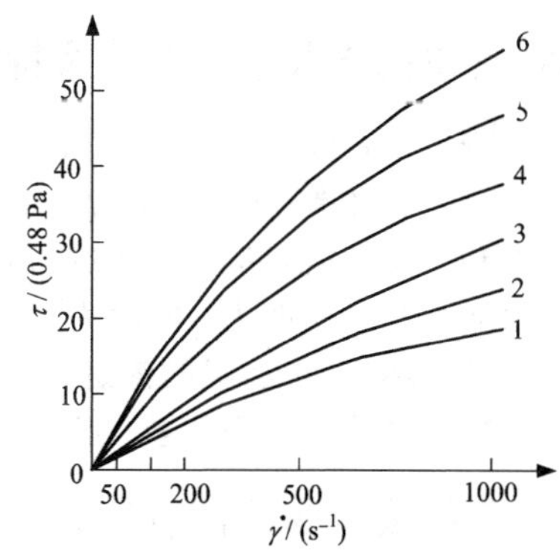

图 5 - 22　蒟蒻化学溶液流变曲

83. 钻井生产中常用的化学溶液有哪些?

按目前国内外钻井生产中使用的化学溶液，归纳起来如下：

化学溶液
- 合成高聚物溶液——HPAM、HPAN、PAV 等
- 纤维素溶液——CMC、HEC 等
- 野生植物胶溶液——蒟蒻、田菁等
- 生物聚合物溶液——XC 等
- 无机盐胶液——硅酸钠胶液等
- 表面活性剂溶液——润滑冲洗液

84. 什么是合成高聚物溶液?

合成高聚物溶液目前常用的是部分水解聚丙烯酰胺溶液，它是用高价金属离子(如 Fe^{3+}、Al^{3+}、Cr^{3+} 等)进行适度交联而获得的交联液，适度交联可使失水量略有降低，黏度适当提高，并提高其护壁效能。

85. 什么是纤维素溶液?

纤维素溶液目前常用的是羧甲基纤维素(CMC)和羟乙基纤维素(HEC)，利用纤维素类处理剂有较高的黏度并有较好的降失水和护壁能力，适当加入其他处理剂，配成具有一定抑制能力的化学溶液。其中的一些配方为：配制 1 m^3 冲洗液加高黏度 CMC 0.1%，水玻璃 0.1%，这种冲洗液在绳索取心钻进中取得较好的效益。

86. 野生植物胶溶液有什么特点?

野生植物胶溶液中如蒟蒻、田菁等天然植物胶是非离子型高分子化合物，不仅具有增黏、护壁、润滑、减阻等特点，而且有较好的抗盐能力和一定的抗钙能力，通过与高价无机盐进行适度交联可提高其降失水能力和护壁能力，同时有较好的胶液自破特性(即一定时间后胶液自动破坏)，含水层的渗透恢复率高，特别适用于水井钻探作冲洗液。缺点是抗温能力较差，胶液易发酵而腐败。

87. 生物聚合物溶液有什么特点?

生物聚合物溶液有较好的流变特性，抗盐可达饱和，同时有一定

的抗钙能力。因培殖使用的菌种不同，生物聚合物溶液的性能也有差异。

88. 无机盐凝胶溶液有什么特点？

无机盐如硅酸钠（水玻璃）和镁盐，其水溶液呈胶状，有较高的黏度，在孔壁上能形成薄膜，对地层有一定的抑制作用。

89. 什么是润滑冲洗液？制备冲洗液的活性物有哪些？

小口径金刚石钻进为了提高冲洗液的润滑性，在完整岩层，除采用乳状液外，也可采用表面活性剂溶液，称为润滑冲洗液。

用于制备冲洗液的活性物有：①可溶于水的阴离子钠皂，如油酸钠皂、松香酸钠皂、环烷酸钠皂、癸二酸钠皂等；②阴离子与非离子活性剂的复配，如上述阴离子钠皂与 OP－7、OP－10 等非离子表面活性剂复配；③磺化沥青类产品，如磺化沥青、磺化妥尔油沥青等；④酸类及其掺合物，如各种渣油混合物、油脂下脚料等。

90. 白垩钻井液有什么特点？

白垩（也有人称为白垩土）为白色至淡黄色的海相沉积物，含方解石量高达 90% ~98%。其中 CaO 含量达 50% 左右，因此具有与石灰相似的性质。它与水混合后，前期为有黏性的流体，经过一定时间后水分脱出，剩下为脆弱的固相。

研究表明，用白垩配制的钻井液具有一定的流变性即黏度和切力，在井壁上能较快地形成具有一定封堵和黏结性的泥皮，后期这种泥皮脆化，对含水层的堵塞自动消除，地层渗透率的恢复程度高。因此，能较好地保护含水层，通过调节白垩的加量可以调节钻井液的比重以平衡地层压力。表 5－9 是渗透率恢复性的比较表，可以看出不论何种泥浆，加有白垩的渗透率恢复程度都比不加白垩的要高。

表 5－9　渗透率恢复程度比较表

钻井液类型		平均渗透恢复率		
		国外资料	国内资料	
			资料 1	资料 2
分散性泥浆	含白垩的	65.7～70.9	91.2～93.6	62.5～75.9
	不含白垩的	49.2～49.8	63.2～88.2	45.3～76.6
抑制性泥浆	含白垩的	74.7～84.1	90.0～94.2	81.3
	不含白垩的	60.5～67.5	70.3	67.9
无黏土钻井液	白垩＋CMC	57.9	—	—
	基于水玻璃的	39.0	—	—

91. 什么是暂堵型钻井液？

地下水、石油、天然气的钻采在钻井工程中占有相当大的比例。在这类钻井工作中有一个突出的技术问题，即既要有效地护壁堵漏，又要防止由此造成对产层的损害。我们知道，地下流体资源丰富的地层一般是孔隙裂隙发育、比较破碎的不稳定地层。钻遇这类地层时，很容易发生钻井液漏失、孔壁垮塌等情况，因此必然采用泥浆等黏度较大的钻井液进行护壁堵漏。但是，这样做不可避免地使黏度高的钻井液带着固相侵入近井地层，堵塞原有地下流体的孔隙裂隙，使产层的渗透率降低，成井后开采时，生产井的产量低。显然，在这类地层中钻进，护壁堵漏与保护地层渗透性成了一对特殊的矛盾。为了解决这一突出问题，前人已做了大量的研究工作，产生了暂堵剂、控压钻进、酸化洗井等较多的针对性措施，以求在护壁堵漏的同时，尽量减少对产层的损害，恢复地下流体的渗透率。

通过对地下产层损害机理的全面分析，专家提出了暂堵型钻井液的新方法：用黏性可变、体积可变和强度可变的材料研制钻井液，根据钻井周期的需要，通过对材料配方的调整来控制变化时间，从而达到在钻井期间钻井液具有强的护壁堵漏效果，而在成井后开采时，在近井地层中侵入的钻井液黏度下降，体积骤减，强度脆化，从而使地下流体通道畅通，提高生产井的产量。

92. 什么是可压缩钻井循环介质?

可压缩钻井循环介质又称为气体型钻井流体，包括空气和其他气体、雾、泡沫、充气泥浆等。由于质量很轻的气体的加入，使这种类型钻井循环介质的密度低。这是可压缩循环介质的一个基本特征。大部分低密度钻井液都是气体型钻井流体。

可压缩钻井循环介质主要是应下述方面的钻井需要而产生的：

(1)在无水、缺水、干旱、沙漠、永冻地区钻井，用来源广大的自然气体取代配制钻井液所需的大量用水，以解决供水困难。

(2)在低压地层中钻进，常规钻井液的密度相对过大，井液压力使井眼失稳破坏并造成钻井液严重漏失。对此，使用低密度钻井液可以有效减轻对地层的压力。

(3)向井底输送气体，实现井底气动冲击碎岩，在一些硬脆性地层中具有比常规钻进方法快得多的钻进速度。

(4)作为孔内钻具的工作动力。

93. 可压缩钻井循环介质分为哪四种类型?

可压缩钻井循环介质分为四种类型：

(1)干气体：用干空气或天然气体作为钻井循环介质。其特点是工艺相对简单，但是由于气体悬携岩屑能力差，因此需要很大的环空流速，即需要较大的送气量。

(2)雾状体系：气体是连续介质，液体是分散相的分散体系。在井内水量较多的情况下，原用的空气循环钻井转变为雾状循环体系。

(3)钻井泡沫：分散相是大量气体、连续相是少量液体构成的分散体系。它在悬携岩屑能力等诸多方面比空气钻井优越。

(4)充气泥浆：在泥浆中加入发泡、稳泡剂，经剧烈混合后形成大量微小泡沫高度分散在泥浆中的低密度泥浆体系，它在一定范围内的密度和黏度调整上比纯泡沫优越。

20 世纪 30 年代开始，美国用空气和天然气进行钻井及保护油气层作业，50 年代开始使用泡沫及充气钻井流体，60 ~ 70 年代泡沫较成熟地广泛应用于石油工业各项有关作业。进入 70 年代后，前苏联把泡沫洗井用于固体矿床钻探，泡沫钻井的最大深度达到2000 m。

我国在20世纪50年代于四川、玉门应用过空气钻井技术，收到良好效果。“七五”、“八五”期间，地矿部成功地将空气和泡沫钻井技术应用于小口径金刚石钻进，新疆油田、二连油田、辽河油田和长庆油田进行了泡沫钻井和洗井工作，在研究和应用低密度钻井液方面取得了良好的进展。20世纪90年代以来，国土资源部推广应用空气洗井中心取样、气动潜孔锤碎岩、泡沫压裂煤层气井等相应技术，将可压缩钻井循环介质技术又大大地向前推进了一步。

可压缩钻井循环介质不仅密度低，而且由于气体具有很大的可压缩性，所以这种循环介质的体积是随着外界压力变化而明显变化的，这是区别于常规不可压缩钻井液的又一基本特征。众所周知，钻井井内不同深度、不同位置处的压力是各不相同的，各处压力的大小不仅取决于所处深度的静态液柱压力，而且当循环流动或提下钻具时还有较大的动压力产生，正是由于可压缩循环介质的体积是随压力变化而变化的，因此导致这类钻井液在井内的密度、黏度、流速、流量等参数的变化情况比普通泥浆、化学溶液、清水等不可压缩钻井液要复杂得多。

94. 空气和雾钻井有什么特点?

空气是密度最低的钻井介质。以雾作为钻井介质，则称为雾钻井。空气的密度非常小，而空气的可压缩性又非常大，而水几乎为不可压缩。若用空气作为钻井循环介质，必然表现出明显区别于常规钻井液的低密度和高压缩的特性。同理，雾也具有较低的密度和较高的压缩性。空气的来源极其广泛。在一些条件下，用空气钻井比常规钻井液的效果好，其中有些情况下只能用空气钻井。

95. 空气和雾钻井方法适于哪些地层?

空气和雾钻井主要应用于：

(1)低压地层。如低压油气层、低压含水层等，使井内压力与地层孔隙压力相平衡，维持正常钻进。

(2)溶洞和严重漏失地层。用空气取代密度较大的钻井液，使钻井液大量漏失问题得到根本解决。

（3）干旱和严重缺水地层。无须再用大量的水。

（4）井壁稳定地层。不需钻井液稳定井壁，用空气材料成本低。

（5）水敏性强的（低压）地层。气体钻井介质很少或不含有自由水分，可降低水敏性地层井壁的水化分散。

（6）对液体敏感的（低压）产层。压力小，渗入量少，且渗入的是空气，对产层的伤害小。

（7）满足空气钻井条件且希望加快钻井速度的地层。空气、雾钻井，井底压力很低，可大大提高机械钻速。若再使用井底气动冲击，效果则更加明显。

96. 空气和雾钻井的主要装备有哪些？

空气和雾钻井除了需要常规钻井的钻机和钻具外，主要是要配备压风机，取代原来的泥浆泵。钻井用压风机的额定压力和排风量一般要求比较大，以满足长距离小断面管道和输送钻碴颗粒的需求。钻井常用压风机的额定压力一般在 0.5～1.5 MPa，排风量一般在 6～30 m^3/min，应根据所钻井深、井径等选择合适的机型。此外还要有密封钻杆、旋转头、地面钻屑排除管等。一些特殊情况下还有井底气动钻具和井口防喷装置。空气钻井的现场设施如图 5－23 所示。

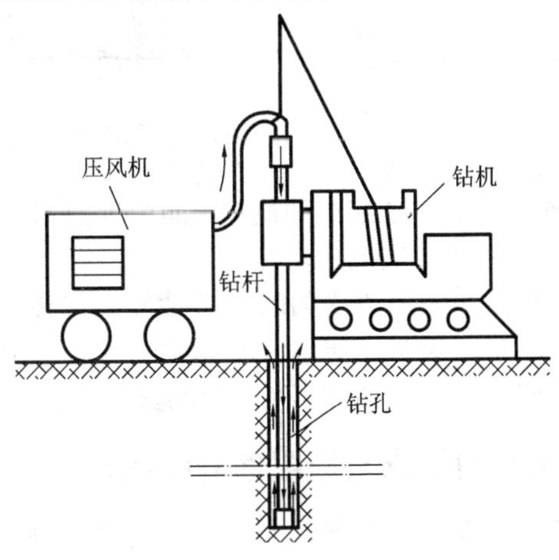

图 5－23　空气钻井示意图

97. 空气和雾钻井的关键工艺技术是什么?

空气钻井关键技术之一是控制好压风量。应当把握住两个要点:

(1)空气密度和黏度都很小,悬碴能力极弱,因此必须用相当大的流速才能将钻碴吹出地表。有资料表明:一般情况下,上返的气流速度应保证在 15 m^3/s 以上,否则运输岩屑有困难。同时,又不能盲目加大压风量,以避免吹垮井壁等不良后果。

(2)由于具有体积随压力和温度而变化的可压缩性质,应用空气、雾钻进时的环空速度、气体排量以及流体的密度和黏度取决于井深、压力、温度。而流体的压力又决定于流体流动所引起的摩擦力及某一井深的流体介质的静压力,参数间相互制约。一般情况下,空气和雾在井底时体积小、密度大、流速低,而吹出地表时体积大、密度小、流速高。以正循环为例,在环空中沿井深的流速分布如图 5－24所示。因此,不能仅以空气吹出地表时的流速作为全井各深点的流速,而应通过科学的分析计算来确定井内尤其是井底的空气流速。

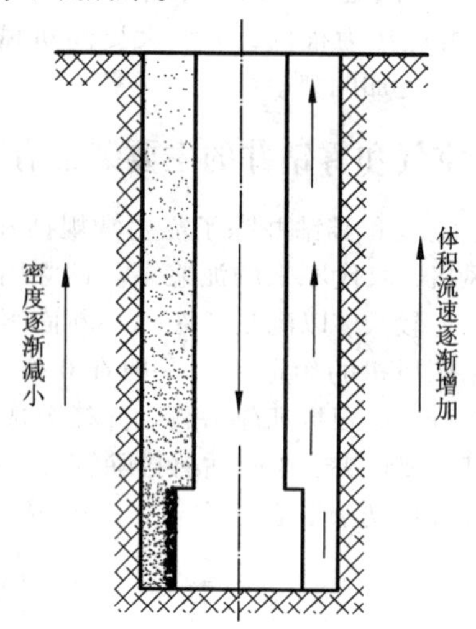

图 5－24 空气钻井井内流速分布示意图

另外,气体和钻屑需形成均匀的流动性好的气流;在深井和高温井中,气体适应的温度应与地层温度相吻合;当井眼出水或井内含有大量液体时,不能再用空气钻井,而应改用雾钻井。

98. 空气和雾钻井的缺点与局限性有哪些?

由于密度太小,空气钻井难以平衡较大的井壁侧压力,因此在高压地层中不宜采用空气钻井。

(1)空气钻井需要的上返流速太大,对井壁的冲刷破坏程度较大。

(2)粉尘严重，对井场及周边带来一定程度的污染。

(3)空气钻井易引起井下着火与爆炸，造成井下钻具破坏等事故。在含 H_2S 的地层中也不宜用空气钻井。

(4)雾钻井需要的空气量比空气还要多30%～40%以上；在超深井应用时有腐蚀钻具的可能。

99. 什么是泡沫钻井?

泡沫是含有大量气泡的气液分散体系。其中气相是分散相，常压下的体积可高达90%；液相是连续相，一般以水多见，所占的体积较少。因此泡沫的重量比水轻得多。此外，欲形成泡沫还须加入必要的发泡剂和稳泡剂，才能使气泡形成并均匀地分散在液体中。泡沫剂的加量更少，一般只占液体的0.1%～1%。

配制泡沫一般是先将泡沫剂溶入到液相中，形成尚未发泡的基液(泡沫液)，然后再与空气混合形成泡沫。

把泡沫在常温常压下的气体体积 Q_g 与液体体积 Q_l 之比称为充气度或气液比，用 $\alpha = Q_g/Q_1$ 表示。稳定泡沫气液比的范围在50～300之间。

由于含有气体，泡沫的体积受外界压力和温度的影响很大。一般压力大、温度低，泡沫体积缩小。把泡沫在具体压力和温度条件下的气体体积 Q_g 与泡沫体积 Q_f 之比称为气相饱和度，用 $\varphi = Q_g/Q_f$ 表示。泡沫的气相饱和度可在0～0.96之间变化。

100. 泡沫钻井的特点和适应范围怎样?

国内外泡沫钻井的实践表明，泡沫钻井具有以下特点：

(1)与空气和清水比较，由于泡沫的悬碴能力明显提高，因此可用较低的环空上返流速(仅为空气的3%～6%)，对井壁的冲蚀大大降低。

(2)要求的风量和相应的风压较低，用同样的压风机可以比空气钻得更深。

(3)与液体钻井液相比可以节约大量用水(仅为液体钻井液的1/10～1/500)，可以有效地解决沙漠、高山、寒冻、严重漏失和干旱地区钻进的缺水问题。

(4)泡沫比重轻，井内压力小，仅为水的1/30～1/20，特别适于低压地层钻进。

(5)泡沫中的表面活性剂具有润滑性，泡沫具有一定的弹性，有利于减轻钻具的振动，减少回转功率消耗，降低钻具的磨损。

(6)泡沫具有一定的吸附性、黏结性和淤塞性，并且由于质量轻而动力惯性小，因此对井壁有较好的保护作用。

(7)捕集岩粉效果好，消除了空气钻井时的粉尘污染问题。

(8)能防止冻结地层钻进因空气吹洗温度升高而引起的井壁融化坍塌问题。

由上可见，泡沫钻井的适应范围较宽，特别适合于在低压地层、缺水环境和寒冻地区使用。

但是，泡沫不适应在大涌水、强含水层、非胶结的松散沉积层，以及孔隙压力较高地层中使用。

101. 泡沫钻井中的泡沫由哪儿部分组成?

泡沫是由气体、液体发泡剂和稳泡剂组成。最常见的钻井泡沫例子就是空气、水和表面活性剂的组合。

102. 泡沫钻井中泡沫的气相是什么?

钻井泡沫用得最广泛的气相是自然界的空气。空气是一种混合气体，其中氮气的体积约占78%，氧气的体积约占21%，惰性气体接近1%。

另外，有些情况下也用到氮气、二氧化碳和天然气。

氮气和二氧化碳气比空气和天然气的易燃、易爆性要小得多，因此在一些防爆防燃场合使用。

氮气是惰性的，不易与地层流体及岩石发生反应，在水中的溶解能力很小，仅为二氧化碳的十分之一，可避免发生乳化、沉淀堵塞地层，不腐蚀设备和工具。氮气在储存与运输过程中均为液态。在现场施工时，直接通过液氮车进行热交换而汽化成气态，地面温度一般控制在10～26℃。

二氧化碳由于溶解力强且易发生化学反应，故形成泡沫的稳定性差。通过加入特定的化学剂，可以改善其稳定性，成功地用于生产。

由于二氧化碳的可压缩性大，维持给定的泡沫质量需要提高气液比。另外，二氧化碳的密度较大，其井内的静水压头较氮气大。在使用时还应注意到二氧化碳具有一定的腐蚀性，并且会与水泥中的游离酸发生反应而减弱水泥强度，因此必须考虑相应的防腐措施。

103. 泡沫钻井中泡沫的液相是什么？

钻井泡沫用得最广泛的液相是水。除水以外，醇、烃、酸等在一些特定条件下也可用做配制泡沫的液相。

104. 泡沫钻井中用的发泡剂应具有哪些特性？

在液相中加入少量的发泡剂，经搅拌或专用混合装置与气体混合即能形成泡沫。发泡剂从原理上看就是气相和液相界面上的表面活性剂。这种表面活性剂的分子一般由两个极性端组成，一端是亲气相结构，而另一端则是亲液相结构，所以在气、液界面上表面张力将大大降低，使气、液相容，从而形成稳定的泡沫。如果没有表面活性剂，强大的表面张力迫使气泡相互聚结而逸出液相。钻井用的发泡剂应具有以下特性：

（1）起泡性能好。产生的泡沫量大，体积膨胀倍数高。

（2）泡沫稳定。长时间循环不会消泡，受温度影响也较小。

（3）抗干扰能力强。遇地下岩土和地下水中的杂质时，仍能维持较稳定的泡沫体系。

（4）毒性和腐蚀性均小，凝固点低。

（5）配制泡沫时的用量少，来源广，成本低。

105. 泡沫钻井中用的发泡剂品种有哪几类？

国内外发泡剂的品种较多，从大的类别上可按表面活性剂的电离性分为 4 类，即阴离子型、阳离子型、非离子型和两性型。国内外较常用于钻井发泡的表面活性剂见表 5－10。

起泡用的表面活性剂可以是一种，也可以是几种复配的复合剂。试验表明，用复合型活性剂配制的泡沫，力学性能较好，泡沫稳定性高。目前，复配的配方主要通过实验来确定。实验中可用 HL 平衡值的加权方法对用量进行计算。

阴离子型的发泡能力强，但抗干扰能力差。非离子型的发泡能力低，但抗干扰能力强。为取二者的优点，往往将阴离子型与非离子型表面活性剂复合使用。在钙、镁离子含量高的干扰性地层中，复合型发泡剂的使用效果较好。

对于发泡剂的效果进行评价，主要有搅拌法和 API 法。通过评价实验可以得到各种发泡剂在标准条件下的发泡量和泡沫体系的稳定时间（半衰期）。

表 5-10 国内外钻井用发泡剂

类别	代号	名称	物理性质
阴离子型	ABS	烷基苯磺酸钠	白色或浅黄色粉状固体，溶于水成半透明液体，对碱、稀酸和硬水都较稳定，溶液表面张力低，泡沫丰富，去污力强
	K_{12}（TAS）	十二烷基硫酸钠、十二醇硫酸钠	白色或浅黄色固体，溶于水成半透明液体，对碱、稀酸和硬水都很稳定，发泡能力强，去污力强，有乳化能力
	ES	脂肪醇醚硫酸钠	具有良好的生物降解性、去污力、起泡力及乳化等性能，并抗硬水
	F842	椰子油单乙醇酰胺磺化琥珀酸脂二钠盐	能溶于水，泡沫丰富稳定，耐硬水，有一定的洗净能力，抗原油、抗盐的能力强
	F873	F842 和脂肪醇醚磺化琥珀酸脂二钠盐的混合物	性能同 F842，且其耐温达 150℃，优于美国同类产品（Adofoam ）
非离子型	OP-7 OP-10	聚氧乙烯辛基(10)	溶于水的化合物，润湿性、去污能力都好，乳化性及起泡性较好
	OB-2	十二烷基二甲基氧化铵	溶于水，有稳定泡沫，具有抗静电效果，增稠、增溶效果好
阳离子型	TA-40	脂肪醚三乙醇胺盐	极易溶于水，泡沫丰富，去污力强，乳化、润湿、分散力好
	—	烷基苯磺酸三乙醇胺盐	溶于水，泡沫丰富，去污力、分散、乳化性能好
两性型	BS-12	十二烷基二甲基甜菜碱	易溶于水，泡沫丰富，去污力强，有乳化、分散、润湿性能

106. 泡沫钻井中的稳泡剂起什么作用？

稳泡剂是以延长泡沫持久性为目的而加入的添加剂。一些有机化合物和表面活性剂可用做稳泡剂。例如 CMC、HEC 和 PAM 就是很好的有机化合物稳泡剂，而月桂酰二乙醇胺等则是很好的表面活性剂稳泡剂。

对于稳泡剂能够使泡沫长期稳定存在，分析其机理之一是稳泡剂的加入显著地增强了液膜的强度。例如 CMC 长链分子在液膜上的搭结效应，对稳定泡沫起到良好的保护作用。

稳泡剂配方举例：

(1)按质量比在水中加入 0.4% 的发泡剂 ABS、0.4% 的稳泡剂 CMC 和 0.4% 的稳泡剂 PAM，即形成一种简单且成本低的泡沫液。

(2) H_2O + X · C + FSO + HCHO + F842 或 TAS 形成泡沫液。

(3) H_2O + 田菁粉 + 预胶化淀粉 + HCHO + F872 或 TAS 形成泡沫液。

107. 什么是发泡能力？

发泡能力是指在标准条件下的发泡的体积量。美国石油学会(API)1966 年颁布的评价钻井泡沫剂的标准实验方法已被国内外广泛采用，实验装置如图 5 – 25 所示。用清水、盐水、煤油及它们的混合物作为标准液相，并在其中按一定量加入泡沫剂，然后用计量泵向垂直钢管中憋压冲送，同时用空压机向钢管中计量输送空气，二者在钢管中混合形成泡沫，并流经管外环空将其中的液体冲携出上部出口处。一定时间内冲携出的液体越多，泡沫的发泡能力越强。

108. 测定发泡能力的方法有哪些？

测定发泡能力的方法有振荡法、搅拌法、吹气法、倒出法、超声法等。

109. 泡沫稳定性如何测定？

泡沫稳定性测定用 Waring Blender 搅拌法，简便有效。仪器是高速搅拌机。试验时，在量杯中加入 100 mL 质量浓度为 10 g/L 的泡沫液，在大于 1000 r/min 的转速下搅拌 60 s，停止转动，立即读取所产生的泡沫体积来表示发泡能力。然后记录从泡沫中析出 50 mL 液体所经历的时间，称为泡沫的半衰期，反映其稳定性。

110. 泡沫的相对密度如何计算?

泡沫的相对密度取决于气液相的比例。若已知液相相对密度 ρ_l、气相 ρ_s 和气相饱和度 φ，则泡沫相对密度为：

$$\rho_f = (1-\varphi)\rho_l + \varphi\rho_s$$

111. 泡沫的黏度如何测试?

由于泡沫中气液两相的性质差异甚大，泡沫的密度很小，且黏度随时间而变化，所以泡沫的黏度难以用马氏漏斗或旋转黏度计测量，常用不同类型的模拟试验装置或毛细管黏度计测量，标准尚不统一。如苏联用泡沫对塑料球的托力来反映泡沫黏度的大小，如图 5－26 所示。

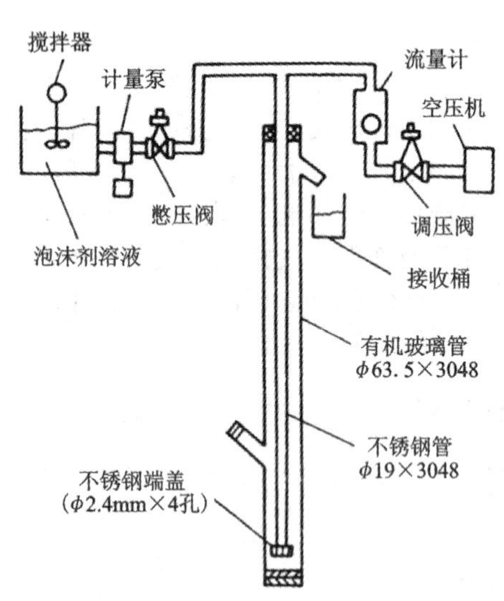

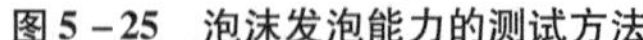
图 5－25 泡沫发泡能力的测试方法

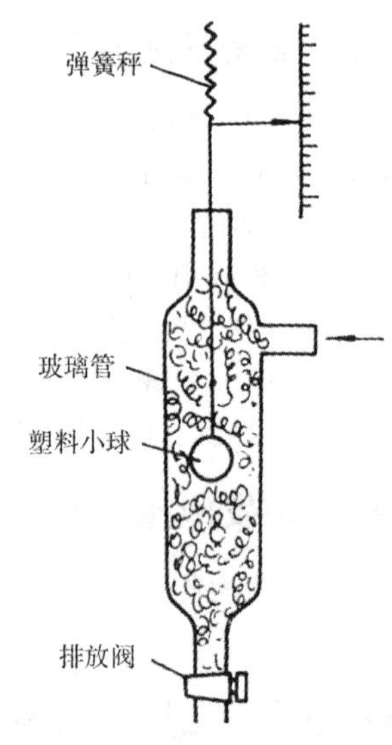

图 5－26 泡沫黏度的测试方法

112. 泡沫的悬砂能力如何测试?

钻屑被气泡液膜悬托着，其沉降速度仅为在水中的10% ~1%。泡沫的悬砂能力是钻井泡沫的重要性能指标，它很大程度上取决于泡沫液膜的强度，同时也综合反映泡沫黏性、溶液黏性和颗粒的吸附能力等。日本测定泡沫强度的装置由直径50 mm、重15 g的塑料圆盘和支架构成。以圆盘在泡沫中沉降10 cm所用的时间表示泡沫强度，从而反映泡沫悬浮或携带岩屑的能力。

113. 泡沫为什么具有滤失性?

泡沫具有很好的防滤失特性，在相同条件下可与优质泥浆媲美。究其原因是泡沫的立体网架敷膜结构在地下孔隙中有效地阻隔了液体的渗流。

泡沫的滤失性与泡沫本身的稳定性及地层孔隙结构尺寸有直接关系。泡沫气相与液相间有界面张力，当泡沫进入微细孔隙时需要有较大的能量以克服表面张力并使气泡变形。从动滤失实验可以看出，当岩心渗透率低于1×10^{-3} μm时，泡沫通过岩心后完全被破坏，分离成液相和气相。随着岩心渗透率的提高，泡沫组分增加。当渗透率达到70×10^{-3} μm时，渗滤出来的都是泡沫。因此，泡沫对低渗透地层的防滤失性强。

114. 如何测定泡沫的润滑性?

泡沫的润滑性对减少钻具与孔壁之间的摩擦力有着直接的意义。苏联测定泡沫润滑性的装置可使产生的泡沫不断喷在两个互相压紧、相向运动的摩擦盘的接触面上，通过测定摩擦系数的大小，来衡量泡沫的润滑性能。摩擦盘置于密闭容器里，以保证韧性极好的泡沫(而非泡沫破裂后生成的泡沫剂溶液)作为润滑介质，这与钻井的实际情况是相符的。

115. 泡沫的腐蚀性与毒性怎样?

分析资料表明，钢在泡沫中易被腐蚀。这是由于泡沫中有大量空气，它与水分一起加速了金属的氧化过程。以36Г2С钢的腐蚀性试验为例，相同条件下该钢材在0.5%烷基苯磺酸钠泡沫中腐蚀的样品质量耗损为0.035，而在蒸馏水中仅为0.001。

在钻井作业中应考虑泡沫的高腐蚀性。例如，重要部件尽可能用不锈钢制造或敷涂层；作业结束应该用淡水清洗相关设备和工具；可在钻井泡沫中加缓蚀剂来降低泡沫的腐蚀性。另外，适当调高泡沫的PH也有防腐效果。

泡沫剂的毒性与其类型、分子结构和浓度有关。阳离子型的毒性最大，阴离子的次之，非离子型的最小。

在阴离子泡沫型中，直链十二烷基苯磺酸钠(LAS)的毒性最大，而a－烯烃磺酸盐(AOS)的毒性较小。但是，即便是LAS，当其浓度小于$500\times10^{-4}\%$时，对动物都不会产生特殊的损害。当饮用水中的LAS的含量达到0.5 mg/L时，在美国和苏联仍然认为是安全的。

非离子型泡沫剂中AEO的毒性比OP的小，随着分子中憎水基碳链的增长和环氧乙烷聚合度的增加，毒性降低。对动物进行的试验证明，对非离子泡沫剂的最大耐受浓度为100%，即可认为非离子泡沫剂一般是无毒的。

116. 泡沫钻井的基本循环系统是怎样的?

泡沫钻井的基本循环系统如图5－27所示，一路由压风机泵送空气通向泡沫发生器，另一路由输液泵泵送泡沫液通向泡沫发生器，空气与泡沫液在泡沫发生器中剧烈混合形成泡沫，再通往机上钻杆向钻孔内输送。简单的泡沫发生器可以由若干层金属网栅组成，高速气流携带着泡沫液冲打在金属网栅上形成泡沫。

根据不同的钻井要求和条件，泡沫钻井循环系统的复杂程度不同。总体上看有两种，即开式系统和闭式系统。

开式系统是泡沫携带钻碴至地表后即废弃不再重复使用。美国等国多用开式系统。我国地矿等部门大都采用这种系统。这种系统的基本特点是简便、安全。作业中应注意：①可任意调节泡沫液的注入量，以适应不同钻井的要求；②无论钻杆中的空气压力变高或变低，系统应能保证泡沫液的单位时间注入量不变，以确保良好地排屑；③系统必须有足够的压力，以保证能把泡沫液注入到钻杆中。

闭式系统是带钻碴的泡沫反出地表后，分离除去钻碴，再回收泡沫重复使用(见图5－5)。

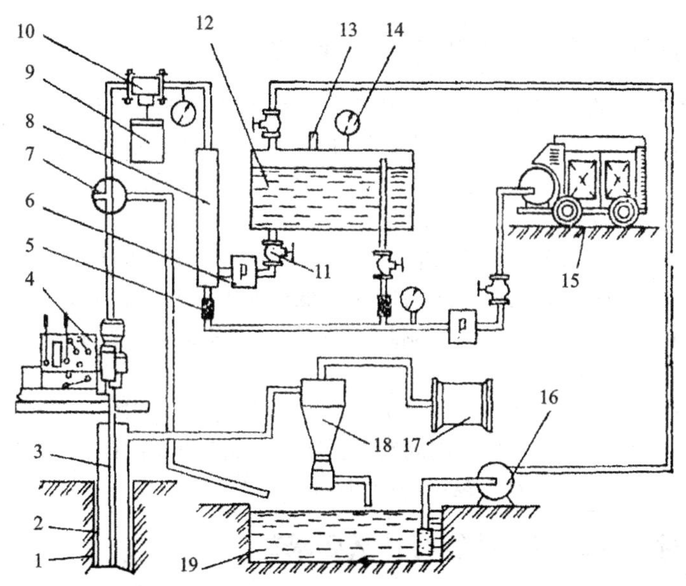

图 5 – 27　泡沫钻井循环系统

1—岩层;2—孔口管;3—钻杆;4—钻机;5—止逆阀;6—流量计;7—三通阀;
8—泡沫发生器;9—调节器;10—传感器;11—阀门;12—活性剂溶液储液罐;13—安全阀;
14—压力表;15—压风机;16—离心泵;17—捕尘器;18—旋流器;19—储液池

苏联在固体矿床勘探钻进中，设计了多种类型的闭式泡沫循环系统。

对于孔深大于 150 m 的钻孔，孔内循环压力较高，这时一般输液泵的能力不足以克服此较高压力。因此，必须配备升压器及其专用泵，在升压器中泡沫液和压缩空气混合且升压，再输入孔内循环。这种装置可用于孔深达 1500 m 的钻孔。

一些较为先进的泡沫循环系统还装有流量调节器、旋流器、捕尘器、各种仪表、阀门及计算机采集控制系统等。

泡沫钻井的工艺规程应根据钻井的要求和地层条件，确定泡沫的配方、压风机的压风量、泡沫液的输入量、钻进压力和转速等参数，并对泡沫的消耗、回次进尺速度、排碴、护壁、护心等情况进行分析。

117. 充气泥浆的组成和特点是什么?

气体分散在泥浆中形成的稳定分散体系称做充气泥浆。由于泥浆具有较大的黏度和切力，气泡在泥浆中稳定的寿命较长。充气泥浆是气泡和黏土颗粒为内相，水为外相的多相分散体系，其组成包括：气体(气泡)、黏土、起泡剂和稳泡剂、泥浆处理剂和水。

充气泥浆与普通泥浆相比，可进一步降低泥浆的比重（可低达0.3左右)，从而降低液柱压力以对付低压和漏失地层。其次失水量较小，黏度较大，也有利于控制地层的稳定。密度低，液柱压力小，有利于孔底钻头破碎岩石，钻进效率高。

与钻井泡沫相比，充气泥浆的黏度和密度调节范围大。并且一般情况下，充气泥浆配制使用时可以不用压风机和专门的泡沫发生器，只需常规钻进用的泥浆泵系统即可。

118. 对充气泥浆的性能有什么要求?

(1)充气钻井液的密度要求为0.6～1.0 g/cm^3，其抗温能力能达到所钻井深的温度，充气钻井液的密度可由气液比来控制，调整其气液比，可获得不同密度的充气钻井液，以适应低压地层的需要。

(2)充气泥浆的基液应具有较好的质量、较低的切力，易充气、易脱气，气泡均匀稳定，气液不分层，确保其基液的反复泵送，满足低压钻井工艺各工序的需求。

(3)应具有良好的携屑能力和流变参数，有较合适的 n 值范围，在不太高的漏斗黏度下有较强的携屑能力，确保井底清洁，施工顺利，井径规则。

(4)充气钻井液属于塑性流体，随着气液比的增加，塑性黏度与动切力增加，随着温度的升高，相同气液比的充气钻井液的塑性黏度下降，动切力增加。

119. 充气泥浆的生产和稳定原理是怎样的?

充气泥浆中黏土颗粒在水中的分散稳定与一般泥浆相同。气泡的产生和稳定是靠加入表面活性剂和高聚物(发泡剂和稳泡剂)而达到的，其原理同泡沫。

泥浆中的黏土颗粒也起稳泡作用。试验表明，含少量的微细固体可促使泡沫稳定性进一步提高，其含量在0.3% ~0.5%时为最佳。分析其原因，微细固体可起到支撑骨架作用，特别是造浆黏土还可能有絮状网架结构，从而加强了泡沫的稳定性。

120. 充气泥浆的起泡剂用什么？

充气泥浆的起泡剂可用阴离子型或非离子型的表面活性剂。

阴离子表面活性剂常用的有十二烷基硫酸钠、十二烷基苯磺酸钠、木质素磺酸钠等。非离子型的常用聚氧乙烯辛基苯酚醚(OP 型)等。稳泡剂的加入是为了增加泡沫的稳定性，提高泡沫的寿命。稳泡剂与起泡剂一起组成混合膜，提高了膜的强度和密实性，降低了界面膜的透气性。常用的稳泡剂有月桂醇、月桂酰二乙醇胺、聚丙烯酰胺、羧甲基纤维素等。泥浆处理剂也有稳泡作用。

121. 影响充气泥浆稳定的因素有哪些？

影响充气泥浆稳定的因素，除影响黏土悬浮液的因素外，主要有：

(1)表面膜(混合膜)的黏度。研究得出，随着表面黏度的增长，泡沫的寿命增加，即泡沫的稳定性增加。

(2)稳泡剂的种类和浓度。稳泡剂憎水端的结构与起泡剂相近时，可更好地提高泡沫的寿命，这是因为在阴离子型表面活性剂两分子间插入非离子型稳泡剂，在两阴离子之间有了屏蔽，减弱了阴离子间的相互斥力，有利于膜强度的增加。而稳泡剂与起泡剂憎水端分子结构相近，分子间的引力大，表面膜的强度增加。

(3)气泡表面膜的透气性。表面膜的透气性是造成两气泡合并，降低泡沫寿命的重要因素。起泡剂和稳泡剂是直链型的且其憎水端有相似结构时，形成的混合膜透气性小，泡沫寿命长。

(4)泡沫液的液相黏度。液相黏度愈大，泡沫压缩变形时，两泡沫间的液体愈不易排出，气泡便不易合并，因而泡沫的寿命较长。

(5)气泡的形状、大小和均匀度。气泡呈球形、液膜较厚的(4.2 ~4.5 nm)，且分布均匀，气泡直径差不超过两倍时，寿命较长。而气泡呈蜂房状、液膜较薄的，且分布不均匀，气泡直径差达100倍以上时，泡沫寿命较短。气泡的形状、大小和均匀度决定于起泡剂和稳泡剂的类型和浓度、搅拌的强烈程度等。

122. 充气泥浆的性能取决于哪些因素?

充气泥浆的性能，取决于它的组成和气液的相对含量。当基浆的相对密度一定时，充气泥浆的相对密度取决于气体的含量，随着含气量的增加，密度降低，例如含气量为 27% 时密度为 0.8，当含气量增加到 64% 时，密度降至 0.4。充气泥浆的流变特性决定于原浆的流变特性和气体含量，如表 5－11 所示。密切尔(Mitchell)研究泡沫时得出：随泡沫含量的增加，宾汉塑性黏度和屈服应力的增加呈曲线关系。л. M. 伊凡切夫研究充气泥浆的流变参数与原浆性能和气体含量的关系时得出：充气泥浆是属于什维道夫—宾汉流型。充气泥浆的失水量比原浆要低，随气体含量的增加，失水量逐渐降低，这是由于液体量的减少和气泡对滤饼通道起堵塞作用的缘故。例如原浆失水量为 28 mL，当充气含量达 64% 时，失水量下降至 13.5 mL。

表 5－11　充气泥浆性能表

泥浆密度 /($g \cdot cm^{-3}$)	空气含量 /%	静切力 /Pa	漏斗黏度 /s	动切力 /Pa	黏度 /($10^{-3}Pa \cdot s$)
1.16	0.0	8.8	38	11.7	18.0
1.08	7.3	9.0	43	14.2	22.5
0.90	22.8	10.0	61	18.0	28.5
0.80	31.3	10.8	82	19.5	39.0
0.65	44.2	11.7	148	20.3	48.0
0.40	65.5	14.3	“不流”	24.0	63.0

123. 充气泥浆如何配制?

从防止漏失和平衡地层压力的要求，确定充气泥浆要求达到的密度和其他性能。在泥浆搅拌机中配制性能合乎要求的原浆。在原浆中加入起泡剂和稳泡剂，强力搅拌。待泥浆充分充气膨胀后测量充气泥浆的密度、黏度和失水特性，合乎要求即可用常规泥浆泵入井内循环使用。在钻进过程中依漏失和废液排除情况，补充新充气泥浆。

为了达到泥浆充分充气的效果，应采取强力搅拌措施。例如加大机械旋转搅拌机的搅拌水动力特性，以及采用高压水枪进行循环喷射搅拌等。

对于一些要求较高的场合，如油气井钻井，就需要一些较复杂的专用设备，包括混气器、携砂液混气器、计量仪表、控制管汇、除气器等五部分。

124. 地层对钻探过程有什么影响?

钻井过程中，井壁的稳定性和钻井液的渗漏是影响钻进效率和钻井质量的重要因素。由于受地质构造运动、所处的外界环境的物理化学作用以及水文地质条件的影响，相当多的钻孔是处于井壁不稳定和钻井液漏失的客观环境下，也就是处于复杂地层条件下的。在复杂地层中钻进，若技术不当，往往会造成钻进工作的困难，引起井眼垮塌，卡埋钻具，严重漏、涌等各种事故，被迫停钻处理，由此带来了钻孔质量差、钻进效率低、钻进成本高的不良后果，有时甚至使事故恶化导致钻孔报废。因此，在复杂地层中钻进，通常最为重要的技术措施就是稳定井壁，防止漏失。

125. 复杂地层如何分类?

地层是由各种造岩矿物以不同集合形式组成，矿物的成分、性质和结构构造决定了各种类型岩层的物理、力学性质，如岩石的强度、硬度、弹塑性、脆性、水溶性和水化性等。钻进过程中出现的各种复杂情况与岩石性质密切相关。

另外，岩层在形成过程中或形成以后，在扭转、挤压、风化、搬运、沉积、溶蚀等内、外动力地质作用下，形成松散层、破碎带、孔隙环境、裂隙环境以及溶隙性环境，也是钻进过程中经常遇到的各种复杂情况。

根据复杂地层的成因类型、性质和状态及其在钻进过程中可能出现的情况，可将复杂地层分类如表 5 - 12 所示。

表 5－12 复杂地层综合分类表

地层分类	成因类型	典型地层	复杂情况
各种盐类地层	水溶性地层	盐岩、钾盐、光卤石、芒硝、天然碱、石膏	钻孔超径，污染泥浆，孔壁掉块，坍塌
各种黏土、泥岩、页岩	水敏性地层（溶胀分散地层、水化剥落地层）	松散黏土层、各种泥岩、软页岩，有裂隙的硬页岩，黏土胶结及水溶矿物胶结的地层	膨胀缩径，泥浆增稠，钻头泥包，孔壁表面剥落，崩解垮塌超径
流砂、砂砾、松散破碎地层	松散的孔隙性地层，风化裂隙发育地层，未胶结的构造破碎带	流砂层，砂砾石层，基岩风化层，断层破碎带	漏水，涌水，涌砂，孔壁垮塌，钻孔超径
裂隙地层	构造裂隙地层，成岩裂隙地层	节理、断层发育地层	漏水，涌水，掉块，坍塌
岩溶地层	溶隙地层	溶隙、溶洞发育地层（石膏，石灰岩，白云岩，大理岩）	漏水，涌水，坍塌
高压油、气、水地层	封闭的储油、气、水的孔隙型地层，裂隙及溶隙地层	储油、气、水的背斜构造，逆掩断层的封闭构造	井喷及其带来的一切不良后果
高温地层	岩浆活动带与放射性矿物有关地层	地热井、超深井所遇到的地层	泥浆处理剂失效，地层不稳定，H_2S 造成危害

上述复杂地层，一些主要表现为井壁直接松散、破碎；一些主要表现为遇水后水化、水溶；另一些则主要表现为漏失、涌水；还有一些主要表现为压力温度异常。许多情况下，地层的多种复杂表现兼而有之，或以一种为主，其他为辅；或是先有一种表现，继而再出现其他复杂状况。

126. 孔壁岩石的失稳破坏是什么原因导致的？

钻井之前，地壳内的岩层处在原始力学平衡和相对稳定状态。钻头钻穿岩层后改变了井壁周围岩石所承受的原始应力，使之失去了原始平衡的稳定条件而发生应力集中，在上部地层压力作用下迫使井壁岩石向井内移动，造成井壁失稳破坏而坍塌。

与任何一种材料相似，孔壁岩石的失稳破坏是由于在外力作用下其内部应力状态发生变化超过了其强度极限所导致的。因此，从理论上分析井壁的力学稳定性，应该从地层压力入手，解出井壁单元体的应力状态，再将这应力状态变换为与其唯一对应的主应力状态；接着，设法获得井壁岩石的某种强度指标；最后，将主应力状态与强度指标比较，得出井壁岩石是否发生失稳破坏的结论。

127. 钻孔地层压力如何计算?

(1)由上覆地层造成的垂向压力：

$$P_0 = \gamma h$$

式中：γ——上覆地层密度；

h——地层深度，m。

(2)由垂向压力导致的侧向压力：

$$P_V = \lambda P_0 = \frac{\mu}{1-\mu}P_0$$

式中：λ——测压系数；

μ——地层泊松比。

(3)井中静液柱压力：

$$P_W = H\gamma_w$$

式中：λ_w——液体密度。

(4)地层孔隙流体压力。

地层孔隙流体压力是指充斥在地层孔隙中的流体的压力，也称地层压力，但应注意与上述的垂向和侧向岩体压力严格区分。当地下流体与地面大气畅通，则处于正常孔隙压力状态，它等于流体的静液柱压力，即：

$$P_F = \gamma H$$

式中：γ——流体密度；

H——流体静液柱高度，m。

在一些特殊情况下，还经常会遇到异常的地层孔隙压力，如异常高压或异常低压。

128. 钻孔井壁单元体应力状态是怎样的?

以垂直井为例，在地层垂向压力、地层侧向压力和井中静液柱压力的作用下，近井壁地层中某一点（见图 5－28）的应力状态可由弹性力学厚壁筒理论解得：

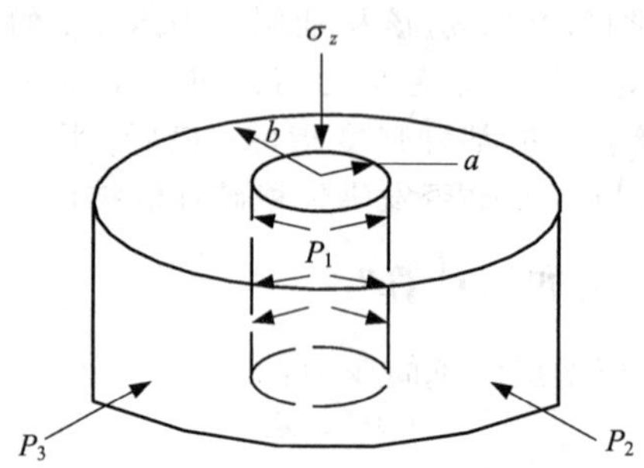

图 5－28　地层厚壁筒模型示意图

$$\sigma_r = \frac{a^2b^2}{b^2-a^2}\cdot\frac{P_2-P_1}{r^2}+\frac{a^2P_1-b^2P_2}{b^2-a^2}$$

$$\sigma_\theta = -\frac{a^2b^2}{b^2-a^2}\cdot\frac{P_2-P_1}{r^2}+\frac{a^2P_1-b^2P_2}{b^2-a^2}$$

$$\sigma_z = \gamma\cdot h$$

式中：σ_r、σ_θ、σ_Z——分别为近井壁地层中一点的径向正应力、周向正应力和垂向正应力；

P_1、P_2——分别为井中液压力和地层水平方向压力；

a、b——分别为厚壁筒的内、外半径；

r——该点距井中心的水平距离。

因为实际地层比井筒大得多（$b>>a$），所以可由以上三式整理得到井壁处（$r=a$）的应力状态为：

$\sigma_r=-P_1$；$\sigma_\theta=P_1-P_2$；$\sigma_Z=\gamma\cdot h$

由于垂直井的特殊性即单元体面上的切应力为零，三个正应力也可以直接看作三个主应力。但是对于斜井或水平井，由于单元体面上存在切应力，其应力状态比较复杂，必须通过主应力变换公式计算得到。

σ_r、σ_θ、σ_Z 三者究竟谁为最大主应力 σ_1、中间主应力 σ_2 和最小主应力 σ_3，要视具体参数代入后的计算结果来确定。

129. 钻孔井壁岩土的强度是指什么?

井壁岩土的强度是指在标准测试条件下所获得的该岩土的通用强度指标，如单轴抗压强度 σ_{bc}、单轴抗拉强度 σ_{bt}等。这些强度指标可以通过对钻进所取出的岩心做单轴强度等试验直接地得到，也可根据所钻地层岩土名称查出岩石性质资料间接地得到。

130. 钻孔井壁失稳破坏从理论上如何判别?

运用材料力学强度理论，将上面得到的井壁单元主应力和岩土强度指标代入到材料破坏判别式中即可得出井壁是否失稳破坏的结论。下式是较常用的材料破坏判别准则之一——最大剪应力理论(Tresca理论)。式中的 σ_1 和 σ_3 在此是井壁单元体的最大和最小主应力；τ_{max} 和 σ_b 是井壁岩土的强度指标。具体数值代入后，若不等式成立，则井壁失稳破坏，否则井壁稳定。

$$\frac{\sigma_1-\sigma_3}{2}\geqslant\tau_{max}=\frac{\sigma_b}{2}$$

也可依莫尔圆理论，用图形方法求得相应的结果。图 5－29 是莫尔圆图形方法示例。以对象地层岩土的单轴抗拉强度 σ_{bc}和单轴抗压强度 σ_{bt}为直径作外切圆(图中的两个实线圆)和公切直线 L；以两圆的切点为应力原点 O，将井壁单元的最大主应力 σ_1 和最小主应力 σ_3 在 σ 轴上标出；以 $\sigma_1-\sigma_3$ 为直径，$(\sigma_1-\sigma_3)/2$ 为圆心作井壁单元莫尔圆(图中的虚线圆)，若虚线圆超出了公切直线 L，则井壁失稳破坏，否则井壁稳定。

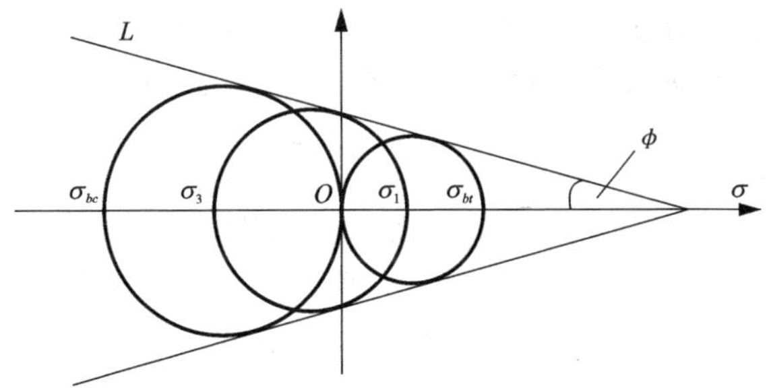

图 5－29　莫尔应力圆图解

131. 钻孔井眼漏涌水影响因素是什么?

井眼中的液体向地层中漏失或地层向井眼中涌水，从根本上看是压力不平衡的表现。当井眼中的流体压力与地层孔隙流体压力不相等时，漏失或涌水这种渗透现象就有可能发生。同时，地层的空隙性和流体的黏性对渗透的程度也起到重要影响作用。压力平衡和流体黏度可以人为进行控制，而地层的空隙性则是客观的存在。

132. 体现地层空隙性的参数指标有哪些?

地层的空隙分为孔隙、裂隙和溶隙。这些空隙多互相贯通，成为液体的流动通道。与之相应的地层为孔隙地层、裂隙地层和岩溶地层以及各种空隙相互穿插共存的混合地层。相应地，反映地层空隙性的参数指标分别为：

孔隙率——岩石中孔隙的体积与岩石总体积之比。又细分为绝对孔隙率和有效孔隙率，前者含全部孔隙，后者仅含相互贯通的孔隙。

裂隙率——裂隙体积与岩石总体积之比。又细分为体积裂隙率、面积裂隙率、线性裂隙率、裂隙密度、裂隙张开程度等。

岩溶率——岩溶体积与岩石总体积之比。有体积岩溶率、面积岩溶率和线性岩溶率之分。

133. 如何通过观测机械钻速来了解漏失层情况?

钻速的变化能反映地下岩层的坚硬或松软程度。钻速的变化不仅能了解到所钻岩石的性质变化，还能了解漏失层裂隙尺寸的变化，如在溶洞地层中钻进时的钻具突然坠落，在有松软充填物的大裂隙中钻速突然加快等现象均可对溶洞或裂隙出现的深度和尺寸进行直接考察。

可以利用1:500比例尺的地质预测柱状图，在计算纯钻进时间、时效分析和指导钻进和采取岩心的同时，配合钻孔结构绘制钻孔深度与钻速或钻时的关系曲线图，以便及时判断地层岩性的变化和漏失层出现的深度、厚度、洞隙及裂隙大小等。这种方法虽然粗略，但对于没有必要采用物探测井或没有测井资料的钻孔中划分地层、对比地层既及时、直观，又方便。

应当指出，钻速虽然与岩性密切相关，但还受其他很多影响因素的制约，如钻头类型、新旧程度、钻进工艺参数、操作技术等，都会使钻速的真实性受到不同程度的影响，所以在使用钻速资料时，尚应综合考虑各种因素的影响，使得到的结论比较接近地层的真实情况。

134. 如何通过观测岩心和岩粉来了解漏失层情况?

岩心的资料是最直观地反映地下岩层特征的第一手资料，通过对岩心的分析研究可以了解地层的倾角、接触关系、孔隙、裂隙、溶洞及断层的发育情况，通过岩心采取率可以评价岩石的破碎程度，间接判断岩石的透水性及含水层的厚度。因为钻孔漏失通常都发生在含水层中，特别是含裂隙和溶洞的地层，所以要特别注意岩心裂隙的观察和描述。这项工作对及时发现漏失并间接了解漏失通道的大致尺寸，有时是很有用的。例如钻进风化裂隙岩层时，由于裂隙对岩体的分割使采取岩心很困难。如果能注意收集岩屑和岩粉并及时地进行观察研究，就可以对漏失层做出正确的判断并提出合理的治漏措施。另一方面，还可以通过岩屑颗粒的大小间接判断漏失通道的尺寸。因为漏失通道的尺寸大于岩屑的尺寸时，冲洗液中就不会含有岩屑。

因为石油钻井多采用无岩心钻进，所以对岩屑入井非常重视。井场通过对岩屑的观察和分析研究，可以得到很多地层和油、气、水层的信息资料。可以根据岩屑的粒度组成来评价漏失通道的张开量，在双目镜下挑出所有裂隙和溶洞充填物，用面积法估计裂隙和溶洞中岩屑在全部岩屑中所占的比例，得出裂隙和溶洞发育系数和张开系数等。

135. 如何通过观测钻井液性质变化及消耗量来了解漏失层情况?

钻井液的性质在现场主要指颜色、稠度、密度、含砂量等，它们的变化通常能反映孔底的岩石性质。如果遇到含水层时，冲洗液密度和稠度可能降低，在砂、砾石含水层中钻进时，可使冲洗液含砂量增加。因而必须经常注意对冲洗液性质变化的观测，以便及时采取防止漏失的措施。

钻进中冲洗液消耗量的非正常变化，最能说明岩层透水性的变化。在隔水层钻进时冲洗液消耗甚微。而当遇到含水层并发生漏失时，冲洗液消耗量就可能突然增加。所以要特别注意观测冲洗液突然大量漏失时单位时间的消耗量(漏失强度)。如果漏失严重，孔内不返水时，则应尽快观测孔内水位高度。必要时应提钻观测含水漏失层的静止水位，并通过向孔内定量注水，测量不同时间的动水位变化数据，按动静水位差及漏失强度初步计算该地层的渗透性。在能维持正常循环时的漏失条件下，应该在每次提升钻具后和下降钻具前各测一次孔内水位并记录两次测量的间隔时间。停钻期间，每隔1～4 h测量一次水位，钻进时应按时测量记录冲洗液的增添量和消耗量。

136. 了解钻孔漏失层情况应收集哪些资料?

对钻孔漏失应观察收集下列资料：①钻孔漏失起止时间、井深、层位、钻头位置；②冲洗液单位时间的漏失量和漏失的总量；③漏失前后及漏失过程中泥浆性能的变化；④孔内是否有返出物，返出量及返出特点；⑤孔内静止水位及动水位的变化情况。如已进行堵漏，还应了解堵漏时间、堵漏物质、堵漏数量及方法，堵漏前后孔内液柱变化情况；⑥堵漏前后的钻进情况，以及泵量和泵压的变化情况。此外，还应记录漏失原因的分析及处理效果的分析。

137. 怎样观测钻孔涌水现象?

钻孔涌水时往往伴随有孔壁坍塌、涌砂、钻具陷落等现象出现，这时应立即观测其发生的起止深度，并接长孔口管或压力表，测量其水头高度和单位时间的涌水量，以及水的温度。

138. 研究漏失层的物探方法主要有哪些?

物探方法是勘探地壳上层岩石构造与寻找有用矿产的重要技术手段之一。常用的方法有电法测井、放射性测井、声波测井、温度测井和钻孔技术测井等。对研究地下含水层和钻孔漏失都很有用。

(1)视电阻率测井

所谓视电阻率测井，就是沿井身测量各点的视电阻率变化曲线。根据所用电极不同又分为普通视电极系测井、微电极系测井和井液电阻率测井。

视电阻率测井曲线(见图5－30)可用于划分钻孔地质剖面，确定含水层的位置、厚度和孔隙度。因为孔隙、裂隙和溶隙的存在对坚硬岩石的电阻率影响很大，当空隙中充满不同矿化度的水时，它们的电阻率会降低很多。

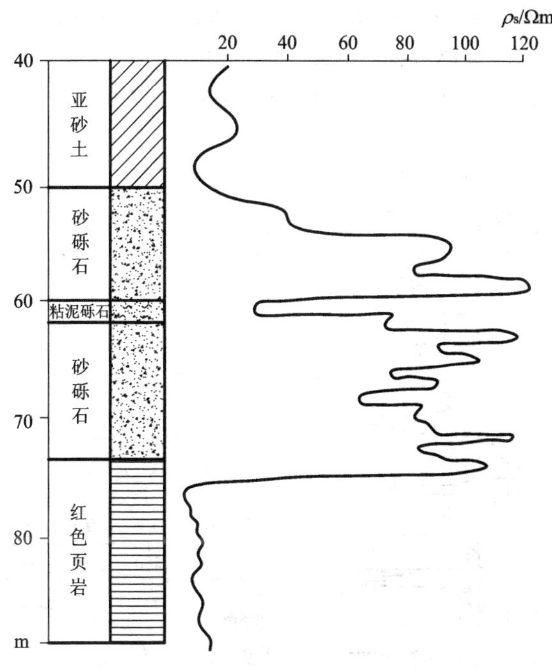

图 5－30　视电阻率测井曲线

当一定类型的岩石孔隙中完全被地层水饱和时，则多孔岩石的电阻率 ρ_1 与孔隙中水的电阻率 ρ_0 的比值 ρ 可以看作是孔隙度 m 的函数，即：

$$\rho = \frac{\rho_1}{\rho_0} = f(m) = a_2 m^{-np}$$

式中：ρ——相对电阻率；

a_2——与岩性有关的比例系数，按岩性在 0.6～1.5 间变化；

np——孔隙度指数，与岩石结构和胶结程度有关，其值为 1.5～3.0。

(2)放射性测井

放射性测井又称核测井，它是利用元素的核物理特性而进行工作的一种井中物探方法。其特点：①核性质一般不受温度、压力、化学性质等因素的影响，因而它能更本质地反映岩石的性质；②γ射线和中子流具有较强的穿透能力，它不仅能在裸眼井中使用，也能在下有套管的钻孔中应用。同时，对干孔或有泥浆的孔中均可应用。目前常用的方法有：自然伽玛法(γ)、伽玛—伽玛法(γ-γ)，中子-中子法(n-n)和中子-伽玛法(n-γ)以及放射性同位素法等。典型的示例见图5-31和图5-32。

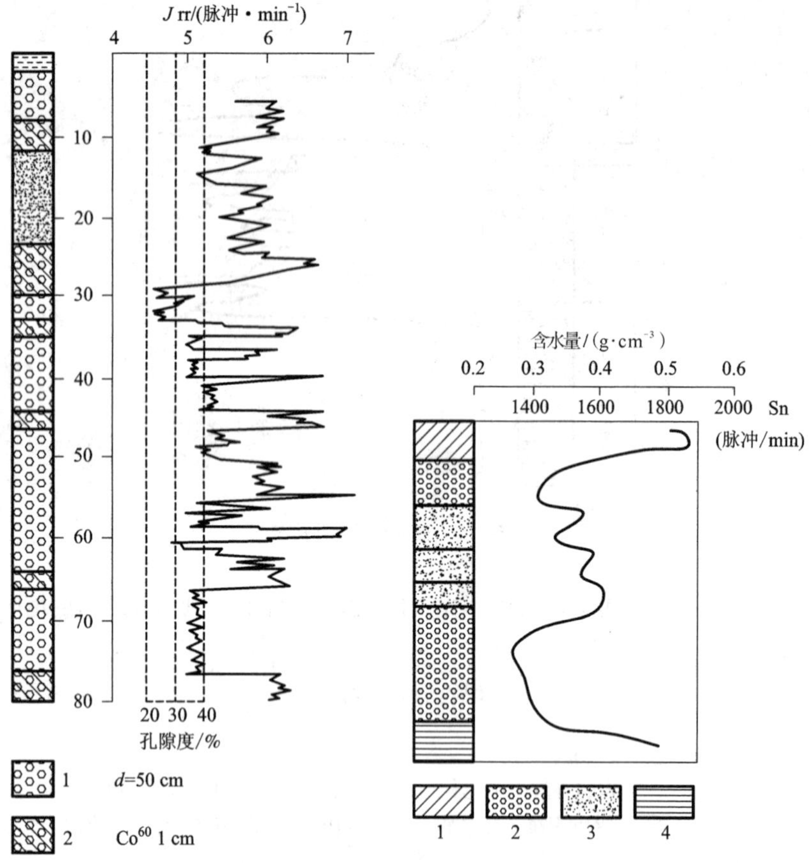

图5-31 用γ-γ曲线确定岩层孔隙度实例

1—砂砾石；2—含砾泥岩

图5-32 用n-n曲线确定含水层

(3)声波测井

利用声波在岩石中的传播速度、幅度和反射特性研究钻井剖面的方法称为声波测井。由于通常使用的声波频率约为20000 Hz，故又称超声波测井。目前常用的方法有以下几种：一是按声波速度研究岩石性质的声波速度测井；二是按声波幅度的衰减反映岩性的声波幅度测井；三是利用声波在孔壁上的反射特性研究孔壁结构情况的声波电视测井。

声速测井仪常采用单发射双接收井下仪器[见图5－33(a)]，当声波由声波发射器发出后，经由泥浆射向孔壁时，一部分透过孔壁射向地层(透射波)，一部分反射回来(反射波)，其中以临界角入射的一部分，则在孔壁上产生滑行波，另外还有一部分直接沿泥浆传播，称为直达波。声速测井主要是记录滑行波通过厚度等于仪器间距的一段地层所需要的时间Δ_{ts}，单位为μs/m。习惯上把声波在岩层中走过1 m所需要的时间(μs)称做旅行时间。显然，各种岩石均有自己的波速特性，因而声速测井曲线可用于划分岩性剖面，如图5－33(a)、(b)、(c)所示，井径变化时在砂岩上下界面造成声波时差曲线的异常。

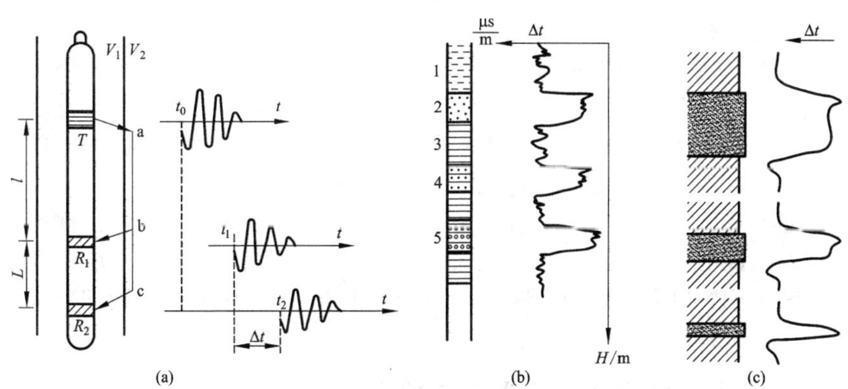

图5－33　声速测井原理与应用示意图

(a)T—声发射器；R_1、R_2—声纳接收器；L—源距；l—间距；Δt—时差

(b)1—黏土；2—砂；3—泥岩；4—砂岩；5—砾岩

岩石中的声波是通过固体颗粒（岩石骨架）和孔隙中的液体进行传播的，试验证明，声波通过岩石的时间等于通过固体颗粒和孔隙内液体时间之和，若 m 为岩石的孔隙度，则：

$$\Delta t_s = m\Delta t_f + (1-m)\Delta t_m$$

式中：Δt_s——声波在岩石中的旅行时间；

Δt_f——声波在岩石孔隙液体中的旅行时间；

Δt_m——声波在岩石骨架中的旅行时间。

令 $a = \Delta t_f - \Delta t_m$，$b = \Delta t_m$，则：

$$\Delta t_s = am + b$$

当岩石骨架成分和孔隙内液体性质确定后，Δt_f 和 Δt_m 均为常数，因而上式为一直线方程，它说明了孔隙度与时差的关系。即可以从实测的声速时差曲线上直接读出 Δt_s 值，然后利用上式计算出岩石的孔隙度 m 值。

（4）温度测井

井内温度测量可以解决地热勘探中测量岩层的温度、地温梯度、井内温度等问题。对于钻孔漏失问题，井温测量可以确定漏失位置。温度测井可以使用多种类型的温度传感器，将其下入井中，沿井深测得温度分布情况，用以分析判断井内漏、涌情况。

在不稳定情况下常用抽水法，若估计漏水处温度为 T_2，则先将温度为 T_1 的液体注入井中，然后循环泥浆，立即进行检查性测量，这时沿井深温度变化较小。然后从井内向外抽水，降低井内液面高度，使地层水进入井内。若 $T_2 > T_1$ 时，则井内温度升高；若 $T_2 < T_1$ 时，则井内温度降低。沿井深温度曲线变化大的位置即为明显漏水位置。在稳定的条件下可采用注入法，将低温液体压入地层后，测出的温度曲线在漏水位置以上总是明显地降低，因而根据井温曲线突变位置即可确定漏失位置。

139. 遇水不稳定地层分为哪两种类型?

在复杂地层分类中，遇水不稳定地层可划分为两种类型，即水溶性地层和水敏性地层。前者依地层遇水后的溶解程度进行分析，其方法在一般化学领域中较为通用。

黏土层、泥岩、页岩这些水敏性地层的要害在于地层含有较大量的易水化分散的黏土。在对黏土矿物的分析比较中知，蒙脱石即膨润土的水化分散性比其他黏土矿物要高得多，因此水敏性地层问题的本质是膨润土的水化分散。膨润土含量愈高，地层遇水就越不稳定。这与造浆黏土中膨润土含量越高分散造浆能力越强的原理是一致的，而且希望的结果恰恰相反。

140. 页岩水化的力学机理是怎样的?

引起页岩与水作用的力有表面水化力和渗透水化力。由于黏土易于水化分散的构造特点，当页岩与水接触后，通过黏土对水的吸附、吸入、吸进和吸收，以很大的力把水吸到页岩内部来。

页岩的表面水化力可以用埋藏某一深度的页岩的挤压力来估算。岩石埋藏愈深，挤压力愈大，岩石中所含水分被挤掉的就愈多，本身储藏的能量就愈大，它剧烈地需要从外界吸附水分来恢复平衡，故它有巨大的吸水力即表面水化力。例如，正常情况下，在 3048 m 深处，页岩的表面水化力高达 36.73 MPa。

页岩的渗透水化力是在地层与钻井液之间存在含盐量差异时产生的。用盐的溶解扩散来理解这个力，当黏土中的含盐量大于钻井液的含盐量时，页岩吸附井内液体中的水分，同时向钻井液中扩散盐分。两种不同含盐量的溶液之间的渗透压力可由下式计算：

$$P = RT(\theta_1 m_1 e_1 - \theta_2 m_2 e_2)$$

式中：P——渗透压力(大气压)；

R——气体常数；

T——绝对温度，K；

θ——盐溶液的渗透系数；

m——溶液的含盐浓度；

e——每摩尔溶质的离子数。

141. 页岩稳定性钻井模拟试验怎样进行?

如图 5－34 所示为模拟孔内压力、温度和循环条件而设计的实验室装置，利用这个装置开展对页岩等遇水不稳定性的研究。岩心试样用格伦劳斯(Glen Rose)C 级页岩浆滤去水分而制成。页岩浆是由 2250 g的地面页岩用750 mL 海水均化而成，并在31 MPa 压力下压实，成为水分含量占9%的岩心。压实以后，切成水分含量相等的100 mm的岩心试样。在试样中钻出直径为25.4 mm、深度为76 mm的孔眼，然后将试样用密封圈和环氧涂层固定好，以控制孔隙压力、井眼中泥浆压力和覆盖重量产生的上覆压力。试验液体在65.6℃下通过在岩心内钻孔循环6 h，覆盖压力和泥浆循环压力都是20.7 MPa，孔隙压力是1.72 MPa。随后停止加热和循环，使泥浆和孔隙压力达到与大气压相平衡，而将试样留在泥浆中16～18 h。然后将试样切成两半，用来检验模拟井眼条件时各种液体对页岩稳定性的影响。

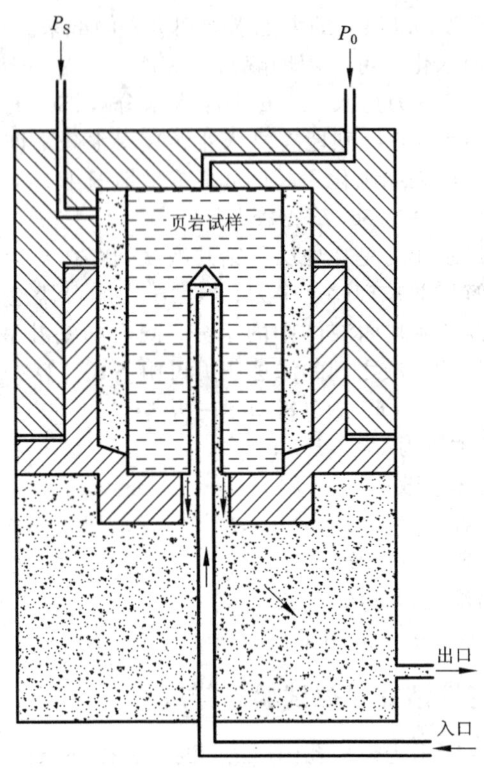

图5－34 压力室内页岩试样示意图

142. 页岩稳定性指标(SSI)的试验方法是怎样的?

SSI 试验的基本原理是采用了测量岩心侵蚀(或膨胀)量 D 值，以及测量可塑性固体的针入度 H_f(H_f表示物体硬度和受力产生塑性流动变形能力的大小)，用来表示人造或天然页岩岩心遇水膨胀和剥落的特征和大小。

页岩浆液是用七份干的格伦劳斯 C 级页岩粉和三份人造海水混合配成的。配制岩心试样时用一个特殊的活塞与标准的高温高压失水仪压滤室相配合，把页岩浆液中的水挤出来，260g 页岩接受 7 MPa 的压力差作用 2 h，就配成坚固的岩心试样，然后打开压滤室，推出坚实的岩心。这个重新组成的岩心放入允许岩心有些过量的圆柱形钢杯中，然后用 9 MPa 的负荷将岩心挤入杯中，再用一个标准的油脂针入度仪(Grease Penetrometer)量测其表面硬度。杯子和压好的岩心被固定在瓶罩内，并浸入包含各种试测溶液的品脱瓶中。岩心试样在 65.6℃下暴露在试验溶液中 16 h，并用低速滚动以模拟冲洗液对岩心的冲蚀影响。然后将瓶冷却，试样试验结束。

利用下式计算不同溶液中的页岩稳定性指标(SSl):

$$SSI = 100 - 2(H_f - H_i) - 4D$$

式中：H_i——针入度仪的初始读数，mm;

H_f——浸泡后针入度仪读数，mm;

D——由针入度仪测得的膨胀值或侵蚀值，mm。

143. 用英苏林液体吸收仪测量页岩岩屑的膨胀性是怎样进行的?

用英苏林(Ensulin)液体吸收仪测量页岩岩屑的膨胀性，建立相应的数学模式，然后用方程中的参数对页岩的本质进行分析和评价，提出页岩分类新方法，以解决控制页岩稳定的有关问题。

英苏林膨胀仪(见图 5-35)的试验程序如下：将页岩粉末或碎屑放入样品杯内的多孔玻璃片上，系统内充满电解质溶液，使样品杯内液面维持在能润湿玻璃片上的滤纸。关 B 阀，开 A 阀，样品杯与带刻度的移液管相通，记录页岩吸水时间和移液管内被吸收的液体量。移液管内液体吸出太多时，打开 B 阀补充溶液。

由于页岩吸附液体量在双对数坐标上呈线性关系，因而描述页岩

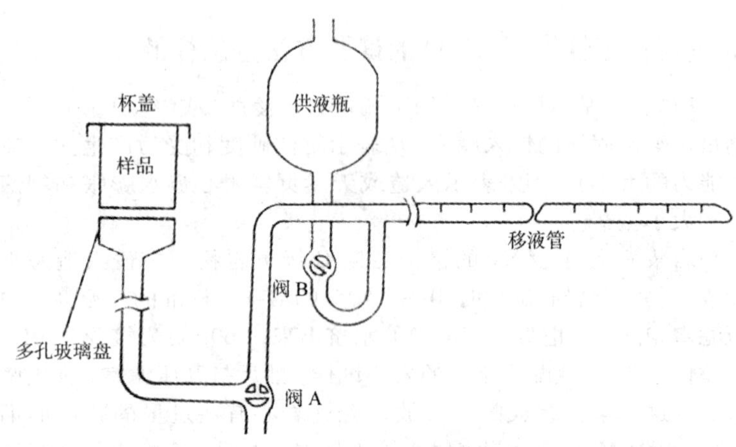

图 5－35 英苏林(Ensulin)膨胀仪

膨胀的方程式可表达为：

$$\log M_T = \log M_i + N\log t$$

式中：M_T——时间 t 内被吸附的液体量，g/g；

M_i——截距，瞬时吸附的液体量，g/g；

N——斜率，水化速度，每分钟每克页岩吸附液体的克数。

液体吸附规律与页岩的膨胀性相对应，截距 M_i 是页岩吸附液体前的吸附状态近似值，它与黏土和水的含量以及压实程度有关。

液体吸附达到平衡状态所需时间是相当长的，一般不必进行测量，但任何时间 t 内吸附液体产生的膨胀量，能用下列方程式来计算：

$$M_T = M_i t^N M_T = M_i t^N$$

使用英苏林膨胀仪也可以研究化学处理剂对页岩的液体吸附性能的影响。

144. 毛细管吸收时间仪如何测定页岩的分散性？

作为分析、评价和提出页岩分类新方法的另一仪器是 CST 装置(见图 5－36)，它用来测定页岩的分散性。CST 装置由过滤漏斗(直径约 2.54 cm、高 5～6 cm 的不锈钢圆筒)、标准孔隙度滤纸、计时器及与之相连的电极组成。电极距漏斗边缘分别为 0.5 cm、1.0 cm 和

1.5 cm。

CST 装置进行页岩分散试验程序如下：将15%的100目页岩浆液在恒速下剪切不同的时间，漏斗置于标准滤纸上，滤纸覆盖带电极的试验板。取5 mL搅拌好的浆液倒入漏斗中，测定浆液在滤纸上流动0.5 cm距离所需的时间。同一试验至少应进行三次，其误差不超过3%~5%。

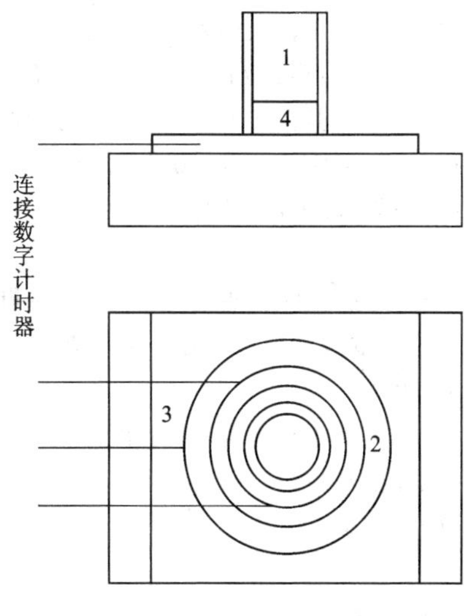

图5-36　CST装置原理图

1—过滤漏斗；2—滤纸；3—电机；4—浆液

为了评价不同电解质对页岩的作用，制备CST试验样品时，要求用蒸馏水冲洗页岩岩屑，直至水中无氯离子存在为止，然后再将岩屑烘干。

如图5-36所示为三种页岩的CST分散性试验曲线。图中CST值与剪切时间呈线性关系，因此，页岩分散性方程可表达为：

$$y = m_l x + B$$

式中：y——浆液渗透0.5 cm所需的时间，s；

m_1——斜率，表示页岩在溶液中的分散速度；

x——剪切时间，s；

B——截距，表示瞬时细分散的胶体粒子量（初分散）。

145. 钻孔堵漏对水泥的性能有什么要求?

当钻井遇到卵砾石层、破碎带、大裂隙、溶洞、厚砂层，用泥浆难以护壁堵漏时，即应采用水泥等固结材料进行护壁堵漏。这时，在工艺上需要停止钻进，从井内提出钻具，再向井内灌注水泥浆材，待水泥浆材渗挤、充填到地层空隙中并凝固复杂层段后，再重新下入钻具扫孔钻进成井。因此，与泥浆随钻护壁堵漏相比，水泥护壁堵漏在工序上增加了专门灌注、候凝固结和重新扫孔时间。

（1）护壁堵漏灌注水泥最常用的方法是用水泵通过钻杆将水泥浆液输送到井底，然后水泥浆液在井底能够有效地渗入地层的裂隙中。这就要求水泥浆液在这一阶段具有良好的流动性。

（2）普通建筑用硅酸盐水泥的候凝固结时间很长，如要达到它们的最终强度往往需要10 d以上，这么长的停待时间对钻井工作来说是难以接受的，因此希望能够尽量缩短水泥的候凝固结时间（如1～2 d，甚至更短）。

（3）钻井护壁堵漏对水泥的后期强度并不要求很高，只要满足井眼稳定和阻塞漏失即可，它一般的抗压强度只需达到建筑用固结体强度的20%。

所以钻井护壁堵漏对水泥性能的主要要求可以归结为：初期流动性好，能够快凝早强，后期强度要求不高，可用图5－37的曲线来反映这种要求。

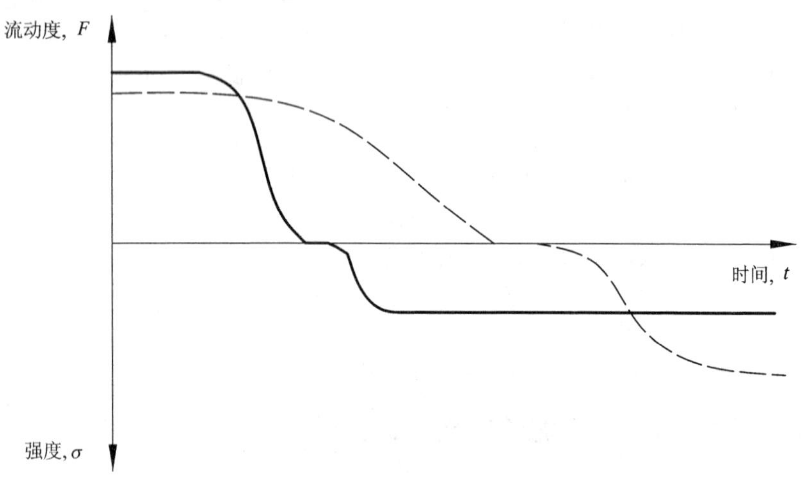

图5－37　钻井护壁堵漏水泥特性曲线

图5－37中实线为钻井水泥，虚线为普通建筑水泥。

另外，在一些特殊情况下，对护壁堵漏水泥还有一些特殊要求。如在低压地层中要求减轻水泥的重度；在高温地层下应该增加水泥的抗温能力；对于要求严格封堵的地层应使水泥具有较明显的膨胀性，等等。

146. 钻井常用普通水泥的外加剂有哪些？

长期以来，普通硅酸盐水泥用于地质钻探护壁堵漏的为数众多，由于受其性能的限制，一般需要配用水泥促凝早强剂来调整其性能。护壁堵漏对水泥性能的主要要求是快凝早强，因此，选用一些具有快凝早强特性的其他品种水泥，也是可以适合护壁堵漏需要的。此外，由于孔内条件的特殊性，如高温、高压、低压、漏失等以及各种工程的施工需要，需选用某些特种水泥。

钻探施工中，常遇到地层的坍塌、漏失、破碎掉块等复杂问题，需要用水泥进行护壁堵漏。但是，由于普通水泥早期强度低、凝结时间过长、浆液流动性差，就需要使用水泥外加剂来改善和调整各种水泥性能，采用水泥外加剂对改善和调整某些水泥性能是个有效的途径。如需要提高早期强度宜用早强外加剂；需缩短凝结时间，则用速凝剂；若需改善流动性，要用减阻剂，等等。

水泥外加剂的类型品种很多。用于地质钻探的水泥外加剂依其功用和成分，有不同的分类方法：

(1)按功用分类

①调节水泥凝结硬化速度的速凝剂和缓凝剂。

②供使水泥早期强度提高的早强剂。

③降低水灰比、改善浆液流动性能的减阻剂或减水剂、稀释剂。

④减少浆液的析水和失水的降失水剂。

⑤降低水泥浆比重的减轻剂。

⑥增强水泥与岩层黏结强度的膨胀剂。

⑦防止浆液流失的堵漏剂等。

(2)按化学成分分类

①无机化合物类：

包括各种无机盐类，一些金属单质，少量氧化物和氢氧化物等。这类物质大多用做早强剂、速凝剂等。

②有机物类：

这类物质种类很多。其中大部分属于表面活性剂的范畴，有阴离子、阳离子、非离子型以及高分子型表面活性剂等。

为了满足各种工程施工需要，水泥外加剂在改善水泥某些性能的使用中，应考虑以下五个方面问题：①按水泥品种合理选用外加剂；②选用外加剂应明确改善和调整水泥性能的目的；③选用外加剂合适掺量；④考虑具体施工条件，如气温、孔内温度、压力、灌注方式、灌注工具等；⑤尽可能选用复合外加剂。

147. 快硬早强水泥有哪几类?

快硬早强水泥按其矿物组分，一般可分为四类：

(1)硅酸盐类

水泥熟料以硅酸钙为主要组分，可通过调整矿物的相对含量，如提高 C_3S 和 C_3A 的含量，提高水泥的粉磨细度等，可获得快凝早强性能。目前，国内已能大量生产，并列入国家标准的有高级水泥、快硬水泥和特快硬水泥三种。这三种水泥都具有较高的早期强度，可以选用。实际生产中，欲获得快凝早强性能，也可选用高标号 625 硅酸盐水泥。

(2)铝酸盐类

水泥熟料是以铝酸一钙为主要组分，由于铝酸一钙的水化速度较快，因此，具有较高的早期强度。目前列入正式产品的有矾土水泥。

以上两类快硬早强水泥，一天强度虽较高，但小时强度还是不高，且凝结时间较慢，它们的特点是只快硬不快凝。对于硅酸盐水泥和铝酸盐水泥，要求有较高的小时强度还难于满足，为此，只有配合使用促凝早强剂来达到。

(3)硫铝酸盐类

是以硫铝酸钙($C_4A_3\overline{S}$)和硅酸二钙(βC_2S)为主要组分，其早期强度较高，是一种以小时计的快凝快硬即“双快”水泥。目前已研制成功并用于生产的有：硫铝酸盐水泥(亦称地勘水泥)和硫铝酸盐超早强水泥、B_1 水泥等。

(4)氟铝酸盐类

是以氟铝酸钙($C_{11}A_7\overline{F}$)和硅酸钙 C_3S(或 C_2S)为主要组分，其早期强度可以小时计，亦为快凝快硬水泥。目前已研制成功的有双快型砂水泥、双快抢修水泥等，专门供铸造型砂黏结、机场跑道抢修以及国防军工用。

148. 什么是油井水泥?

油井水泥专用于油井、气井等固井工程，又称堵塞水泥。石油地质勘探和开采钻井过程随着井深的增加，井底温度和压力相应也不断增加。实践表明，每加深100 m，井内温度约提高3℃，压力增加10～30×101325 Pa。油井水泥的性能要求是：在井内温度和压力条件下，水泥浆在注入过程中能具有一定的流动性、可泵性和合适的稠化时间；水泥浆注入井内后应能较快凝结，并在短期内具有一定的强度；硬化后的水泥面应有良好的稳定性和抗渗性；在高压气、油井固井，应具有合适的比重等。根据油井固井的要求和不同井深温度条件的需要，我国的油井水泥已形成系列，并将油井水泥分为普通油井水泥和高温油井水泥。

149. 普通油井水泥具有什么样的性能?

普通油井水泥是以适当矿物组成的硅酸盐水泥熟料和适量石膏磨细混均而成。但用于45℃、75℃和95℃油井水泥的熟料，其矿物组成有较大的区别。45℃油井水泥，由于适用的温度不高，凝结不快，为了达到具有较高早期强度的目的，可以调整熟料中C_3S、C_3A的相对含量(提高C_3S含量，相应降低C_3A含量)。用于75℃的油井水泥，由于井内温度升高而使凝结加快，因此，应进一步降低熟料中快凝组分C_3A的含量(一般要求降至5%以下)，而且C_3S含量亦不宜过分提高。有时为了延缓凝结时间，粉磨时将水泥磨得稍粗些，以减慢其水化速度，延缓凝结时间。对于95℃油井水泥，由于使用温度更高，凝结更快，则宜选用不含有铝酸盐的贝利特熟料。这种熟料以C_3S为主要成分，不含C_3A。其矿物组成为C_3S 18.3%、C_2S 60.6%、C_4AF 15.6%、C_2F 1.87%。试验证明：在高温高压下的水泥强度会随着C_2S含量的增加而显著提高。因此，贝利特熟料加适量石膏磨制成的水泥，具有较好的热稳定性。由此分析可见，调整矿物组成可获得性能不同、用途各异的水泥。C_3A含量多少是影响油井水泥凝结快慢和适用温度的重要因素。C_3S含量则是决定油井水泥强度的关键。

150. 高温油井水泥具有什么样的性能?

高温油井水泥又称深井水泥，一般适用于井深4000 ~ 7000 m的油井固井。对高温油井，由于温度高，必须用专有的高温油井水泥。高温油井水泥是以贝利特熟料为基础，再加入20% ~ 25%石英砂组成。这种水泥能够在温度为150 ~ 200℃，压力为400 ~ 800 × 101325Pa下，仍具有较高的强度和良好的热稳定性。其原因是由于石英砂在高温、高压下可以形成C - S - H(Ⅱ)类低碱性水化硅酸钙的缘故，有利于高温高压下强度的提高。

为了适用在6000 m以上的所谓超深井的油井固井，可以使用矿渣砂质水泥、石灰砂质水泥、赤泥砂质水泥、石灰火山灰水泥等无熟料水泥。这类水泥在高温、高压条件下可以形成以低碱性水化硅酸钙为主要组成的水泥石。

地热井的钻井与油井有相近之处，但两者之间存在着地层温度的不同，导致井内温度变化很大。也就是说，油井中自然地热梯度大体上每100 m约升温3℃；而地热井由于受高温岩浆的影响，温度梯度变化异常，井内温度高达200℃以上，有时甚至200 ~ 360℃；压力高达500 × 101325 Pa。此外，地热区大都处在火山地带，经常要受到硫化氢和亚硫酸气体的影响，有时还会显出较强的酸性。鉴于上述特点，用普通油井水泥显然不能满足要求。因为普通油井水泥只适用于100℃左右的条件，温度升高将导致水泥的强度降低而失效。地热井的开发与利用，需要有特殊性能的地热水泥，即要求不仅具有高的耐温性，而且还具有一定的耐酸性。通常采用二氧化硅含量较高的硅石粉来提高抗温性，对耐酸问题，一方面可减少水泥矿物熟料C_3A含量来提高抗硫酸盐侵蚀能力；另一方面在高温高压下，因$Ca(OH)_2$能与SO_2作用，故使水泥中不含$Ca(OH)_2$也可使水泥耐酸性提高。

151. 降低水泥浆密度的方法有哪几种?

在油井的固井工程和地质钻探的护壁堵漏中，由于地下地质情况复杂：有些为严重的漏失层；地下水活动的地层；大型溶洞地层以及低压油气层，等等。为了在施工过程中防止出现水泥浆的流失，或者因水泥浆密度过大而存在压漏地层，或者因浆液堵塞低压油气层等问题，研制低密度水泥、超轻水泥、泡沫水泥，显然具有现实意义。

目前，降低水泥浆相对密度比重通常有以下三种方法：

(1)在水泥中加入高保水材料，增大水灰比。如加搬土、硅藻土、膨胀珍珠岩和低比重材料如粉煤灰、火山灰、硬沥青等代替水泥。它们具有成本低、使用方便、材料来源广等特点。但是，在低温下强度过低，高温下强度退化严重，密度只能降至1.4 g/cm^3左右。

(2)用空心玻璃微珠或陶瓷球作低密度固相材料。由于球内空心充满气体，密度很小，仅为0.5~0.7 g/cm^3，将它混入水泥能配出低密度水泥浆。其优点是配水泥浆所需水量远比前者少，故在低温下它的水泥强度较高，其成本略比前者要高。

(3)用充气泡沫水泥浆。它可将水泥浆密度降至0.42~1.68 g/cm^3，并在该范围内任意变化调节，这是最大的优点。同时，在相同的密度下其流动性好、强度高，是目前国内外关注的最好的方法。

152. 灌注水泥要做好哪些准备工作?

(1)利用多种探测方法摸清井内复杂地层的类型、位置、构造特征、岩性特点、漏失层结构及漏失程度、含水层情况以及涌水程度、井内地层的温度，确定灌注孔深、浆液用量、灌注方法。

(2)根据灌注方法和要求，选用合适的水泥品种和外加剂，并进行室内水泥性能试验，确定水灰比、外加剂量的合理配方。

水泥性能试验是确保安全灌注、高质量护壁堵漏的关键，同样的水泥在不同的外界环境下所表现出来的性能差异很大。必须尽可能模拟井内和现场条件，充分考虑灌注水泥浆的实际操作过程，以水泥浆的流动性、凝结时间、达到的可靠固结强度和所对应的时间为主要指标，进行改变水灰比和外加剂的多种配方的试验，从中遴选出理想配方。所谓理想配方，至少应能满足以下4条基本要求：

①灌注阶段水泥浆流动性好，一方面能够有效地渗入近井壁的地层中；另一方面在钻杆中的流动阻力小，从地面向井底泵送得动。

②从配成水泥浆到开始发生凝结有足够的安全时间，确保灌注结束直到把钻杆全部提出地表并清洗完泵注设备后水泥浆才开始凝结。

③水泥浆经过自动凝结固化，能够达到可护壁堵漏的强度。

④水泥成浆至达到可护壁堵漏强度的时间尽可能短。通过试验，

能够确定可以重新透孔的时间。

（3）灌注前应准备好并检查灌注系统各部件（动力、水泵管线、钻具、灌注器等）的工作可靠性，避免和消除灌注过程中的各种故障。

（4）进行灌注浆量、替水量的计算，确保所用材料（水、水泥、外加剂等）配剂够用。

（5）孔内准备

①通过分析、判断，确定封堵孔段位置。

②进行扫孔、冲孔，保证孔底和充填孔段清洁干净，需中部灌浆时应做好架桥工作。

③丈量钻具，校正孔深。

④测定孔内静、动水位。

153. 钻井水泥浆灌注工艺有哪几种?

向孔内灌注水泥的方法有水泵灌注法、灌注器灌注法、孔口灌注法及干料投放法等。

154. 向孔内灌注水泥的水泵灌注法如何进行?

水泵灌注法是最常用的方法，它是通过钻杆将水泥浆用水泵压入孔内漏失或坍塌的岩层，以达到护堵的目的。此方法适用于灌浆量大，不受钻孔深度限制的水泥灌注。在钻孔中部只要架桥后也可适用。用此方法还可实现加压灌注。利用水泵灌注法施工简便，无需特殊设备和工具，但对水泥浆要求流动性好，易于泵送。

水泵灌注法的操作过程为：堵漏时，钻具下到预定深度距孔底约0.3～0.5 m左右时，先泵入清水以检查钻杆内部确实畅通良好时，即可泵入配好的水泥浆。将水泵莲蓬头放入水泥浆桶内即可泵送水泥浆。不论堵漏或护壁，刚开泵时应先打开水泵回水管，将吸水管及水泵中的清水排出，喷浆后再打开三通将水泥浆送入孔内。待泵吸水泥浆过程完后，立即将莲蓬头放入准备好的替浆水桶中，开泵替浆。为了使孔底返流均匀，替浆时可适当慢转钻具。替浆的压力量应根据孔内水位高低，以达到孔内液柱压力平衡为原则，可按下式进行估计计算：

$$Q_{压} = K(L - l)q + Q_{地}$$

式中：$Q_{压}$——替水泥浆所需压水量，kg；

L——钻杆柱长度，m；

l——孔内静水位离孔口高度，m；

q——每米钻杆内容积，L；

$Q_{地}$——地面管线及水泵容积；

K——压水系数，浅孔取0.9、深孔取0.95。

根据上式计算，当孔内无水或水位很低时，压水量达到机上钻杆后(约60～80L)，即应停泵，然后拆开机上钻杆，靠钻杆内外液柱压力差，使水泥浆继续沿钻杆内下降，并从钻具底部返出钻杆外，直至钻杆内外压力达到平衡为止。

当水位很高或返水孔，则压水量接近于钻具内容积加上地面管线容积乘以压水系数，可以保证水不压出钻具底部，这时钻杆外的水泥浆高度比钻具的水泥浆高度会大一些。当提钻时，会向钻杆内回流或填补孔底空间，水泥浆不会被稀释。

替浆完毕即可提钻，应将钻具提离水泥面10～15 m以上(1～2个立根)后再冲洗钻具。提钻速度一定要慢，过快则易发生抽吸作用而使灌注工作失败。为了保证孔内压力平衡，还应考虑在孔口回灌清水。

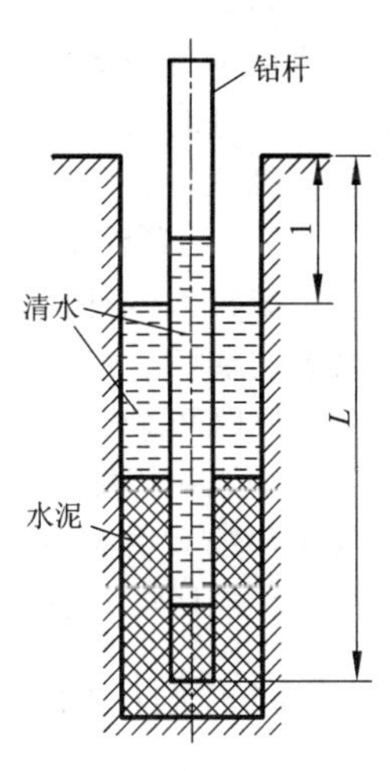

图5-38　灌注水泥示意图

当机上钻杆卸开以后，应开泵清洗水泵、高压管线和机上钻杆内的残留浆液，以保证循环畅通。如图5-38所示。

综上所述，水泵灌注法应遵循的技术规程如下：

(1)堵漏时，坚持冲孔；护壁时，坚持扫孔到底，保证清除孔内岩屑并检查钻具通畅。

(2)钻具下到离孔底0.3～0.5 m或架桥处，以减少稀释。

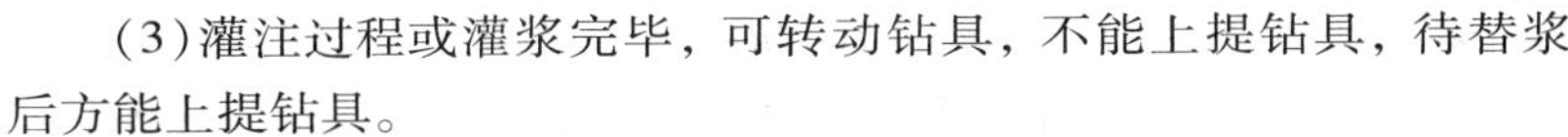

(3)灌注过程或灌浆完毕，可转动钻具，不能上提钻具，待替浆后方能上提钻具。

(4)全部浆量应一次灌完，不得中途停泵，防止浆液断开或被水稀释。

(5)泵浆前打开回水管，排出清水不得注入孔内。

(6)应考虑孔内水位高低，准确计算替浆压水量。

(7)替浆完提钻应离开水泥面 10 ~ 15 m 方能清洗钻具。

(8)提钻速度要慢，防止抽吸作用并及时在孔口回灌清水。

(9)尽量减小水灰比，采用水泥减水剂保证浆液可泵性好。

(10)坚持探测水泥面强度，合理确定候凝时间。

水泵灌注法还可用在下列特殊情况下：

(1)加压灌注法

为了保证水泥浆液能更好地进入所堵漏地层，形成足够的渗流半径，有效地加固孔壁岩石，可采用孔口管上部加密封装置，或在钻杆上加钻孔封隔器以封堵漏失层上部，使在灌注时孔内造成高压，迫使水泥浆进入地层。

(2)分段灌注法

当遇到厚度较大的破碎地带如硬脆碎的松散地层时，大小不等的卵砾石在钻进时会经常出现遇阻、卡钻或提钻后垮塌现象，这时可采用钻进一段灌注一段的分段灌注法。

(3)充填注浆法

当裂隙较大或遇小溶洞时，灌注前最好先投入一定量的惰性材料起到堵塞、架桥、充填作用。投入后，下钻具进行挤压，然后再进行灌注。这样既可减少流失，又能提高封堵效果。

(4)网袋注水泥法

当遇到较大溶洞时，为了降低水泥浆的大量流失，最好采用网袋注水泥，以控制水泥浆的扩散流失范围(见图 5 - 39)。

155. 向孔内灌注水泥的灌注器灌注法如何进行?

当堵塞大的裂隙或溶洞时，为了减少水泥浆的流失，往往选用水灰比较小(0.3 ~ 0.35)、浓度大的水泥浆或速效混合液进行灌注。这时水泵无法吸入泵送，可采用灌注器灌注法。有时当封闭的孔段较短，浆量不多或钻进中遇到多层间断漏失，为了及时处理也可采用此法。此法优点是不受孔深限制，浆液性能不受流动性限制且对水泥浆稀释较少，但需专用灌注器，灌注时要求相当严格。

灌注器的种类较多，目前大多采用水压活塞式灌注器，其工作原理是：灌浆时，将水泥浆装入盛浆管内，然后将灌注器用钻杆下至漏失层位，开动水泵后压力水经钻杆进入灌注器推动水泥浆，上部活塞将灌注器的排浆阀打开，则水泥浆被压出进入漏失层。图 5 –40 所示是一种水压活塞式灌注器。其结构简单，操作方便，工作时在水压作用下通过活塞 6 把盛浆管 4 的水泥浆往下挤压，剪断销钉 9，打开活门 8，水泥浆即可排出管外，进入需要封堵的部位。

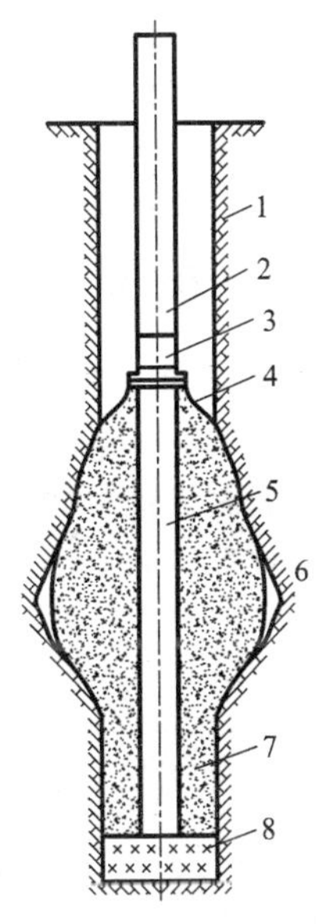

图 5 –39　网袋灌注水泥浆示意图

1—钻孔；2—钻杆；3—正反接头；4—布袋；5—带孔眼的钻杆；6—溶洞；7—水泥浆；8—堵塞物

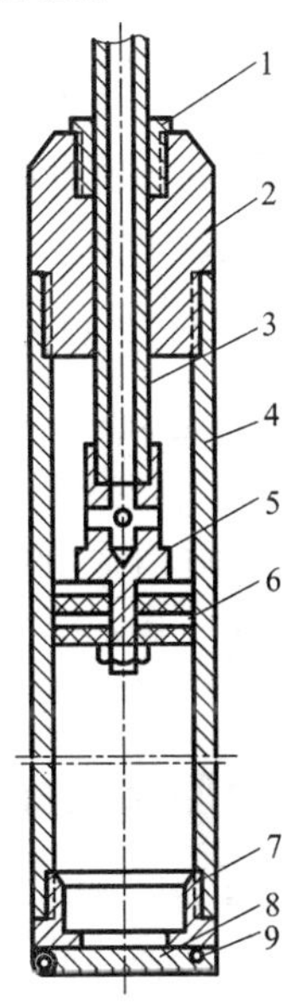

图 5 –40　活塞式灌汁器

1—压盖；2—滑动接头；3—钻杆；4—盛浆管；5—分水接头；6—活塞；7—接头；8—阀门；9—销钉

目前，现场为了加大灌注量，采用不同尺寸的岩心管作为盛浆管，制造简易的岩心管灌注器，取得了良好的技术经济效益。

156. 向孔内灌注水泥的孔口灌注法如何进行?

当孔较浅，裂隙宽且孔内水位很低，则可从孔口直接倒入浓度较大的水泥浆，利用孔口与孔内液面高差所产生的位能，将水泥浆压入所封堵层。为了使孔口灌注顺利，也可在孔口插入小尺寸套管至灌注孔段，再从套管中倒入水泥浆，借水泥浆的自重下入。

157. 向孔内灌注水泥的干料投放法如何进行？

将水泥用塑料袋装好，单独送入孔内或随钻具下入孔内，然后用钻具搅拌，利用钻孔内的水搅拌和捣固，使浆液进入裂隙而堵漏。

158. 向孔内灌注水泥的水泥球投入法如何进行？

将水泥与少量水混合成水泥球或专门制作具有合适的凝固时间和强度的水泥丸，投入孔内后再下入钻具冲击挤压，使其挤入漏失层。

159. 用于护壁堵漏的化学浆液与惰性材料有哪些？

在钻井护壁堵漏中具有代表性的化学浆液和惰性材料，包括脲醛树脂浆液、水玻璃浆液、聚丙烯酰胺浆液、脲醛树脂水泥球、干性堵漏材料和沥青材料。此外，还有许多品种的化学浆液，如铬木素浆液、木铵浆液、丙凝浆液、丙强浆液以及 301 聚脂浆液等等，也可以用做钻井护壁堵漏浆液。

160. 脲醛树脂浆液如何实现护壁堵漏？

脲醛树脂是一种水溶性树脂，它在酸性条件下能迅速凝固成有一定机械强度的固结体，是适合于钻孔护壁堵漏的注浆材料。由于脲醛树脂是由原料易得的尿素和甲醛水溶液合成的一种聚合物，故其性能可调，可人为地控制固化时间，成本较低，配制简单，且是低毒的化学注浆材料。近十多年来，用它在钻孔护壁堵漏方面，开展了生产工艺、性能改性、注浆工具等的研究。目前已生产出适合地质钻探用的粉末脲醛，其灌注工具也得到进一步改进，可实现钻孔“快速堵漏”的效果。

尿素与甲醛的反应是一个复杂的化学反应过程，整个反应可分为三个阶段，即加成反应阶段、缩聚反应阶段和固化阶段。开始阶段为尿素与甲醛在弱碱性或弱酸性介质中发生加成反应，生成脲的羟甲基（$—CH_2OH$）衍生物；同时进行缩合反应，从而得到缩聚的初产物（即脲醛树脂），在实际使用时，以酸作催化剂（一般用盐酸）使树脂固化生成不溶的体型网状结构的固结体。

脲醛树脂的固化过程，可分为初凝（胶化）和终凝（硬化）两个阶段。所谓“初凝”是加催化剂后至失去流动性这段时间（称初凝时间）。所谓“终凝”是加催化剂后至失去弹性所需的时间（称终凝时间）。然而，失去弹性并不立即具有一定强度，所以终凝实际上是一个缓慢的过程，一般凝固后还需在水中养护 16 ~ 24 h 后，才具有较高的机械强度。

脲醛树脂的固化过程与酸催化剂的种类和用量有直接关系。一般强酸、弱酸以及强酸、弱酸中和生成的盐类均可作催化剂。常用的有盐酸、硫酸、草酸、氯化铵、三氯化铁等。试验表明，强酸的浓度增加，凝固时间缩短；若酸的浓度一定时，随加量增加而凝结时间缩短。目前常用的是工业纯盐酸和硫酸，一般使用浓度为 3% ~ 36%，用量为树脂液体的 1/10 ~ 1/5，初凝时间可在几秒至数十分钟的范围内控制。在使用时，应注意环境温度的影响，温度高，则固化速度快；温度低，则固化速度慢。在灌注时，一定要做地表试验，并应考虑到孔内的温度。

为了提高脲醛树脂的强度，增加韧性，在提高其物理力学性质方面，常采取在脲醛生产过程中加苯酚、苯酚 - 聚乙烯醇等进行改性，来改变反应生成物的化学结构，增大树脂的分子量和内聚力。目前，在合成脲醛树脂的同时，常加入苯酚，使羟甲基苯酚参与羟甲基脲的混合接枝与镶嵌，使树脂的机械强度和黏结力得到一定的改善。表 5 - 13 为苯酚改性后树脂物理机械强度性能。

表 5 - 13　苯酚改性后的树脂物理机械性能

苯酚加量 /%	固化剂—盐酸		物理机械性能	
	浓　度 /%	加入量 /%	抗压强度 /(kg · cm^{-2})	抗冲击强度 /(kg·cm^{-2})
0	20%	12%	87.3	2.2
11.8	20%	12%	185.5	3.5
17.5	20%	12%	277.0	3.5
20.8	20%	12%	243.9	3.6
22	20%	12%	289.8	3.88
23.8	20%	12%	243.8	3.4
38.2	20%	12%	71.4	3.1

使用脲醛树脂浆液，其灌注方式是采用专用的灌注器。它应能满足脲醛树脂与一定酸混合后，在很短时间内能凝固，且能准确地将已充分混合、但尚未凝固的浆液注射到预定的孔段上。近几年来，我国为解决小口径金刚石钻探中严重漏失层的快速堵漏问题，基于射流泵原理，设计了一种新型的、用于脲醛浆液的孔内双液注浆工具——ZJ型速凝注浆堵漏工具，它与其他注浆堵漏器相比，有以下特点：① 双液在孔内定量地连续均匀混合，可灌注数秒凝固的浆液；② 借用现场钻杆盛堵漏浆液，大大简化了工具的结构和操作，并可实现大剂量注浆；③ 孔底动作过程的报信，由地面水泵压力表读数显示，信号明显，操作者可据此灵活调整操作工艺；注浆后可不提钻通水扫孔，实现注浆、透孔、清孔一个回次完成。其工具结构如图 5－41 所示。

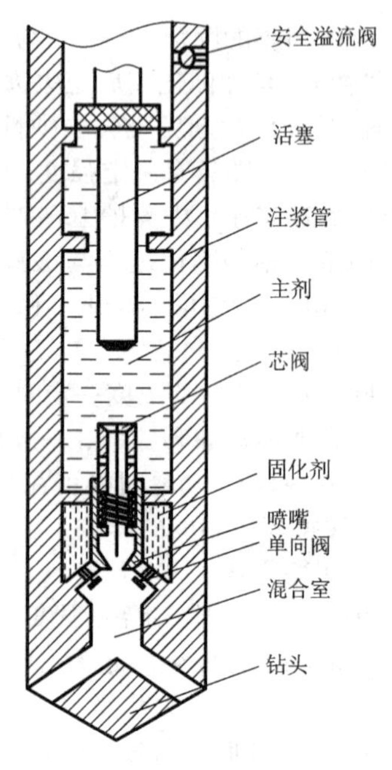

图 5－41　ZJ 型注浆堵漏工具结构图

ZJ 型液浆堵漏工具，现有 ф54、ф73 两种规格，其主要技术性能如表 5－14 所示。

表 5－14　ZJ 型灌注器的技术性能

项　目 ╲ 型　号	ZJ－54	ZJ－73
主体长度，mm	5600	5600
主体外径，mm	54	73
钻头外径，mm	56	75
最大注浆量，L	45	110
双液混合比(固化剂∶基浆)，体积比	10～12∶100	10～12∶100
压注泵量，L/min	65～100	65～100
启动泵压，kg/cm^2	15～20	15～20

161. 水玻璃浆液如何实现护壁堵漏?

水玻璃是化学浆液中无机类的一种注浆材料。由于它的价格低廉，货源较广，适于各种工程的需要以及配制简便等优点，故目前仍然是一种大量使用的行之有效的化学浆液。我国所用的水玻璃浆液类型，除了有单一使用的外，大多使用的是水玻璃复合浆液，如水玻璃-氧化钙、水玻璃-铝酸钠、水玻璃-水泥，水玻璃-稀磷酸等。

水玻璃是一种能溶于水的硅酸盐。它是由不同比例的碱金属和二氧化硅所组成。最常用的是硅酸钠水玻璃 $Na_2O \cdot nSiO_2$，还有硅酸钾 $K_2O \cdot nSiO_2$。

通常把水玻璃组成中的二氧化硅与氧化钠(或氧化钾)的克分子摩尔数之比，称为模数 M。

$$水玻璃模数\ M = \frac{SiO_2\ 摩尔数}{Na_2O\ 摩尔数}$$

一般水玻璃的模数在 1 到 4 之间，模数为 0.5 的水玻璃(相当于原硅酸钠)没有实用价值，而实用价值最大的水玻璃其 M 在 2.0 ~ 3.5。模数是影响水玻璃的重要因素，水玻璃在水中溶解的难易程度随模数而定，M 为 1 时能溶于常温水中；M 加大，则只能溶于热水中；当 M 大于 3，要在 4×10^5 Pa 以上蒸气中才能溶解。低模数的水玻璃晶体组分较多，黏结能力较差。模数高时，胶体组合相对增多，黏结能力也大。我国目前生产的水玻璃模数在 1 ~ 3.6 之间都有，一般生产的浓度品种有：35°B、40°B、45°B、56°波美度等。

除液体水玻璃外，还有不同形状(块状、粒状、粉状)的固体水玻璃。液体水玻璃呈青灰色或黄绿色，以无色透明为好。它与水可按任意比例混合成不同浓度(密度)的溶液。同模数的水玻璃溶液，其浓度越高，则密度越大，黏结力越强。常用的固体水玻璃模数为 2.6 ~ 2.8，比重为 1.36 ~ 1.50。其浓度常用波美比重计来测定，以波美度(Be)表示。

工厂生产的水玻璃浓度为 50 ~ 56 波美度，而一般注浆则多采用 35 ~ 40 波美度，故使用时需加水稀释。

水玻璃的黏度与模数、浓度和温度关系密切。通常黏度随温度降低，模数随浓度的增加而加大。温度为 -2℃ 时，水玻璃会开始冻结。液体水玻璃吸收空气中的 CO_2，形成无定形硅酸，并逐渐干燥而硬化。

反应式为：

$$Na_2O \cdot nSiO_2 + CO_2 + mH_2O \longrightarrow Na_2CO_3 + nSiO_2 \cdot mH_2O$$

为加速水玻璃的硬化，常加入硅氟酸钠 Na_2SiF_6 或氟化钙，水玻璃中加入硅氟酸钠会发生以下反应，能促使硅酸凝胶加速析出：

$$2[Na_2O \cdot nSiO_2] + Na_2SiF_6 + mH_2O \longrightarrow 6NaF + (2n+1)SiO_2 \cdot mH_2O$$

硅氟酸钠的适当加量为水玻璃重量的12%～15%，加量越多，凝结越快。

作为地基灌浆材料使用时，常将水玻璃溶液与氯化钙溶液交替地灌入基础中，其反应式如下：

$$Na_2O \cdot nSiO_2 + CaCl_2 + mH_2O \longrightarrow nSiO_2 \cdot (m-1)H_2O + Ca(OH)_2 + 2NaCl$$

反应生成的硅胶起胶结作用，能包裹上粒并充填于孔隙中，而 $Ca(OH)_2$ 又与加入的 $CaCl_2$ 反应生成氢氧化钙，也起胶结与充填孔隙的作用，故既使基础提高强度，又能增强其不透水性。

当水玻璃与水泥水化时所析出的活性很强的氢氧化钙作用时，可生成具有一定强度的硅酸钙胶体，使水泥石的强度相应增大，其反应式为：

$$Na_2O \cdot nSiO_2 + Ca(OH)_2 \longrightarrow CaO \cdot nSiO_2 \downarrow + 2NaOH$$

因而将水玻璃加入水泥浆中，可使水泥浆急骤硬化，因而可用于堵水堵漏。

162. 聚丙烯酰胺浆液如何实现护壁堵漏？

用聚丙烯酰胺来堵漏乃是利用高分子化合物的交联原理，即利用聚丙烯酰胺和无机交联剂（铁、锌、铝等水溶性卤化物，或硫酸铁、硫酸铝水泥等）或有机交联剂（甲醛、乙二醛、乙二醇等）发生交联反应，而形成不溶于水的体型结构的凝胶体来达到堵塞通道的目的。常用的两种混合浆液为：聚丙烯酰胺－水玻璃浆液、聚丙烯酰胺－水泥浆液。

（1）聚丙烯酰胺－水玻璃浆液

聚丙烯酰胺－水玻璃浆液是黏度较低的浆液。固化期可以控制，有一定的固结强度。其使用方法是：用酸（盐酸、硫酸）将 pH 调至2～2.5（因 pH 在4～7之间会瞬时胶凝；pH 接近于零时，胶凝也很快），然后将水玻璃加入此酸溶液中，其用量一般以能在酸性溶液中很好分散为主，加量可在4% ~8%范围内。对于聚丙烯酰胺可用分子量200 ~300 ×10^4为宜，一般常用浓度为0.1% ~1.0%。裂隙较大时浆液黏度应高，聚丙烯酰胺浓度也应增加，对一般裂隙地层，可减少浓度，在此基础溶液中加入交联剂进行交联，其常用量为0.1% ~1.0%，有时常在浆液中加入惰性材料用以架桥。

（2）聚丙烯酰胺－水泥浆液

聚丙烯酰胺作为絮凝剂加到水泥浆中加快固相的絮凝过程，这种聚合物水泥浆的应用目的在于弥补水泥浆性能的不足，使得能调节浆液的凝结时间和增加硬化水泥石的强度，改变脆性为韧性和提高胶结强度。其机理为：当水泥浆与聚丙烯酰胺混合后，线性高分子化合物的聚丙烯酰胺与水泥颗粒中的高价阳离子（Ca^{2+}、Mg^{2+}、Al^{3+}等）发生交联作用，使线性结构转变为体型结构的混合凝聚体，从而增加了水泥石原先的强度和韧性；同时由于聚丙烯酰胺分散在水泥颗粒的连续相内，水泥颗粒因吸收聚丙烯酰胺的水分而水化，使具有长链结构的丝状膜分布在水泥硬化体中，产生纵横拉紧、结合成特高的高分子性质的网状结构，这不仅弥补了原先水泥硬化体中存在孔隙或微裂隙的缺陷，而且被充填在水泥硬化体的连续的或非连续的孔道里，从而增加了水泥石的强度和黏结强度。

根据文献资料介绍，20 世纪 70 年代，前苏联在油井中曾用聚丙烯酰胺－水泥浆液，有效地隔绝堵塞了十多个强吸收地层，其中有碳酸盐溶洞吸收地层。其配方为：泵入 16 t 水泥，0.4 t 浓度为 6.5% 的聚丙烯酰胺，0.64 t 氯化钙和0.007 t 纯碱所组成的堵塞浆液，取得了良好的堵漏成效。

在我国，胜利油田用聚丙烯酰胺－水泥浆液堵漏也取得了成功的经验。当钻遇断层裂隙发育的砂岩时，发生泥浆严重漏失，先采用惰性材料堵漏无效，后改用贝壳碴－水泥－聚丙烯酰胺浆液，其配方为：聚丙烯酰胺 1% ~1.5%，水泥 0.75% ~1.5%，贝壳碴 3% ~5%（其中 0.075 ~0.5 mm 占 20%，0.5 ~5 mm 占 20%，15 ~15 mm 占 60%），在四口井中使用五次，获得堵漏成功。

美国曾用相对分子质量大于 200 ×10^4 的聚丙烯酰胺，用三氯化铁、二乙醛作交联剂与水泥浆混合进行交联堵漏，也有明显效果。

163. 脲醛树脂水泥球如何实现护壁堵漏?

脲醛树脂水泥球是我国最近研制的新的堵漏材料。对于裂隙较大并伴有地下水活动的漏失层,用常规浆液堵漏往往会造成浆液稀释和被流水冲走,而“脲醛树脂水泥球”可解决上述地层堵漏问题,实践证明效果良好。

“脲醛树脂水泥球”是选用脲醛树脂胶粉、加入早强水泥或普通水泥后,与水配制而成。该脲醛树脂水泥球具有强的抗水稀释性能,与岩石黏结力强,且有可堵期可调、早期强度高的特点,特别是在地下水活动剧烈、漏失量较大的地层,只要选准漏失层位,一次就能将漏失层堵住,且成功率高。所用的材料较其他浆液材料来源广,成本较低,故有其推广价值。

脲醛树脂水泥球的主体骨架材料可选用两种不同品种水泥。当用早强水泥——硫铝酸盐地勘水泥时,需加酒石酸进行可堵期的调节(见表5-15)。当用普通水泥时,需加水玻璃来调节可堵期(见表5-16)。

表5-15 早强水泥树脂水泥球配方表

配方				可堵期/h	单位时间养护强度/($kg \cdot cm^{-2}$)					
早强水泥/g	脲醛树脂/g	水/mL	酒石酸/g		4h	6h	8h	10h	12h	24h
100	23	20	0	0:20~1:00	45	76	97	112	139	227
100	23	20	0.01	0:30~1:30	7~40	24~75	55~100	70~160	100~170	160~240
100	23	20	0.03	1:30~2:30	2~40	20~75	50~100	60~150	90~160	150~200
100	23	20	0.05	2:30~3:30	0~8	5~50	20~90	40~130	70~140	140~180
100	23	20	0.08	3:40~4:30	0~3	2~30	10~50	20~80	35~100	60~120
100	23	20	0.1	4:30~5:30	0~2	0~3	2~10	8~30	20~60	40~100

表 5－16　普通水泥树脂水泥球配方表

配方				可堵期/h	单位时间养护强度/(kg·cm^{-2})					
早强水泥/g	脲醛树脂/g	水/mL	酒石酸/g		4h	6h	8h	10h	12h	24h
100	23	20	8	6∶00～8∶00	—	1～2	2～7	5～10	6～10	10～20
100	23	20	10	5∶00～6∶00	0～5	3～9	5～10	6～12	7～14	12～35
100	23	20	12	2∶00～3∶00	5～8	8～10	10～15	11～20	15～25	25～45
100	23	20	14	1∶30～2∶30	6～14	10～18	12～25	15～30	18～45	30～85
100	23	20	16	0∶30～1∶00	10～15	12～20	15～30	18～35	25～50	50～90

表中所测得的可堵期为从拌和混合物料开始，直到压力表指示压力为 50 kg/cm^2 时终止的时间，其测定方法由一专门试验装置测得。根据试验得知，从脲醛树脂水泥球的固化过程分析：水泥中加脲醛树脂起到减水剂作用。脲醛树脂中加水泥不能促进固化，早强水泥树脂球中加酒石酸则起到缓凝作用，呈现出是早强水泥的性质，因为酒石酸对脲醛树脂是起促进固化作用。普通水泥树脂球中加水玻璃是起促凝作用，呈现出普通水泥的性质，因为水玻璃呈碱性，不能促进脲醛树脂的固化。所以，脲醛树脂水泥球的固化主要是水泥起作用，固化时间的调整是靠增减水泥的促凝剂、缓凝剂加量来调整。

164. 钻孔干性堵漏材料有什么特点?

钻孔堵漏片是我国最近新研制成功的一种钻孔堵漏材料。它是一种干性堵漏材料，最适用于中等裂隙以上漏失地层，具有较好的湿强度、湿黏结性、耐水性，并可根据堵漏需要制成各种尺寸的片剂，直接送入孔内。在孔内水化固结，无需凝结时间，简化了堵漏工艺，成功率较高，且材料无毒，无污染，使用方便，有推广价值。

钻孔堵漏片是用压片机自动连续冲压成型，具有较高强度，外表光洁规则，有多种尺寸规格，可供堵塞不同漏失通道时合理选用。该堵漏片是以水溶性树脂为主剂的复合材料，遇水能产生快速湿黏和交联热化等反应，使瞬时形成的堵漏体具有良好的黏弹性、韧性、抗水性以及有结构的湿强度，可以实现对漏失通道的快速可靠的堵漏效果。其技术规格为：

(1)外形尺寸：为微黄色片剂，两面稍呈凸弧形圆片状，尺寸规格有15种，由$\phi5\times3$ mm(直径×厚度)到$\phi20\times9$ mm，应用时可用一种或多种规格混合。

(2)湿黏性：初始粘着力大于30 g/cm(遇水10 s)。

(3)湿强度：抗压入强度大于40 kg/cm^2(浸水3 h)。

(4)耐水性：浸水8 h，片剂溃散体积不超过1/5。

(5)材料比重：大于1.5。

(6)pH：7.5~8.5。

(7)定型规格：共有31种；直径范围：5~20 mm，厚度范围：3~9 mm。

该堵漏片可用于各种漏失类型。对中等以上漏失、开放性裂隙、有地下水活动以及部分溶洞堵漏均可使用。其输送方法可分为孔口投送和输送器两种。孔口投送要注意合理掌握投入量和投放速度，防止投送过急造成片剂中途架桥阻塞，可边投边冲水，借助水流作用帮助片剂下沉和进入漏失通道内；对采用输送器可利用普通岩心管，但要求管内保持光洁干燥，两端要密封，片剂不能受潮，管底要承托片剂不得脱落，以保证安全可靠。片剂的排出方法可用泵压，同时借助钻具回转振动，以利排出片剂。当堵漏片排出后，下入无岩心钻头扫孔，将钻孔中未进入漏失通道的片剂挤向孔壁四周。扫孔时，宜用慢转、轻压、小泵量，扫至孔底后等待10~15 min，后再用逐渐增大的泵量冲送观察30 min，若返水正常，说明封漏有效。实践表明，它对中等裂隙以上漏失进行堵漏，有较好的效果。

165. 钻孔用沥青堵漏有哪几种?

沥青是一种源广、价廉、易购的有机胶凝材料，它具有抗水性、黏结性、塑性、不导电性以及耐侵蚀性等优点。用于钻探堵漏与护孔是一种行之有效的材料。

钻孔用沥青堵漏有两种方法：一种是将沥青加热至 230 ~ 250℃，装在保温的灌注器中送入孔内。为减少沥青的流动性，增强堵漏护壁的效果，可在其中加入惰性堵漏材料。另一种方法是采用磺化沥青和乳化沥青进行堵漏，它比前者热溶沥青使用方便。

参考文献

[1] 李世忠. 钻探工艺学(上). 北京：地质出版社 1992，6
[2] 汤凤林等. 岩心钻探学. 武汉：中国地质大学出版社，1995，12
[3] 鄢泰宁. 岩土钻掘工程学. 武汉：中国地质大学出版社，2001，8
[4] 李世忠. 钻探工艺学(中). 北京：地质出版社，1994，10
[5] 李智先. 岩心钻探基础知识问答. 北京：地质出版社，1984，9
[6] 张绍和. 金刚石与金刚石工具. 长沙：中南大学出版社，2005，8
[7] 张绍和. 钻探事故预防与处理知识问答. 长沙：中南大学出版社，2010，3
[8] 王达等. 中国大陆科学钻探工程科钻一井钻探工程技术. 北京：科学出版社，2007，2
[9] 乌效鸣等. 钻井液与岩土工程浆液. 武汉：中国地质大学出版社，2002，6

图书在版编目(CIP)数据

钻探工艺知识问答/曹函,张绍和主编.—长沙:中南大学出版社,2012.12

ISBN 978-7-5487-0616-8

Ⅰ.岩...　Ⅱ.①曹...②张...　Ⅲ.取心钻进-问题解答
Ⅳ.P634.5-44

中国版本图书馆 CIP 数据核字(2013)第 005225 号

钻探工艺知识问答

主编　曹　函　张绍和

□责任编辑　刘石年　胡业民
□责任印制　易红卫
□出版发行　中南大学出版社
社址:长沙市麓山南路　邮编:410083
发行科电话:0731-8876770　传真:0731-8710482
□印　　装　长沙印通印刷有限公司

□开　　本　880×1230 1/32 □印张 13 □字数 396 千字
□版　　次　2014 年 8 月第 1 版　□2014 年 8 月第 1 次印刷
□书　　号　ISBN 978-7-5487-0616-8
□定　　价　42.00 元